高等职业教育系列教材

Premiere Pro CC 2020 影视制作项目教程

尹敬齐 主编
何志红 参编

机 械 工 业 出 版 社

本书以项目为导向，以任务驱动模式组织教学，是一本项目化教学改革教材。本书内容以“制作”为主旨，以“够用”为度，注重“教、学、做”一体化，特别注重实际制作，从而提高学生的学习积极性和实际动手能力。全书共分为 4 个项目，包括 MV 和卡拉 OK 的编辑、电子相册的编辑、电视栏目剧的编辑及电视纪录片的编辑。

本书既可作为高职院校广播影视类、计算机类等相关专业的影视制作课程教材，也可供从事影视制作及相关工作的技术人员参考使用。

本书配有微课视频、电子课件、素材和效果文件，其中，微课视频扫描书中二维码即可观看，其他配套资源可登录 www.cmpedu.com 免费注册、审核通过后下载，或联系编辑索取（微信：15910938545，电话：010-88379739）。

图书在版编目（CIP）数据

Premiere Pro CC 2020 影视制作项目教程 / 尹敬齐主编. —北京：机械工业出版社，2020.9（2024.7 重印）

高等职业教育系列教材

ISBN 978-7-111-66184-9

Ⅰ. ①P… Ⅱ. ①尹… Ⅲ. ①视频编辑软件-高等职业教育-教材

Ⅳ. ①TN94

中国版本图书馆 CIP 数据核字（2020）第 133127 号

机械工业出版社（北京市百万庄大街 22 号　邮政编码 100037）

策划编辑：王海霞　　责任编辑：王海霞

责任校对：张艳霞　　责任印制：单爱军

保定市中画美凯印刷有限公司印刷

2024 年 7 月 • 第 1 版 • 第 12 次印刷

184mm×260mm • 14.5 印张 • 359 千字

标准书号：ISBN 978-7-111-66184-9

定价：49.00 元

电话服务

客服电话：010-88361066

010-88379833

010-68326294

网络服务

机　工　官　网：www.cmpbook.com

机　工　官　博：weibo.com/cmp1952

金　　书　　网：www.golden-book.com

机工教育服务网：www.cmpedu.com

前　言

党的二十大报告指出，教育是国之大计、党之大计。培养什么人、怎样培养人、为谁培养人是教育的根本问题。为了促进高等职业教育的发展，推进高等职业院校教学改革和创新，编者结合学校“数字影像制作与实训”课程的改革试点，将数字影像制作和实践经验整合成这本书。

在影视制作领域，计算机的应用给传统的影视制作带来了革命性的变化，从越来越多的影视作品中，读者可以明显地感受到计算机已经和影视制作结合在一起了。

Premiere 是功能强大的、基于 PC 的非线性编辑软件，无论是专业影视工作者，还是业余多媒体爱好者，都可以利用它制作出精彩的影视作品。掌握了 Premiere 就可以基本解决影视制作中的绝大部分问题，因此每个人都可以利用 Premiere 构建自己的影视制作工作室。

Premiere 软件几经升级，日臻完善，本书介绍的是 Premiere Pro CC 2020。和以往的版本相比，它有了较大的改变和完善，特别是强化了字幕制作的功能，增加了更多实用的模板，添加了自动重构序列、自定义的动态图形模板进行保存和重用等新功能，实现了对家用 DV 及 HDV 视频的全面支持，以及对 Flash 视频、Web 视频和 DVD 的输出支持，增强了普及性和通用性。Premiere Pro CC 2020 支持一些实用的第三方插件，这使它的功能更加完善了。

本书不以传统的章节知识点或软件学习为授课主线，而是在每一个项目的实施中都基于工作过程构建教学过程。以真实的原汁原味的项目为载体，以软件为工具，根据项目的需求学习软件应用，将软件的学习和制作流程与规范的学习融合到项目实现中，既使学习始终围绕项目的实现展开，又提高了学习效率。

为了配合本书教学，编者在超星网站上建立了完整的在线开放课程，包含 100 多个教学视频及 100 多个教学文档，时间长度为 600 多分钟，有理论、实训作业及理论考试题，内容丰富，实践性强。在线开放课程网址为 https://mooc1-1.chaoxing.com/course/208184899.html。

本书由重庆房地产职业学院尹敬齐主编，何志红参编，本书在编写过程中得到重庆市教委科学技术研究项目（基于 BIM 技术的装配式建筑虚拟现实应用与实现 KJZD-K201805201）资助，同时得到各位老师的大力支持，参考了大量书籍和网站，在此对相关资料的编著者及本书编写的支持者表示衷心的感谢。

由于编者水平有限，书中难免存在疏漏之处，敬请读者批评指正。

本课程建议安排 80 学时，其中理论讲授为 20 学时，实践练习为 60 学时。建议的学时分配如下表。

学时分配表

序　号	内　容	理论讲授/学时	实践练习/学时	小计/学时
1	Premiere Pro CC 2020 简介与安装	2	2	4
2	MV 和卡拉 OK 的编辑	10	12	22
3	电子相册的编辑	2	14	16
4	电视栏目剧的编辑	4	16	20
5	电视纪录片的编辑	2	16	18
合计		20	60	80

编　者

目　录

Premiere Pro CC 2020 简介与安装

0-1　软件简介与安装

Adobe Premiere Pro CC 2020（也叫 Premiere Pro 2020）是目前较流行的非线性编辑软件之一，是数码视频编辑的强大工具，因而视频制作爱好者使用较多。它作为功能强大的多媒体视频、音频编辑软件，应用范围不胜枚举，制作效果美不胜收，足以帮助用户更加高效地工作。它以其新的合理化界面和通用高端工具，兼顾了广大视频用户的不同需求，在一个并不昂贵的视频编辑工具箱中，提供了前所未有的生产能力、控制能力和灵活性。

0.1　Premiere Pro 2020 的新功能

Premiere Pro 2020 的新增功能如下。

1）增强的性能：与之前版本相比，其编辑速度更快，稳定性更高。它提供了更快的蒙版跟踪和硬件解码等功能。

2）自动重构：此新功能可将不同宽高比（包括方形、竖幅以及 16∶9）的视频重新格式化，同时自动跟踪兴趣点以将它们留在帧内。

3）自由变换视图：在项目窗口中整理素材、查看剪辑、选择镜头和创建故事板。将剪辑组拖到时间轴中，以更快地完成粗剪（在项目窗口中，单击“列表视图”按钮和“图标视图”按钮旁边的“自由变换视图”按钮即可实现）。

4）标题和图形：使用“基本图形”中用户熟悉的工具进行设计。将设计作为可自定义的动态图形模板进行保存和重用。

5）基本声音：该工具能够加快音频工作流程。它可以对剪辑进行分类以应用正确的效果；并使用自动衰减（Auto Ducking）来调整背景音频的音量，以便清晰地听到对白和旁白。

6）Lumetri 颜色工具：使用 Lumetri 颜色工具可进行颜色校正和影片级颜色分级；使用预设、调整滑块、色轮、曲线和辅助功能能够打造完美外观。

7）Dynamic Link：团队项目现在支持 Premiere Pro 和 After Effects 之间的动态链接（Dynamic Link），因此用户可以跳过中间渲染并实现更快迭代。

0.2　Premiere Pro 2020 的系统需求

Premiere Pro 2020 与之前的版本在安装上最大的区别就是要求操作系统必须是 64 位，因此，要求用户的操作系统必须为 Windows 10 及以上。安装 Premiere Pro 2020 的系统要求具体如下。

- Intel® Intel 第 7 代或更新的 CPU 或 AMD 同等产品。
- 操作系统为 Microsoft Windows 10（64 位）版本 1803 或更高版本。
- 16GB 内存（推荐 32GB 用于 HD 媒体，32GB 用于 4K 媒体或更高分辨率）。
- 10GB 可用硬盘空间，安装过程中需要额外的可用空间（用于应用程序安装和缓存的快速内部 SSD）。

- 1920 像素×1080 像素的显示器。
- GPU 加速性能 4GB GPU VRAM。
- QuickTime 7.6.2 软件，由于实现 QuickTime 功能。

0.3　安装 Premiere Pro 2020

安装 Premiere Pro 2020 的步骤如下。

1）在网上下载 Premiere Pro 2020 压缩包，将其解压后，双击 Setup.exe，打开“Premiere Pro 2020 安装程序”对话框，如图 0-1 所示，单击“继续”按钮。

2）弹出“正在安装”对话框，可以看到安装进度，如图 0-2 所示。

图 0-1　安装选项

图 0-2　正在安装

3）安装完毕后，弹出“安装完成”对话框，单击“关闭”按钮，完成安装。

0-2　启动与工作窗口

0.4　启动 Premiere Pro 2020

在计算机上安装完 Premiere Pro 2020 后，在“开始”菜单中右击“Adobe Premiere Pro 2020”，在弹出的快捷菜单中选择“更多”→“打开文件位置”选项，打开启动图标所在文件夹，如图 0-3 所示。

图 0-3　启动图标

右击 Premiere Pro 2020 图标，从弹出的快捷菜单中选择“发送”→“桌面快捷方式”选项，桌面将会出现快捷方式图标，双击即可打开 Premiere 软件进入主页窗口。

1）单击“新建项目”按钮，打开“新建项目”对话框，在“名称”文本框中输入项目名称，单击“位置”右侧的“浏览”按钮，打开“请选择项目的目标路径”对话框，选择要存入的文件夹后，单击“选择文件夹”按钮，单击“确定”按钮。

2）按〈Ctrl+N〉组合键，打开“新建序列”对话框。根据拍摄时的分辨率选择序列的格式，这里以高清为例来进行介绍。

3）在“可用预设”窗口中选择 AVCHD→1080p→AVCHD 1080p25，在“名称”中输入序列名称，单击“确定”按钮。

4）打开 Premiere Pro 2020 工作窗口，时间线窗口中有 3 条视频轨道和 3 条立体声轨道。

0.5 认识 Premiere Pro 2020 的工作窗口

1. 工作窗口

启动 Premiere Pro 2020 后，便可看到 Premiere Pro 2020 简洁的工作窗口，如图 0-4 所示。窗口中主要包括标题栏、菜单栏、项目窗口、监视器窗口（包括源监视器窗口和节目监视器窗口）、效果窗口、效果控件窗口、时间线窗口、工具窗口、信息窗口及历史记录窗口。

图 0-4　Premiere Pro 2020 工作窗口

Premiere Pro 2020 是全黑的工作窗口，深色的工作窗口是为了让用户更加专注于视频处理，而不是交互窗口，同时可以更加突显视频的色彩效果，给用户完全不同的视觉体验，如图 0-4 所示。

在 Premiere Pro 2020 中，可以根据个人习惯设置工作窗口颜色的深浅。执行菜单命令“编辑”→“首选项”→“外观”，打开“首选项”对话框，在“亮度”选区中拖曳滑块至合适位置，如图 0-5 所示，设置完成后，单击“确定”按钮。

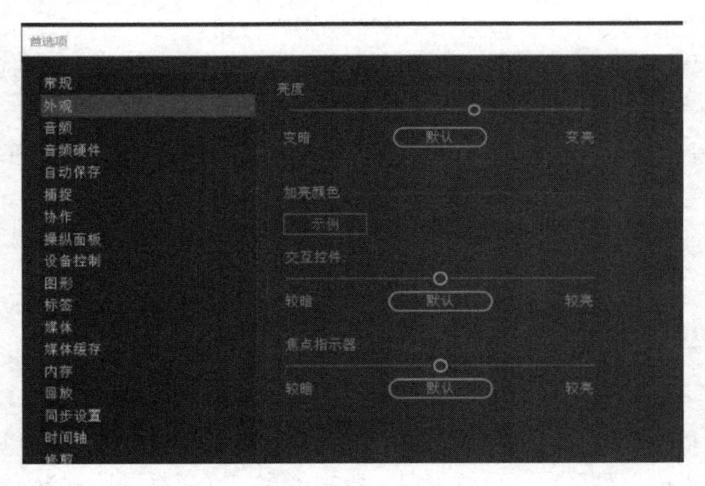

图 0-5　首选项

2．标题栏与菜单栏

标题栏位于 Premiere Pro 2020 工作窗口的最上方。菜单栏提供了 8 组菜单选项，位于标题栏的下方。

0-3　标题栏与菜单栏

菜单栏由“文件”“编辑”“剪辑”“序列”“标记”“图形”“视图”“窗口”和“帮助”菜单组成。

“文件”菜单：主要用于对项目文件进行操作，包括新建、打开项目、关闭项目、保存、另存为、保存副本、捕捉、批量捕捉、导入、导出以及退出等命令。

“编辑”菜单：主要用于一些常规编辑操作，包括撤销、重做、剪切、复制、粘贴、清除、波纹删除、全选、查找、标签、快捷键以及首选项等命令。

“剪辑”菜单：用于实现对素材的具体操作，包括重命名、修改、视频选项、捕捉设置、覆盖以及素材替换等命令。

“序列”菜单：主要用于对项目中当前活动的序列进行编辑和处理，包括序列设置、渲染音频、应用视频过渡、提升、提取、放大、缩小、对齐、自动重构序列、添加轨道以及删除轨道等命令。

“标记”菜单：用于对素材和场景序列的标记进行编辑处理，包括标记入点、标记出点、转到入点、转到出点、添加标记以及清除当前标记等命令。

“图形”菜单：主要用于实现图形制作过程中的各项编辑和调整，包括安装动态图形模板、新建图层、对齐、选择以及替换项目中的字体。

“视图”菜单：用于各窗口的设置，包括回放分辨率、显示标尺、在节目监视器中对齐及参考线模板等命令。

“窗口”菜单：主要用于实现对各种编辑窗口和控制面板的管理，包括工作区、扩展、事件、信息、字幕以及效果控件等命令。

“帮助”菜单：可以为用户提供在线帮助，包括 Pro 帮助、Premiere Pro 应用内教程 Premiere Pro 在线教程、登录以及更新等命令。

0-4　项目窗口

3. 项目窗口

项目窗口主要用于输入和储存时间线窗口编辑合成的素材文件。项目窗口由 3 个部分构成：最上面的一部分为查找区；位于中间的是素材目录栏；最下面的是工具栏，也就是菜单命令的快捷按钮，单击这些按钮可以方便地实现一些常用操作，如图 0-6 所示。

在项目窗口中，各个选项区的含义如下。

素材预览区：该选项区主要用于显示所选素材的相关信息。

查找区：该选项区主要用于查找需要的素材。

素材目录栏：该选项区的主要作用是将导入的素材按目录的方式编排起来。

工具栏：包括如下常用的快捷按钮。

- “列表视图”按钮：单击该按钮可以将素材以列表形式显示，如图 0-7 所示。

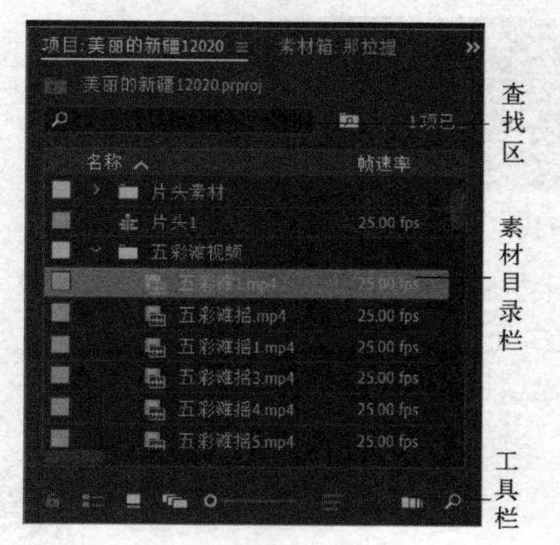

图 0-6　项目窗口

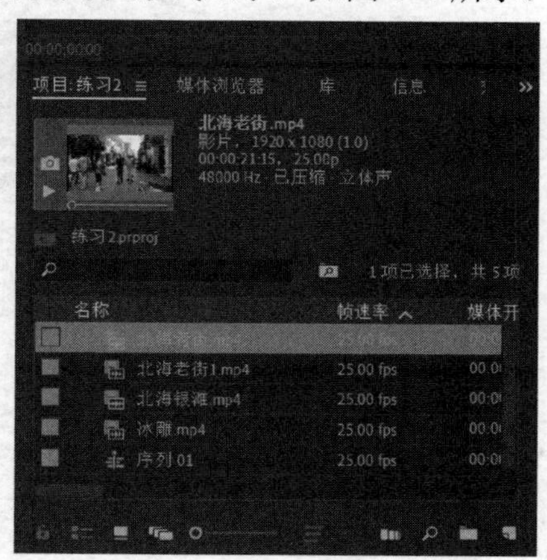

图 0-7　列表视图

- “图标视图”按钮：单击该按钮可以将素材以图像形式显示。
- “由变换视图”按钮：单击该按钮可以将素材以大图像形式显示。
- “缩小”“放大”滑块：向左拖动该滑块可以将素材缩小显示，向右拖动该滑块可以将素材放大显示。
- “排序图标”按钮：单击该按钮可以弹出“排序图标”列表，选择相应的选项可以按一定顺序将素材进行排序。单击“图标视图”按钮，再单击“排序图标”按钮，从弹出如图 0-8 所示的下拉菜单选择排序项目。
- “自动匹配序列”按钮：单击该按钮可以将项目窗口中所选的素材自动排列到时间线窗口的时间轴页面上。在项目窗口中选择排列的素材，单击“自动匹配序列”按钮，打开“序列自动化”对话框，如图 0-9 所示，单击“确定”按钮，即可将所选素材排列到时间线窗口。
- “查找”按钮：单击该按钮可以根据名称、标签或入点在项目窗口中定位素材。单击“查找”按钮，打开“查找”对话框，如图 0-10 所示，在该对话框的“查找目标”下的文本框中输入需要查找的内容，设置“列”为名称，“匹配”为任意，单击“查找”按钮即可。

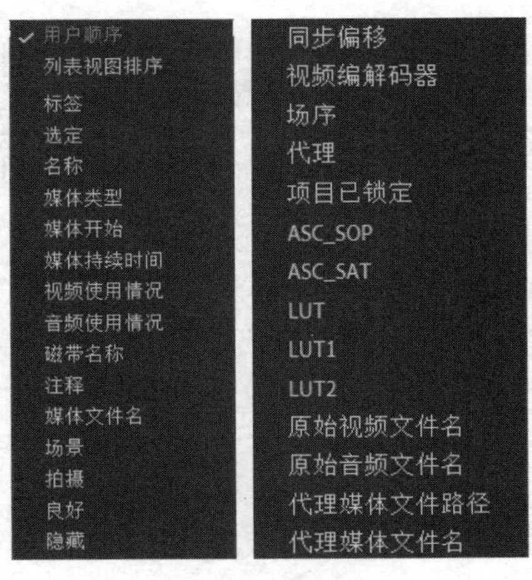

图 0-8　排序图标

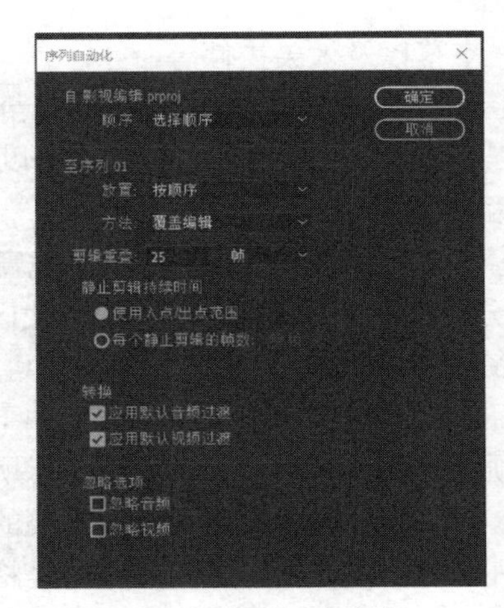

图 0-9　序列自动化

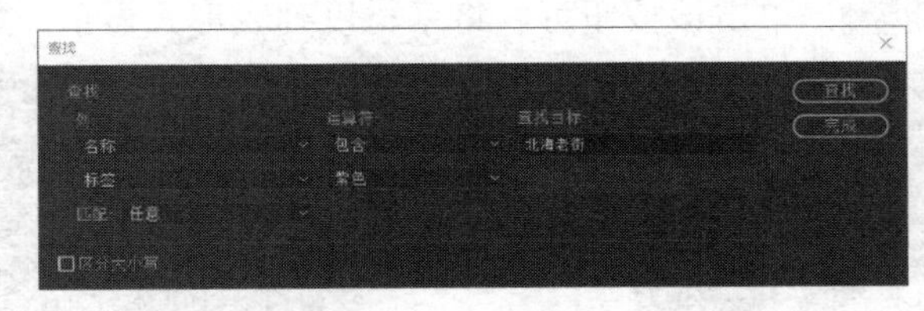

图 0-10　查找

- “新建素材箱”按钮：单击该按钮可以在素材目录栏中新建素材箱，如图 0-11 所示。在素材箱下面的文本框中输入文字，单击空白处即可确认素材箱的名字。
- “新建项”按钮：单击该按钮可以打开新建项目选项。
- “清除”按钮：单击该按钮可以从素材目录栏中清除选中的素材。使用该按钮不会删除计算机中的源文件。

0-5　监视器窗口

4. 监视器窗口

监视器窗口结合了素材源窗口、效果控件窗口、音频剪辑混合器窗口和元数据窗口，如图 0-12 所示。它是影视编辑中不可缺少的重要工具。通过监视器窗口可以对编辑的项目进行实时预览，还可以对素材进行剪辑编辑。

图 0-11　素材箱

图 0-12　监视器窗口

在监视器窗口中，各区域及按钮的含义如下。

源监视器窗口：在该窗口中可以对项目进行剪辑和预览。

节目监视器窗口：在该窗口中可以预览项目素材。

“标记入点”按钮：单击该按钮可以将时间线标尺所在的位置标记为素材的入点。

“标记出点”按钮：单击该按钮可以将时间线标尺所在的位置标记为素材的出点。

“转到入点”按钮：单击该按钮可以跳转到入点。

“转到出点”按钮：单击该按钮可以跳转到出点。

“逐帧退后”按钮：每单击该按钮一次即可将素材后退一帧。

“逐帧前进”按钮：每单击该按钮一次即可将素材前进一帧。

“播放－停止切换”按钮：单击该按钮可以播放所选的素材，再次单击该按钮，则会停止播放。

“插入”按钮：每单击该按钮一次可以在时间线窗口的时间指针后面插入源素材一次。

“覆盖”按钮：每单击该按钮一次可以在时间线窗口的时间指针后面插入源素材一次，并覆盖时间线上原有的素材。

“按钮编辑器”按钮：单击该按钮将打开“按钮编辑器”对话框，如图 0-13 所示。该对话框可以重新布局监视器窗口的按钮。

“提升”按钮：单击该按钮可以将播放窗口中标注的素材从时间线窗口中提出，其他素材的位置不变。

“提取”按钮：单击该按钮可以将播放窗口中标注的素材从时间线窗口中提取，后面的素材位置自动向前对齐填补间隙。

提示：在时间线窗口中添加一个“海湾”素材，将时间指针拖到 6s 处，单击节目监视器窗口的“标记入点”按钮，将时间指针拖到 13s 处，单击节目监视器窗口的“标记出点”按钮，如图 0-14 所示，单击“提升”按钮，效果如图 0-15 所示，按〈Ctrl+Z〉组合键，再单击“提取”按钮，效果如图 0-16 所示。

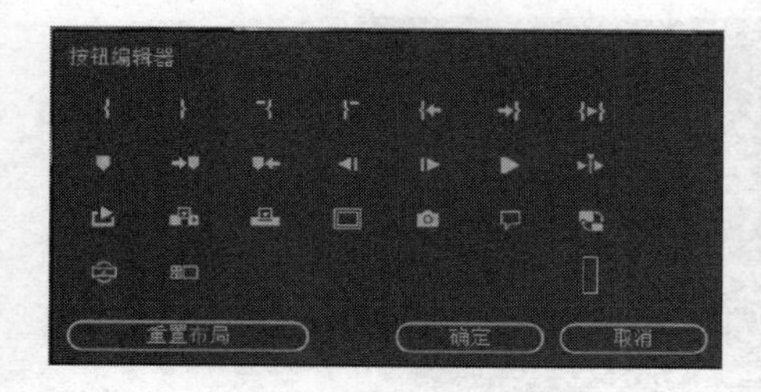

图 0-13　按钮编辑器

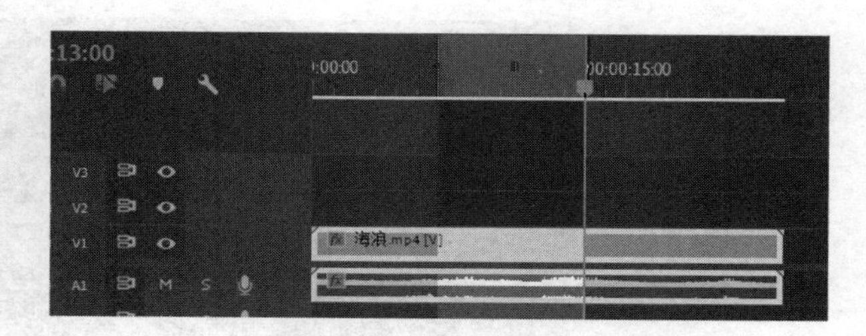

图 0-14　添加入点与出点

图 0-15　提升效果

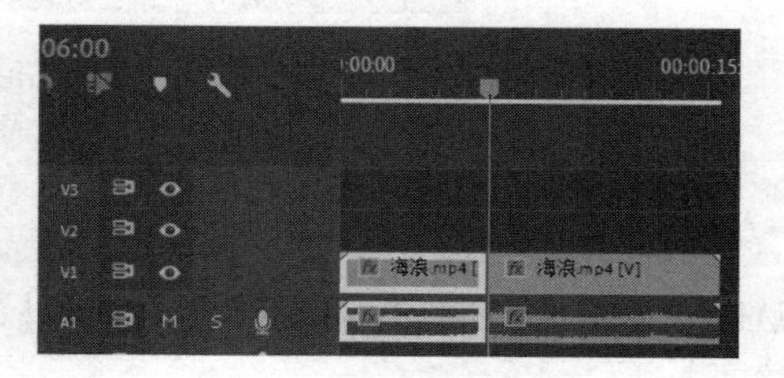

图 0-16　提取效果

5. 效果窗口

0–6　效果窗口

效果窗口主要用于为音频或视频素材添加“音频效果”“音频过渡”“视频效果”“视频过渡”等，如图 0–17 所示。

6. 效果控件窗口

效果控件窗口主要控制对象的运动、不透明度、切换效果、改变过渡方式以及设置文字参数等，如图 0–18 所示。

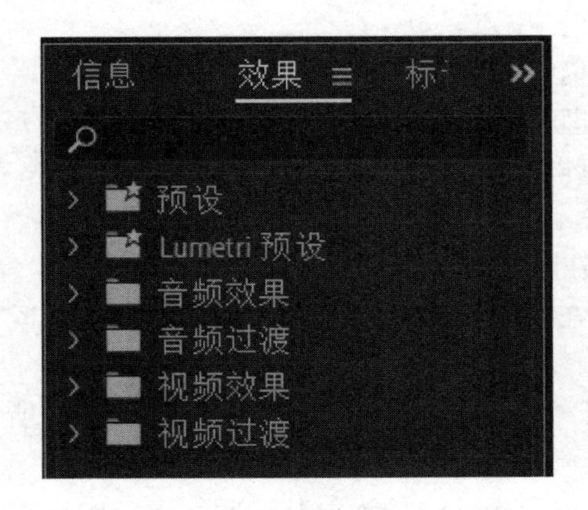

图 0–17　效果控件窗口

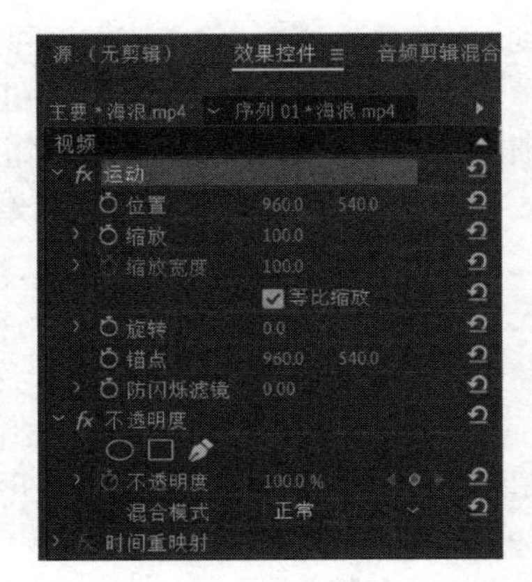

图 0–18　效果控件

提示：在效果窗口中选择需要的视频特效，将其添加到视频素材上，然后选择视频素材，进入效果控件窗口，就可以为添加的效果设置属性，如果在工作窗口中没有找到效果控件窗口，可以执行菜单命令“窗口” → “效果控件”，即可展开效果控件窗口。

7. 时间线窗口

时间线窗口是进行视频、音频编辑的重要窗口之一，如图 0–19 所示，在窗口中可以轻松实现素材的剪辑、插入、调整以及添加关键帧等操作。

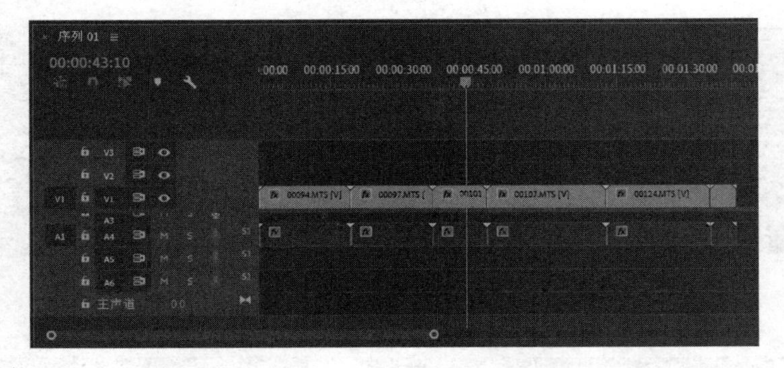

图 0–19　时间线窗口

8. 工具窗口

0–7　工具窗口

工具窗口（也叫工具箱）位于时间线窗口的左侧，主要包括选择工具、向前选择轨道工具、波纹编辑工具、剃刀工具、外滑工具、钢笔工具、手形工具和文字工具等。

选择工具：该工具主要用于选择素材、移动素材以及调节素材关键帧。将该工具移到素材边缘，光标将变成拉伸图标。可以拉伸素材为素材设置入点和出点。

向前选择轨道工具：该工具主要用于选择所有轨道上的素材，按住〈Shift〉键的同时单击鼠标左键，可以选择某一轨道上的素材。

波纹编辑工具：该工具主要用于拖动素材的出点，可以改变所选素材的长度，而轨道上其他素材的长度不受影响。

滚动编辑工具：该工具主要用于调整两个相邻素材的长度，两个被调整的素材长度变化是一种此消彼长的关系，在固定的长度范围内，一个素材增加的帧数必然会从另一个的素材中减去。

比例拉伸工具：该工具主要用于调整素材的速度。缩短素材速度加快，拉长素材速度减慢。

剃刀工具：该工具主要用于分割素材，将素材分割为两段，产生新的入点和出点。

外滑工具：选择此工具时，可以同时更改时间线内某剪辑的入点和出点，并保留入点和出点之间的时间间隔不变。

内滑工具：选择此工具时，可以将时间线内的某个剪辑向左或向右移动，同时修剪其周围的两个剪辑。三个剪辑的组合持续时间以及该组在时间线内的位置将保持不变。

钢笔工具：该工具主要用于绘制不规则图形。添加关键帧，修改关键帧。

矩形工具：该工具主要用于绘制矩形图形。

椭圆工具：该工具主要用于绘制椭圆图形。

手形工具：该工具主要用于改变时间线窗口的可视区域，在编辑一些较长的素材时，使用该工具非常方便。

缩放工具：该工具主要用于缩放时间线窗口素材的尺寸，单击时间线窗口，可放大素材；按住〈Alt〉键，单击时间线窗口，可以缩小素材尺寸。

文字工具：该工具主要用于字幕设计。

9. 信息窗口

信息窗口用于显示所选素材以及当前序列中素材的信息，包括素材本身的帧速率、分辨率、素材长度和素材在序列中的位置等，如图 0-20 所示。

0-8　信历快窗口

10. 历史记录窗口

历史记录窗口主要用于记录编辑操作时执行的每一个命令，可以通过在历史记录窗口中删除指定的命令来还原之前的编辑操作，如图 0-21 所示。

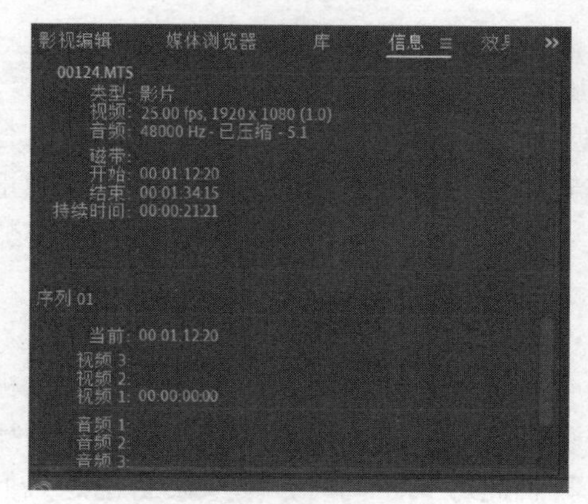

图 0-20　信息窗口

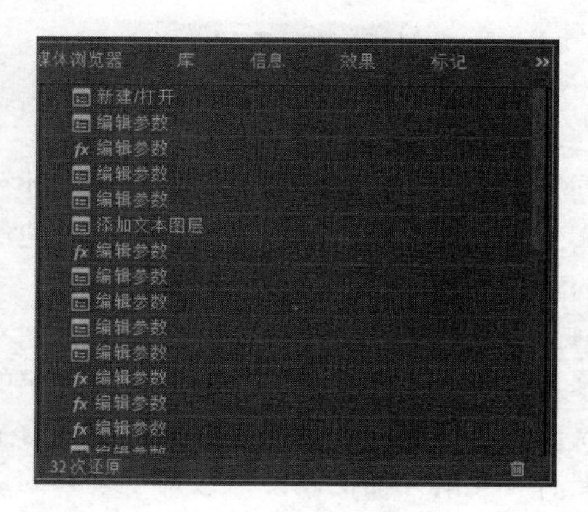

图 0-21　历史记录窗口

提示：当用户选择历史记录窗口中的历史记录后，单击历史记录窗口右下角的“删除可重做的动作”按钮，即可将当前历史记录删除。

11. 快捷键

在 Premiere Pro 2020 中提供了快捷键，可以执行菜单命令“编辑”→“快捷键”，打开“键盘快捷键”对话框，从中查看各命令的快捷键，如图 0-22 所示。

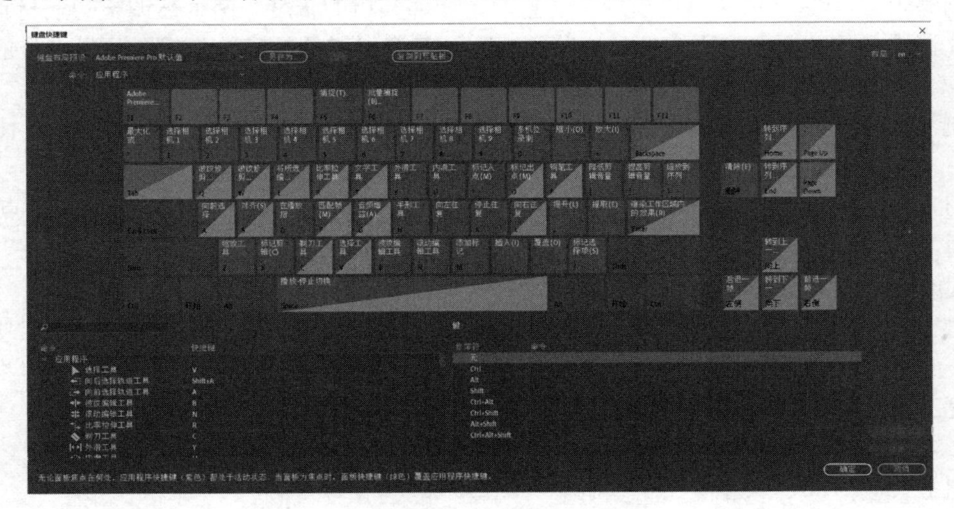

图 0-22 键盘快捷键

主要快捷键：标记入点—〈i〉，标记出点—〈o〉，插入—〈,〉，覆盖—〈。〉，提取—〈'〉，提升—〈;〉，选择工具—〈v〉，波纹编辑工具—〈b〉，文字工具—〈t〉，音频增益—〈g〉，播放—〈l〉，停止—〈k〉，倒放—〈h〉。

12. 退出 Premiere Pro 2020

退出 Premiere Pro 2020 有如下几种方式。

1）在 Premiere Pro 2020 中保存项目后，执行菜单命令“文件”→“退出”。

2）按〈Ctrl+Q〉组合键。

3）按〈Alt+F4〉组合键。

4）在 Premiere Pro 2020 操作界面中，单击右上角的“关闭”按钮。

0.6 安装播放器及插件

在 Premiere 中进行影视内容的编辑时，需要使用大量不同格式的视频、音频素材内容。对于不同格式的视频、音频素材，首先要在计算机中安装对应解码格式的程序文件，才能正常地播放和使用这些素材。所以，为了尽可能地保证数字视频编辑工作的顺利完成，需要安装一些相应的辅助程序及所需要的视频解码程序。

（1）暴风影音

暴风影音是北京暴风科技有限公司推出的一款视频播放器，该播放器兼容大多数的视频和音频格式。暴风影音播放的文件清晰，当有文件不可播放时，右上角的“播”起到了切换视频解码器和音频解码器的功能，会切换视频的最佳三种解码方式。同时，暴风影音也是人们最喜爱的播放器之一，因为它的播放能力非常强大。图 0-23 所示是该软件包的安装界面。

（2）Quicktime

Quicktime 是 Macintosh 公司在 Apple 计算机系统中应用的一种跨平台视频媒体格式，具有支持互动、高压缩比、高画质等特点。很多视频素材都采用 Quicktime 的格式进行压缩保存。为了在 Premiere 中进行视频编辑时可以应用 Quicktime 的视频素材，就需要先安装 Quicktime 播放器程序。该软件安装界面如图 0-24 所示。在 Apple 的官方网站下载最新版本的 QuickTime 播放器程序进行安装即可。

图 0-23　暴风影音安装界面　　　图 0-24　Quicktime 安装界面

（3）Trapcode Suite 12.1.6 64-bit 插件的安装

插件是视频效果的一部分，Premiere Pro 2020 除了本身自带的视频效果外，还有些插件可使用，由于本教材要用 Shine 插件制作文字闪光效果，特介绍插件的安装。

0-9　插件的安装

1）双击 Trapcode Suite 12.1.6 64-bit 安装图标，打开其安装向导，“Welcome to the Trapcode Suite Setup Wizard”（欢迎使用 Trapcode 套件安装向导）界面，如图 0-25 所示，单击“Next”（下一步）按钮。

2）打开“Red Giant Software Registration”（红巨人软件注册）对话框，打开 T.C.Suite 12 SN（注册码）记事本，将所需安装插件的序列号复制到“Serial#”（序列号）文本框内，单击“Submit”（提交）按钮，打开“Thanks for purchasing Trapcode Shine”（感谢您购买 Trapcode Shine）界面，如图 0-26 所示，单击“确定”按钮，注册完毕，如图 0-27 所示，单击“Next”按钮。

3）打开“License Agreement”（许可协议）界面，选择“I accept the agreement”（我接受协议）单选按钮，如图 0-28 所示，单击“Next”按钮。

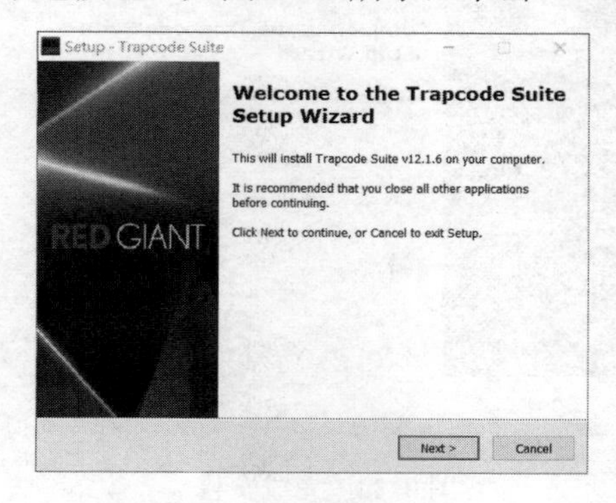

图 0-25　安装向导

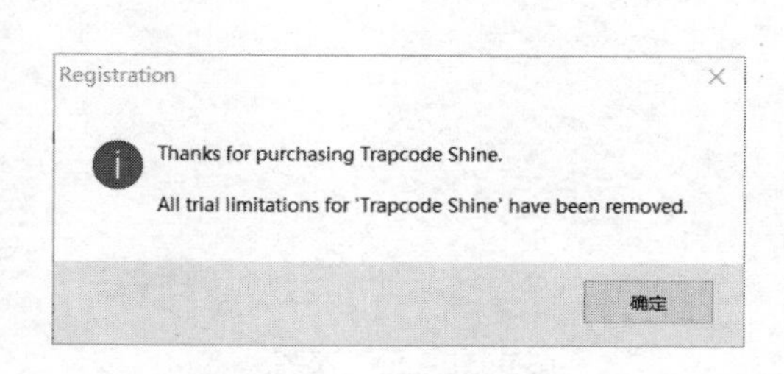

图 0-26　感谢购买

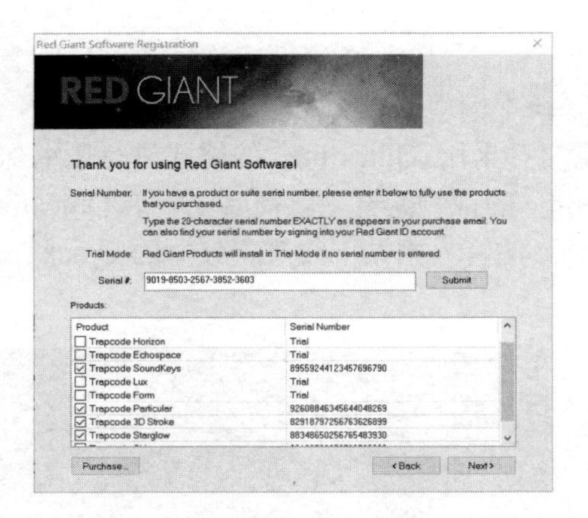

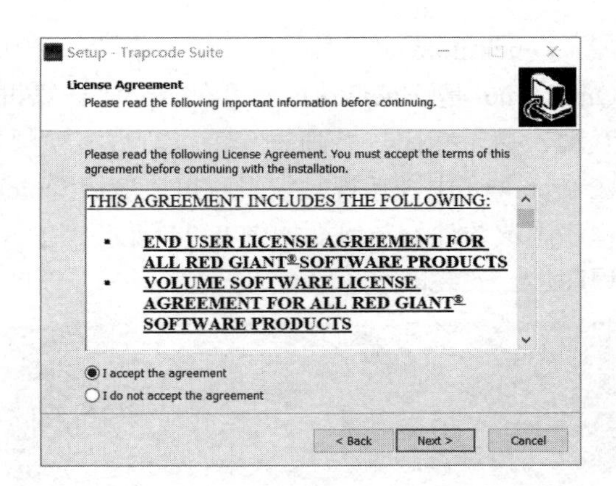

图 0-27　红巨人软件注册　　　　　图 0-28　协议许可

4）打开“Select Components”（选择组件）界面，选择“Adobe After Effects and Premiere Pro CC 2014”复选框，如图 0-29 所示，单击“Next”按钮。

5）打开“Ready Install”（准备安装）界面，如图 0-30 所示，单击“Install”按钮。

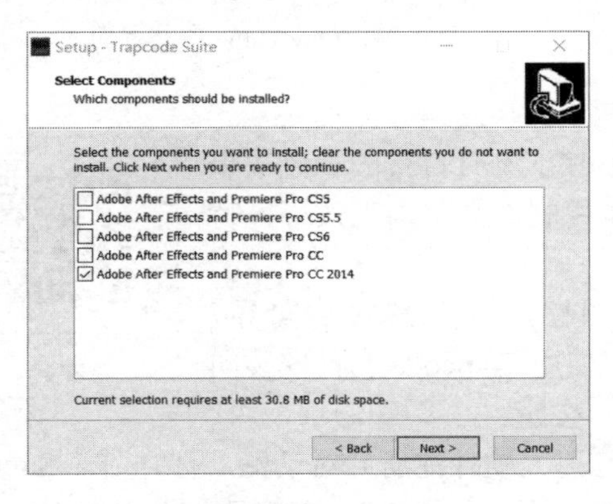

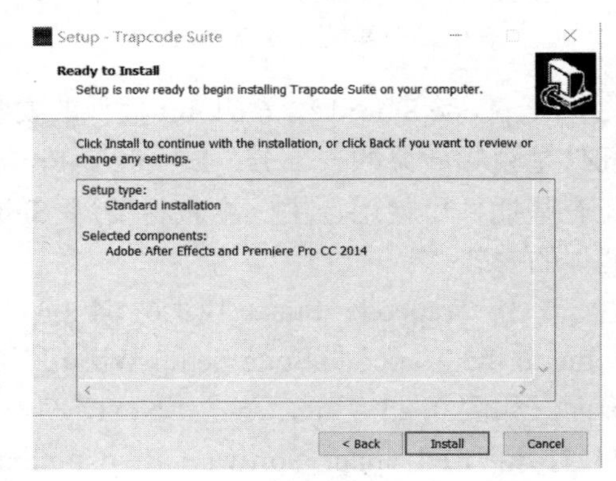

图 0-29　选择组件　　　　　图 0-30　准备安装

6）进入“Installing”（正在安装）界面，如图 0-31 所示，安装完毕后跳出“Completing the Trapcode Suite Setup Wizard”（完成 Trapcode 套件安装向导）界面，如图 0-32 所示，单击“Finish”按钮。

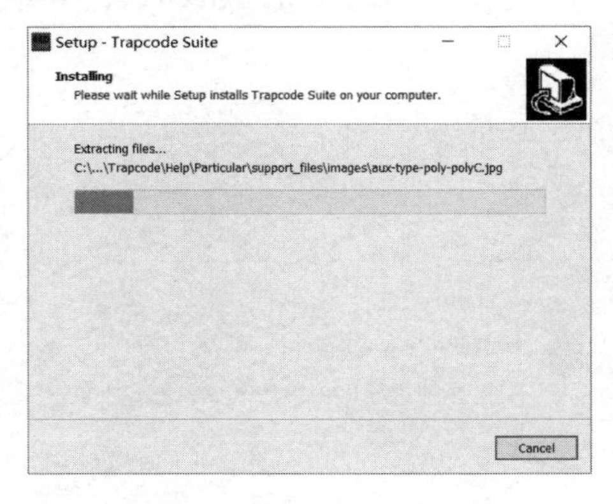

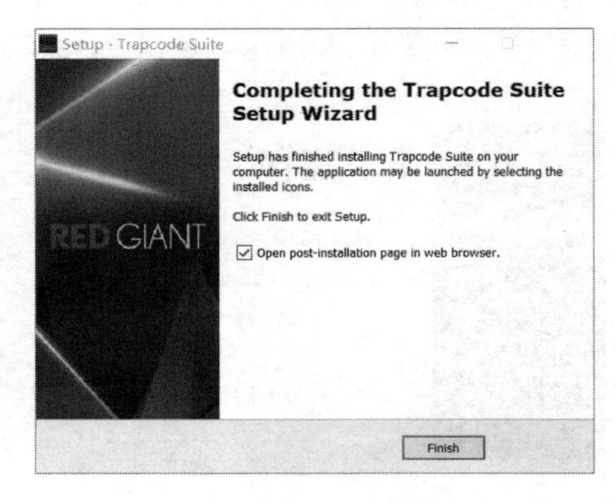

图 0-31　正在安装　　　　　图 0-32　完成安装

After Effects（简称 AE）最好安装在 C 盘里，并多留一点空间。如果装了几个 AE 版本，请留意安装路径。

0-10 影视制作流程

0.7 影视编辑基本工作流程

使用 Premiere Pro 2020 编辑的视频无论是用于广播、DVD 还是网络，其制作都会遵循一个相似的流程，包括新建或打开项目、导入素材、整合并剪辑素材、添加字幕、添加转场和特效、混合音频及输出。

（1）新建或打开项目

启动 Premiere Pro 2020，在出现的快速开始界面中，可以选择新建项目或打开一个现有的项目。新建一个项目后，可以设置序列的视频标准和格式。

（2）导入素材

将 SD 卡插入计算机的 SD 插口，从 SD 卡中选择要导入的文件，将其导入计算机。

使用项目窗口可以导入多种数字媒体，包括视频、音频和静态图片。Premiere Pro 2020 还支持导入 Illustrator 生成的矢量格式图形或者 Photoshop 格式的图像，并且可以将 After Effects 的项目文件进行天衣无缝的转换，整合为一条完整的工作流程。它可以很简单地创建一些常用的元素，例如基本彩条、颜色背景和倒计时计数器等。

在项目窗口中，可以标记、分类素材，或将素材以文件夹的形式进行分组，从而对复杂的项目进行管理。使用项目窗口的图标视图还可以对素材进行规划，以快速装配序列。

（3）整合并剪辑素材

使用素材源监视器可以预览素材，设置编辑点，在将其添加到序列中之前，还可以对其他重要的帧进行标记。

可以使用拖曳的方式或使用素材源监视器窗口的控制按钮将素材添加到时间线窗口的序列中，并按照在项目窗口中的顺序，对其进行自动排列。编辑完毕后，可以在节目监视器窗口中观看最终的序列，或者在外接的电视监视器上以全屏、全分辨率的方式进行观看。

在时间线窗口中，可以使用各种编辑工具对素材进一步地编辑；在专门的剪辑监视器中，可以精确地定位剪辑点；使用嵌套序列的方法，可以将一个序列作为其他序列的一个素材片段。

（4）添加字幕

使用 Premiere Pro 2020 中功能齐全的字幕设计器，可以简单地为视频创建不同风格的字幕或者滚动字幕。其中还提供了大量的字幕模板，可以随需进行修改并使用。对于字幕，可以像编辑其他素材片段一样，为其设置淡入淡出、施加动画和效果等。

（5）添加转场和特效

效果窗口中包含了大量的过渡和效果，可以使用拖曳或其他方式为序列中的素材施加过渡和效果。在效果控件窗口中，可以对效果进行控制，并创建动画，还可以对过渡的具体参数进行设置。

（6）混合音频

基于轨道音频编辑，Premiere Pro 2020 中的音频混合器相当于一个全功能的调音台，可以实现几乎各种音频编辑。Premiere Pro 2020 还支持实时音频编辑，使用合适的声卡可以通过传声器进行录音或者混音输出 5.1 环绕声。

（7）输出

影片编辑完毕后，可以输出到多种媒介，如移动硬盘或者 U 盘。而使用 Adobe 媒体编码器，可以对视频进行不同格式的编码，用于输出影碟或网络媒体。

课后拓展练习

1．填空题

1）一个动画素材的长度可以被裁剪后再拉长，但拉长不能超过素材的______程度。

2）Premiere Pro 2020 的主要功能是基于 PC 或 Mac 平台对数字化的________素材进行非线性的剪接编辑。

3）Premiere Pro 2020 是________软件，融____和______处理于一体。

4）使用 Premiere Pro 编辑视频，其制作流程包括新建或打开项目、导入素材、整合并剪辑素材、________、____________、混合音频及输出。

2．判断题

1）使用项目窗口可以导入多种数字媒体，包括视频、音频和静态图片。

2）在项目窗口中，可以标记、分类素材，或将素材以文件的形式进行分组。

3）不管在 Premiere Pro 2020 中设置的历史记录步骤多少都不会占用计算机的资源。

4）使用源监视器可以预览素材，设置编辑点，在将其添加到序列之前，还可以对其他重要的帧进行标记。

5）在时间线窗口中，不能使用编辑工具对素材进行进一步编辑。

6）在效果控件窗口或时间线窗口中，可以对效果进行控制并创建动画。

3．问答题

简述 Premiere Pro 2020 新增的功能。（上网查询）

项目1　MV和卡拉OK的编辑

项目导读

电视节目的编辑就是电视节目后期制作，即将原始的素材镜头编辑成电视节目所必需的全部工作过程，如撰写文字脚本、整理素材镜头、配合语言文字稿录音、叠加屏幕文字和图形、编辑音响效果和音乐、审查与修改，最后把素材镜头组合编辑成播出片。

1981年8月，一家专门从事播放可视歌曲的电视网——音乐电视网（MTV）应运而生，这家商业电视网成为历史上最热门的有线电视台。

MTV、MV和卡拉OK是目前较为流行的三种不同的节目类型，深受观众和演唱者的喜爱。

MTV重在音乐，影像不过是点缀而已，完全配合音乐而来。歌手推出自己的MTV，主要是宣传歌曲。

MV是一种视觉文化，是建立在音乐、歌曲结构上的流动视觉。视觉是音乐听觉的外在形式，音乐是视觉的潜在形态。它应该是利用电视画面手段来补充音乐所无法涵盖的信息和内容。要从音乐的角度创作画面，而不是从画面的角度去理解音乐。

卡拉OK是一种伴奏系统，演唱者可以在预先录制的音乐伴奏下演唱。卡拉OK能通过声音处理使演唱者的声音得到美化与润饰，当再与音乐伴奏有机结合时，就变成了浑然一体的立体声歌曲。

技能目标

能使用Premiere Pro 2020进行视频素材的采集、编辑，声音的录制及编辑，字幕制作，输出各种视、音频格式，完成卡拉OK及MV的制作。

知识目标

掌握视频的导入、编辑，声音的录制及编辑。

掌握片头字幕、滚动字幕及复述性文字的制作。

学会正确地输出各种视、音频格式。

依托项目

视频的组接、音频的编辑、字幕的制作、影片的输出，让观众相信自己在电视上看到的和听到的都是真实的，观众从影片中感觉到电视的魅力。本项目制作卡拉OK及MV。

项目解析

要制作卡拉OK及MV，首先应写出其策划稿，进行视频素材的拍摄，然后进行视频的编辑、添加字幕、配音、制作片头片尾及添加特技。可以将制作卡拉OK、MV分成几个任务来处理，第 1 个任务是影片的剪辑，第 2 个任务是音频的编辑，第 3 个任务是字幕的制作，第 4 个任务是影片的输出，第 5 个任务是综合实训。

1-1　任务 1.1

任务 1.1　影片的剪辑

问题的情景及实现

进入 Premiere Pro 2020 后的第 1 步工作，就是根据剧本及拍摄的素材，导入素材，为节目制作准备素材。所要输入的片段主要是视频、音频、动画、图像和图形等。输入的片段都存放在项目窗口中。

项目是一个包含了序列和相关素材的 Premiere Pro 2020 的文件，与其中的素材之间存在链接关系。项目中储存了序列和素材的一些相关信息，例如采集设置、转场和音频混合等。项目中还包含了编辑操作的一些数据，例如素材剪辑的入点和出点，以及各个效果的参数。在每个新项目开始的时候，Premiere Pro 2020 会在磁盘空间中创建文件夹，用于存储采集文件、预览和转换音频文件等。

每个项目都包含一个项目窗口，其中储存着所有项目中所用的素材。

1-2　实例 1

实例 1　通过命令导入素材文件

1）启动 Premiere Pro 2020 后，单击“新建项目”按钮，打开“新建项目”对话框，设置“名称”为练习，“位置”为 I:\VR 视频剪辑\效果，单击“确定”按钮，按〈Ctrl+N〉组合键，打开“新建序列”对话框，设置“可用预设”为 AVCHD→1080p→AVCHD 1080p25，单击“确定”按钮。

2）按〈Ctrl+I〉组合键，打开“导入”对话框，选择相应的素材文件，如图 1-1 所示，单击“打开”按钮。

3）在项目窗口中双击导入的素材文件，如图 1-2 所示，即可在源监视器窗口中查看导入的素材画面效果。

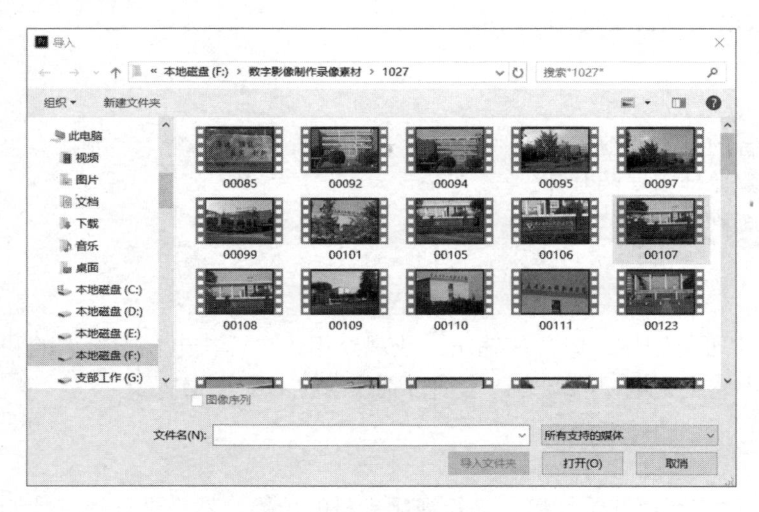

图 1-1　“导入”对话框

图 1-2　项目窗口素材

实例 2　通过命令编组素材文件

1-3　实例 2

1）在 Premiere Pro 2020 的工作窗口中，执行菜单命令“文件”→“新建”→“序列”，打开“新建序列”对话框，设置“可用预设”为 AVCHD→1080p→AVCHD 1080p25，“序列名称”为“编组”，单击“确定”按钮。按〈Ctrl+I〉组合键，打开“导入”对话框，选择相应的素材文件，单击“打开”按钮，导入两个素材。

2）在项目窗口中双击“北海老街”素材文件，即可在源监视器窗口中查看导入的素材画面效果，单击窗口右下角的“插入”按钮，如图 1-3 所示。

图 1-3　单击“插入”按钮

3）执行操作后，即可在时间线窗口的 V1 轨道中插入“北海老街”素材，如图 1-4 所示。

4）在时间线窗口的合适位置单击鼠标左键，即可调整时间指示器的位置，然后双击“北海老街 1”素材文件，在源监视器窗口中单击“插入”按钮，即可在时间指示器的位置插入“北海老街 1”素材，如图 1-5 所示。

图 1-4　插入“北海老街”素材

图 1-5　插入“北海老街 1”素材

5）选择时间线窗口的一个素材，按住〈Shift〉键的同时单击另一个素材文件，选择添加的两个素材，如图 1-6 所示。

6）在素材文件上单击鼠标右键，从弹出的快捷菜单中选择“编组”选项，如图 1-7 所示。

图 1-6　选择两个素材

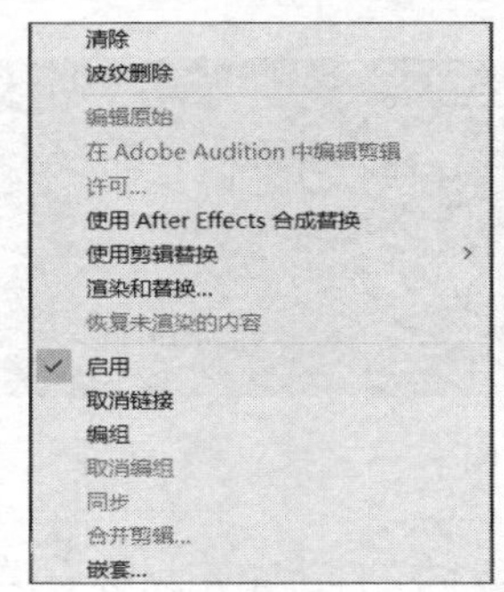

图 1-7　选择“编组”选项

7）执行上述操作后，即可编组素材文件，在素材文件上单击鼠标左键并拖曳至合适的轨道位置上释放鼠标，两个素材将会同时移动，如图 1-8 所示。

图 1-8　两个素材将同时移动

8）选择时间线窗口被编组的素材文件，单击鼠标右键，在弹出的快捷菜单中选择“取消编组”选项，如图 1-9 所示，即可将素材取消编组。

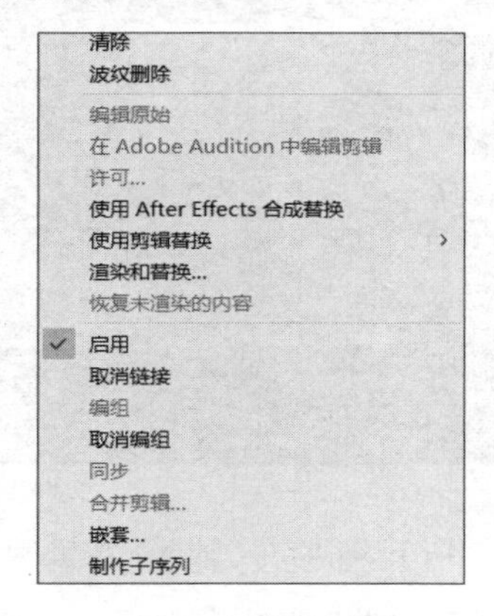

图 1-9　选择“取消编组”选项

实例 3　通过命令嵌套素材文件

1）在 Premiere Pro 2020 的工作窗口中，执行菜单命令“文件”→“新建”→“序列”，打开“新建序列”对话框，设置“可用预设”为 AVCHD→1080p→AVCHD 1080p25，“序列名称”为“嵌套”，单击“确定”按钮。按〈Ctrl+I〉组合键打开“导入”对话框，选择相应的素材文件，单击“打开”按钮，导入两个素材，如图 1-10 所示。

1-4　实例 3

2）将项目窗口中导入的素材依次拖曳至时间线窗口的 V1 轨道中，在时间线窗口中选择一个素材文件，按住〈Shift〉键的同时单击另一个素材文件，选择添加的两个素材，如图 1-11 所示。

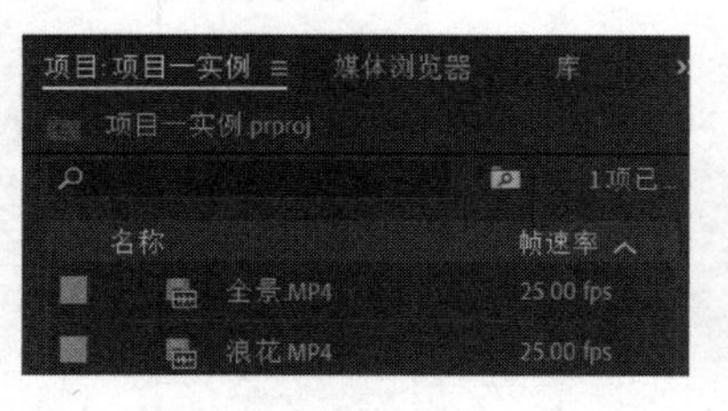

图 1-10　导入素材文件

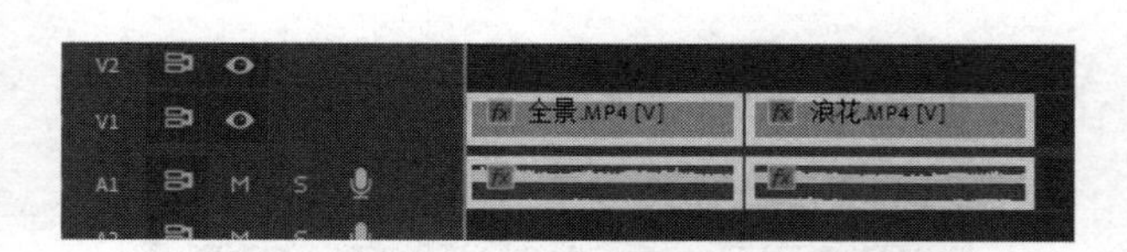

图 1-11　选择两个素材

3）在素材文件上单击鼠标右键，从弹出的快捷菜单中选择“嵌套”选项，如图 1-12 所示。

4）打开“嵌套序列名称”对话框，设置名称为“嵌套序列 01”，如图 1-13 所示。

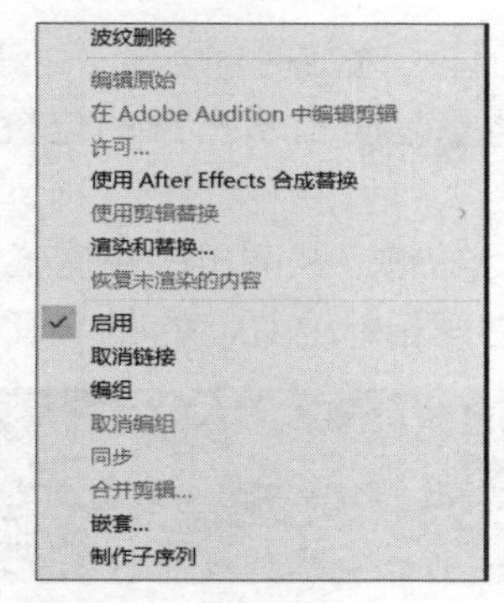

图 1-12　选择“嵌套”选项

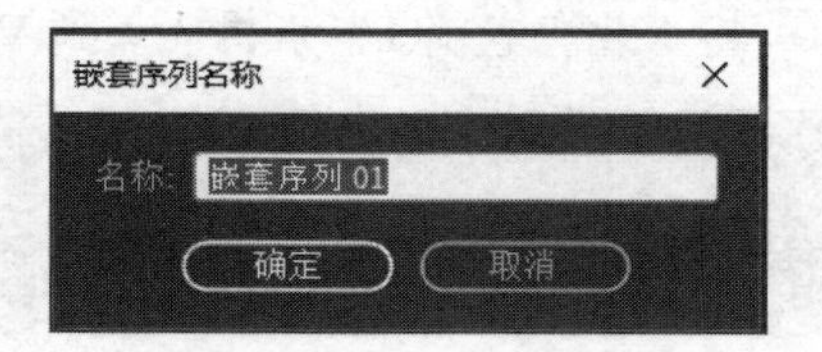

图 1-13　设置序列名称

5）单击“确定”按钮，即可嵌套素材，并在项目窗口中生成“嵌套序列 01” 嵌套素材。

6）双击嵌套的素材，可以在时间线窗口中打开“嵌套序列 01”素材，在其中可以对素材文件进行编辑，如图 1-14 所示。

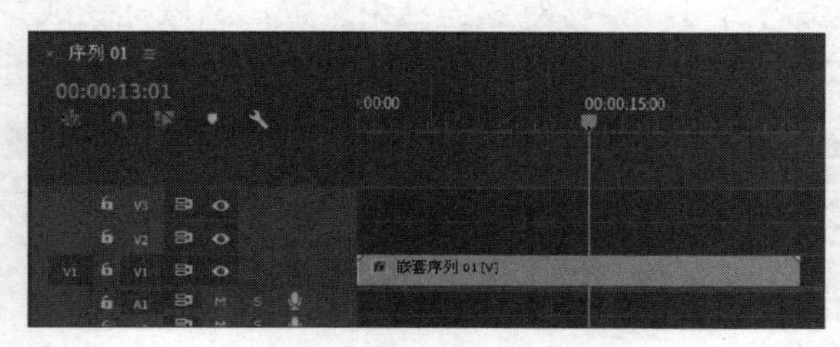

图 1-14　生成嵌套素材

实例 4　通过选择工具编辑北海风景

1-5　实例 4

1）在 Premiere Pro 2020 的工作窗口中，执行菜单命令“文件”→“新建”→“序列”，打开“新建序列”对话框，设置“可用预设”为 AVCHD→1080p→AVCHD 1080p25，“序列名称”为“选择工具”，单击“确定”按钮。按〈Ctrl+I〉组合键，打开“导入”对话框，选择相应的素材文件，单击“打开”按钮，导入两个素材。

2）在项目窗口中选择“北海老街”素材文件，单击鼠标右键，从弹出的快捷菜单中选择“插入”选项，如图 1-15 所示。

3）执行操作后，即可在时间线窗口中插入“北海老街”素材，如图 1-16 所示。

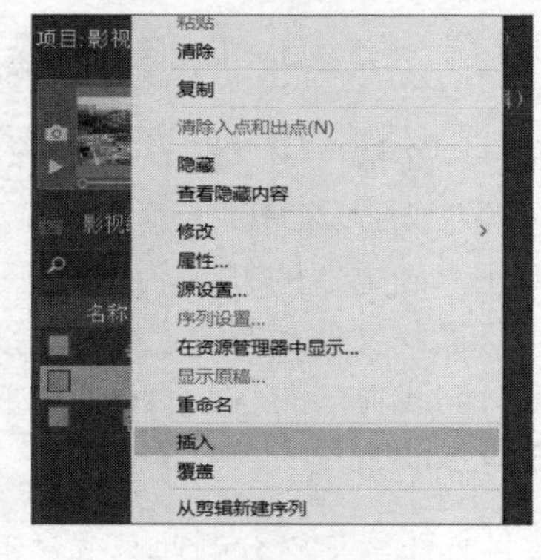

图 1-15　选择“插入”选项

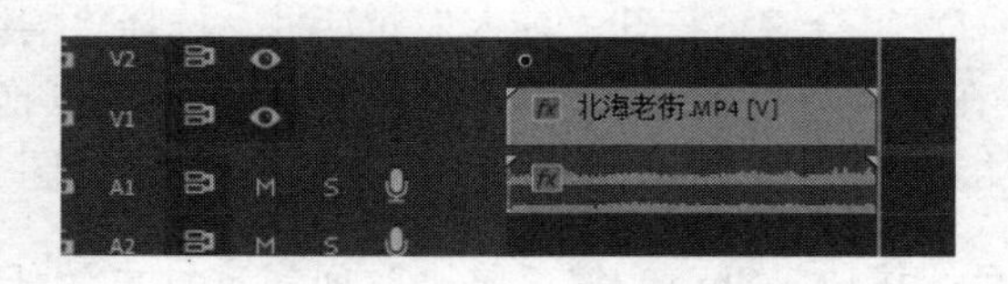

图 1-16　插入“北海老街”素材

4）在时间线窗口中按住〈Alt〉键并滚动鼠标滚轮，即可缩放时间标尺，拖曳滚动条调整显示区域，在时间标尺上的合适位置单击鼠标左键，调整时间指示指针的位置，如图 1-17 所示。

5）在项目窗口中选择“北海老街 1”素材，单击鼠标右键，从弹出的快捷菜单中选择“插入”选项，即可将“北海老街 1”素材插入到 V1 轨道的时间指针位置，如图 1-18 所示。

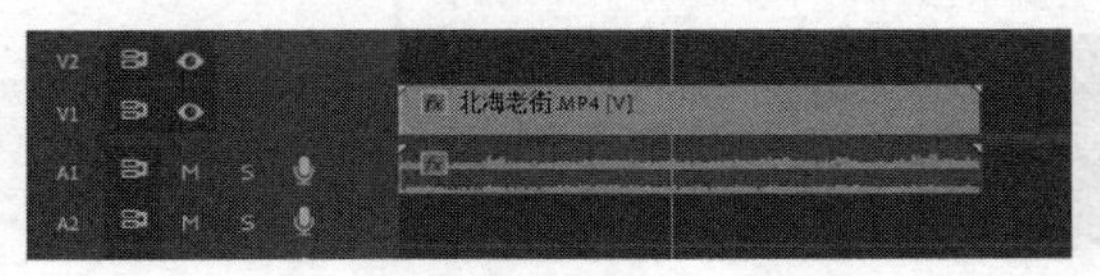

图 1-17　调整时间指针位置

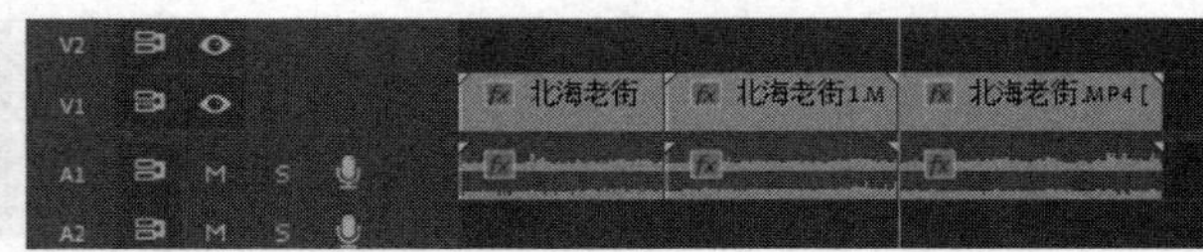

图 1-18　插入“北海老街 1”素材

6）在时间线窗口中选择“北海老街 1”素材，单击鼠标左键并拖曳至合适位置释放鼠标左键，可以移动素材对象的位置，如图 1-19 所示。

7）将鼠标移到“北海老街 1”素材对象的结束位置，当鼠标变成拉伸图标时，单击鼠标左键并拖曳至合适位置释放鼠标，可以调整素材的持续时间，如图 1-20 所示。

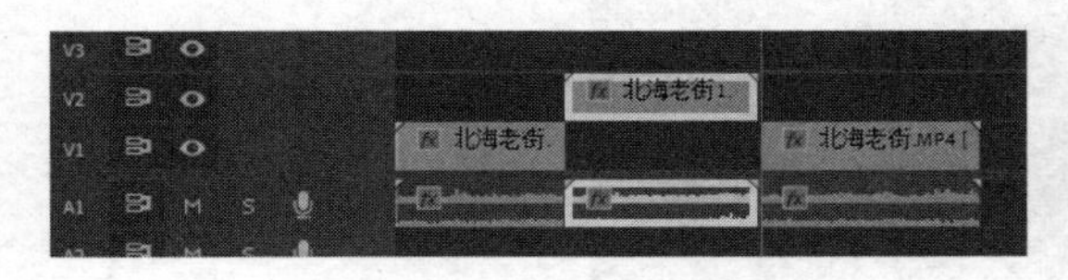

图 1-19　移动素材

图 1-20　调整素材的持续时间

8）按〈Ctrl+Z〉组合键两次，如图 1-18 所示，按住〈Ctrl〉键，将鼠标移到第一段“北海老街”素材对象的结束位置，当鼠标变成红色的拉伸图标时，拖曳至合适位置后释放鼠标，可以调整素材对象的持续时间，同时该轨道上其他素材做相应的调整，如图 1-21 所示。

9）在时间线窗口中选择后一段“北海老街”素材，单击鼠标右键，从弹出的快捷菜单中选择“清除”选项，执行操作后，即可在时间线上清除选择的素材对象，如图 1-22 所示。

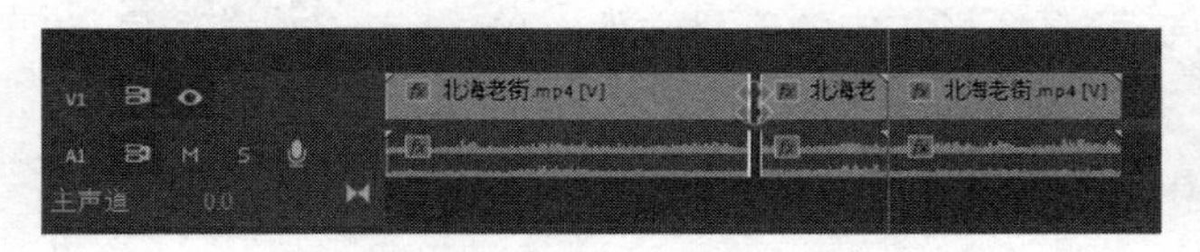

图 1-21　调整素材的持续时间

图 1-22　清除选择素材对象

实例 5　通过剃刀工具编辑校园风景

1-6　实例 5

1）在 Premiere Pro 2020 的工作窗口中，执行菜单命令“文件”→“新建”→“序列”，打开“新建序列”对话框，设置“可用预设”为 AVCHD→1080p→AVCHD 1080p25，“序列名称”为“剃刀工具”，单击“确定”按钮。按〈Ctrl+I〉组合键，打开“导入”对话框，选择“摇镜头 1”素材文件，单击“打开”按钮。

2）在项目窗口中选择导入的素材文件，并将其拖曳至时间线窗口的 V1 轨道上，释放鼠标即可添加素材文件，在工具箱中选择剃刀工具，如图 1-23 所示。

提示：按住〈Shift〉键，单击时间线窗口中的任何素材文件，可以分割此位置所有轨道内的素材。

3）在节目监视器窗口中单击“播放”按钮，播放视频并查找场景切换位置，单击“逐帧后退”按钮与“逐帧前进”按钮定位场景切换的帧，如图 1-24 所示。

图 1-23　选择剃刀工具

图 1-24　定位场景切换的帧

4）在时间线窗口中，使用剃刀工具单击时间指针的位置，即可分割素材对象，调整时间指示器的位置，查看分割效果，如图 1-25 所示。

图 1-25　分割效果

实例 6　通过波纹工具编辑北海风景

1-7　实例 6

1）在 Premiere Pro 2020 的工作窗口中，按〈Ctrl+N〉组合键，打开“新建序列”对话框，设置“可用预设”为 AVCHD→1080p→AVCHD 1080p25，“序列名称”为“波纹工具”，单击“确定”按钮。按〈Ctrl+I〉组合键，打开“导入”对话框，选择“摇镜头 1”和“全景”素材文件，单击“打开”按钮，导入两个素材，如图 1-26 所示。

2）在项目窗口中选择两个素材，并将其拖曳至时间线窗口的 V1 轨道中，在工具箱中选择波纹工具，如图 1-27 所示。

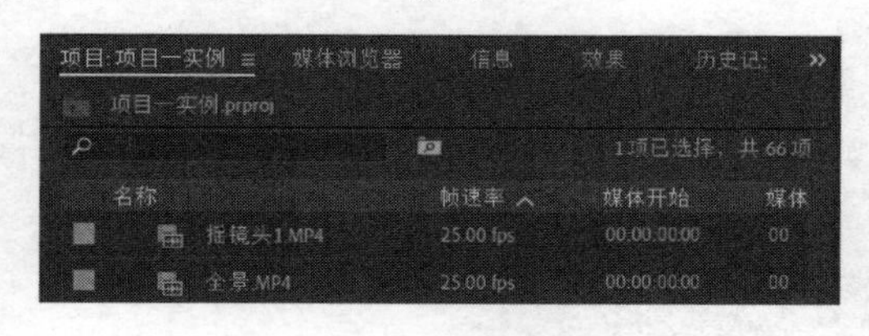

图 1-26　导入素材

图 1-27　选择“波纹工具”

3）将鼠标移至“摇镜头 1”素材对象的开始位置，当鼠标变成波纹编辑图标时，单击鼠标左键并向右拖曳，如图 1-28 所示。

4）至合适位置后释放鼠标，即可使用波纹工具剪辑素材，轨道上的其他素材则同步移动，如图 1-29 所示。

图 1-28　缩短素材对象

图 1-29　剪辑素材的效果

实例 7　通过滑动工具编辑校园风景

1-8　实例 7

1）在 Premiere Pro 2020 的工作窗口中，按〈Ctrl+N〉组合键，打开“新建序列”对话框，设置“可用预设”为 AVCHD→1080p→AVCHD 1080p25，“序列名称”为“滑动工具”，单击“确定”按钮。按〈Ctrl+I〉组合键，打开“导入”对话框，选择相应的素材文件，单击“打开”按钮，导入 3 个素材，如图 1-30 所示。

2）在项目窗口中选择“海浪拍打”素材，并将其拖曳至时间线窗口的 V1 轨道中，如图 1-31 所示。

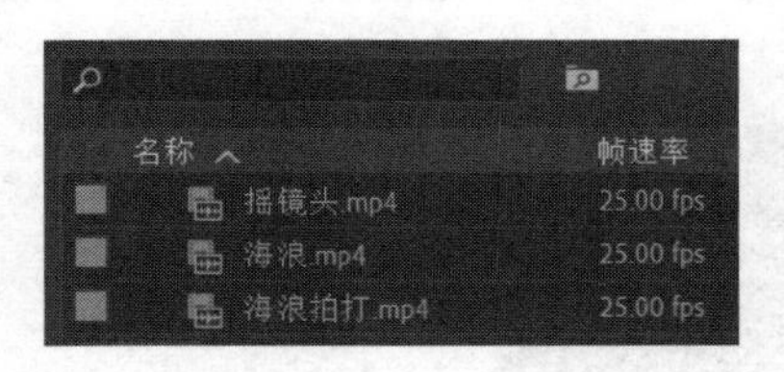

图 1-30　导入素材文件

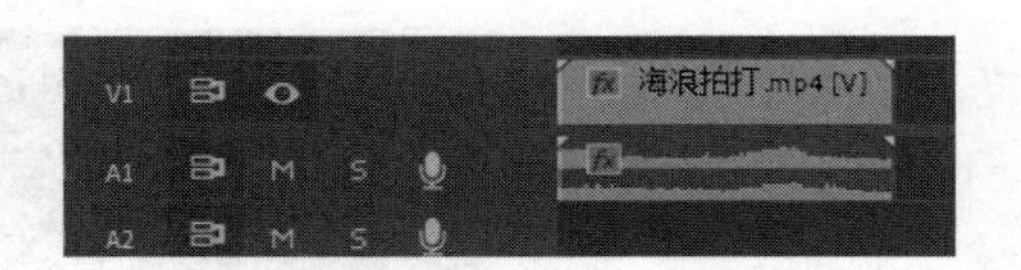

图 1-31　拖曳添加“海浪拍打”素材

3）在时间线窗口中，将时间指针定位在“海浪拍打”素材对象的中间，如图 1-32 所示。在项目窗口中双击“摇镜头”素材文件，在源监视器窗口中显示素材，单击“覆盖”按钮，如图 1-33 所示。

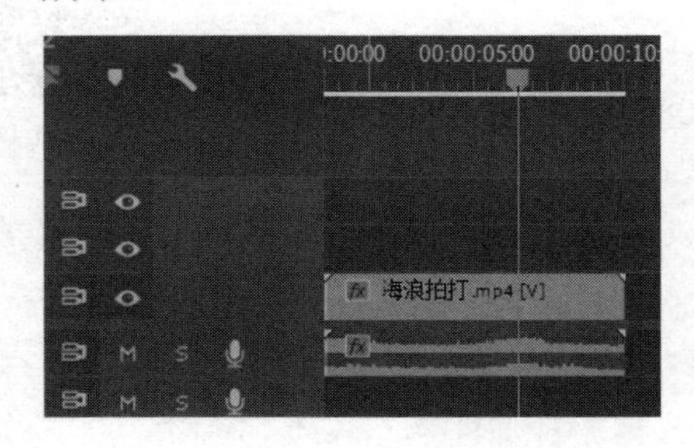

图 1-32　定位时间指针

图 1-33　单击“覆盖”按钮

4）执行操作后，即可在 V1 轨道的时间指针位置添加“摇镜头”素材，并覆盖位置上的原素材，如图 1-34 所示。

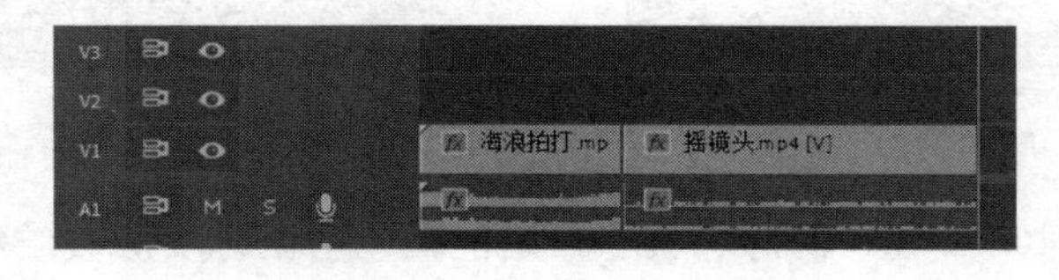

图 1-34　添加“摇镜头”素材

5）选择“海浪”素材并拖曳至时间线窗口中“摇镜头”素材后面，并覆盖部分“摇镜头”素材，如图 1-35 所示。

6）释放鼠标后，即可在 V1 轨道中添加“海浪”素材，并覆盖部分“海浪”素材，在工具箱中选择外滑工具，如图 1-36 所示。

图 1-35　添加“海浪”素材

图 1-36　选择外滑工具

7）将时间指针定位在“摇镜头”素材的开始位置在 V1 轨道上的“摇镜头”素材对象上单击左键并拖曳，在节目监视器窗口中显示更改素材入点和出点效果，如图 1-37 所示。

8）释放鼠标后，即可确认更改“摇镜头”素材的入点和出点，在节目监视器窗口中即可观看改变效果，如图 1-38 所示。

图 1-37　拖曳之前入点效果

图 1-38　拖曳之后入点效果

9）在工具箱中选择内滑工具，在 V1 轨道上的“摇镜头”素材对象上单击左键并拖曳，即可将“摇镜头”素材向左或向右移动，同时修剪其周围的两个视频文件，如图 1-39 所示。

10）释放鼠标后，即可确认更改“摇镜头”素材的位置，如图 1-40 所示。

图 1-39　移动素材文件

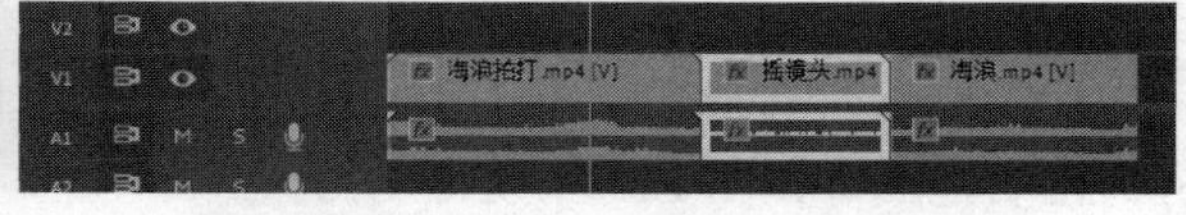

图 1-40　更改“摇镜头”素材位置

实例 8　通过比例拉伸工具编辑北海风景

1-9　实例 8

1）在 Premiere Pro 2020 的工作窗口中，按〈Ctrl+N〉组合键，打开“新建序列”对话框，设置“可用预设”为 AVCHD→1080p→AVCHD 1080p25，“序列名称”为“拉伸工具”，单击“确定”按钮。按〈Ctrl+I〉组合键，打开“导入”对话框，选择相应的素材文件，单击“打开”按钮，导入一个素材。

2）在项目窗口中双击“北海老街”素材，在源监视器窗口中单击“仅拖动视频”按钮，并将其拖曳至时间线窗口的 V1 轨道中，在工具箱中选择“比例拉伸工具”，如图 1-41 所示。

3）将鼠标移至添加素材文件的结束位置，当鼠标变成比例拉伸图标时，单击鼠标左键并向右拖曳，可以延长素材文件，向左拖曳至合适位置释放鼠标，可以缩短素材对象，如图 1-42 所示。

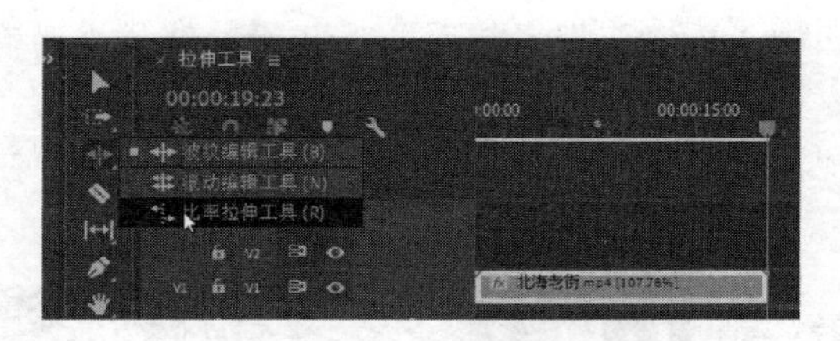

图 1-41　选择比例拉伸工具

图 1-42　缩短素材对象

4）按键盘的空格键，即可观看缩短素材后的视频播放效果，速率加快。

1-10　实例 9

实例 9　通过滚动编辑工具编辑校园风景

1）在 Premiere Pro 2020 的工作窗口中，按〈Ctrl+N〉组合键，打开“新建序列”对话框，设置“可用预设”为 AVCHD→1080p→AVCHD 1080p25，“序列名称”为“滚动编辑”，单击“确定”按钮。按〈Ctrl+I〉组合键，打开“导入”对话框，选择相应的素材文件，单击“打开”按钮，导入两个素材。

2）在项目窗口中双击“推镜头”素材，在源监视器窗口将播放指针拖到 3∶22s 处，按〈I〉键，设置入点，将播放指针拖到 11∶22s 处，按〈O〉键，设置出点，拖曳“仅拖动视频”按钮至时间线窗口的 V1 轨道中，如图 1-43 所示。

3）在项目窗口中双击“小船航行”素材，在源监视器窗口将播放指针拖到 1∶24s 处，按〈I〉键，设置入点，将播放指针拖到 13∶23s 处，按〈O〉键，设置出点，拖曳“仅拖动视频”按钮至时间线窗口中的 V1 轨道上“推镜头”之后，在工具箱中选择滚动编辑工具，如图 1-44 所示。

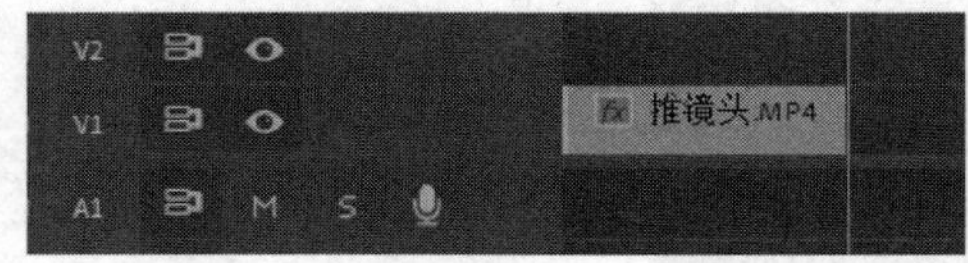

图 1-43　拖入素材 1

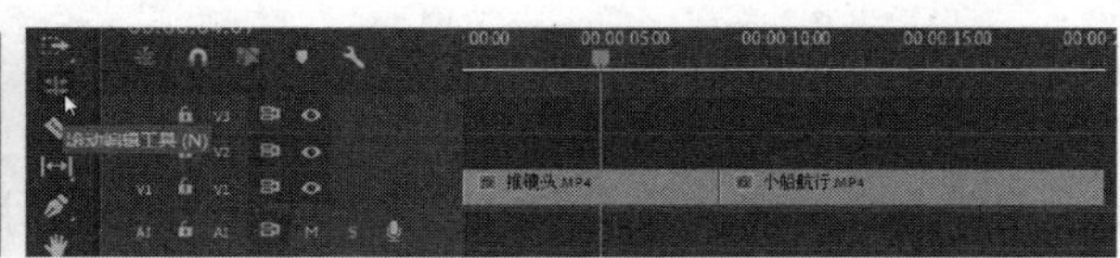

图 1-44　选择滚动编辑工具

4）将鼠标指针移至时间线窗口的两个素材之间，当鼠标变成滚动编辑图标时，单击鼠标左键并向右拖曳，如图 1-45 所示。

5）拖曳至合适位置释放鼠标，即可使用“滚动编辑工具”剪辑素材，轨道上的其他素材也发生变化，如图 1-46 所示。

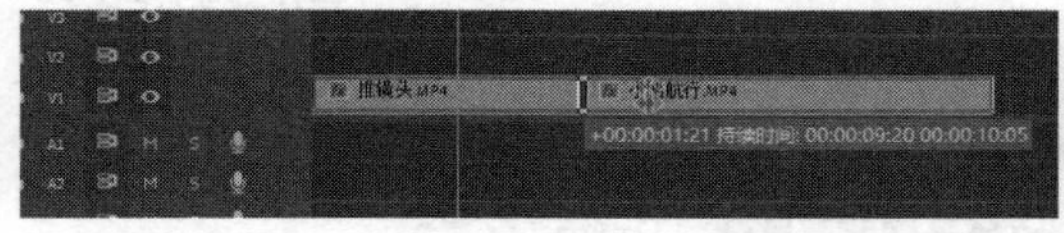

图 1-45　单击鼠标左键并向右拖曳

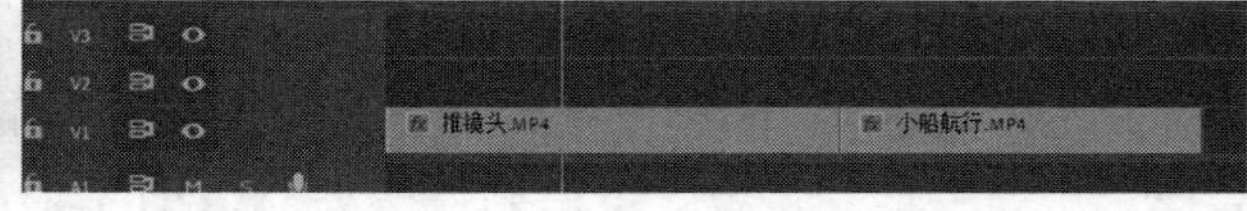

图 1-46　使用滚动编辑工具剪辑素材

1-11　实例 10

实例 10　通过添加视频素材进行编辑

1）在 Premiere Pro 2020 的工作窗口中，按〈Ctrl+N〉组合键，打开“新建序列”对话框，设置“可用预设”为 AVCHD→1080p→AVCHD 1080p25，

“序列名称”为“视频素材”，单击“确定”按钮。按〈Ctrl+I〉组合键，打开“导入”对话框，选择相应的素材文件，单击“打开”按钮，导入两个素材。

2）在项目窗口中选择视频素材“北海老街”，在视频素材上单击鼠标左键并拖曳至时间线窗口的 V1 轨道中释放鼠标，即可添加该视频素材到轨道中，如图 1-47 所示。

3）将项目窗口中的“北海老街 1”素材添加到 V1 轨道中的合适位置，如图 1-48 所示。

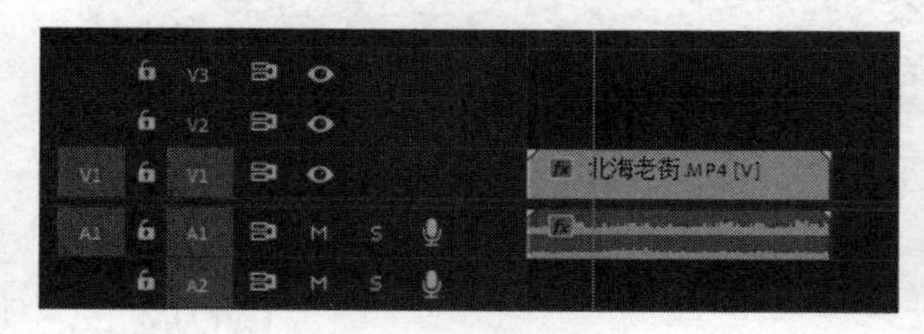

图 1-47　拖曳素材 1

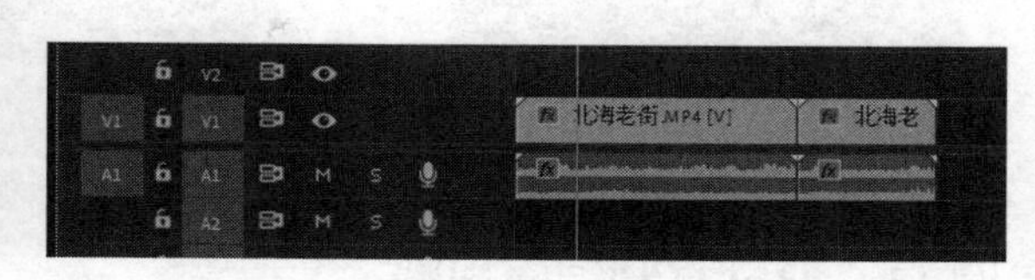

图 1-48　拖曳素材 2

4）单击“媒体浏览器”选项卡，切换至媒体浏览器窗口，如图 1-49 所示。

5）在左边的列表中展开相应的路径，在右侧的列表框中选择相应的音频素材，如图 1-50 所示，在音频素材上单击鼠标左键并拖曳，至时间线窗口的 A2 轨道中释放鼠标，即可将音频素材添加到 A2 轨道中，如图 1-51 所示。

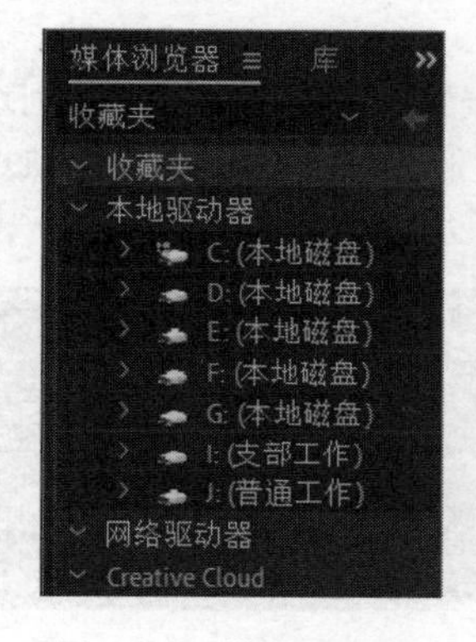

图 1-49　媒体浏览器

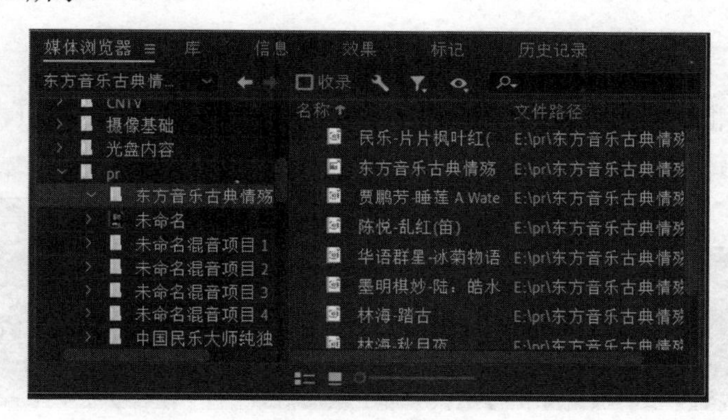

图 1-50　列表框

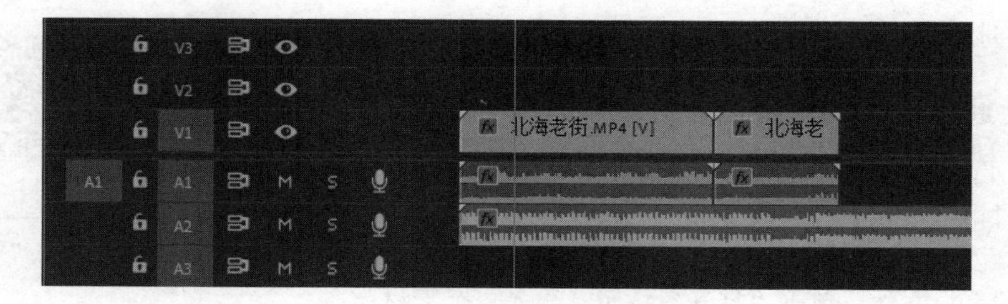

图 1-51　添加音频素材

6）切换至项目窗口，可以查看到导入的音频素材，如图 1-52 所示。

7）使用“剃刀”工具，分割 A2 轨道中的音频素材，使用选择工具选择不需要的素材片段，按〈Delete〉键删除，如图 1-53 所示，即可添加影视素材并编辑成一段视频。

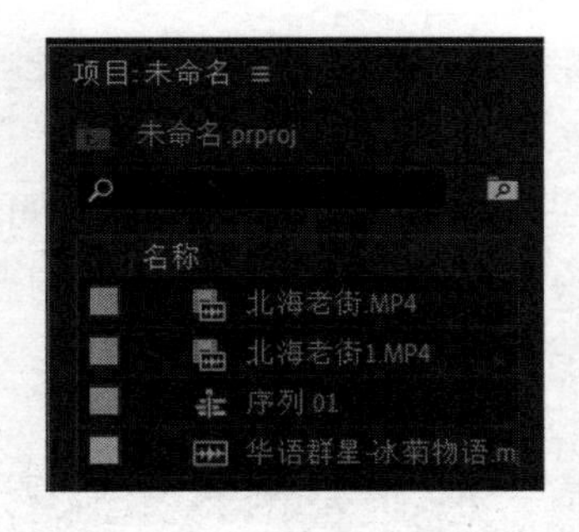

图 1-52　项目窗口

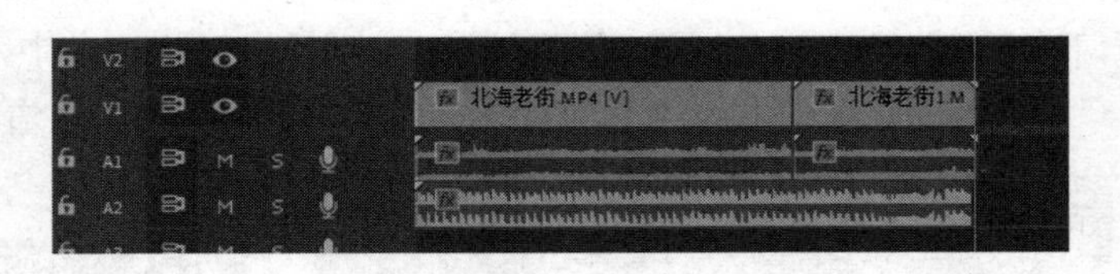

图 1-53　删除多余的音频素材

实例 11　通过复制编辑视频

1-12　实例 11

1）在 Premiere Pro 2020 的工作窗口中，按〈Ctrl+N〉组合键，打开“新建序列”对话框，设置“可用预设”为 AVCHD→1080p→AVCHD 1080p25，“序列名称”为“复制编辑”，单击“确定”按钮。按〈Ctrl+I〉组合键，打开“导入”对话框，选择相应的素材文件，单击“打开”按钮，导入一个素材。

2）在项目窗口中选择“北海银滩”，将其拖曳到时间线窗口的 V1 轨道中，如图 1-54 所示。

3）选择 V1 轨道中的“北海银滩”素材，执行菜单命令“编辑”→“复制”，复制选择的素材。将时间指针定位到 15s 处，按〈Ctrl+V〉组合键，即可将复制的视频粘贴至 V1 轨道的时间指针位置，如图 1-55 所示。

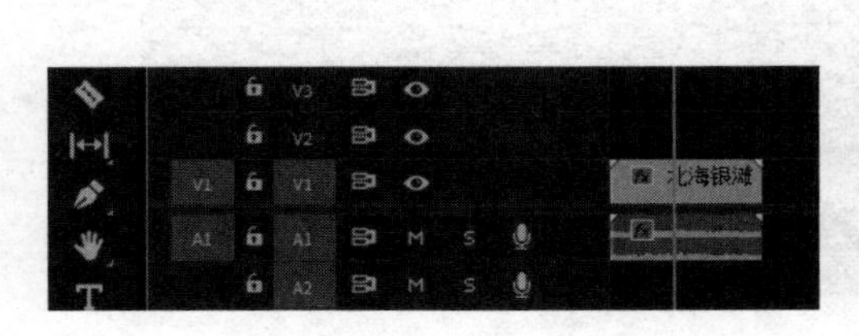

图 1-54　添加素材

图 1-55　粘贴素材

4）将时间指针移至视频开始位置，按空格键，即可预览视频效果。

实例 12　通过分离编辑影片

1-13　实例 12

1）在 Premiere Pro 2020 的工作窗口中，按〈Ctrl+N〉组合键，打开“新建序列”对话框，设置“可用预设”为 AVCHD→1080p→AVCHD 1080p25，“序列名称”为“分离编辑”，单击“确定”按钮。按〈Ctrl+I〉组合键，打开“导入”对话框，选择相应的素材文件，单击“打开”按钮，导入一个素材。

2）在项目窗口中选择“海浪拍打”素材，将其拖曳到时间线窗口的 V1 轨道中，如图 1-56 所示。

3）右击 V1 轨道中的“海浪拍打”素材，从弹出的快捷菜单中选择“取消链接”命令，将视频与音频分离。

4）选择 V1 轨道中的视频素材，单击鼠标左键并拖曳，即可单独移动视频素材，如图 1-57 所示。

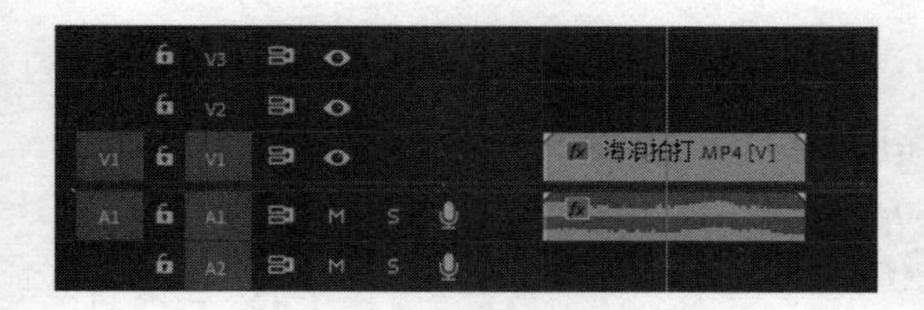

图 1-56　拖曳素材

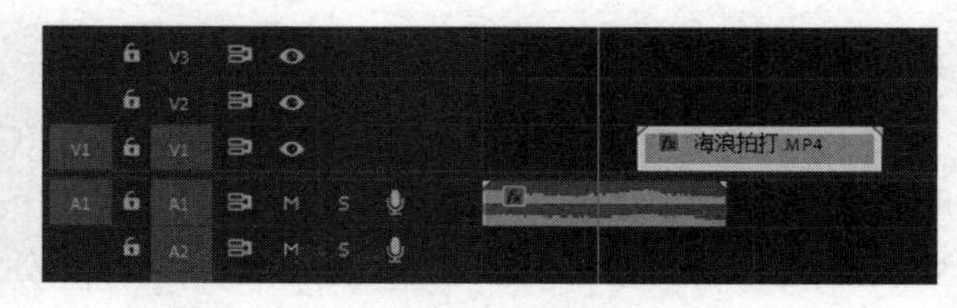

图 1-57　移动视频素材

5）将 V1 轨道中的素材移至时间线的开始位置，同时选择视频轨道和音频轨道上的素材并单击鼠标右键，从弹出的快捷菜单中选择“链接”选项，即可将视频与音频重新链接。

6）在 A1 轨道中选择音频素材，单击鼠标左键并向右拖曳至合适位置，即可同时移动视频和音频素材，如图 1-58 所示。

图 1-58　移动视频和音频素材

实例 13　通过删除影片进行编辑

1）在 Premiere Pro 2020 的工作窗口中，按〈Ctrl+N〉组合键，打开“新建序列”对话框，设置“可用预设”为 AVCHD→1080p→AVCHD 1080p25，“序列名称”为“删除影片”，单击“确定”按钮。按〈Ctrl+I〉组合键，打开“导入”对话框，选择相应的素材文件，单击“打开”按钮，导入 3 个素材，如图 1-59 所示。

1-14　实例 13

2）在项目窗口中选择 3 个“素材”，将其拖曳到时间线窗口的 V1 轨道中，如图 1-60 所示。

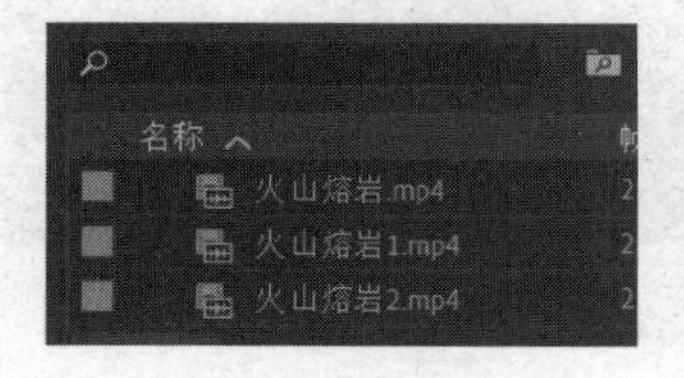

图 1-59　导入素材

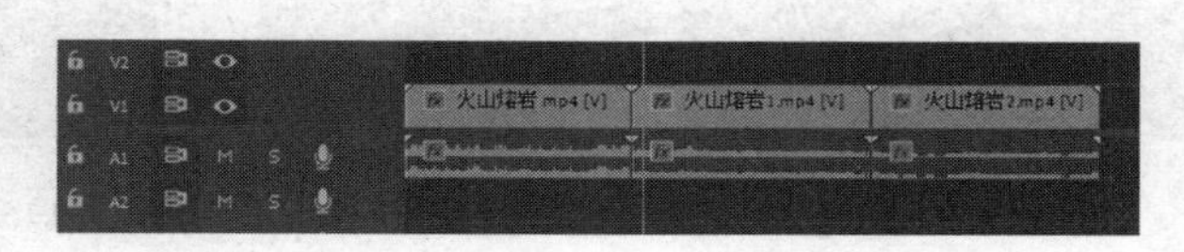

图 1-60　拖曳素材

3）右击 V1 轨道中的“火山熔岩”素材，从弹出的快捷菜单中选择“清除”选项，即可删除目标素材，如图 1-61 所示。

4）右击 V1 轨道中的“火山熔岩 1”素材，从弹出的快捷菜单中选择“波纹删除”命令，即可在 V1 轨道中删除“火山熔岩 1”素材，此时第 3 段素材将会移动到第 2 段素材位置，如图 1-62 所示。

图 1-61　删除素材

图 1-62　删除“火山熔岩 1”素材

实例 14　通过设置标记进行编辑

1-15　实例 14

1）在 Premiere Pro 2020 的工作窗口中，按〈Ctrl+N〉组合键，打开“新建序列”对话框，设置“可用预设”为 AVCHD→1080p→AVCHD 1080p25，“序列名称”为“设置标记”，单击“确定”按钮。按〈Ctrl+I〉组合键，打开“导入文件”对话框，选择相应的素材文件，单击“打开”按钮，导入一个素材。

2）在项目窗口中选择“火山熔岩 3”，将其拖曳到时间线窗口的 V1 轨道中，然后在轨道中拖曳时间指针至合适位置，如图 1-63 所示。

3）执行菜单命令“标记”→“添加标记”，即可为时间线添加标记，使用相同方法在其他位置再次添加一个标记，如图 1-64 所示。

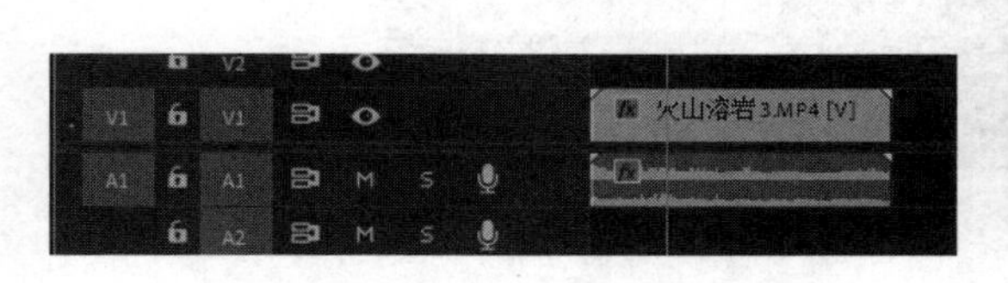

图 1-63　拖曳素材

图 1-64　添加标记

4）在标记上单击鼠标右键，从弹出的快捷菜单中选择“转到上一个标记”选项，即可将时间指针转到上一个标记的位置，如图 1-65 所示。

5）在标记上单击鼠标右键，从弹出的快捷菜单中选择“清除所选标记”选项，即可清除当前选择的标记，如图 1-66 所示。

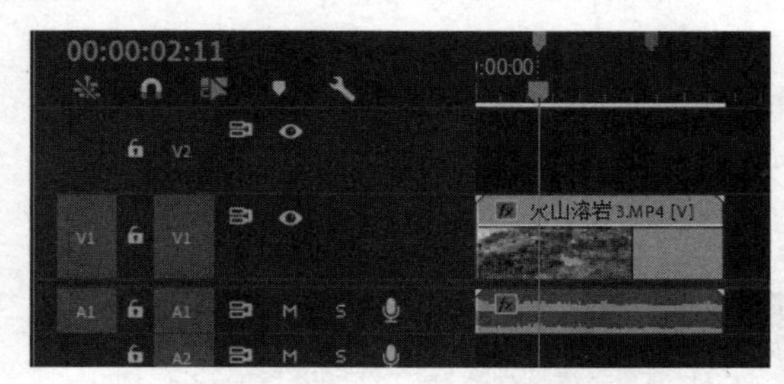

图 1-65　选择“转到上一个标记”选项

图 1-66　选择“清除所选标记”选项

实例 15　通过锁定和解锁轨道进行编辑

1-16　实例 15

1）在 Premiere Pro 2020 的工作窗口中，按〈Ctrl+N〉组合键，打开“新建序列”对话框，设置“可用预设”为 AVCHD→1080p→AVCHD 1080p25，“序列名称”为“锁定”，单击“确定”按钮。按〈Ctrl+I〉组合键，打开“导入”对话框，选择相应的素材文件，单击“打开”按钮，导入一个素材。

2）在项目窗口选择导入的“拉镜头”素材，将其拖曳到时间线窗口的 V1 轨道中，如图 1-67 所示。

3）在时间线窗口中选择 V1 轨道中的素材文件，然后单击轨道左侧的“切换轨道锁定”按钮，当按钮变成“锁定形状”时，表示已经锁定该轨道，如图 1-68 所示。

图 1-67　拖曳素材　　　　图 1-68　锁定轨道

4）在需要解除 V1 轨道的锁定时，可以单击“切换轨道锁定”按钮，当按钮变成“解锁形状”时，表示已经解除轨道的锁定，如图 1-67 所示。

实例 16　通过入点与出点方式进行编辑

1-17　实例 16

1）在 Premiere Pro 2020 的工作窗口中，按〈Ctrl+N〉组合键，打开“新建序列”对话框，设置“可用预设”为 AVCHD→1080p→AVCHD 1080p25，“序列名称”为“入点”，单击“确定”按钮。按〈Ctrl+I〉组合键，打开“导入”对话框，选择相应的素材文件，单击“打开”按钮，导入一个素材。

2）在项目窗口中选择导入的“摇镜头”素材，将其拖曳到时间线窗口的 V1 轨道中，如图 1-69 所示。

3）在时间线窗口中拖曳时间指针至 3∶17s 的位置，按〈I〉键，如图 1-70 所示，即可设为标记入点。

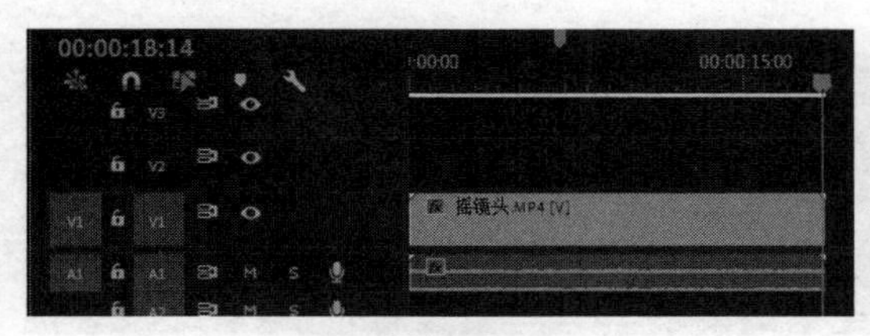

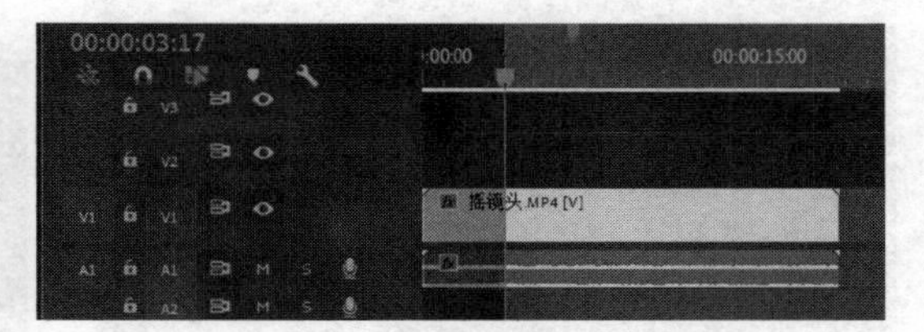

图 1-69　拖曳素材　　　　图 1-70　添加标记入点

4）在时间线窗口中拖曳时间指针至 14∶14s 的位置，按〈O〉键，如图 1-71 所示，即可设为标记出点。

5）单击节目监视器窗口的“提取”按钮或按〈’〉键，如图 1-72 所示，即可删除标记入点与标记出点之间的内容。

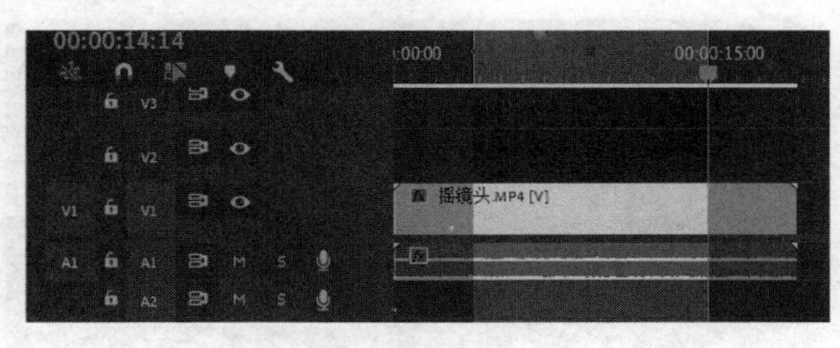

图 1-71　添加标记出点　　　　图 1-72　删除所选内容

实例 17　通过调整项目属性进行编辑

1-18　实例 17

1）在 Premiere Pro 2020 的工作窗口中，按〈Ctrl+N〉组合键，打开“新建序列”对话框，设置“可用预设”为 AVCHD→1080p→AVCHD 1080p25，

“序列名称”为“调整项目”，单击“确定”按钮。按〈Ctrl+I〉组合键，打开“导入”对话框，选择相应的素材文件，单击“打开”按钮，导入一个素材。

2）在项目窗口中选择导入的“拉镜头”素材，将其拖曳到时间线窗口的 V1 轨道中，单击时间线窗口左上角的☰按钮，如图 1-73 所示，从弹出的列表框中选择“工作区域栏”选项，在时间线标尺的上方显示控制条，如图 1-74 所示。

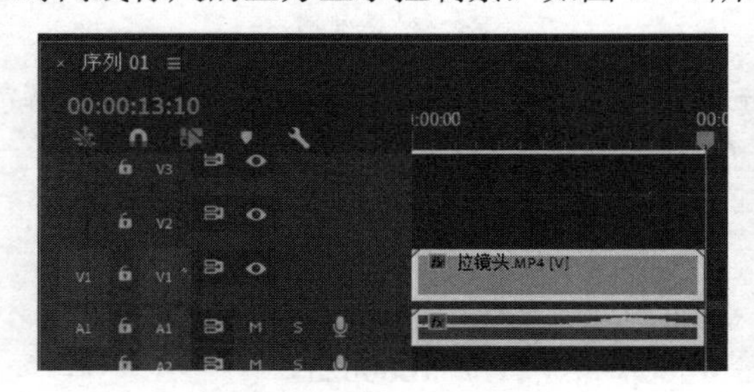

图 1-73　拖曳素材

图 1-74　显示控制条

3）将鼠标移至控制条右侧的按钮上，单击鼠标左键并向右拖曳，即可加长项目的尺寸，如图 1-75 所示。

4）将鼠标移至控制条中间，当鼠标变成小手形状时，单击鼠标左键并向右拖曳，即可移动项目的位置，如图 1-76 所示。

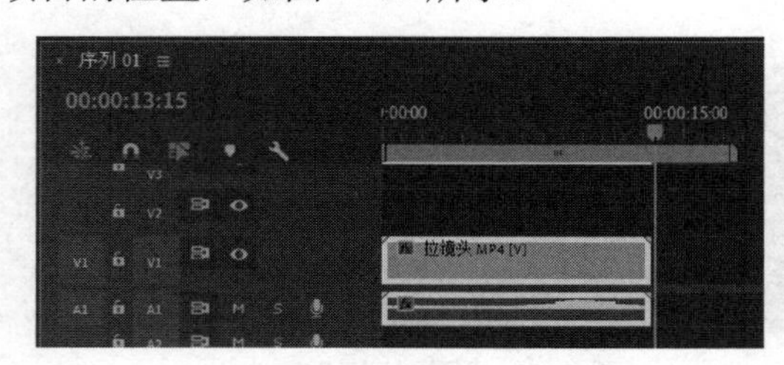

图 1-75　加长项目的尺寸

图 1-76　移动项目的位置

5）在控制条上双击鼠标左键，即可将控制条恢复到最初的状态，如图 1-77 所示。

6）在 V1 轨道中的素材对象上单击鼠标右键，从弹出的快捷菜单中选择“标签”→“芒果黄色”选项，即可为素材文件设置颜色标签，如图 1-78 所示。

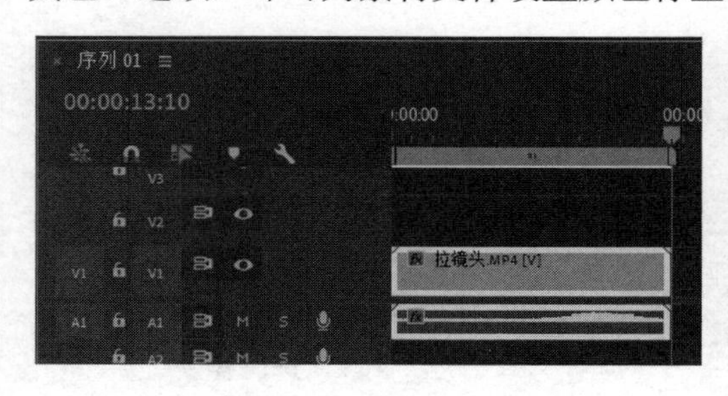

图 1-77　调整控制条

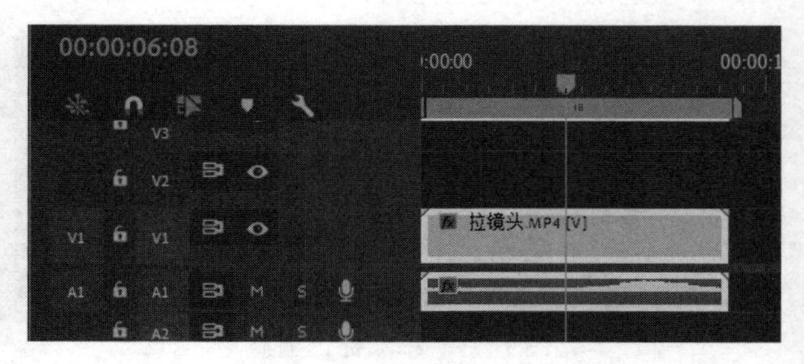

图 1-78　设置颜色标签

7）在 V1 轨道中的素材对象上单击鼠标右键，从弹出的快捷菜单中选择“速度/持续时间”选项，打开“剪辑速度/持续时间”对话框，在“速度”右侧的文本框中输入 50，如图 1-79 所示，单击“确定”按钮，即可在时间线窗口中查看调整播放速度后的效果，如图 1-80 所示。

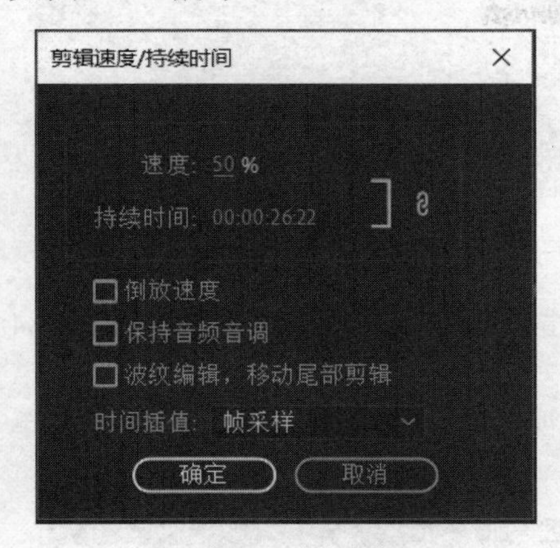

图 1-79 “剪辑速度/持续时间”对话框

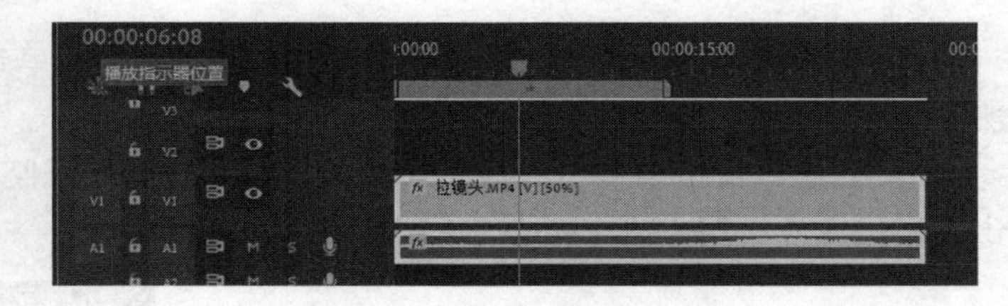

图 1-80 调整播放速度后的效果

8）使用选择工具，选择视频轨道上的素材，并将鼠标移至素材右端的结束点，当鼠标呈拉伸图标时，单击鼠标左键并向左拖曳，即可调整素材的播放时间，如图 1-81 所示。

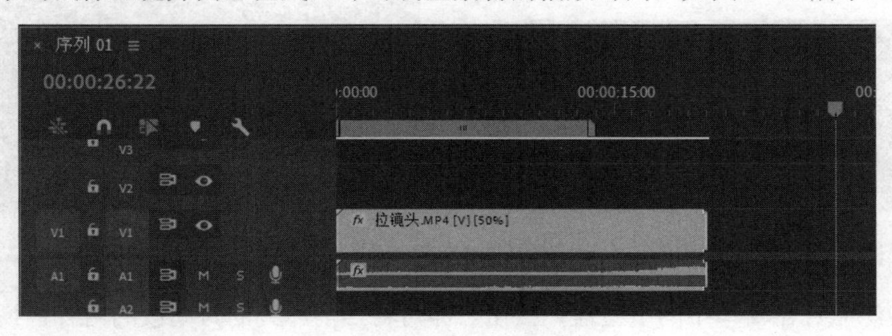

图 1-81 调整素材的播放时间

9）单击时间线窗口左上角的三横按钮，从弹出的快捷菜单中选择“连续视频缩览图”选项，在时间线可以改变素材文件的显示方式。

10）在 V1 轨道上的素材对象上单击鼠标右键，从弹出的快捷菜单中选择“显示剪辑关键帧”→“不透明度”→“不透明度”选项，在工具箱中选择钢笔，可以将图像设为淡入淡出效果。

1-19 实例 18

实例 18 通过三点剪辑进行编辑

三点剪辑是指将素材中的部分内容替换影片剪辑中的部分内容的剪辑方法。

1）在 Premiere Pro 2020 的工作窗口中，按〈Ctrl+N〉组合键，打开“新建序列”对话框，设置“可用预设”为 AVCHD→1080p→AVCHD 1080p25，“序列名称”为“三点剪辑”，单击“确定”按钮。按〈Ctrl+I〉组合键，打开“导入”对话框，选择相应的素材文件，单击“打开”按钮，导入两个素材。

2）在项目窗口中选择导入的“拉镜头 1”，将其拖曳到时间线窗口的 V1 轨道中，如图 1-82 所示。

3）在节目监视器窗口中设置时间为 4：17s 并单击“标记入点”按钮，如图 1-83 所示。

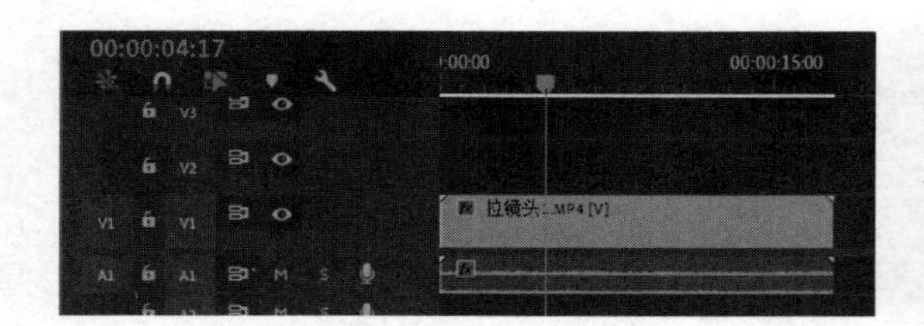

图 1-82　拖曳素材

图 1-83　添加标记入点 1

4）在节目监视器窗口中设置时间为 14∶15s 并单击“标记出点”按钮，如图 1-84 所示。

5）在项目窗口中双击“浪花”视频素材文件，在源监视器窗口中设置时间为 3∶00s 并单击“标记入点”按钮，如图 1-85 所示。

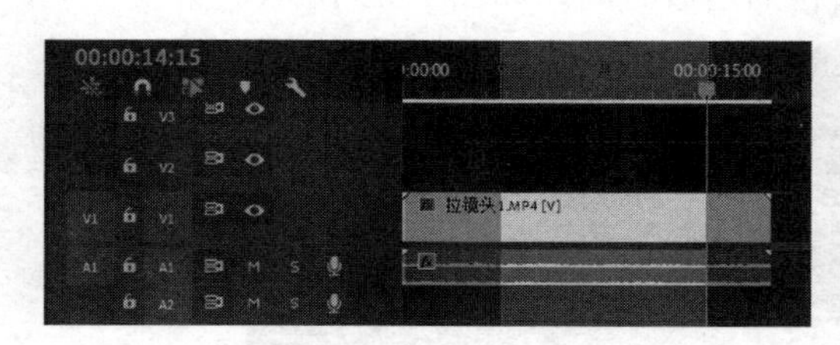

图 1-84　添加标记出点

图 1-85　添加标记入点 2

6）单击源监视器窗口中的“覆盖”按钮。即可将当前序列的时间段的内容替换为以为起点至对应时间段的素材内容，如图 1-86 所示。

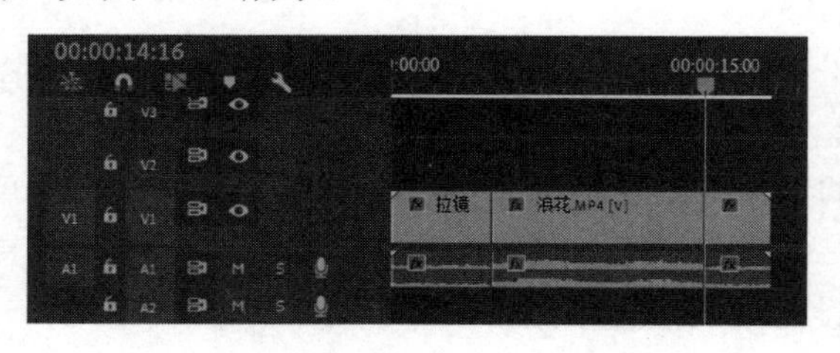

图 1-86　替换素材

7）在节目监视器窗口中单击“播放-停止切换”按钮查看视频效果。

1-20　实例 19

实例 19　通过四点剪辑进行编辑

四点剪辑比三点剪辑多一个点，需要设置素材的出点，四点编辑同样需要运用设置入点、出点的操作。

1）在 Premiere Pro 2020 的工作窗口中，按〈Ctrl+N〉组合键，打开“新建序列”对话框，设置“可用预设”为 AVCHD→1080p→AVCHD 1080p25，“序列名称”为“四点剪辑”，单击“确定”按钮。按〈Ctrl+I〉组合键，打开“导入”对话框，选择相应的素材文件，单击“打开”按钮，导入两个素材。

2）在项目窗口中选择导入的“全景”素材，将其拖曳到时间线窗口的 V1 轨道中，如图 1-87 所示。

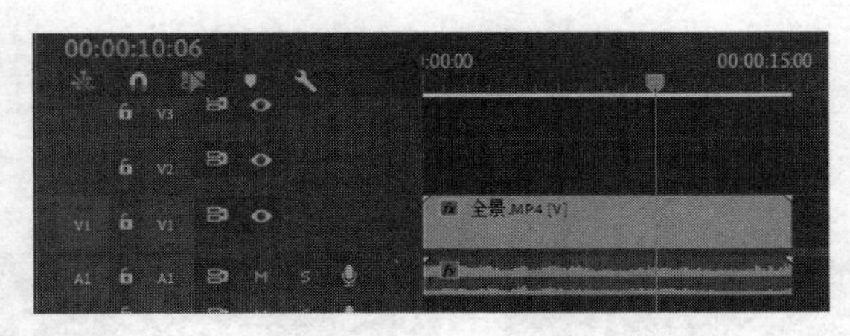

图 1-87　拖曳素材

3）在节目监视器窗口中设置时间为 5∶00s 并单击“标记入点”按钮，如图 1-88 所示。

4）在节目监视器窗口中设置时间为 10∶00s 并单击“标记出点”按钮，如图 1-89 所示。

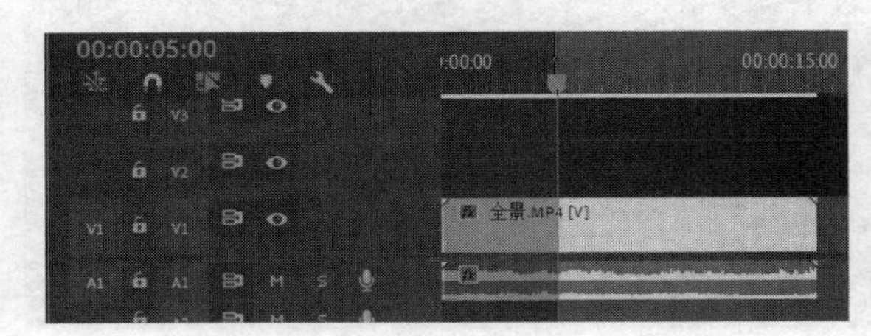

图 1-88　添加标记入点

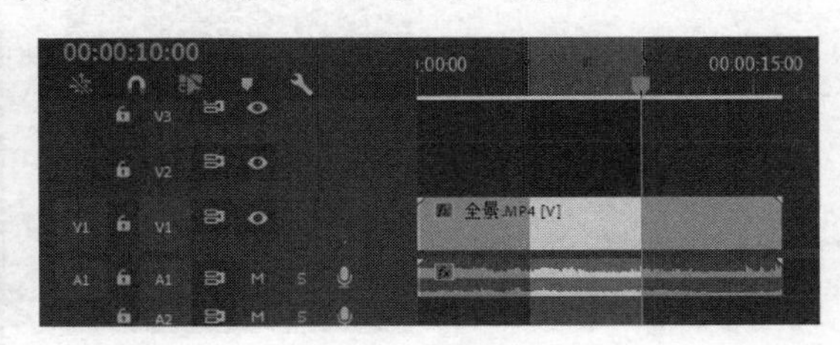

图 1-89　添加标记出点

5）在项目窗口中双击“浪花 1”视频素材文件，在源监视器窗口中设置时间为 4∶00s 并单击“标记入点”按钮。

6）在源监视器窗口中设置时间为 12∶00s 并单击“标记出点”按钮。

7）单击源监视器窗口中的“覆盖”按钮，弹出“适合剪辑”对话框，如图 1-90 所示，单击“确定”按钮，即可完成四点剪辑的操作，如图 1-91 所示。

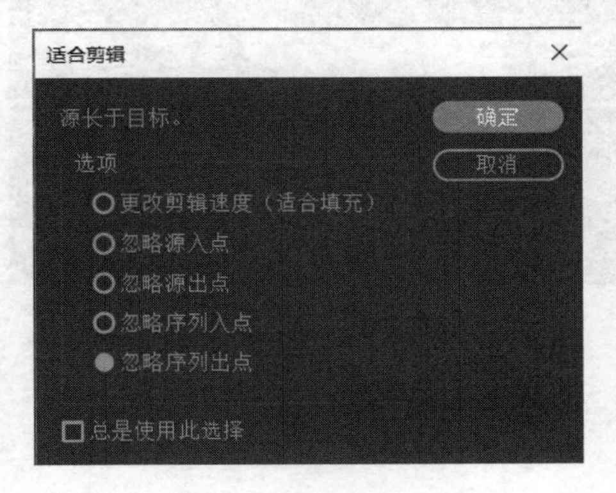

图 1-90　“适合剪辑”对话框

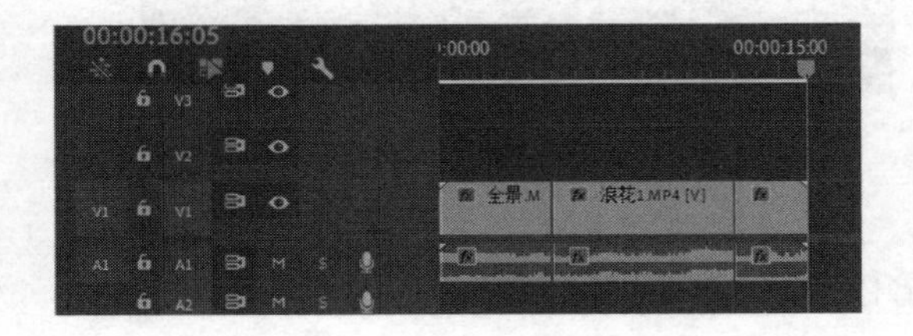

图 1-91　完成四点剪辑的操作

实例 20　通过导入 After Effects 合成图像制作片头

用 After Effects 制作好所需要的片头，保存为项目文件，直接导入 Premiere 中，节省输出时间。

1-21　实例 20

1）在 Premiere Pro 2020 的工作窗口中，按〈Ctrl+N〉组合键，打开“新建序列”对话框，设置“可用预设”为 DV-PAL→标准 48kHz 的序列“序列名称”为“片头”，单击“确定”按钮。

2）执行菜单命令“文件”→“Adobe Dynamic Link（K）”→“导入 After Effects 合成图像”，如图 1-92 所示，打开“导入 After Effects 合成”对话框，在项目窗口中选择导入文件，在合成窗口中就会出现项目文件，选择“采风实训”合成文件，如图 1-93 所示。

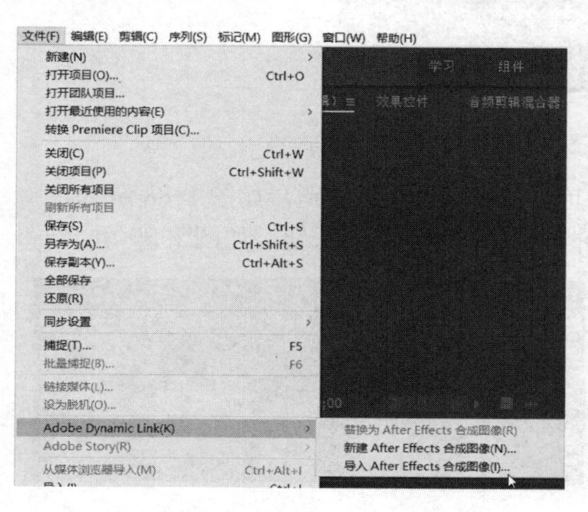

图 1-92　导入 After Effects 合成图像

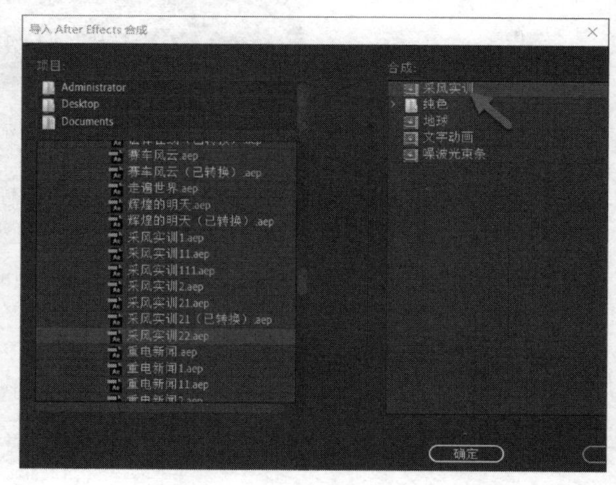

图 1-93　选择文件

3）将“采风实训”文件拖曳到时间线窗口中，弹出“剪辑不匹配警告”对话框，单击“更改序列设置”按钮，如图 1-94 所示。

4）按〈Enter〉键进行渲染，渲染完毕即可看到片头效果，如图 1-95 所示。

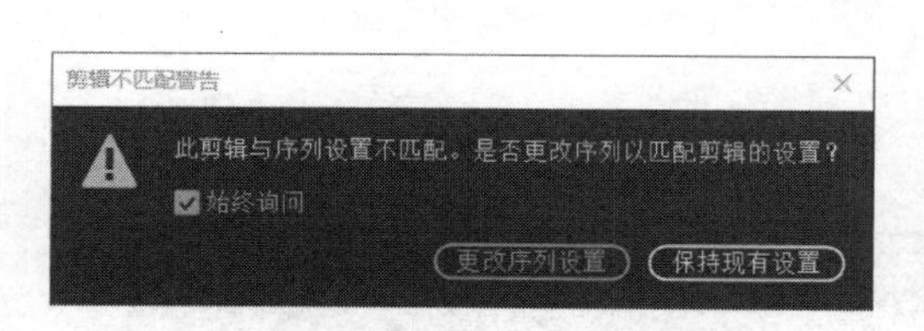

图 1-94　剪辑不匹配警告

图 1-95　片头效果

实例 21　分屏效果的制作

利用剃刀工具，通过复制、粘贴属性及运动参数的设置，可以制作出 4 幅画面按顺序移动的效果。

1-22　实例 21-1

1）启动 Premiere Pro 2020，新建一个名为“分屏效果”的项目文件。创建一个名为“可用预设”为 DV-PAL→标准 48kHz 的序列。

2）按〈Ctrl+I〉组合键，打开“导入”对话框，导入本书配套教学素材“项目 1\任务 2\素材”文件夹内的“全景”“推镜头”“摇镜头 1”和“远景”视频素材，如图 1-96

所示。

3）在项目窗口中双击“远景”素材，将其在源监视器窗口中打开，如图 1-97 所示。

图 1-96　导入素材

图 1-97　源监视器窗口

4）执行菜单命令“剪辑”→“修改”→“时间码”，打开“修改剪辑”对话框，将“时间码”设置为 0，如图 1-98 所示，单击“确定”按钮，将源监视器窗口“播放指示器位置”的起始值设置为 0。（起点为 0，可省略此步骤）

5）在源监视器窗口中，设置“远景”的入点、出点为（1s，9s），按住“仅拖动视频”按钮不放，将其拖曳到时间线窗口的 V1 轨道中，弹出“剪辑不匹配”对话框，单击“更改序列设置”按钮，使其与 0 位置对齐，如图 1-99 所示。

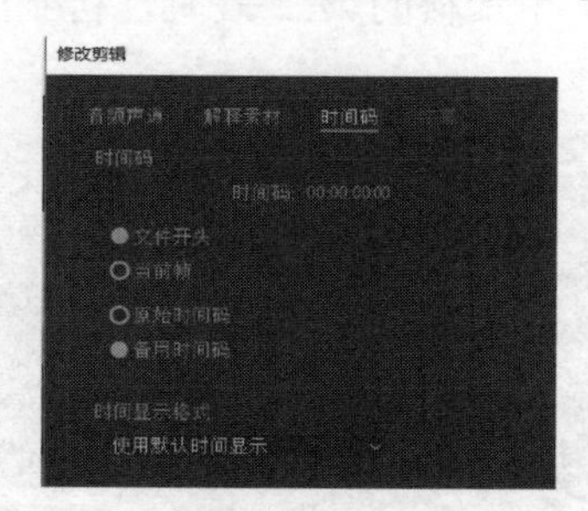

图 1-98　“修改剪辑”对话框

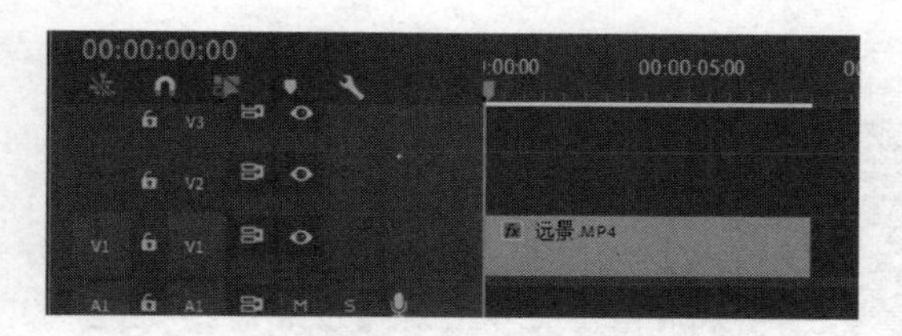

图 1-99　添加片段

6）重复步骤 3）～5），将“全景”“推镜头”和“摇镜头 1”素材，分别取 8s 添加到 V2、V3 和 V4 轨道中，使其与 0 位置对齐，如图 1-100 所示。

7）在效果控件窗口中展开“运动”选项，分别设置“缩放”为 50，分别为 V1、V2、V3 和 V4 轨道中片段设置“位置”为（480，270）、（1438，270）、（1438，810）和（480，810），效果如图 1-101 所示。

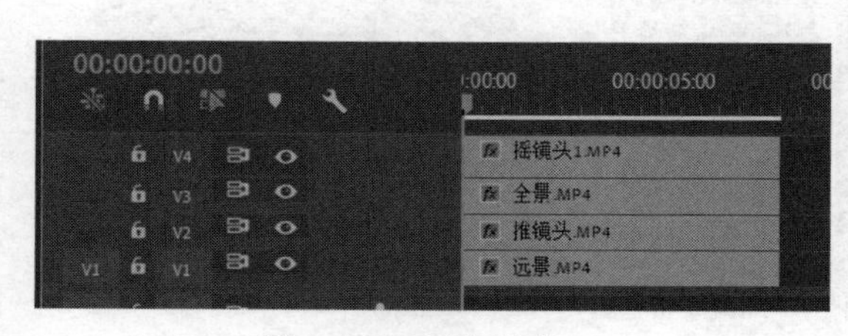

图 1-100　添加片段 1

图 1-101　效果图

以上的参数设置就可以实现 4 个素材在同一个屏幕上同时播放的分屏效果，下面再实现 4 个素材之间的移形换位。

8）将播放指针分别定位在 2s、4s 和 6s 位置，用剃刀片工具在播放指针处单击，将 4 个素材分别在 2s、4s 和 6s 位置处截断，得到的结果如图 1-102 所示。

1-23　实例 21-2

9）右键单击 V1 轨道中的第 1 段，从弹出的快捷菜单中选择“复制”选项，在 V2 轨道中用鼠标右键单击第 2 段，从弹出的快捷菜单中选择“粘贴属性”选项，打开“粘贴属性”对话框，单击“确定”按钮。将 V1 轨道中的第 1 段运动属性粘贴到 V2 轨道中的第 2 段上。

10）右键单击 V2 轨道中的第 1 段，从弹出的快捷菜单中选择“复制”选项，在 V3 轨道中用鼠标右键单击第 2 段，从弹出的快捷菜单中选择“粘贴属性”选项，打开“粘贴属性”对话框，单击“确定”按钮。将 V2 轨道中的第 1 段运动属性粘贴到 V3 轨道中第 2 段上。

11）右键单击 V3 轨道中的第 1 段，从弹出的快捷菜单中选择“复制”选项，在 V4 轨道中用鼠标右键单击第 2 段，从弹出的快捷菜单中选择“粘贴属性”选项，打开“粘贴属性”对话框，单击“确定”按钮。将 V3 轨道中的第 1 段运动属性粘贴到 V4 轨道中第 2 段上。

12）右键单击 V4 轨道中的第 1 段，从弹出的快捷菜单中选择“复制”选项，在 V1 轨道中用鼠标右键单击第 2 段，从弹出的快捷菜单中选择“粘贴属性”选项，打开“粘贴属性”对话框，单击“确定”按钮。将 V4 轨道中的第 1 段运动属性粘贴到 V1 轨道中第 2 段上。

这样素材的第 1 轮移形换位已经做好，当播放到这 4 个素材的第 2 段时，得到的效果如图 1-103 所示。

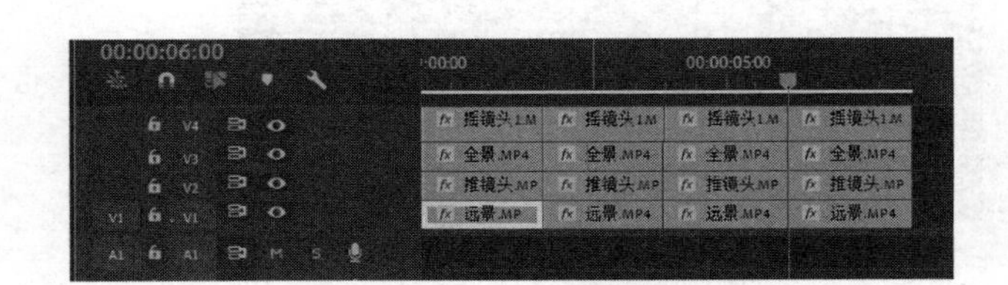

图 1-102　截断素材

图 1-103　播放时循环移动素材的位置的效果

13）在 4 个素材的第 2 段和第 3 段之间重复步骤 9）～12），再将它们的位置进行一个循环移动，以此类推，得到的结果如图 1-104 所示。

图 1-104　第 3、4 次循环移动素材的位置的效果

任务 1.2　音频的编辑

1-24　任务 1.2

问题的情景及实现

在节目中正确运用音频，既是增强节目真实感的需要，也是增强节目艺术感染力的需要。Premiere Pro 2020 音频处理功能强大，有数十条声轨编辑合成及丰富的音频效果，为音频创作提供了有力的保证。

1.2.1　音频编辑基础

在 Premiere Pro 2020 中对音频进行处理有以下 3 种方式。

1）在时间线窗口的音频轨道中通过修改关键帧的方式对音频素材进行操作。

2）使用菜单中相应的命令来编辑所选择的音频素材。执行菜单命令“剪辑”→“音频选项”→“音频增益/拆分为单声道/提取音频”，可提升音量或降低音量/将双声道拆分为单声道/提取视频中的音频。

3）在时间线窗口中为音频素材添加音频效果来改变音频素材的效果。

在影片编辑中，可以使用立体声和 5.1 声道的音频素材。确定了影片输出后的声道属性后，就需要在进行音频编辑之前，先将项目文件的音频格式设置为对应的模式。按〈Ctrl+N〉组合键，打开“新建序列”对话框，在该对话框的“轨道”选项卡中选择需要的声道模式即可，如图 1-105 所示。

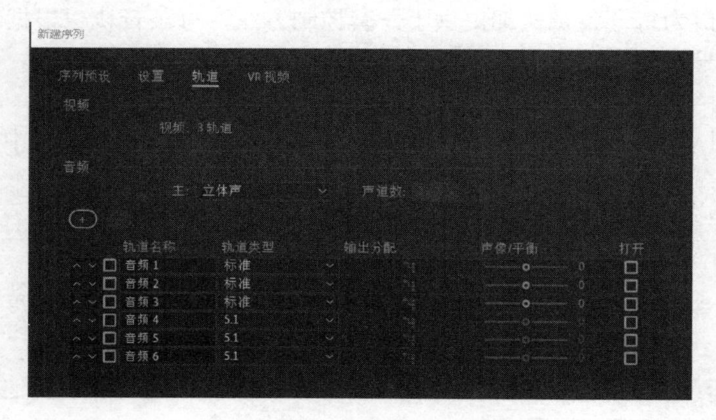

图 1-105　“新建序列”对话框

1.2.2　编辑音频素材

将所需要的音频素材导入到时间线窗口以后，就可以对音频素材进行编辑了，下面介绍对音频素材进行编辑处理的各种操作方法。

1．调整音频持续时间和播放速度

和视频素材的编辑一样，在应用音频素材时，可以对其播放速度和时间长度进行修改设置，其具体操作步骤如下。

1）选中要调整的音频素材，执行菜单命令“剪辑”→“速度/持续时间”，打开“剪辑速度/持续时间”对话框，在“持续时间”栏可对音频的持续时间进行调整，如图 1-106 所示。

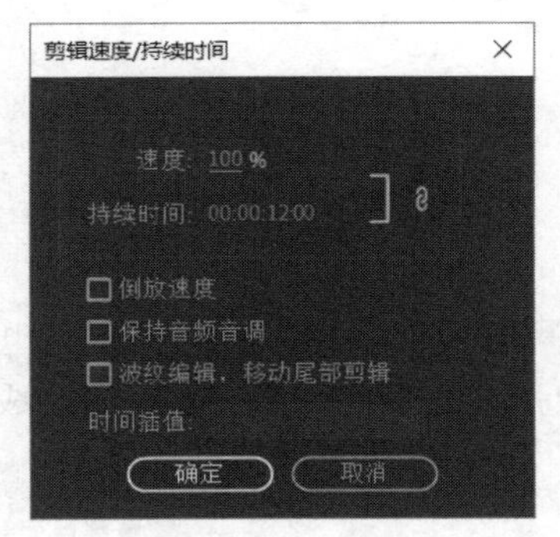

图 1-106 “剪辑速度/持续时间”对话框

2）在时间线窗口中直接拖动音频的边缘，可改变音频轨迹上音频素材的长度，图 1-107 所示。也可利用剃刀工具，将音频的多余部分切除掉，如图 1-108 所示。

图 1-107 拖动音频的边缘

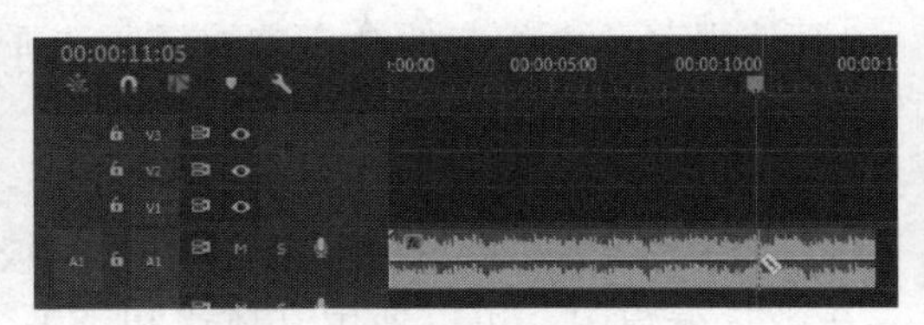

图 1-108 利用剃刀工具

2．使用音频剪辑混合器

音频剪辑混合器窗口可以对音轨素材的播放效果进行编辑和实时控制，如图 1-109 所示。音频剪辑混合器窗口为每一条音轨都提供了一套控制方法，每条音轨也根据时间线窗口中的相应音频轨道进行编号，使用该窗口可以设置每条轨道的音量大小、静音等。下面具体介绍一下该面板的使用方法。

1）音轨号：对应着时间线窗口中的各个音频轨道。如果在时间线窗口中增加了一条音频轨道，在音频剪辑混合器窗口也会显示出相应的音轨号。

2）左右声道平衡：将该按钮向左转用于控制左声道，向右转用于控制右声道，也可以在按钮下面的数值栏直接输入数值来控制左右声道。

3）音量控制：将滑动块向上下拖动，可以调节音量的大小，旁边的刻度用来显示音量值，单位是 dB。

4）静音、独奏：静音按钮控制静音效果，按下“独奏”按钮可以使其他音轨上的片段成静音效果，只播放该音轨片段，如图 1-110 所示。

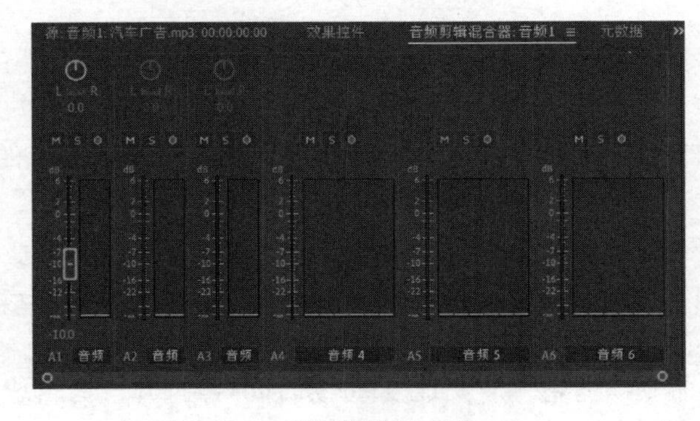

图 1-109 音频剪辑混合器

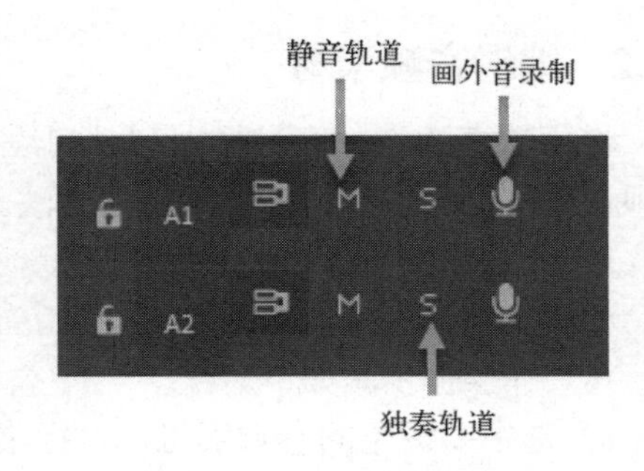

图 1-110 音频轨道

实例 1　录音

1-25　实例 1

在 Premiere Pro 2020 中，可以通过传声器将声音录入计算机，转化为可以编辑的数字音频，完成录音工作。本节将通过案例，讲解录音的基本方法。

1）在 Premiere Pro CC2020 的工作窗口中，按〈Ctrl+N〉组合键，打开“新建序列”对话框，设置“可用预设”为 AVCHD→1080p→AVCHD 1080p25，“序列名称”为“录音”，单击“确定”按钮。

2）执行菜单命令“编辑”→“首选项”→“音频硬件”，打开“首选项”对话框，如图 1-111 所示。单击“设置”按钮，打开“声音”对话框，单击“录制”选项卡，勾选“麦克风”复选框，如图 1-112 所示，单击两次“确定”按钮。

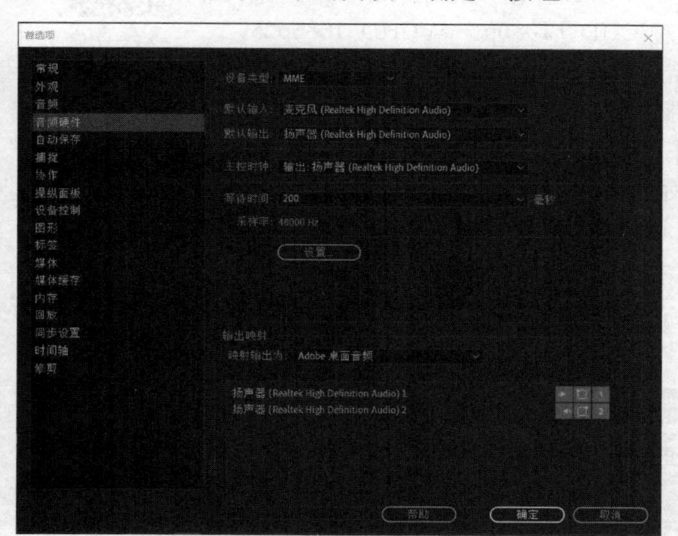

图 1-111　“首选项”对话框

声音
播放　录制　声音　通信
选择以下录制设备来修改设置:
麦克风
Realtek High Definition Audio
默认设备
立体声混音
Realtek High Definition Audio
已停用
配置(C)　设为默认值(S)　属性(P)
确定　取消　应用(A)

图 1-112　音频硬件设置

3）单击系统窗口右下方的扬声器按钮，从弹出的快捷菜单中选择扬声器按钮，如图 1-113 所示，关闭扬声器的声音。

4）单击时间线窗口音轨道的“画外音录制”按钮，如图 1-114 所示，等待 3s，开始录音。

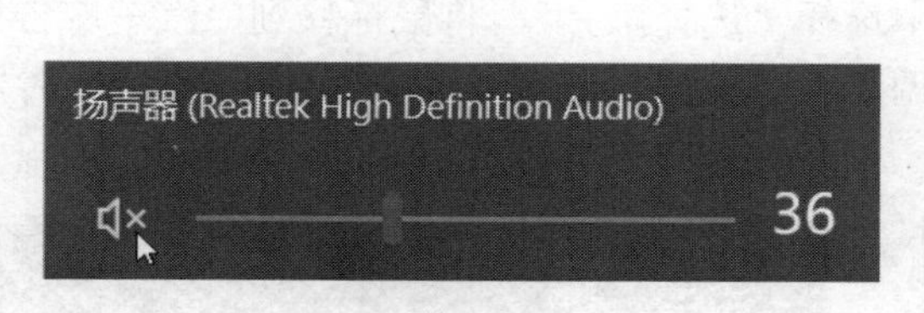

图 1-113　关闭扬声器

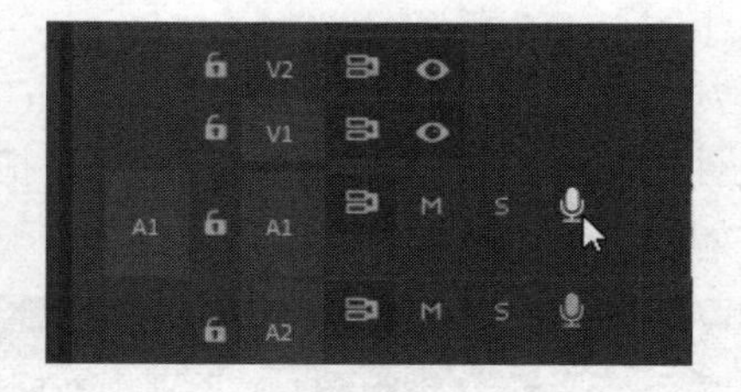

图 1-114　“画外音录制”按钮

5）录音完毕，单击“画外音录制”或“停止”按钮，录制的音频文件以 WAV 格式被保存到硬盘，并出现在项目窗口和时间线窗口相应的音频轨道上，完成录音，如图 1-115 所示。

如果是复杂的配音及音频合成工作，则建议在 Adobe Audition 中进行。

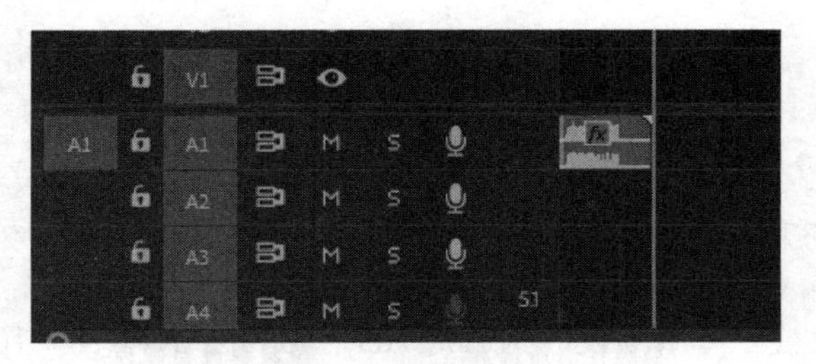

图 1-115　录制的音频

实例 2　音频素材导入及音量调节

1-26　实例 2

1）在 Premiere Pro 2020 的工作窗口中，按〈Ctrl+N〉组合键，打开“新建序列”对话框，设置“可用预设”为 AVCHD→1080p→AVCHD 1080p25，“序列名称”为“音频素材”，单击“确定”按钮。

2）按〈Ctrl+I〉组合键，打开“导入”对话框，选择相应的素材文件，单击“打开”按钮，导入“北海老街”视频素材和“汽车广告.mp3”音频素材。

3）右击“北海老街”素材，从弹出的快捷菜单中选择“修改”→“时间码”，打开“修改剪辑”对话框，将“时间码”设置为 0，单击“确定”按钮。

4）在项目窗口双击“北海老街”素材，将其在源监视器窗口中打开。

5）在源监视器窗口中，设置“北海老街”的入点、出点为（1s，15∶03s），如图 1-116 所示，按住“仅拖动视频”按钮不放，将其拖到时间线窗口的 V1 轨道中，使其与 0 位置对齐。

图 1-116　源监视器窗口

6）在项目窗口中，将“汽车广告”素材拖曳到时间线窗口的 A1 轨道中，使其与 0 位置对齐，如图 1-117 所示。

7）调节音频素材的持续时间。在工具箱中选择“选择工具”，将鼠标移到“汽车广告”素材文件的边缘，单击鼠标左键并向左拖曳，调整音频文件的持续时间与视频素材持续时间一致，如图 1-118 所示。

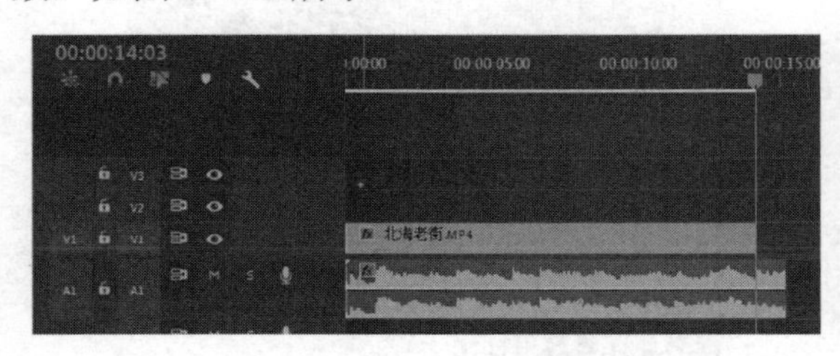

图 1-117　插入音频素材

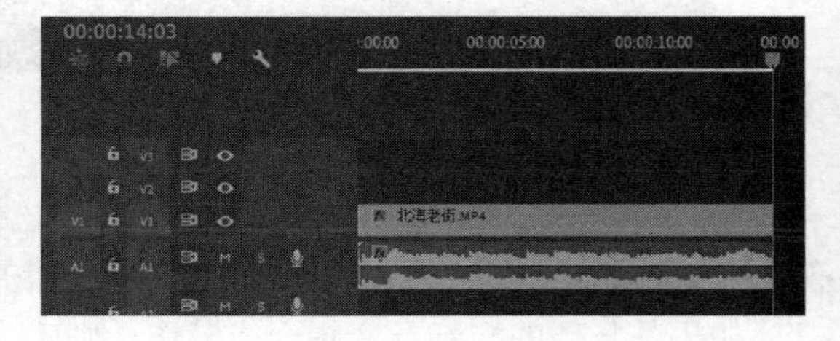

图 1-118　向左拖曳音频

8）在时间线窗口中调节音量。向下拖动滑块，展宽音频轨道，如图 1-119 所示。将鼠标放到音量级别线条上，鼠标变成选择工具+双向箭头，向下拖动，音量降低，向上拖动，音量提升，如图 1-120 所示。

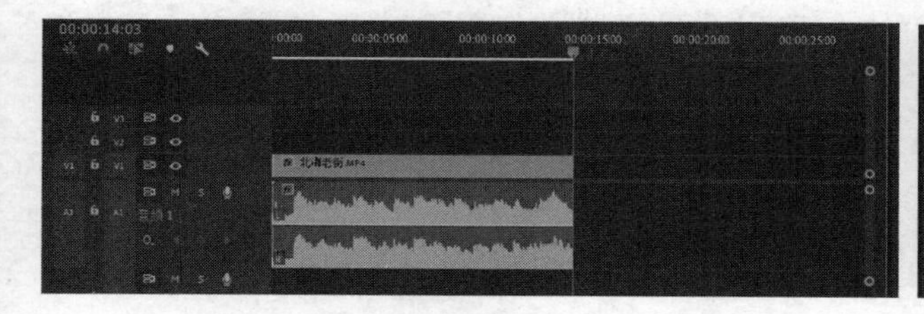

图 1-119　展宽音频轨道

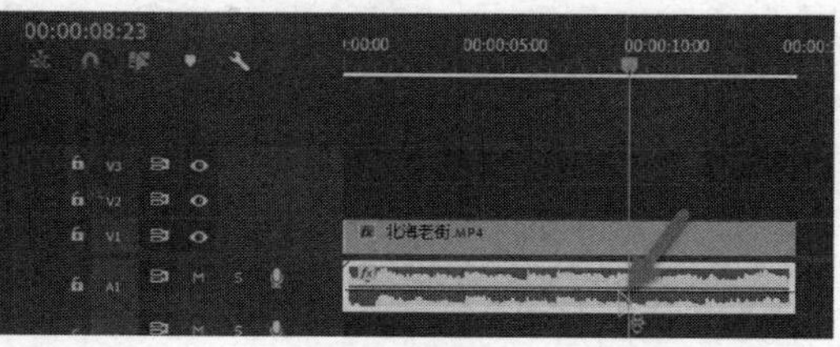

图 1-120　拖动音量级别线条

9）在效果控件窗口调节音量。选择“汽车广告”素材，在效果控件窗口中，展开“音量”选项，在“级别”中输入负数（-10），音量减小，输入正数（10），音量增大。展开“声道音量”选项，可以分别调节左声道和右声道音量。展开“声像器”选项，可以调节“平衡”，如图 1-121 所示。

10）用快捷菜单调节音量。右击“汽车广告”素材，从弹出的快捷菜单中选择“音频增益”菜单项，打开“音频增益”对话框，在“调整增益值”文本框中输入负数，减小音量，输入正数，增大音量，如图 1-122 所示。

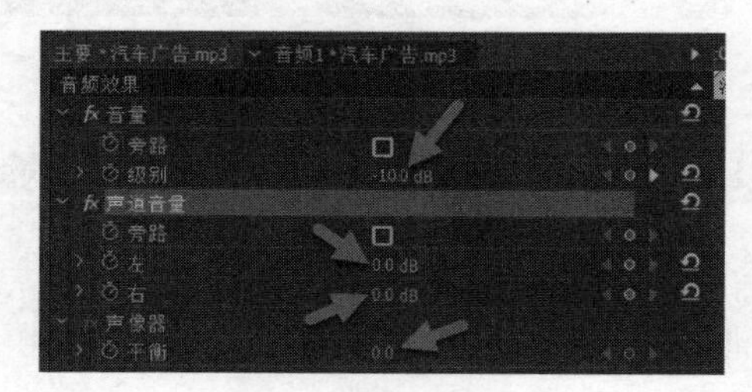

图 1-121　音频效果

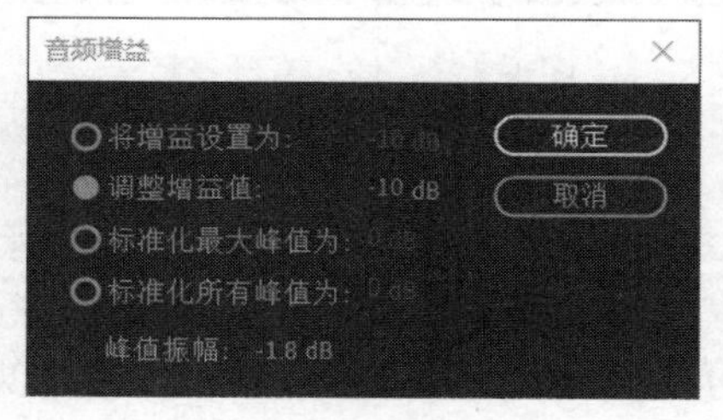

图 1-122　音频增益

11）调节部分音量。将时间指针拖到 4s 处，选择钢笔工具，单击 4s 处音量线条，添加关键帧，将时间指针拖到 4：12s 处，单击音量线条，添加第 2 个关键帧，将时间指针拖到 10：06s 处，单击音量线条，添加第 3 个关键帧，将时间指针拖到 10：21s 处，单击音量线条，添加第 4 个关键帧，然后将 4：12s 和 10：06s 处关键帧向下拖动，如图 1-123 所示。从图中可以看出，两边的音量大，中间的音量小。

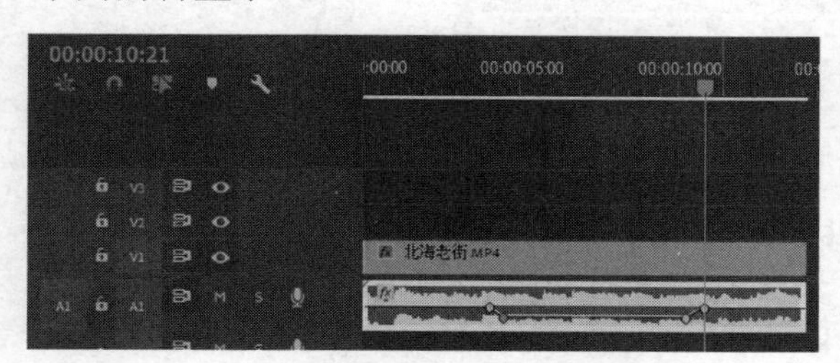

图 1-123　调节部分音量

实例 3　音频的淡入与淡出

1-27　实例 3

知识要点：了解音频淡入与淡出的概念与作用，学习添加关键帧、设置关键帧、制作淡入与淡出效果的方法。

音频的淡入淡出效果是指一段音乐在开始的时候，音量由小渐大直至以正常的音量播放，而在即将结束的时候，音量则由正常逐渐变小，直至消失。这是一种在视频编辑中常用的音频编辑效果。在 Premiere Pro 2020 中，可以通过添加关键帧来实现音频的淡入与淡出效果。

音频淡入淡出效果的具体操作过程如下。

1）在 Premiere Pro 2020 的工作窗口中，按〈Ctrl+N〉组合键，打开“新建序列”对话框，设置“可用预设”为 AVCHD→1080p→AVCHD 1080p25，“序列名称”为“淡入淡出”，单击“确定”按钮。

2）按〈Ctrl+I〉组合键，打开“导入”对话框，导入一段音频素材，将其添加到时间线窗口的 A1 轨道中，如图 1-124 所示。

3）向下拖动滑块，展宽音频轨道，如图 1-125 所示。

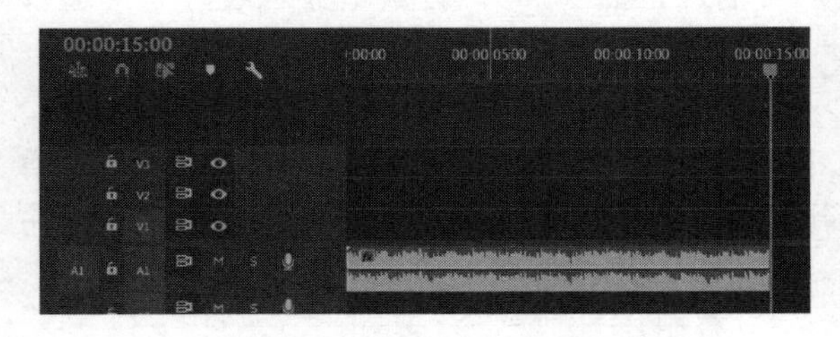

图 1-124　插入音频素材

图 1-125　展宽音频轨道

4）选择“钢笔工具”，分别在 0s、2s、13s 和 15s 处，单击 A1 轨道中的音频素材音量级别线条，添加 4 个关键帧，如图 1-126 所示。

在 Premiere Pro 2020 中，可以随意改变时间线标尺。在时间线窗口中拖动左下角的小圆滑块，可以随意改变时间线标尺，这样可以更加清晰地显示时间线中的素材。

5）用鼠标选中第 1 个和第 4 个关键帧并向下拖动，即可设置音频的淡入淡出效果，如图 1-127 所示。

图 1-126　添加 4 个关键帧

图 1-127　淡入淡出效果

6）单击“播放-停止”按钮，即可试听设置淡入淡出效果后的音频。

1-28　实例 4

实例 4　为音频配上完美画面

知识要点：导入音频素材，添加音频素材，导入视频素材，添加视频素材，剪辑音频素材，添加关键帧制作音频淡出效果，群组视频和音频素材。

在 Premiere Pro 2020 中可以轻松将一段音频素材配上完美的视觉画面，从而让观众在聆听优美音频的同时还可以欣赏到完美的视觉画面。

为音频配上完美画面的具体操作过程如下。

1）在 Premiere Pro 2020 的工作窗口中，按〈Ctrl+N〉组合键，打开“新建序列”对话框，设置“可用预设”为 AVCHD→1080p→AVCHD 1080p25，“序列名称”为“配画面”，单击“确定”按钮。

2）按〈Ctrl+I〉组合键，打开“导入”对话框，导入一段音频素材及“全景”“海浪”“远景”“海浪拍打”“火山熔岩”“月亮湾”“小船航行”“浪花”等视频素材，单击“确定”按钮。

3）选择所有导入的视频素材，单击鼠标右键，从弹出的快捷菜单中选择“修改”→“时间码”，打开“修改剪辑”对话框，将“时间码”设置为0，单击“确定”按钮。

4）在项目窗口中双击“全景”素材，将其在素材源监视器窗口中打开，设置“全景”的入点、出点为（1：18s，6：23s），如图 1-128 所示，按住“仅拖动视频”按钮不放，将其拖到时间线窗口的 V1 轨道中，使其与 0 位置对齐，如图 1-129 所示。

图 1-128　设置入点、出点

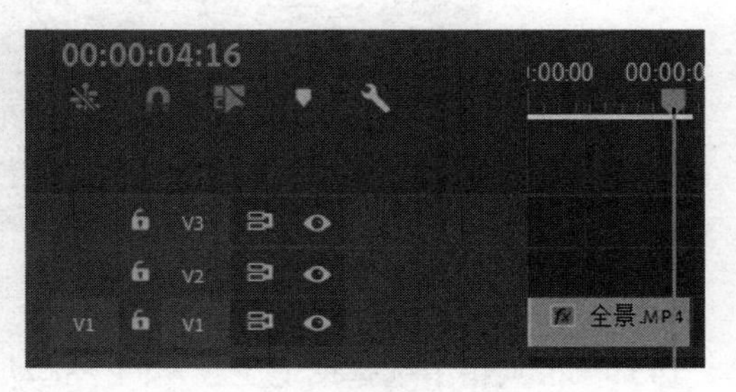

图 1-129　插入素材

5）双击“海浪”素材，设置“海浪”的入点、出点为（2：17s，7：20s），按住“仅拖动视频”按钮不放，将其拖到时间线窗口的 V1 轨道中，使其与上一素材末尾对齐。

6）双击“远景”素材，设置“远景”的入点、出点为（1：02s，7：01s），按住“仅拖动视频”按钮不放，将其拖到时间线窗口的 V1 轨道中，使其与上一素材末尾对齐。

7）双击“海浪拍打”素材，设置“海浪拍打”的入点、出点为（1：11s，6：14s），按住“仅拖动视频”按钮不放，将其拖到时间线窗口的 V1 轨道中，使其与上一素材末尾对齐。

8）双击“浪花”素材，设置“浪花”的入点、出点为（0：14s，5：18s），按住“仅拖动视频”按钮不放，将其拖到时间线窗口的 V1 轨道中，使其与上一素材末尾对齐。

9）双击“火山熔岩”素材，设置“火山熔岩”的入点、出点为（0：24s，6：02s），按住“仅拖动视频”按钮不放，将其拖到时间线窗口的 V1 轨道中，使其与上一素材末尾对齐。

10）双击“小船航行”素材，设置“小船航行”的入点、出点为（3：00s，8：09s），按住“仅拖动视频”按钮不放，将其拖到时间线窗口的 V1 轨道中，使其与上一素材末尾对齐。

11）双击“月亮湾”素材，设置“月亮湾”的入点、出点为（1：20s，7：20s），按住“仅拖动视频”按钮不放，将其拖到时间线窗口的 V1 轨道中，使其与上一素材末尾对齐，如图 1-130 所示。

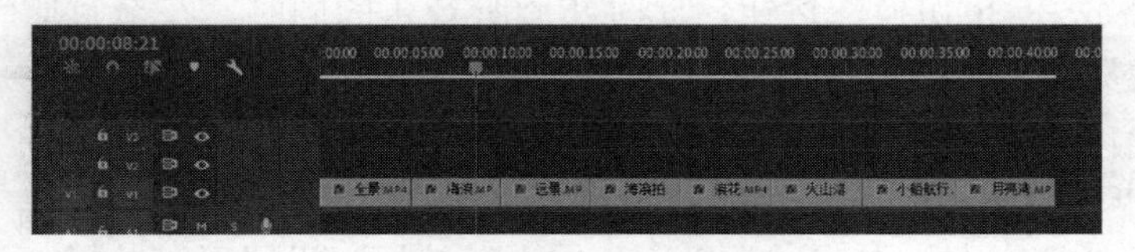

图 1-130　视频文件的排列

12）在项目窗口中双击“蓝色的多瑙河”素材，将其在素材源监视器窗口中打开，设置“蓝色的多瑙河”的入点、出点为（1∶43∶18s，2∶41∶06s），将其拖到时间线窗口的 A1 轨道中，使其与 0 位置对齐，如图 1-131 所示。

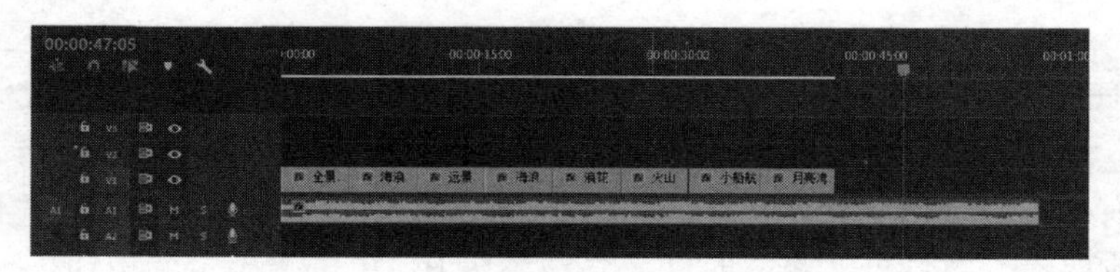

图 1-131　插入音频

13）在工具箱中选择剃刀工具，在视频结束的位置单击音频素材，将音频剪辑成两段，利用选择工具选中剪辑后的音频，按〈Delete〉键将其删除，结果如图 1-132 所示。

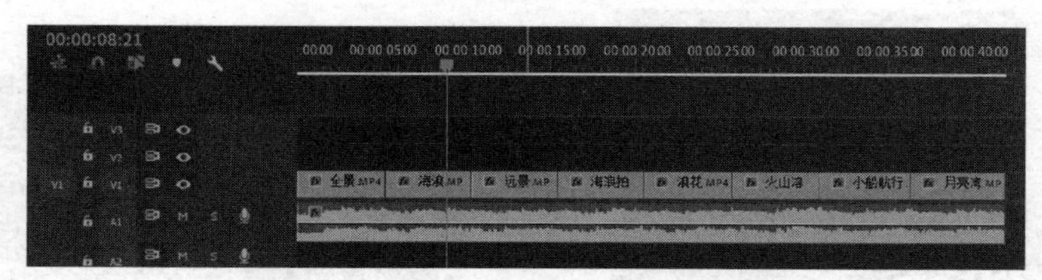

图 1-132　删除部分音频素材

14）在工具箱中选择钢笔工具，向下拖动滑块，展宽音频轨道将时间指针移到 40s 的位置，再单击“音量级别”线条，添加第 1 个关键帧，再单击结束点“音量级别”线条，添加第 2 个关键帧。

15）用鼠标选中第 2 个关键帧并向下拖动，为音频制作淡出效果，如图 1-133 所示。

图 1-133　制作淡出效果

16）单击“播放-停止”按钮，试听音频，此时的音频已经具有淡出效果。

17）在工具箱中选择向前选择轨道工具，单击时间线中起始的素材，将视频轨道和音频轨道上的素材全部选中，单击鼠标右键，从弹出的快捷菜单中选择“编组”选项。

18）执行该命令后，音频轨道上的音频素材和视频轨道上的视频素材将编组在一起，成为一个整体。

19）单击“播放-停止切换”按钮，此时在聆听音乐的同时，在节目监视器窗口中可以欣赏到添加的画面效果。

1-29　实例 5

实例 5　制作双语配音电影

知识要点：添加填充左、右声道效果，添加平衡效果，设置平衡效果，制作双语配音效果。

有些双语版的影片，配音采用广东话和普通话两种，观众在观看影片的过程中可以采取关闭左声道或右声道的方法收听不同的语言版本，这种双语配音效果在 Premiere Pro 2020 中也可以轻松实现。

制作双语配音电影的具体操作过程如下。

1）在 Premiere Pro 2020 的工作窗口中，按〈Ctrl+N〉组合键，打开“新建序列”对话框，设置“可用预设”为 AVCHD→1080p→AVCHD 1080p25，“序列名称”为“双语配音”，单击“确定”按钮。

2）按〈Ctrl+I〉组合键，打开“导入”对话框，选择“倩女幽魂（国）”和“倩女幽魂（粤）”两段音频素材，如图 1-134 所示。

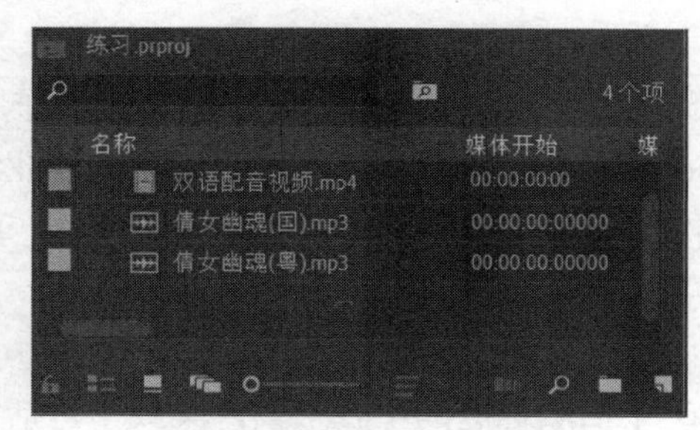

图 1-134　导入的音视频

3）将两个音频素材分别添加到时间线窗口的 A1 和 A2 轨道中，如图 1-135 所示。

4）在效果窗口中选择“音频效果”→“用左侧填充右侧”/“平衡”效果，添加到 A1 轨道的素材上。

5）将“用右侧填充左侧”/“平衡”效果，添加到 A2 轨道的素材上。

6）选中 A1 轨道上的素材，在效果控件窗口中展开“平衡”选项，设置“平衡”参数为-100，如图 1-136 所示。

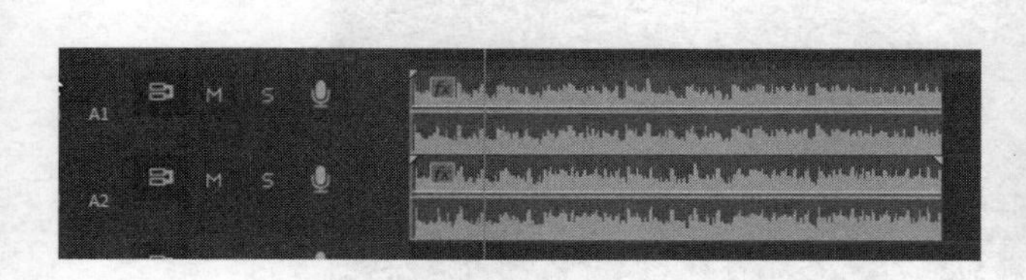

图 1-135　添加音频素材

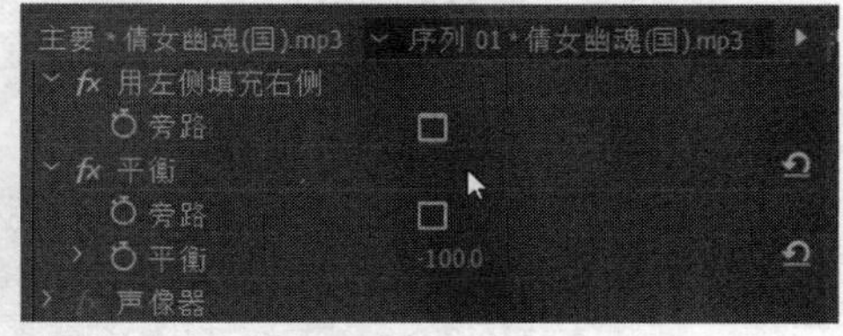

图 1-136　设置“平衡”效果 1

7）选择 A2 轨道上的素材，在效果控件窗口中展开“平衡”选项，设置“平衡”参数为 100，如图 1-137 所示。

8）从项目窗口中将“双语配音视频”素材拖曳到 V1 轨道上，如图 1-138 所示。

图 1-137　设置“平衡”效果 2

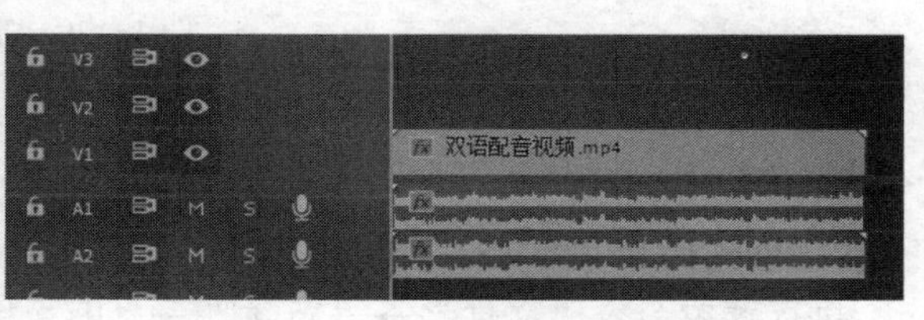

图 1-138　添加的视频

9）单击“播放/停止”按钮，即可试听音频效果。

1-30 任务 1.3

任务 1.3 字幕的制作

问题的情景及实现

字幕是影视节目中非常重要的视觉元素，一般包括文字和图形两部分。漂亮的字幕设计制作会给影片增色不少，Premiere Pro 2020 强大的功能使字幕制作产生了质的飞跃。制作好的字幕可直接叠加到其他片段上显示。

1.3.1 创建字幕

字幕是影片的重要组成部分，起到提示人物和地点的名称等作用，也可作为片头的标题和片尾的滚动字幕。使用 Premiere Pro 2020 的字幕功能可以创建专业级字幕。在字幕中，可使用系统中安装的任何字体创建字幕，也可置入图形或图像作为 Logo。此外，使用字幕内置的各种工具还可以绘制一些简单的图形。

1．字幕

字幕是 Premiere Pro 2020 中旧版标题的主要工具，集成了包括字幕工具、字幕主窗口、字幕属性、字幕动作和字幕样式等相关窗口，其中字幕主窗口提供了主要的绘制区域，如图 1-139 所示。

图 1-139 字幕窗口

当退出字幕之后，会自动添加到项目窗口中，字幕作为项目的一部分被保存起来，可以将字幕输出为独立的文件，可以随时导入。

2．创建新字幕

执行菜单命令“文件”→“新建”→“旧版标题”，打开“新建字幕”对话框，在“名称”

文本框内输入字幕的名称，如图 1-140 所示，单击“确定”按钮。

打开字幕窗口，如图 1-139 所示，在字幕窗口中，使用各种文本工具和绘图工具创建字幕内容。创建完毕后关闭字幕窗口，在保存项目的同时，字幕作为项目的一部分被保存起来，同其他类型素材一样，出现在项目窗口中。

对项目窗口或时间线窗口中的字幕进行双击，再次打开字幕窗口，可以对字幕进行必要的修改。

图 1-140 “新建字幕”对话框

1.3.2 片头字幕制作

Premiere Pro 2020 内置的字幕提供了丰富的字幕编辑工具与功能，可以满足制作各种字幕的需求，是当前最好的字幕制作工具之一。

1-31 实例 1

实例 1 通过创建椭圆形制作从中间逐步显示的字幕

利用文字工具创建文字，再用文本中的创建椭圆形蒙版工具创建一个椭圆形，最后再设置“蒙版扩展”关键帧，创建文字中间逐步显示的字幕，最终效果如图 1-141 所示。

图 1-141 最终效果

1）在 Premiere Pro 2020 的工作窗口中，按〈Ctrl+N〉组合键，打开“新建序列”对话框，设置“可用预设”为 AVCHD→1080p→AVCHD 1080p25，“序列名称”为“从中间逐步显示的字幕”的序列，单击“确定”按钮。

2）按〈Ctrl+I〉组合键，打开“导入”对话框，选择相应的素材文件，单击“打开”按钮，导入一个“远景”素材。

3）在项目窗口中选择导入的“远景”素材，将其拖曳到时间线窗口的 V1 轨道中，如图 1-142 所示。

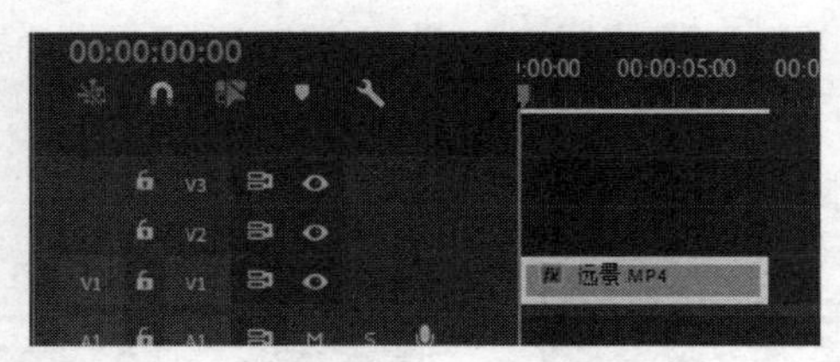

图 1-142 插入背景素材

4）单击工具箱中的文字工具，再单击节目监视器窗口的合适位置，时间线窗口产生一个字幕素材，如图 1-143 所示，在节目监视器窗口中输入“涠洲岛风光”5 个文字，如图 1-144 所示。

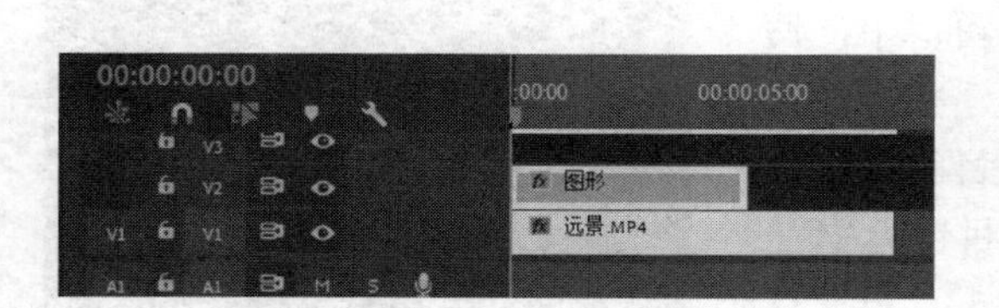

图 1-143　插入文字素材

图 1-144　输入文字

5）在工具箱中单击“选择工具”按钮，在效果控件窗口中选择文本，单击“字体”右侧的下拉按钮，从弹出的列表框中选择 HYXiuYingJ，设置“大小”为 170，“字距”为 300，单击“仿粗体”按钮，将文字设置为粗体。单击“填充”左边的色块，打开“拾色器”对话框，设置#为“FF0000”，单击“确定”按钮，勾选“描边”复选框，设置颜色为白色，“描边宽度”为 10，勾选“阴影”复选框，设置“不透明度”为 50%，“距离”为 10，“大小”为 20，在变换中的位置为（440，580），如图 1-145 所示。效果如图 1-146 所示。

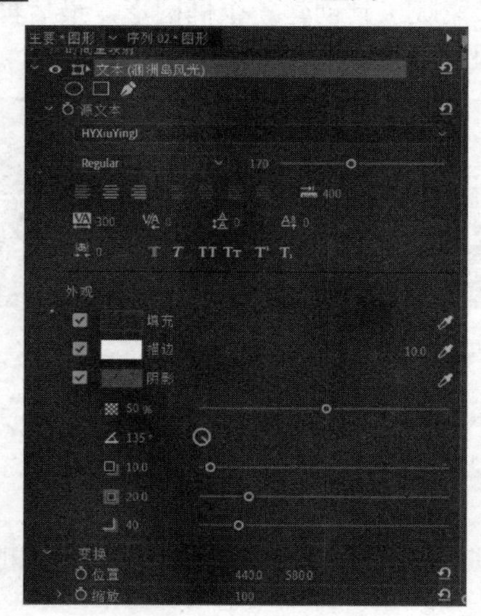

图 1-145　文本设置

图 1-146　文字效果

6）在监视器上方单击“效果”选项卡，在时间线窗口中将时间指针移动到 0s，在效果控件窗口中单击“创建椭圆形蒙版”按钮，如图 1-147 所示。为“蒙版扩展”选项在 0s 和 4s 处添加关键帧，其值分别为-250 和 310，如图 1-148 所示。

图 1-147　创建椭圆形效果

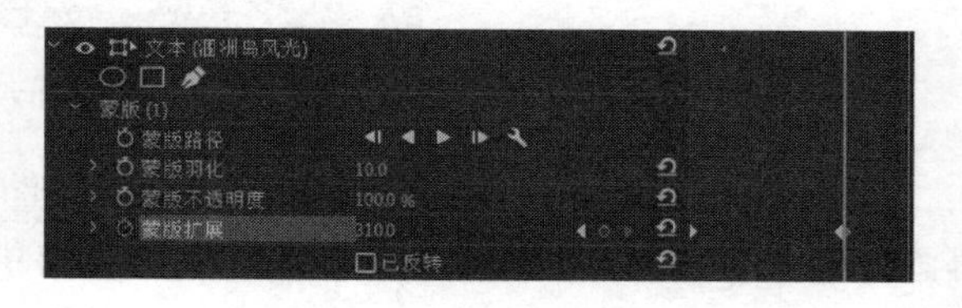

图 1-148　添加关键帧

7）按空格键，开始预览，其效果如图 1-141 所示。

1-32　实例 2

实例 2　通过多边形蒙版制作逐个显示字幕

利用 4 点多边形蒙版创建逐个显示文字，最终效果如图 1-149 所示。

图 1-149　最终效果

1）在 Premiere Pro 2020 的工作窗口中，按〈Ctrl+N〉组合键，打开“新建序列”对话框，设置“可用预设”为 AVCHD→1080p→AVCHD 1080p25，“序列名称”为“逐个显示字幕”，单击“确定”按钮。

2）按〈Ctrl+I〉组合键，打开“导入”对话框，选择相应的素材文件，单击“打开”按钮，导入“项目 1\卡拉 OK\山城海量视频\”中的“洪崖洞 1”素材。

3）在项目窗口中双击导入的“洪崖洞 1”素材，将其在素材源监视器窗口中打开。

4）执行菜单命令“剪辑”→“修改”→“时间码”，打开“修改剪辑”对话框，将“时间码”设置为 0，单击“确定”按钮。

5）在源监视器窗口中，设置“洪崖洞 1”的入点、出点为（1：13s，8：07s），如图 1-150 所示，按住“仅拖动视频”按钮不放，将其拖到时间线窗口的 V1 轨道中，使其与 0 位置对齐，如图 1-151 所示。

图 1-150　设置入点、出点

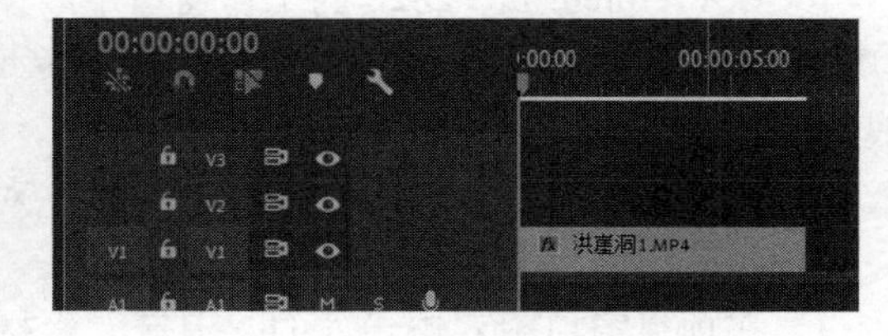

图 1-151　插入背景素材

6）单击工具箱中的文字工具，再单击节目监视器窗口的合适位置，在时间线窗口中产生一个字幕素材，在节目监视器窗口中输入“网红景点洪崖洞”7 个文字。

7）在工具箱中单击“选择”按钮，在效果控件窗口中选择文本，单击“字体”右侧的下拉按钮，从弹出的列表框中选择 STXingkai，设置“大小”为 170，“字距”为 100。

8）单击“填充”左边的色块，打开“拾色器”对话框，设置#为“FFFFFF”，单击“确定”按钮，勾选“描边”复选框，设置“颜色”为黑色，“描边宽度”为 10，勾选“阴影”复选框，设置“不透明度”为 75%，“距离”为 10，“大小”为 20，在变换中的位置为（330，580），效果如图 1-152 所示。

9）在监视器窗口上方单击“效果”选项卡，在时间线窗口中将时间指针移动到 0s，单击“创建 4 点多边形蒙版”按钮，如图 1-153 所示。将蒙版缩小，向左拖曳，拖曳到完全看不到文字为止，如图 1-154 所示。

10）单击“蒙版路径”左边的“切换动画”按钮，添加关键帧，再将时间指针移动到 4s 处，将蒙版向右拖曳，覆盖整个文字，如图 1-155 所示。

图 1-152　文字效果

图 1-153　创建多边形蒙版

图 1-154　移动蒙版位置

图 1-155　蒙版覆盖文字

11）按空格键，开始预览，其效果如图 1-149 所示。

实例 3　通过旋转扭曲效果制作浪花拍岸

1-33　实例 3

通过旋转扭曲效果制作浪花拍岸，最终效果如图 1-156 所示。

1）在 Premiere Pro 2020 的工作窗口中，按〈Ctrl+N〉组合键，打开“新建序列”对话框，设置“可用预设”为 AVCHD→1080p→AVCHD 1080p25，“序列名称”为“浪花拍岸”，单击“确定”按钮。

2）按〈Ctrl+I〉组合键，打开“导入”对话框，选择相应的素材文件，单击“打开”按钮，导入一个“浪花”素材。

3）在项目窗口中双击导入的“浪花”素材，将其在素材源监视器窗口中打开，如图 1-157 所示。

图 1-156　最终效果

图 1-157　背景素材

4）执行菜单命令“剪辑”→“修改”→“时间码”，打开“修改剪辑”对话框，将“时间码”设置为0，单击“确定”按钮。

5）在源监视器窗口中，设置“浪花”的入点、出点为（4s，12s），按住“仅拖动视频”按钮不放，将其拖到时间线窗口的V1轨道中，使其与0位置对齐，如图1-158所示。

6）单击工具箱中的“文字工具”按钮，单击节目监视器窗口的合适位置，在时间线窗口中产生一个字幕文件，在节目监视器窗口中输入“浪花拍岸”4个文字。

7）单击工具箱中的“选择”按钮，在效果控件窗口中选择文本，单击“字体”右侧的下拉按钮，从弹出的列表框中选择 FZShuiZhu-M08S，设置“大小”为170，“字距”为100，单击“仿粗体”按钮，将文字设置为粗体。

8）单击“填充”左边的色块，打开“拾色器”对话框，设置#为“0000FF”，单击“确定”按钮，勾选“描边”复选框，设置“颜色”为白色，“描边宽度”为10，勾选“阴影”复选框，设置“不透明度”为75，“距离”为10，“大小”为20，在变换中的位置为（580，460），效果如图1-159所示。

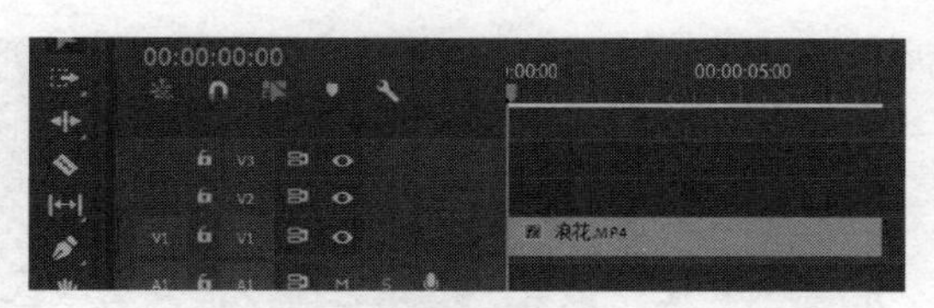

图1-158　插入背景素材

图1-159　文字效果

9）在时间线窗口中选择字幕文件，在效果窗口中选择“视频效果”→“扭曲”→“旋转扭曲”效果并双击之，在效果控件窗口中设置“角度”为30，“旋转扭曲半径”为20，其余默认不变，如图1-160所示。

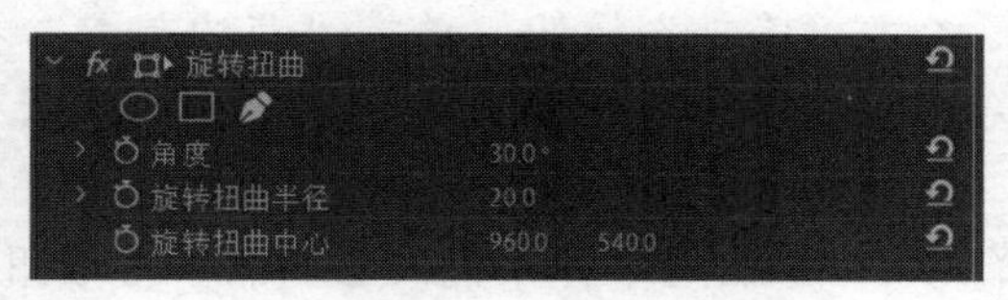

图1-160　“旋转扭曲”参数设置

10）按空格键，开始预览，其效果如图1-156所示。

1-34　实例4

实例4　通过旋转选项制作海边美景

利用运动属性中的旋转选项制作海边美景文字动画，最终效果如图1-161所示。

图1-161　最终效果

具体操作步骤如下。

1）在 Premiere Pro 2020 的工作窗口中，按〈Ctrl+N〉组合键，打开“新建序列”对话框，设置“可用预设”为 AVCHD→1080p→AVCHD 1080p25，“序列名称”为“海边美景”，单击“确定”按钮。

2）按〈Ctrl+I〉组合键，打开“导入”对话框，选择相应的素材文件，单击“打开”按钮，导入一个“海浪拍打”素材。

3）右击“海浪拍打”素材，从弹出的快捷菜单中选择“修改”→“时间码”，打开“修改剪辑”对话框，将“时间码”设置为 0，单击“确定”按钮。

4）在项目窗口中双击导入的“海浪拍打”素材，将其在源监视器窗口中打开。

5）在源监视器窗口中，设置“海浪拍打”的入点、出点为（1s，9s），如图 1-162 所示，按住“仅拖动视频”按钮不放，将其拖到时间线的 V1 轨道中，使其与 0 位置对齐，如图 1-163 所示。

图 1-162　设置入点、出点

图 1-163　插入背景素材

6）执行菜单命令“文件”→“新建”→“旧版标题”，打开“新建字幕”对话框，将“名称”设置为“海边美景”，单击“确定”按钮。单击“海边美景”右边的按钮，分别选择工具、动作和属性，在工具箱中选择文字工具，在字幕窗口中输入“海边美景”4 个文字，如图 1-164 所示。

7）在字幕窗口中选择文本，单击“字体系列”右侧的下拉按钮，从弹出的列表框中选择“方正准圆简体”，设置“大小”为 180，“字符间距”为 20，将“变换”中的“位置”设置为（960，500）。

8）设置“填充”→“填充类型”为“线性渐变”，在“颜色”选项的右侧设置第 1 个色标为黄色（FFFF00），第 2 个色标为红色（FF0000），如图 1-165 所示。

图 1-164　输入文字

图 1-165　设置填充颜色

9）在字幕窗口的绘制区域，内部的白色线框是安全字幕框，所有的字幕应该尽量放到安全字幕框以内；外面的白色线框是安全动作框，应该把视频画面中的其他的重要元素放在其中。

安全区域的设置仅仅是一种参考。右击字幕窗口，从弹出的快捷菜单中选择“视图”→“安全字幕边框”或“安全动作边框”，打开“安全字幕边框”和“安全动作边框”。

10）执行上述操作后，在工作区中显示字幕效果，如图 1-166 所示。

11）关闭字幕窗口，将创建的字幕拖曳到时间线窗口的 V2 轨道中，在时间线窗口中选择添加的字幕文件，如图 1-167 所示。

图 1-166　字幕安全边框

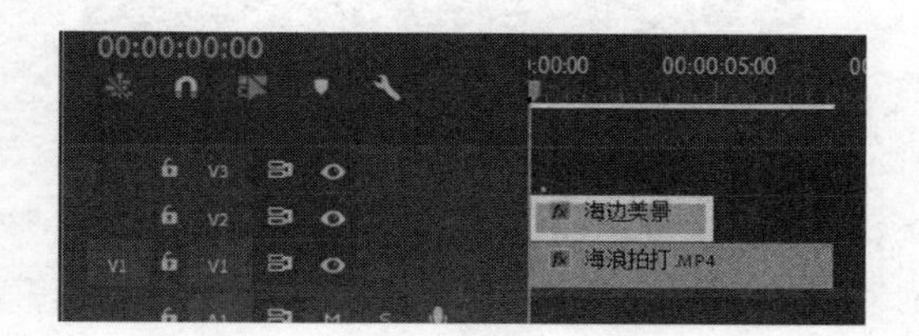

图 1-167　插入字幕

12）在时间线窗口中选择字幕，在效果控件窗口中为“位置”“缩放”“旋转”和“不透明度”选项在 0s 和 4s 处添加关键帧，其值分别为[（960，540），0，0，0]和[（720，380），10，1050，100]。将“不透明度”4s 处的关键帧拖动到 1s 处。

13）按空格键，开始预览，其效果如图 1-161 所示。

实例 5　通过径向渐变制作儿童乐园

1-35　实例 5

通过旧版标题文字编辑器的径向渐变制作儿童乐园文字效果，再通过位置选项制作文字的运动效果，最终效果如图 1-168 所示。

图 1-168　最终效果

1）在 Premiere Pro 2020 的工作窗口中，按〈Ctrl+N〉组合键，打开“新建序列”对话框，设置“可用预设”为 AVCHD→1080p→AVCHD 1080p25，“序列名称”为“儿童乐园”，单击“确定”按钮。

2）按〈Ctrl+I〉组合键，打开“导入”对话框，选择相应的素材文件，单击“打开”按钮，导入一个“儿童乐园”素材。

3）右击“海浪拍打”素材，从弹出的快捷菜单中选择“修改”→“时间码”，打开“修改剪辑”对话框，将“时间码”设置为 0，单击“确定”按钮。

4）在项目窗口中双击导入的“儿童乐园”素材，将其在源监视器窗口中打开。

5）在源监视器窗口中，设置“儿童乐园”的入点、出点为（1∶08s，9∶12s），如图 1-169 所示，按住“仅拖动视频”按钮不放，将其拖到时间线窗口的 V1 轨道中，使其与 0 位置对齐，如图 1-170 所示。

图 1-169　设置入点、出点

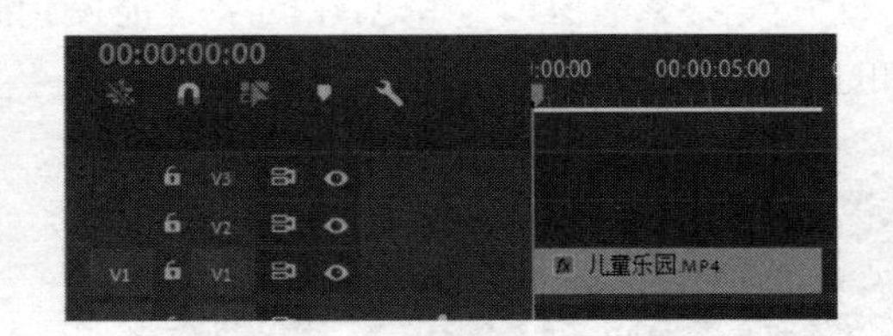

图 1-170　插入素材

6）执行菜单命令“文件”→“新建”→“旧版标题”，打开“新建字幕”对话框，将“名称”设置为“儿童乐园”，单击“确定”按钮，打开“字幕”对话框，单击“儿童乐园”右边的按钮，分别选择工具、动作和属性，如图 1-171 所示，在工具箱中选择文字工具，在字幕窗口输入“儿童乐园”4 个文字。

7）在字幕窗口中选择文本，单击“字体系列”右侧的下拉按钮，从弹出的列表框中选择“方正准圆简体”，设置“字体大小”为 180，“字符间距”为 20。

8）设置“填充”→“填充类型”为径向渐变，在“颜色”选项的右侧设置第 1 个色标为红色（FF0000），第 2 个色标为黄色（FFFF00），勾选“阴影”复选框，设置“距离”为 20，“大小”为 10，“扩展”为 50，如图 1-172 所示。

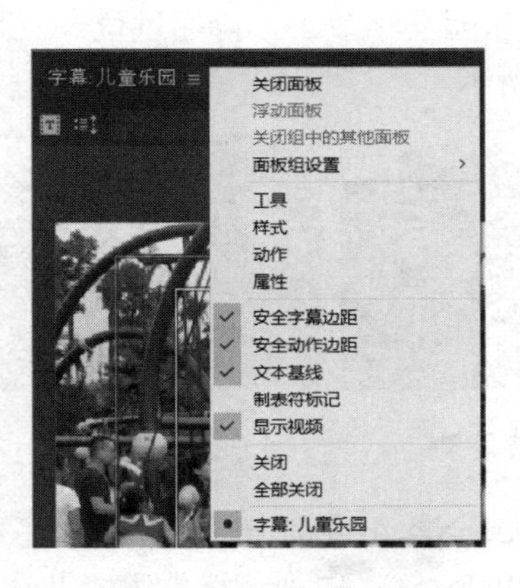

图 1-171　打开工作窗口

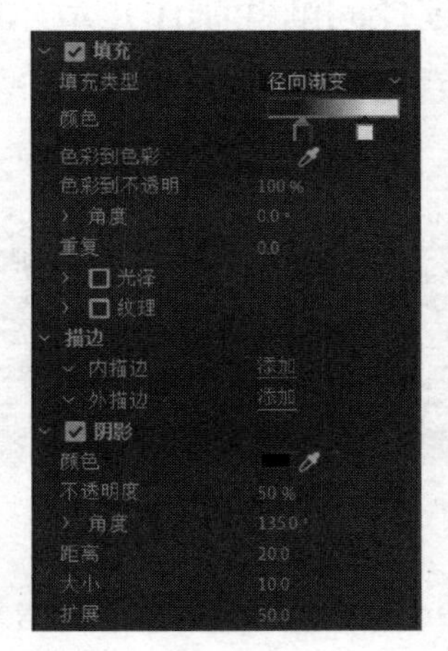

图 1-172　文字填充设置

9）执行上述操作后，在工作区中显示字幕效果，如图 1-173 所示。

10）关闭字幕窗口，将创建的字幕拖曳到时间线窗口的 V2 轨道中，在时间线窗口中选择添加的字幕文件，如图 1-174 所示。

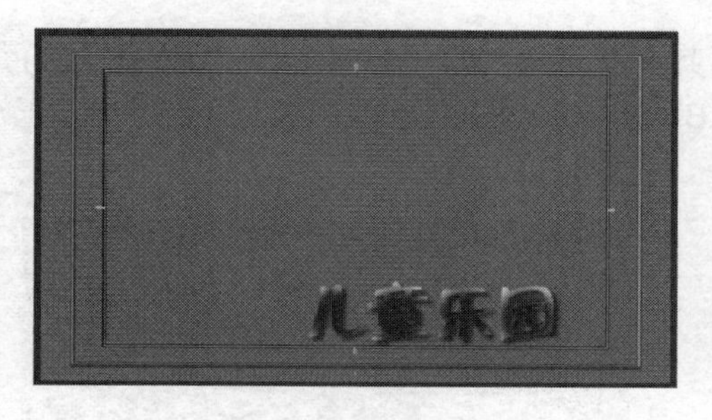

图 1-173　文字效果

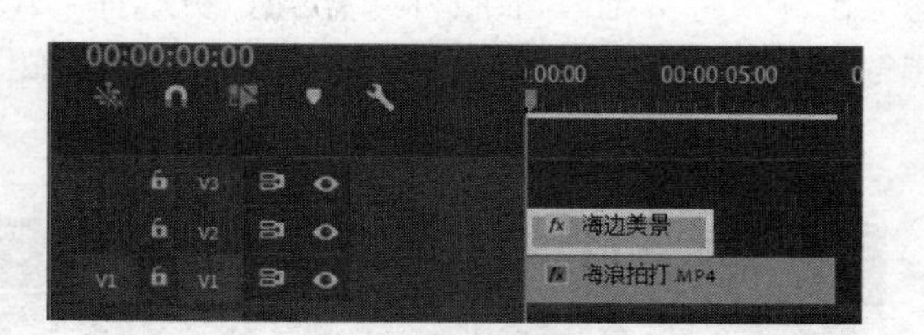

图 1-174　插入文字

11）在效果控件窗口中，为其“位置”选项在 0s 和 3s 处添加两个关键帧，其值为（-614，540）和（940，540）。

12）按空格键，开始预览，其效果如图 1-168 所示。

实例 6　输入路径文本

1-36　实例 6

通过使用旧版标题字幕窗口的钢笔工具，绘制路径，制作路径文字。最终效果如图 1-175 所示。

具体操作步骤如下。

1）在 Premiere Pro 2020 的工作窗口中，按〈Ctrl+N〉组合键，打开“新建序列”对话框，设置“可用预设”为 AVCHD→1080p→AVCHD 1080p25，“序列名称”为“路径文字”，单击“确定”按钮。

2）按〈Ctrl+I〉组合键，打开“导入”对话框，选择相应的素材文件，单击“打开”按钮，导入一个“浪花”素材。

3）右击“浪花”素材，从弹出的快捷菜单中选择“修改”→“时间码”，打开“修改剪辑”对话框，将“时间码”设置为 0，单击“确定”按钮。

4）在项目窗口中双击导入的“浪花”素材，将其在素材源监视器窗口中打开。

5）在源监视器窗口中，设置“浪花”的入点、出点为（4s，9∶12s），如图 1-176 所示，按住“仅拖动视频”按钮不放，将其拖到时间线窗口的 V1 轨道中，使其与 0 位置对齐，如图 1-177 所示。

图 1-175　最终效果

图 1-176　设置入点、出点

6）执行菜单命令“文件”→“新建”→“旧版标题”，打开“新建字幕”对话框，将“名称”设置为“路径”，单击“确定”按钮，打开“字幕”对话框，单击“路径文字”右边的按钮，分别选择工具、动作和属性，在工具箱中选择路径文字工具，绘制一条路径，用转换锚点工具将曲线平滑，如图 1-178 所示，选择文字工具，在字幕窗口中输入“浪花飞舞，拍打岸边”8 个文字，在“旧版标题样式”中选择“Arial Black gold”，设置“字体系列”为“方正水黑简体”，单击“显示背景视频”按钮，效果如图 1-179 所示。

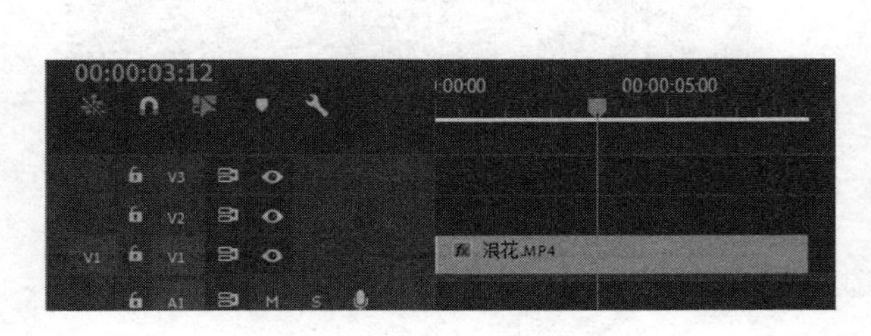

图 1-177 插入背景素材

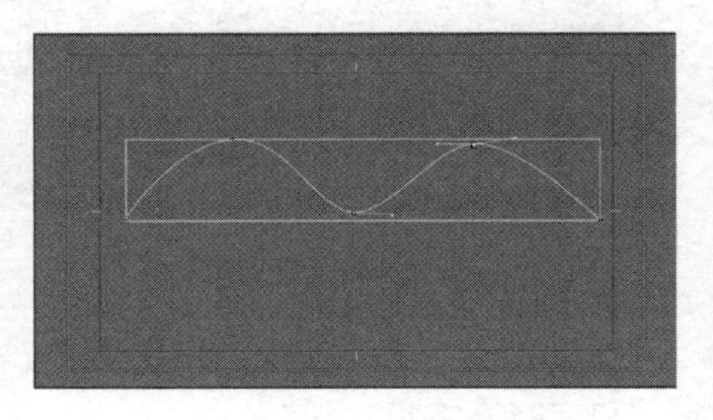

图 1-178 绘制路径

7）关闭字幕窗口，将创建的字幕拖曳到时间线窗口的 V2 轨道中，在时间线窗口中选择添加的字幕文件，如图 1-180 所示。

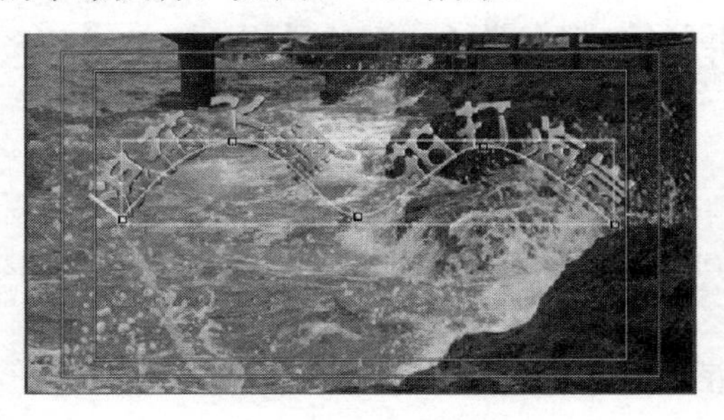

图 1-179 文字效果

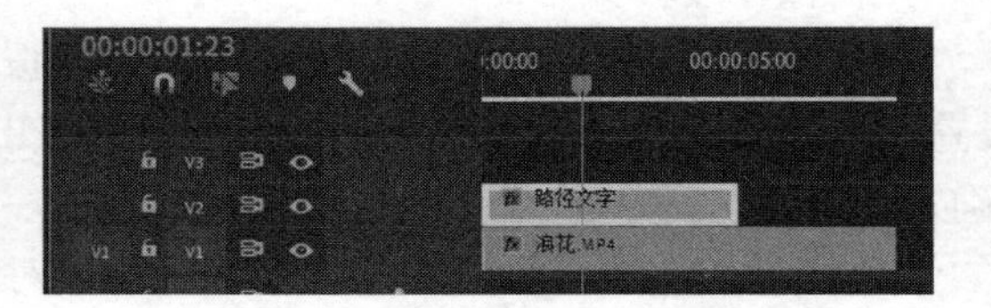

图 1-180 插入文字

8）选择“路径文字”，在效果窗口中选择“视频效果”→“透视”→“斜面 Alpha”效果并双击之，在效果控件窗口中设置其参数，设置“边缘厚度”为 5，其余默认不变。

9）按空格键，开始预览，其效果如图 1-175 所示。

1-37 实例 7

实例 7 插入标记（Logo）

在制作影片或电视节目的过程中，经常需要在其中插入图片作为标志，字幕提供了这一功能，且支持插入位图和矢量图，将插入的矢量图自动转化为位图。这样既可以将插入的图片作为字幕中的图形元素，又可以将其插入到文本框中，作为文本的一部分。

在基本图形中插入了标记，可以像更改其他对象属性一样，对其各种属性进行更改，且可以随时将其恢复为初始状态。最终效果如图 1-181 所示。

具体操作步骤如下。

1）在 Premiere Pro 2020 的工作窗口中，按〈Ctrl+N〉组合键，打开“新建序列”对话框，设置“可用预设”为 AVCHD→1080p→AVCHD 1080p25，“序列名称”为“插入标记”，单击“确定”按钮。

2）按〈Ctrl+I〉组合键，打开“导入”对话框，选择“海浪拍打”素材文件，单击“打开”按钮，导入一个“海浪拍打”素材。

3）在项目窗口中双击“海浪拍打”素材，将其在素材源监视器窗口中打开。

4）在源监视器窗口中，设置“海浪拍打”的入点、出点为（1s，9s），按住“仅拖动视频”按钮不放，将其拖到时间线窗口的 V1 轨道中，使其与 0 位置对齐，如图 1-182 所示。

图 1-181　最终效果

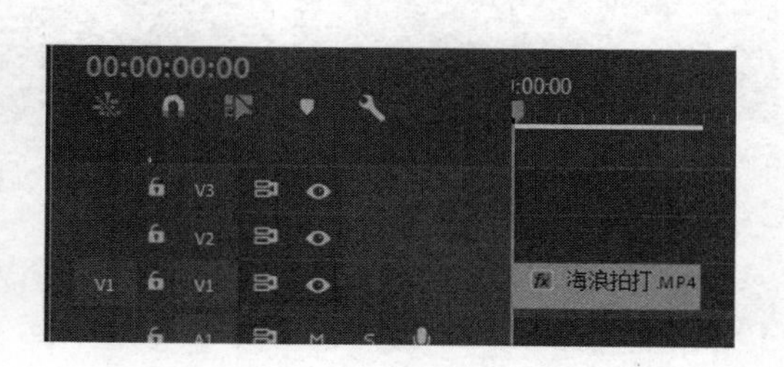

图 1-182　插入背景素材

5）执行菜单命令“窗口”→“基本图形”，打开基本图形窗口，选择“编辑”选项卡，单击“新建图形”按钮，从弹出的快捷菜单中选择“来自文件”选项，如图 1-183 所示，打开“导入”对话框，选择“项目 1\任务 3\素材\”中的“台标”，单击“打开”按钮，效果如图 1-184 所示。

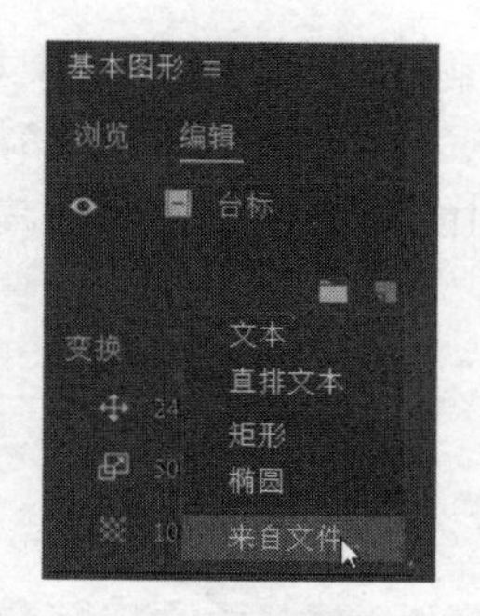

图 1-183　创建图形

图 1-184　插入标记

6）在时间线窗口中选择“图形”素材，在基本图形的变换窗口中设置“比例”为 50%，“位置”为（248，169），拖动图形文件的右侧与“海浪拍打”素材对齐，效果如图 1-185 所示。

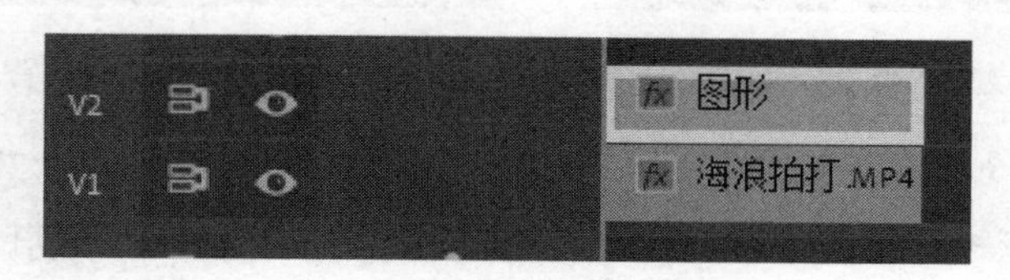

图 1-185　插入标记

7）按空格键，开始预览，其效果如图 1-181 所示。

实例 8　创建垂直滚动字幕

1-38　实例 8

利用“滚动/游动选项”窗口参数的设置，制作垂直滚动字幕。

根据滚动的方向不同，滚动字幕分为纵向滚动（Rolling）字幕和横向滚动（Crawling）字幕。本例将通过案例讲解如何在 Adobe 字幕窗口中创建影片或电视节目结束时的纵向滚动字幕，深入体会其制作方法。最终效果如图 1-186 所示。

图 1-186　最终效果

具体操作步骤如下。

1）在 Premiere Pro 2020 的工作窗口中，按〈Ctrl+N〉组合键，打开“新建序列”对话框，设置“可用预设”为 AVCHD→1080p→AVCHD 1080p25，“序列名称”为“垂直滚动字幕”，单击“确定”按钮。

2）按〈Ctrl+I〉组合键，打开“导入”对话框，选择相应的素材文件，单击“打开”按钮，导入一个“小船航行”素材。

3）右击“小船航行”素材，从弹出的快捷菜单中选择“修改”→“时间码”，打开“修改剪辑”对话框，将“时间码”设置为 0，单击“确定”按钮。

4）在项目窗口中双击导入的“小船航行”素材，将其在素材源监视器窗口中打开。

5）在源监视器窗口中，设置“海浪拍打”的入点、出点为（1：24s，13：23s），如图 1-187 所示，按住“仅拖动视频”按钮不放，将其拖到时间线窗口的 V1 轨道中，使其与 0 位置对齐，如图 1-188 所示。

图 1-187　设置入点、出点

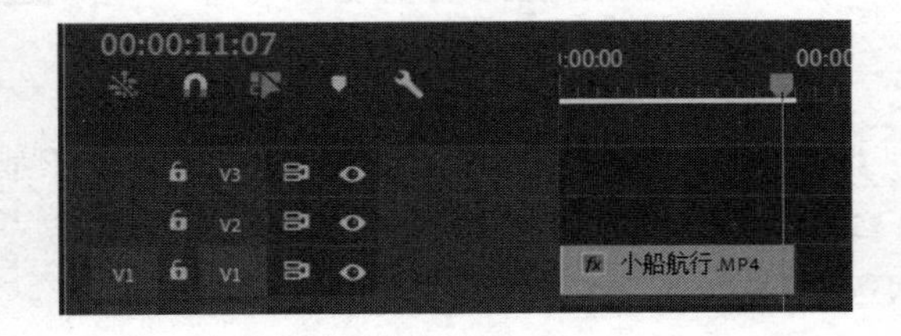

图 1-188　插入背景素材

6）执行菜单命令“文件”→“新建”→“旧版标题”，在“新建字幕”对话框中输入字幕名称，单击“确定”按钮，打开字幕窗口，单击“滚动字幕”右边的按钮，分别选择工具、动作和属性。

7）在字幕窗口中单击按钮，打开“滚动/游动选项”对话框，选择“滚动”单选按钮，勾选“开始于屏幕外”复选框，使字幕从屏幕外滚动进入。在“缓入”文本框中输入 50，即字幕由静止状态加速到正常速度的帧数（2s），在“缓出”文本框中输入 50，即字幕由正常速度减速到静止状态的帧数（2s），平滑字幕的运动效果。

在“过卷”文本框中输入 75，即滚屏停止后，静止帧数 3s。设置完毕后，如图 1-189 所示，单击“确定”按钮。

8）选择文字工具，单击字幕窗口，设置“字体系列”为“方正大黑简体”，复制事先在记事本输入的演职人员名单到字幕窗口中，设置“字体大小”为 120，单击“垂直居中”按钮，设置“填充类型”为实底，“颜色”为白色，单击“外描边”右侧的“添加”按钮，如图 1-190 所示。

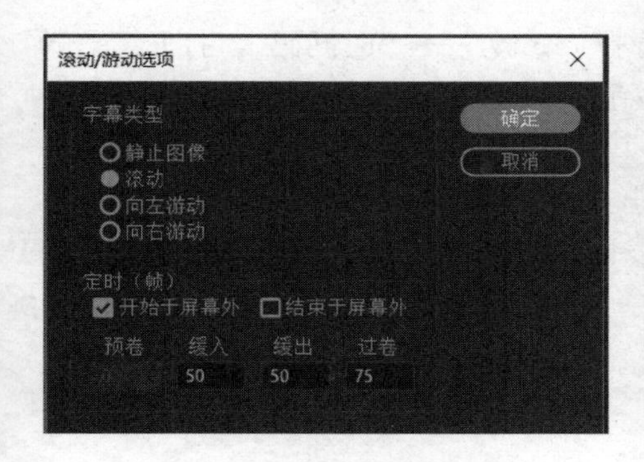

图 1-189　滚动字幕设置

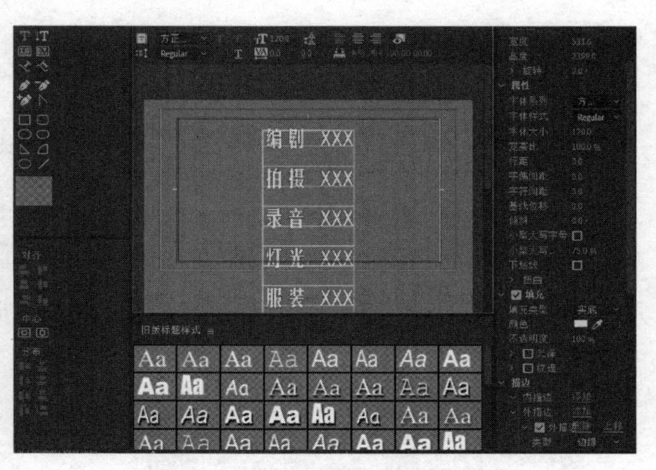

图 1-190　输入演职人员名单

9）编辑完演职人员名单后，按〈Enter〉键，拖动垂直滑块，将文字上移出屏为止，单击字幕设计窗口合适的位置，输入单位名称及日期，如图 1-191 所示。

10）关闭字幕设置窗口，将滚动字幕字幕文件拖放到时间线窗口中的 V2 轨道，拖动结束位置，调整其延续时间，完成最终效果如图 1-192 所示。

图 1-191　输入单位名称及日期

图 1-192　插入字幕

11）按空格键，开始预览，其效果如图 1-186 所示。

1-39　实例 9

实例 9　创建水平滚动字幕

本例将通过案例讲解如何在 Adobe 字幕窗口中创建影片或电视节目结束时的横向滚动字幕，深入体会其制作方法。最终效果如图 1-193 所示。

图 1-193　最终效果

具体操作步骤如下。

1）在 Premiere Pro 2020 的工作窗口中，按〈Ctrl+N〉组合键，打开“新建序列”对话框，设置“可用预设”为 AVCHD→1080p→AVCHD 1080p25，“序列名称”为“水平滚动字幕”，单击“确定”按钮。

2）按〈Ctrl+I〉组合键，打开“导入”对话框，选择相应的素材文件，单击“打开”按钮，导入一个“小船航行”素材。

3）右击“小船航行”素材，从弹出的快捷菜单中选择“修改”→“时间码”，打开“修改剪辑”对话框，将“时间码”设置为 0，单击“确定”按钮。

4）在项目窗口中双击导入的“小船航行”素材，将其在源监视器窗口中打开。

5）在源监视器窗口中，设置“小船航行”的入点、出点为（1∶24s，13∶23s），如图 1-194 所示，按住“仅拖动视频”按钮不放，将其拖到时间线窗口的 V1 轨道中，使其与 0 位置对齐，如图 1-195 所示。

图 1-194　设置入点、出点

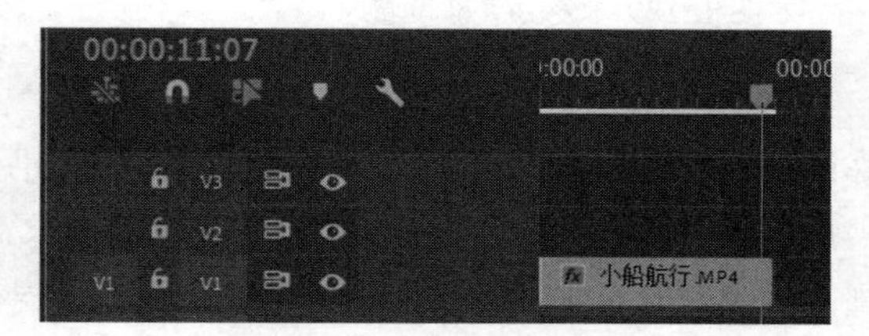

图 1-195　插入背景素材

6）执行菜单命令“文件”→“新建”→“旧版标题”，打开“新建字幕”对话框，在“名称”文本框中输入字幕名称“水平滚动”，单击“确定”按钮，打开字幕窗口，单击“水平滚动”右边的按钮，分别选择工具、动作和属性。

7）在字幕窗口中单击按钮，打开“滚动/游动选项”对话框，选择“向左游动”单选按钮，勾选“开始于屏幕外”复选框，使字幕从屏幕外滚动进入。在“缓入”文本框中输入 50，在“缓出”文本框中输入 50，在“过卷”文本框输入 75，设置完毕后，如图 1-196 所示，单击“确定”按钮。

8）选择垂直文字工具，单击字幕窗口，设置“字体系列”为“方正大黑简体”，复制事先在记事本输入的演职人员名单到字幕窗口中，设置“字体大小”为 80，“填充类型”为“实底”，“颜色”为白色，单击“外描边”右侧的“添加”按钮，单击“水平居中”按钮，利用对齐工具将垂直字幕对齐，如图 1-197 所示。

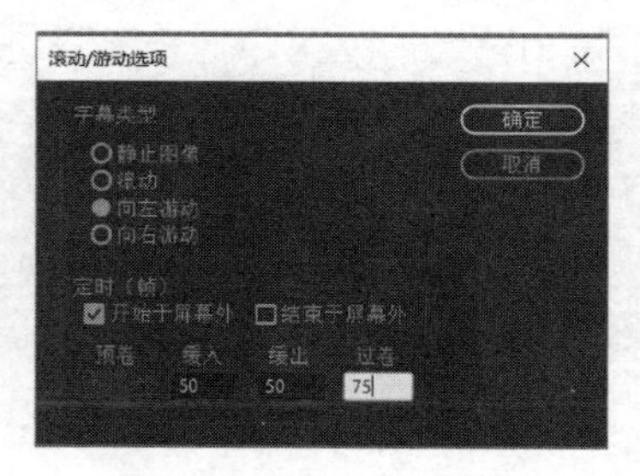

图 1-196　游动字幕设置

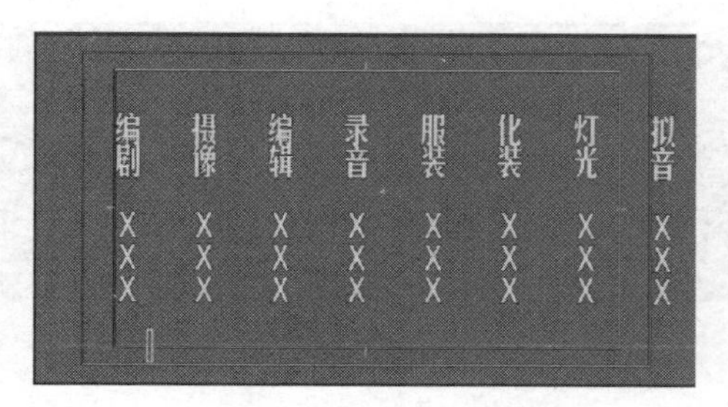

图 1-197　输入演职人员名单

9）输入完演职人员名单后，用鼠标单击字幕窗口右边，拖动水平滑块，将文字左移出屏为止，单击字幕设计窗口合适的位置，复制单位名称及日期，设置字体大小为 100，如图 1-198 所示。

10）关闭字幕设置窗口，将水平滚动字幕文件拖放到时间线窗口中的 V2 轨道中，拖动结束位置，调整其延续时间，完成最终效果，如图 1-199 所示。

图 1-198 输入单位名称及日期

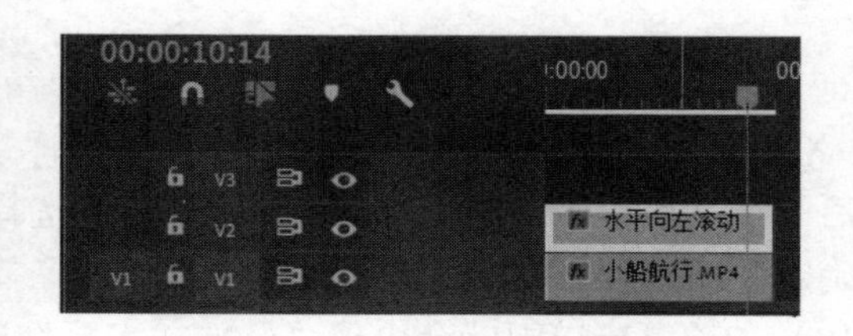

图 1-199 插入文字

11）按空格键，开始预览，其效果如图 1-193 所示。

实例 10 制作解说词字幕

1-40 实例 10-1

本例通过开放式字幕制作解说词字幕，最终效果如图 1-200 所示。

图 1-200 最终效果

具体操作步骤如下。

1）在 Premiere Pro 2020 的工作窗口中，按〈Ctrl+N〉组合键，打开“新建序列”对话框，设置“可用预设”为 AVCHD→1080p→AVCHD 1080p25，“序列名称”为“解说词字幕”，单击“确定”按钮。

2）按〈Ctrl+I〉组合键，打开“导入”对话框，选择解说词字幕文件夹，单击“导入文件夹”按钮，在项目窗口中展开解说词字幕文件夹。

3）在项目窗口中将“禾木村 1.mp3”音频素材拖曳到时间线窗口的 A1 轨道中。

4）在项目窗口中双击“禾木公园门口”到源监视器窗口，选择入出点为（1∶05s，6∶03s），按住“仅拖动视频”按钮，将其拖曳到时间线窗口的 V1 轨道中，与起始位置对齐。

5）在项目窗口中双击“禾木村”到源监视器窗口，选择入出点为（1∶19s，9∶10s），按住“仅拖动视频”按钮，将其拖曳到时间线窗口的 V1 轨道中，与前素材的结束位置对齐。

6）在项目窗口中双击“禾木村 1”到源监视器窗口，选择入出点为（3∶13s，7∶14s），按住“仅拖动视频”按钮，将其拖曳到时间线窗口的 V1 轨道中，与前素材的结束位置对齐。

7）在项目窗口中双击“禾木村全景”到源监视器窗口，选择入出点为（2∶19s，7∶13s），按住“仅拖动视频”按钮，将其拖曳到时间线窗口的 V1 轨道中，与前素材的结束位置对齐。

8）在项目窗口中双击“禾木村小河 3”到源监视器窗口，选择入出点为（2：23s，7：17s），按住“仅拖动视频”按钮，将其拖曳到时间线窗口的 V1 轨道中，与前素材的结束位置对齐，如图 1-201 所示。

图 1-201　素材的排列

9）执行菜单命令“文件”→“新建”→“字幕”，打开“新建字幕”对话框，单击“标准”后的小三角形按钮，从弹出的快捷菜单中选择“开放式字幕”选项，如图 1-202 所示，单击“确定”按钮。

10）在项目窗口中就会出现“开放式字幕”选项，将其拖曳到时间线窗口中，并拖长至配音结束，在时间线窗口中双击字幕素材如图 1-203 所示。

1-41　实例 10-2

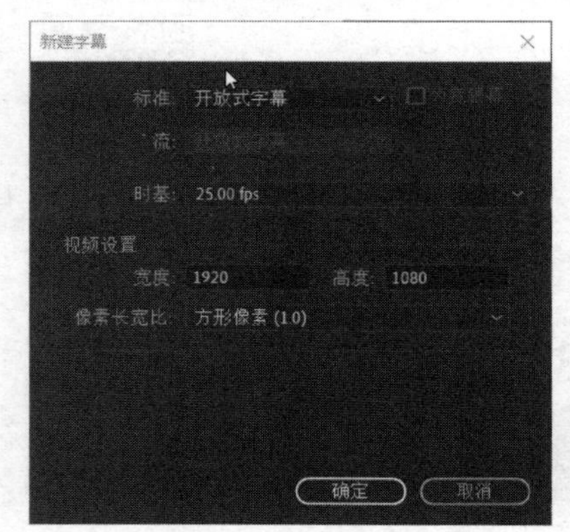

图 1-202　新建字幕

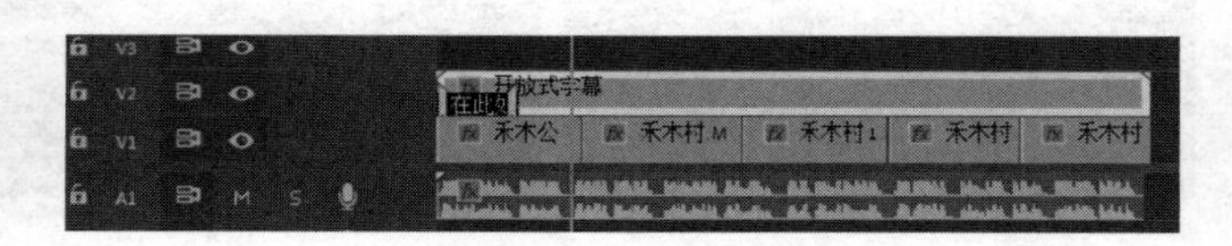

图 1-203　插入字幕

11）复制第一段解说词到字幕窗口右边的文本框内，选择“背景颜色”按钮，设置“不透明度”为 0，使其背景透明，单击“文本颜色”按钮，设置“颜色”为白色，“大小”为 50，“字体”为“方正大黑简体”，选择“边缘颜色”按钮，设置“颜色”为黑色，“不透明度”为 100%，“边缘”为 4，如图 1-204 所示。

12）单击“播放-停止切换”按钮，进行播放，第一句结束，单击“播放-停止切换”按钮，将当前时间输入到出点，如 4：21s，按〈Enter〉键，如图 1-205 所示。

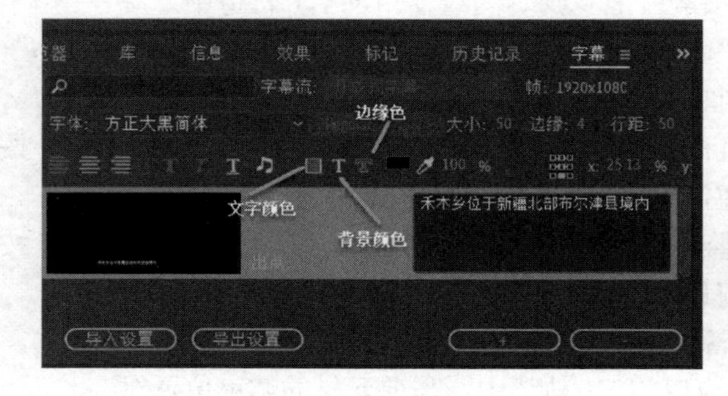

图 1-204　字幕窗口

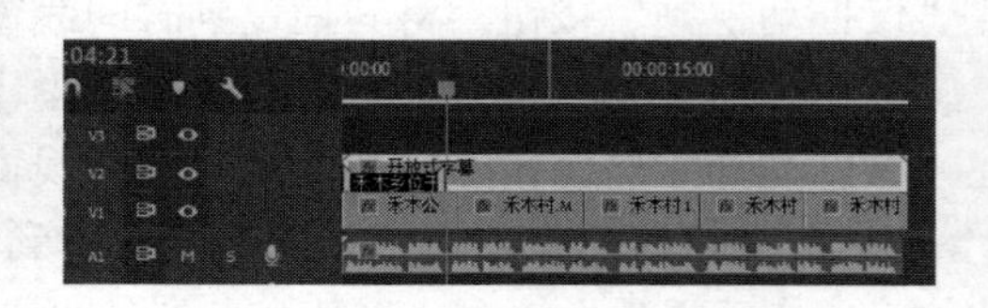

图 1-205　第一句结束位置

13）单击字幕窗口的“添加字幕”按钮，将第二句解说词复制到字幕窗口右边的文本框内，单击“播放-停止切换”按钮，进行播放，第二句结束时，单击“播放-停止切换”按钮，将当前时间输入到出点，如 8：03s，按〈Enter〉键，如图 1-206 所示。

14）单击字幕窗口的“添加字幕”按钮，复制第三句解说词到字幕窗口右边的文本框内，设置当前时间出点为 12：15s，按〈Enter〉键。

15）单击字幕窗口的“添加字幕”按钮，复制第四句解说词到字幕窗口右边的文本框内，设置当前时间出点为 16：16s，按〈Enter〉键。

16）单击字幕窗口的“添加字幕”按钮，复制第五句解说词到字幕窗口右边的文本框内，设置当前时间出点为 19：02s，按〈Enter〉键。

17）单击字幕窗口的“添加字幕”按钮，复制第六句解说词到字幕窗口右边的文本框内，设置当前时间出点为 22：14s，按〈Enter〉键。

18）单击字幕窗口的“添加字幕”按钮，复制第七句解说词到字幕窗口右边的文本框内，设置当前时间出点为 25：23s，按〈Enter〉键，如图 1-207 所示，效果如图 1-200 所示。

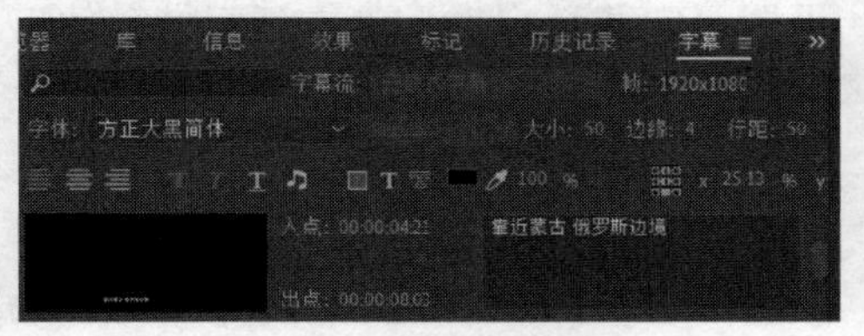

图 1-206　复制第二句解说词

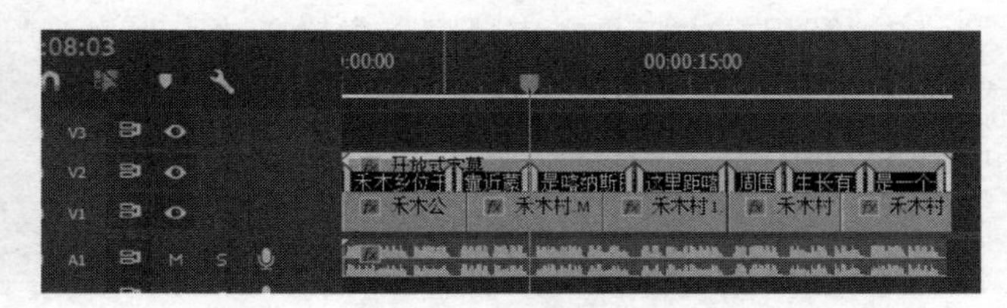

图 1-207　解说词排列

19）返回项目窗口，在项目窗口双击“蓝色的多瑙河”，将其在源监视器窗口打开，设置入点为 54：12s，出点为 1：20：15s，将其拖曳到时间线窗口的 A2 轨道。

20）单击“音频”选项卡，打开基本声音窗口，选择“禾木村.mp3”，在基本声音窗口中单击“对话”选项，选择“蓝色多瑙河.mp3”，在基本声音窗口中单击“音乐”选项，勾选“回避”复选框，单击“生成关键帧”按钮，背景音乐随解说词音量增大而减小，随解说词音量减小而增大。

实例 11　制作水中倒影字幕效果

1-42　实例 11-1

知识要点：制作辉光描边文字，添加垂直翻转效果，添加波浪效果，添加快速模糊效果，设置波浪效果参数，设置快速模糊效果参数。

在字幕编辑窗口中输入并设置文字属性后，为文字添加垂直翻转效果，制作倒影效果，然后为文字添加波形弯曲效果、快速模糊效果，通过设置相关参数，可以使倒影效果更加自然、逼真，从而制作出水中倒影字幕效果。最终效果如图 1-208 所示。

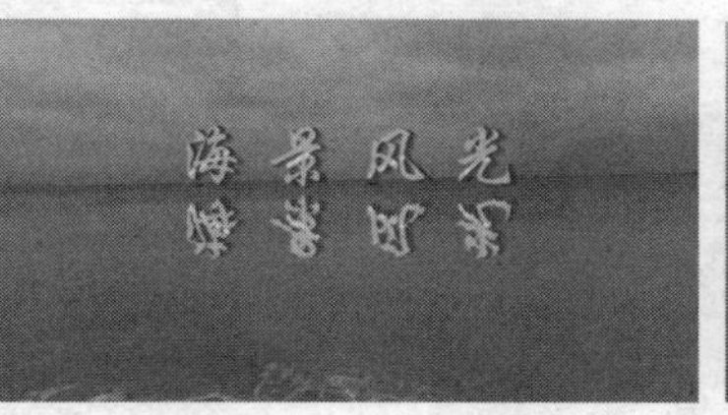

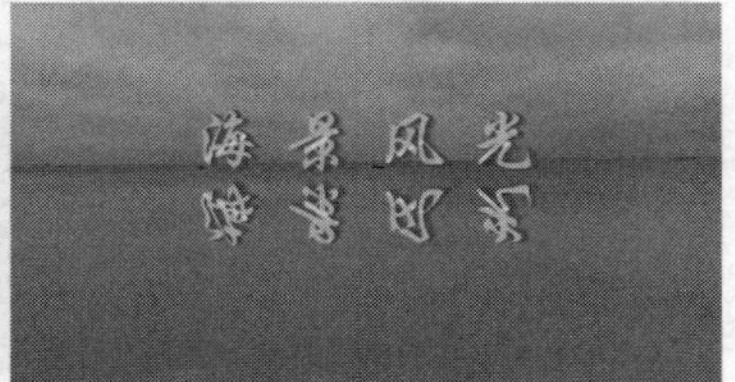

图 1-208　最终效果

制作水中倒影字幕效果的具体操作过程如下。

1）在 Premiere Pro 2020 的工作窗口中，按〈Ctrl+N〉组合键，打开“新建序列”对话框，设置“可用预设”为 AVCHD→1080p→AVCHD 1080p25，“序列名称”为“海景风光”，单击“确定”按钮。

2）按〈Ctrl+I〉组合键，打开“导入”对话框，选择相应的素材文件，单击“打开”按钮，导入一个“海水”素材。

3）右击“海水”素材，从弹出的快捷菜单中选择“修改”→“时间码”，打开“修改剪辑”对话框，将“时间码”设置为 0，单击“确定”按钮。

4）在项目窗口中双击导入的“海水”素材，将其在源监视器窗口中打开。

5）在源监视器窗口中，设置“海水”的入点、出点为（1s，9s），按住“仅拖动视频”按钮不放，将其拖到时间线窗口的 V1 轨道中，使其与 0 位置对齐，如图 1-209 所示。

6）执行菜单命令“文件”→“新建”→“旧版标题”，在“新建字幕”对话框中设置名称为“海景风光”，单击“确定”按钮，打开字幕窗口，单击“海景风光”右边的按钮，分别选择工具、动作和属性。

7）利用文本工具在字幕窗口中输入“海景风光”，设置“字体系列”为“方正行楷简体”，“字体大小”为 180，“字符间距”为 30，“填充类型”为“实底”，“颜色”为青黄色（57F527）。

8）选择“光泽”复选框并展开，设置“角度”为 329。单击“外侧边”右侧的“添加”字样，展开该选项，设置“类型”为深度，“填充类型”为“实底”，“大小”为 25 ，“颜色”为 F728A0，勾选“阴影”复选框，单击“垂直居中”按钮，效果如图 1-210 所示。

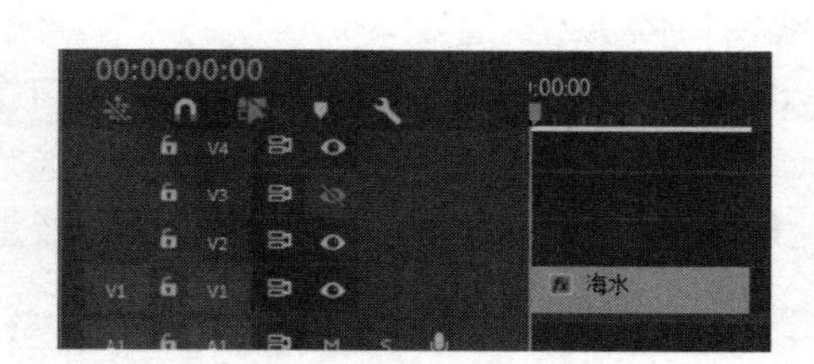

图 1-209　插入素材

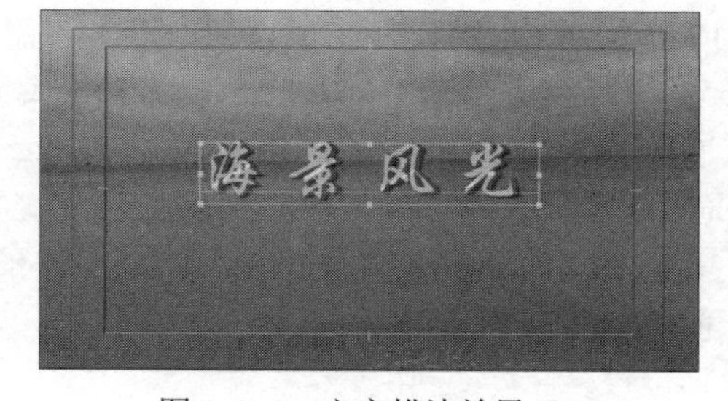

图 1-210　文字描边效果

9）关闭字幕窗口，返回到 Premiere Pro 2020 的工作界面。

10）在项目窗口中选择字幕“海景风光”，将其添加到时间线窗口的 V2 轨道中，结束点与海水素材对齐，如图 1-211 所示。

11）选中 V2 轨道中的字幕，在效果控件窗口中展开“运动”选项，设置“位置”为（960，460），如图 1-212 所示。

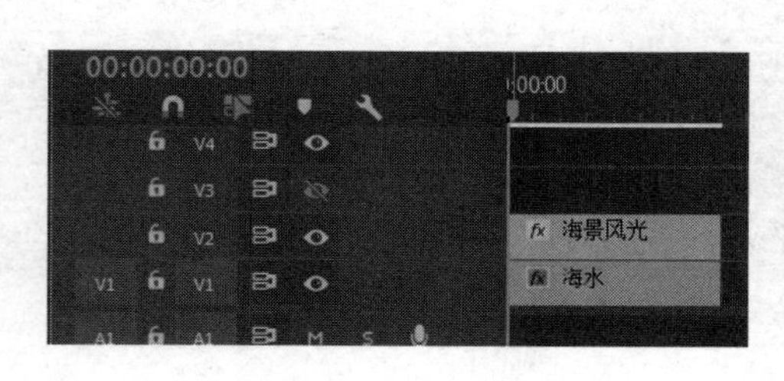

图 1-211　添加字幕

图 1-212　文字的位置

12）在项目窗口中再次选择字幕“海景风光”，将其添加到 V3 轨道中，设置结束点与“海景”素材对齐。

13）选择 V3 轨道中的字幕，在效果窗口中选择“视频效果”→“变换”→“垂直翻转”效果并双击之，添加到 V3 轨道的字幕文件上，此时 V3 轨道上的字幕已经垂直翻转。

14）选中 V3 轨道中的字幕，在效果控件窗口中展开“运动”选项，设置“位置”为（960，530），调整字幕的位置，如图 1-213 所示。

15）选择 V3 轨道上的字幕文件，在效果窗口中选择“视频效果”→“扭曲”→“波形变形”效果并双击之，添加到 V3 轨道的字幕文件上，此时 V3 轨道上的字幕已经具有了波浪效果，如图 1-214 所示。

图 1-213　调整字幕位置

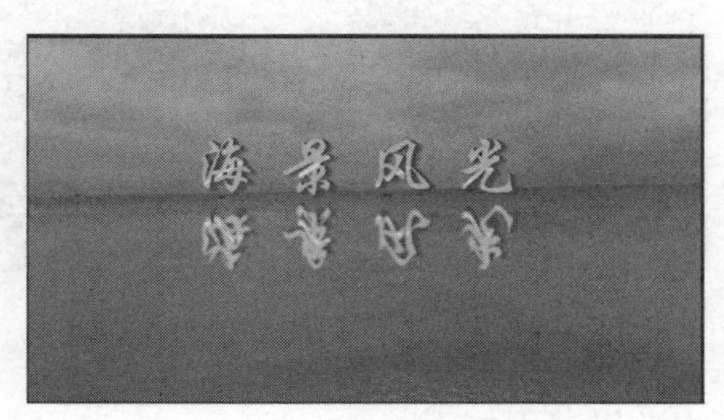

图 1-214　文字效果

16）选择 V3 轨道上的字幕文件，在效果窗口中选择“视频效果”→“过时”→“快速模糊”效果并双击之，将其添加到 V3 轨道的字幕文件上。

17）选中 V3 轨道上的字幕文件，在效果控件窗口中为“波形变形”和“快速模糊”选项的“波形类型”“波形高度”“波形宽度”“方向”“波形速度”“固定”“相位”“模糊度”和“模糊维度”，在 0s、2s 和 4s 处添加 3 组关键帧，其参数分别为（正弦，15，40，90°，1，无，0，6，水平与垂直）、（平滑杂色，20，59，86°，2，垂直边，3°，4，水平）和（正弦，10，42，39，1，中心，1°，0，水平与垂直），如图 1-215 所示。

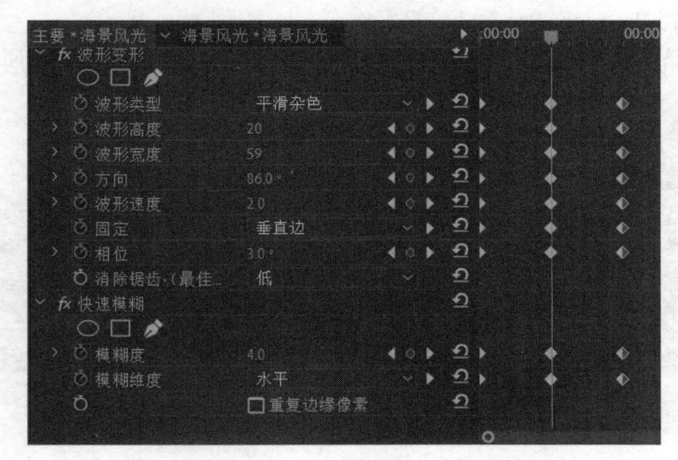

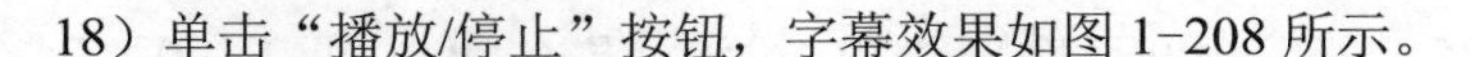
图 1-215　添加“波形变形”和“快速模糊”效果

1-43　实例 11-2

18）单击“播放/停止”按钮，字幕效果如图 1-208 所示。

实例 12　制作燃烧字幕效果

1-44　实例 12

知识要点：添加 Alpha 辉光效果，设置发光效果，添加波浪效果，制作燃烧动态效果，自定义燃烧颜色。

在字幕窗口中输入并设置文字属性后，为文字添加 Alpha 辉光效果，通过设置相关参数，可以将文字制作发光效果，再为文字添加波浪效果，可以模拟燃烧时的动态效果，从而制作出燃烧的字幕效果。最终效果如图 1-216 所示。

图 1-216　燃烧字幕效果

具体操作过程如下。

1）在 Premiere Pro 2020 的工作窗口中，按〈Ctrl+N〉组合键，打开“新建序列”对话框，设置“可用预设”为 AVCHD→1080p→AVCHD 1080p25，“序列名称”为“燃烧字幕”，单击“确定”按钮。

2）执行菜单命令“文件”→“新建”→“旧版标题”，打开“新建字幕”对话框，在“名称”文本框中输入“燃烧字幕”，单击“确定”按钮，进入字幕窗口。

3）利用文本工具，在字幕窗口中输入“燃烧岁月”，选中输入的文字，设置“字体系列”为“华文行楷”，“字体大小”为 180，在“字幕属性”选项组中展开“填充”选项，设置“填充类型”为实色，“颜色”为黄色（F6FA07），效果如图 1-217 所示。

4）关闭字幕窗口，返回到 Premiere Pro 2020 的工作窗口。

5）在项目窗口中选择字幕“燃烧岁月”，将其添加到 V1 轨道上，如图 1-218 所示。

图 1-217　填充颜色后的文字

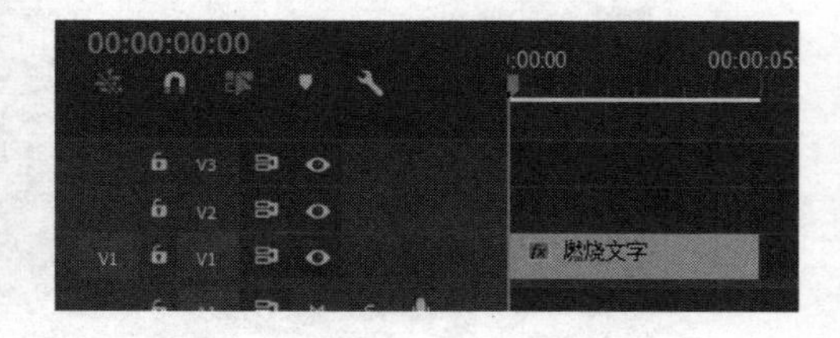

图 1-218　添加字幕

6）选择“燃烧文字”字幕，在效果窗口中选择“视频效果”→“风格化”→“Alpha 发光”并双击之，在效果控件窗口中，为“发光”“亮度”和“起始颜色”在 0s、2s 和 4s 处添加 3 个关键帧，其参数为（25，255，E0E332）、（70，250，E3C230）和（100，245，D48224），如图 1-219 所示。

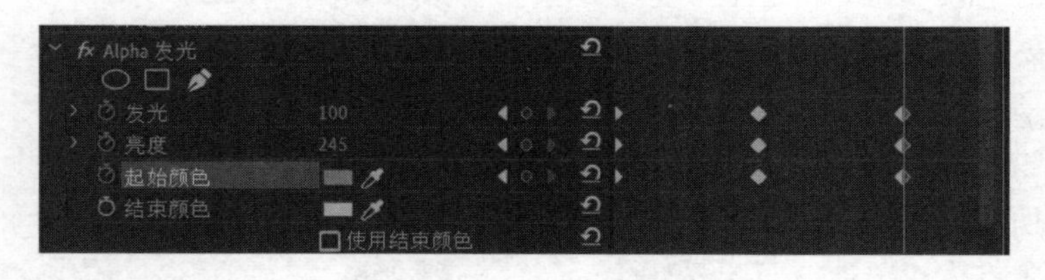

图 1-219　添加关键帧

7）单击“播放-停止切换”按钮，字幕效果如图 1-220 所示。

图 1-220　预览效果

8）选择“燃烧岁月”字幕，在效果窗口中选择“视频效果”→“扭曲”→“波形变形”并双击之，参数设置为默认值，单击“播放-停止切换”按钮，字幕燃烧效果如图 1-216 所示。

实例 13　制作过光文字效果

1-45　实例 13

知识要点：用文字工具创建文字，用基本图形创建矩形。

通过轨道遮罩键创建过光文字效果，最终效果如图 1-221 所示。

图 1-221　过光文字效果

具体操作过程如下。

1）在 Premiere Pro 2020 的工作窗口中，按〈Ctrl+N〉组合键，打开“新建序列”对话框，设置“可用预设”为 AVCHD→1080p→AVCHD 1080p25，“序列名称”为“过光文字效果”，单击“确定”按钮。

2）按〈Ctrl+I〉组合键，打开“导入”对话框，选择相应的素材文件，单击“打开”按钮，导入一个“小船航行”素材，将其拖曳到 V1 轨道。

3）选择文字工具，将时间指针拖曳到 0s 处，单击节目监视器合适位置，输入文字小船航行。

4）选择选择工具，在效果控件窗口选择文本，设置“字体”为“华文行楷”，“大小”为

1-46　解说词字幕的制作

230，“填充”为红色，在 V2 轨道上产生字幕素材，效果如图 1-222 所示。

5）取消 V2 轨道上素材的选择，选择 V3 轨道，执行菜单命令“窗口”→“基本图形”，打开“基本图形”对话框，单击“编辑”→“新建图形”→“矩形”，在“变换”选项卡中设置其参数，在 V3 轨道上产生图形素材，如图 1-223 所示。

图 1-222　填充颜色后的文字

图 1-223　添加图形

6）为“位置”选项在 0s 和 4：13s 处添加两个关键帧，其值为（370，590）和（2051，591），如图 1-224 所示。

7）添加 V4 轨道选择“小船航行”字幕，按〈Ctrl+C〉组合键，选择 V4 轨道，取消对 V1 轨道的选择，时间指针放到 0 位置，按〈Ctrl+V〉组合键进行粘贴，设置“填充”为白色，如图 1-255 所示，素材排列如图 1-226 所示。

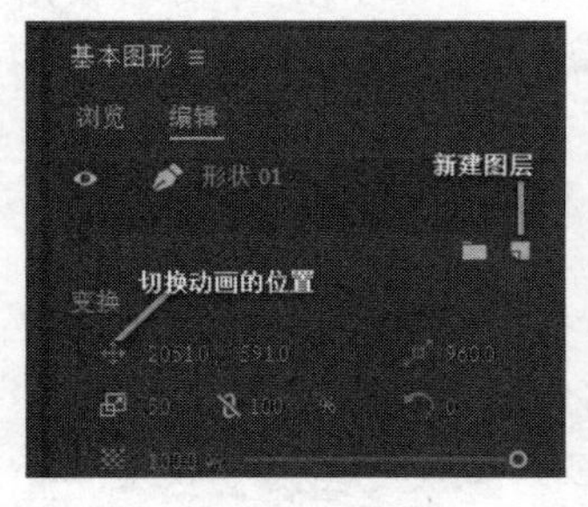

图 1-224　基本图形

图 1-225　图形位移

1-47　卡拉 OK 字幕制作

8）选择 V3 轨道中的“图形”素材，在效果窗口中选择“视频效果”→“键控”→“轨道遮罩键”效果并双击之，在效果控件窗口中，设置“遮罩”为“视频 4”，“合成方式”为“亮度遮罩”，如图 1-227 所示。

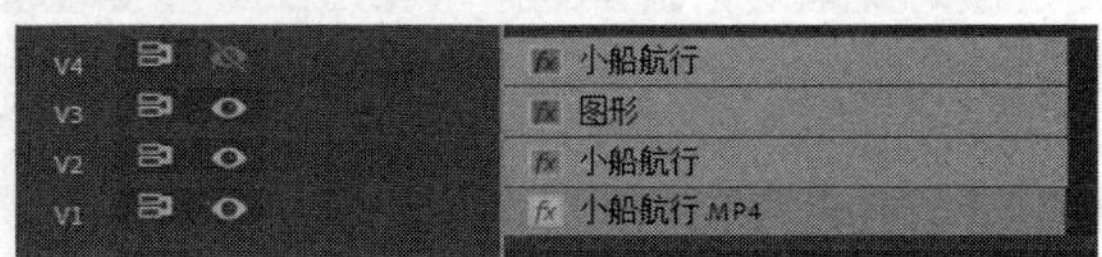

图 1-226　时间线窗口排列

图 1-227　轨道遮罩键

9）单击“播放-停止切换”按钮，字幕效果如图 1-221 所示。

任务 1.4　影片的输出

1-48　任务 1.4

问题的情景及实现

视频制作好后，可以创建一个 DVD，或者将它做成网络格式，把它放在网上，供大家欣赏。当完成对影片的编辑后，可以按照其用途输出为不同格式的文件，以便观看或作为素材进行再编辑。

Premiere Pro 2020 可以根据输出文件的用途和发布媒介，将素材或序列输出为所需的各种格式，其中包括电影帧，用于计算机播放的视频文件、视频光盘和网络流媒体等。Premiere Pro 2020 为各种输出途径提供了广泛的视频编码和文件格式。

在具体的文件格式方面，可以分别输出视频、音频、静止图片和图片序列的各种格式。

- 视频格式包括 AVI、GIF、H.264、HEVC（H.265）、MPEG4、MPEG-2（和 MPEG-2-DVD）、P2 影片、QuickTime 和 Windows Media。
- 音频格式包括 AVI、MPA、MP4、MP3、WMA、QuickTime 和波形音频（WAV）。
- 静止图片格式包括 Targa、JPEG、TIFF 和 BMP。
- 图片序列格式包括 GIF 序列、Targa 序列、JPEG 序列、TIFF 序列和 BMP 序列。

执行菜单命令“文件”→“导出”→“媒体”，可将影片输出为音、视频文件和图像序列，将时间指针所在当前帧输出为图像文件、仅输出音频文件等。

1-49　实例 1

实例 1　自动重构序列

首先，在传统的 PC 时代，我们观看的视频基本都是 16∶9 的比例，当然即便到了移动互联网迅速发展的今天，16∶9 视频依然是生活中不能或缺的。其次，随着 4G 乃至 5G 时代的快速发展，各种短视频 App 也在吸引着我们的眼球，于是，9∶16 的竖屏视频的需求量自然会水涨船高。在这种背景下，将传统视频快速转换成更适合手机竖屏观看的小视频势必成为一种新需求。以往，我们利用手动的方式在剪辑软件中“调来调去”，虽然不是有多大技术含量的工作，但是耗费了大量时间，而节约时间就是“自动重构”功能最大的惊喜了。

Premiere Pro 2020 新增的自动重构序列功能可按照 1∶1 到 9∶16 或 16∶9 等不同平台的转换需求，来优化影片内容。此外，该功能可应用于单个画面或是整个序列的重新构图。

1）在节目编辑完成之后，执行菜单命令“序列”→“自动重构序列”，打开“自动重构序列”对话框，如图 1-228 所示。

2）单击“长宽比”右边的小三角形，弹出快捷菜单中选择垂直 9∶16，如图 1-229 所示。

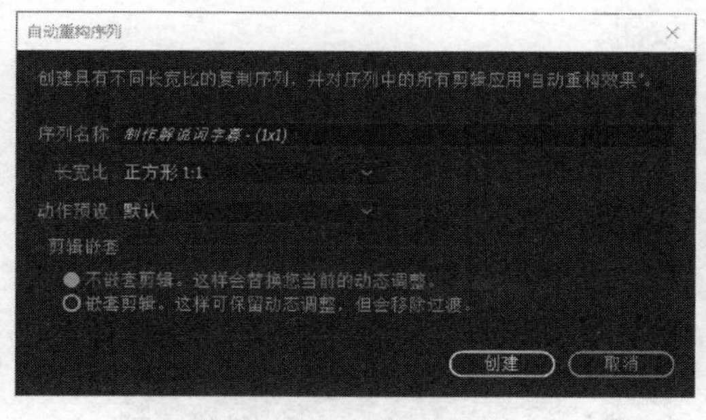

图 1-228　自动重构序列

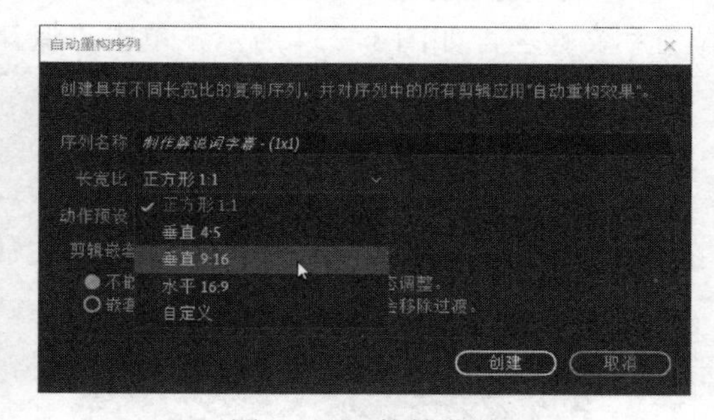

图 1-229　快捷菜单

3）单击“创建”按钮，开始创建，重构后的效果如图 1-230 所示，可见文字内容超出了屏幕范围。

4）选择所有字幕，在字幕窗口中设置“字体大小”为 26，如图 1-231 所示。按空格键，预览视频效果，效果如图 1-232 所示。

图 1-230　重构后的图像

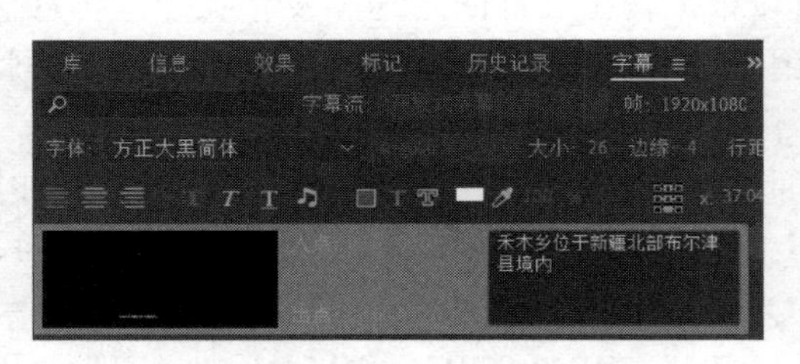

图 1-231　调节文字大小写

图 1-232　缩小后的文字

实例 2　输出 H.264 格式

1-50　实例 2

H.264 是一种高性能的视频编解码技术。目前国际上制定视频编解码技术的组织有两个：一个是“国际电联（ITU-T）”，它制定的标准有 H.261、H.263、H.263+等；另一个是“国际标准化组织（ISO）”，它制定的标准有 MPEG-1、MPEG-2、MPEG-4 等。而 H.264 则是由两个组织联合组建的联合视频组（JVT）共同制定的新数字视频编码标准，所以它既是 ITU-T 的 H.264，又是 ISO/IEC 的 MPEG-4 高级视频编码，而且它将成为 MPEG-4 标准的第 10 部分。H.264 最大的优势是具有很高的数据压缩比率，在同等图像质量的条件下，H.264 的压缩比是 MPEG-2 的 2 倍以上，是 MPEG-4 的 1.5～2 倍。

输出 H.264 格式操作步骤如下。

1）执行菜单命令“文件”→“导出”→“媒体”，在打开的“导出设置”对话框中选择格式、预设等。

- 格式：从菜单中选择一种要输出的文件格式，如 H.264，如图 1-233 所示。
- 预设：在预设中选择一种预设的规格，如匹配源-中等比特率。
- 导出视频：勾选后输出视频轨道，取消勾选则可以避免输出。
- 导出音频：勾选后输出音频轨道，取消勾选则可以避免输出。

2）在“导出设置”对话框中间的“摘要”栏中有“视音频”的相关参数，如图 1-233 所示。

3）单击“输出名称”后面的链接，打开“另存为”对话框，在对话框中设置导出文件的保存位置和文件名，如图 1-234 所示，单击“保存”按钮。

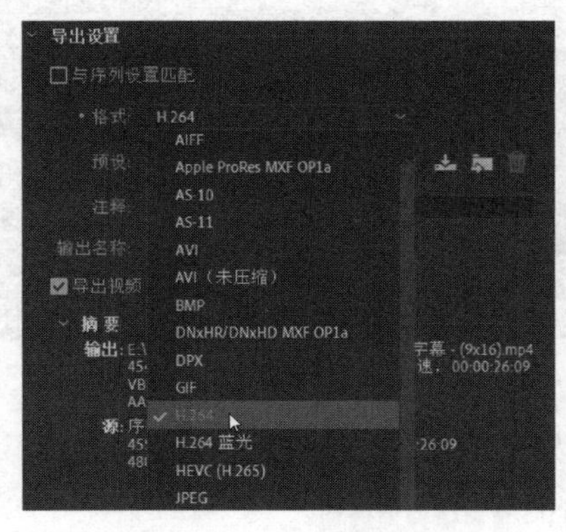

图 1-233　导出设置

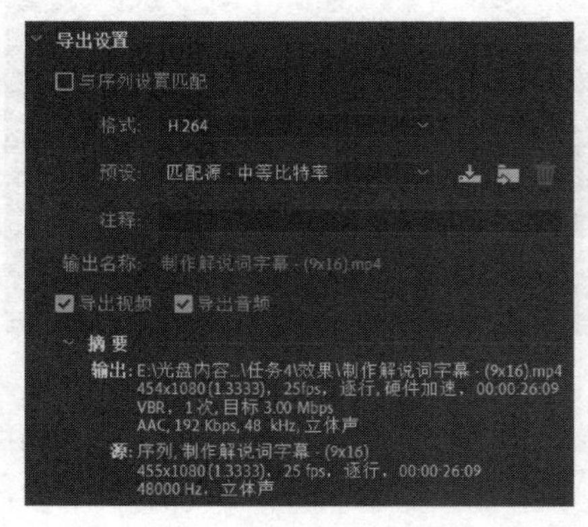

图 1-234　“摘要”栏

4）单击“导出”按钮，开始导出媒体文件。

实例 3　输出 HEVC（H.265）格式

1-51　实例 3

H.265 是 ITU-T VCEG 继 H.264 之后所制定的新的视频编码标准。H.265 标准围绕着现有的视频编码标准H.264，保留原来的某些技术，同时对一些相关的技术加以改进，从而改善码流、编码质量以及延时和算法复杂度之间的关系，以达到最优化设置。具体的研究内容包括：提高压缩效率、提高鲁棒性（是健壮和强壮的意思）和错误恢复能力、减少实时的时延、减少信道获取时间和随机接入时延、降低复杂度等。

H.265 旨在在有限带宽下传输更高质量的网络视频，仅需原来的一半带宽即可播放相同质量的视频。这也意味着，我们的智能手机、平板计算机等移动设备将能够直接在线播放 1080p 的全高清视频。H.265 标准也同时支持 4K(4096×2160）和 8K(8192×4320）超高清视频。可以说，H.265 标准让网络视频跟上了显示屏“高分辨率化”的脚步。

输出 H.265 格式操作步骤如下。

1）执行菜单命令“文件”→“导出”→“媒体”，打开的“导出设置”对话框。

2）在“格式”下拉列表中选择“HEVC（H.265)”，在“预设”中选择一种预设的规格，如匹配源-高比特率。设置好“输出名称”选项，单击“导出”按钮，开始导出 H.265 格式文件。

实例 4　输出单帧图片

1-52　实例 4

输出单帧图片的操作步骤如下。

1）在时间线窗口中对素材进行编辑后，将当前播放指针拖动到需要输出帧的位置处。

2）在节目监视器窗口中预览当前帧的画面，确定需要输出内容的画面。

3）执行菜单命令“文件”→“导出”→“媒体”，打开“导出设置”对话框，在“格式”下拉列表中选择“JPEG”，设置好“输出名称”选项，在“视频”选项卡中取消勾选“导出为序列”复选框，如图 1-235 所示，单击“导出”按钮，开始导出单帧文件。

实例 5　输出音频文件

1-53　实例 5

Premiere 可以将项目片段中的音频部分单独输出为所要类型的音频文件。

执行菜单命令“文件”→“导出”→“媒体”，打开“导出设置”对话框，在“格式”下拉列表中选择“MP3”，设置好“输出名称”选项，如图 1-236 所示，单击“导出”按钮，开始导出音频文件。

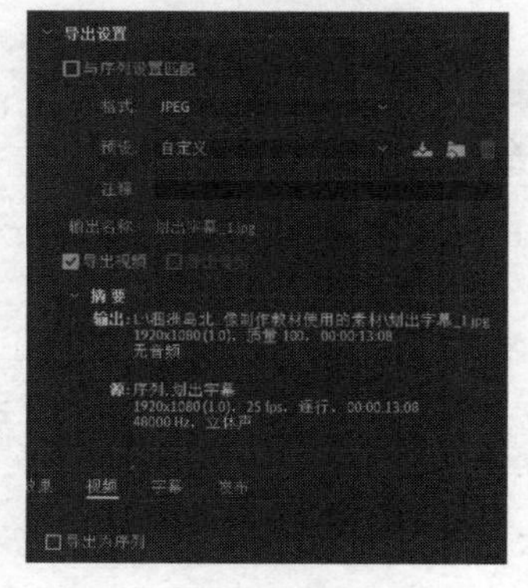

图 1-235　视频导出设置

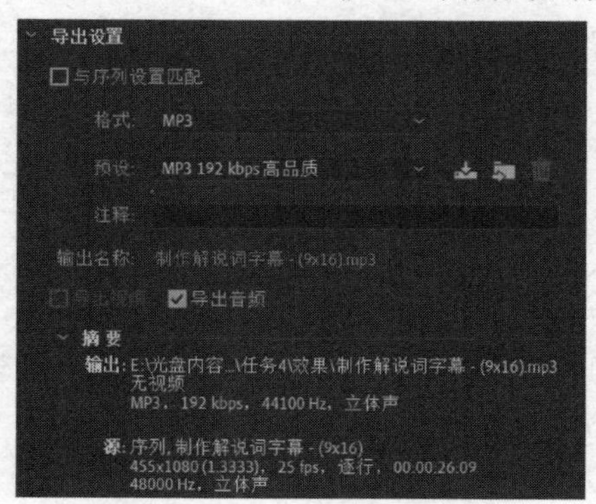

图 1-236　音频导出设置

实例 6　输出 MPEG2 格式

1-54　实例 6

输出 MPEG2 格式操作步骤如下。

执行菜单命令“文件”→“导出”→“媒体”，打开“导出设置”对话框。在“格式”下拉列表中选择“MPEG2”，在“预设”下拉列表中选择“匹配源-中等比特率”，设置好“输出名称”选项，单击“导出”按钮，即可将编辑好的文件以 MPEG2 文件形式输出。

综合实训

实训目的

通过本实训项目使学生能进一步掌握视、音频的编辑以及字幕的制作和影片的输出，并且能在实际项目中制作 MV 影片。

实训 1　MV 制作

实训情景设置

MV 重在视频的剪辑和镜头的组接，镜头组接的基本原则之一是“动接动”“静接静”。为了保证画面的连贯与流畅，也要考虑“动接静”“静接动”的方法，配上相应的音乐，制作片头、片尾及歌词字幕。最终效果如图 1-237 所示。

图 1-237　最终效果

操作步骤

1．导入素材

1）启动 Premiere Pro 2020，单击“新建项目”按钮，打开“新建项目”对话框，在“名称”文本框中输入“MV”，选择“位置”为“重庆视频”，单击“确定”按钮。

2）按〈Ctrl+N〉组合键，打开“新建序列”对话框，设置“可用预设”为 AVCHD→1080p→AVCHD 1080p25，在“序列名称”文本框中输入序列名。

3）单击“确定”按钮，进入 Premiere Pro 2020 的工作界面。

4）单击项目窗口中的“新建素材箱”按钮，新建一个文件夹，取名为“视频”。选择“视频”文件夹。

5）按〈Ctrl+I〉组合键，打开“导入”对话框，选择本书配套教学素材“项目 1\mv\素材”文件夹内的“视频”素材，如图 1-238 所示。

6）单击“打开”按钮，将所选的素材导入到项目窗口中，如图 1-239 所示。

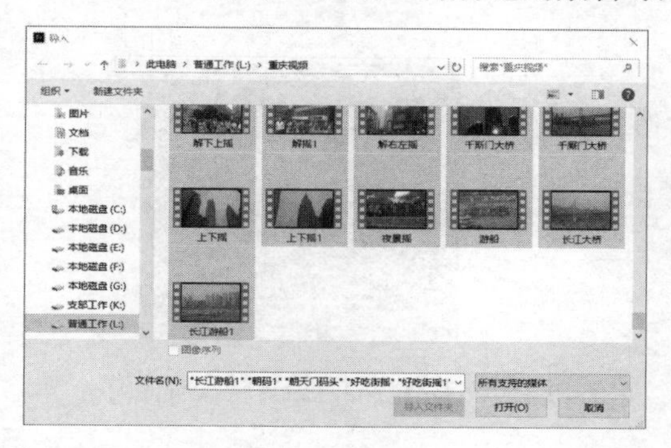

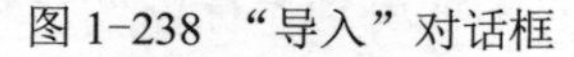
图 1-238 “导入”对话框

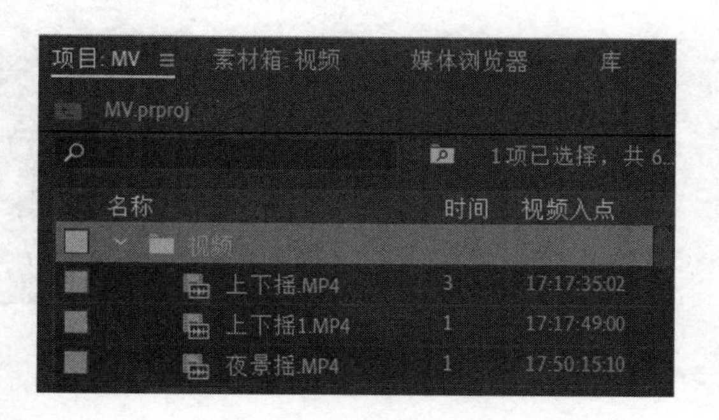

图 1-239 项目窗口

7）按〈Ctrl+I〉组合键，打开“导入”对话框，选择本书配套教学素材“项目 1\mv\素材”文件夹内的“海量山城”音频素材。

8）在项目窗口中选择所有视频素材，单击鼠标右键，从弹出的快捷菜单中选择“修改”→“时间码”菜单项，打开“修改剪辑”对话框，设置“时间码”为 0，单击“确定”按钮。

2．片头制作

1）在项目窗口中选择“海量山城”音频素材，按住鼠标左键不放，拖到 A1 轨道上。

2）在项目窗口中双击“解放碑 1”素材，在源监视器窗口选择入点 1：09s 及出点 5：14s，将其拖到时间线的 V1 轨道上，与起始位置对齐，如图 1-240 所示。

3）在项目窗口中双击“解上摇”素材，在源监视器窗口选择入点 2：13s 及出点 7：01s，将其拖到时间线的 V1 轨道上，与前一片段末尾对齐。

4）在项目窗口中双击“上下摇”素材，在源监视器窗口选择入点 3：14s 及出点 13：04s，将其拖到时间线的 V1 轨道上，与前一片段末尾对齐。

5）在时间线窗口中将时间指针拖到 5s 处，选择工具箱中的文字工具，单击节目监视器窗口，并输入“海量山城”4 个文字，选择工具箱中的选择工具。

6）在效果控件窗口中设置“字体”为 FZXingKai-S04S，“大小”为 213，“字距”为 100，“填充颜色”为 F4B54A，“描边”为黑色，“描边宽度”为 10，“位置”为（476，615），如图 1-241 所示，效果如图 1-242 所示。

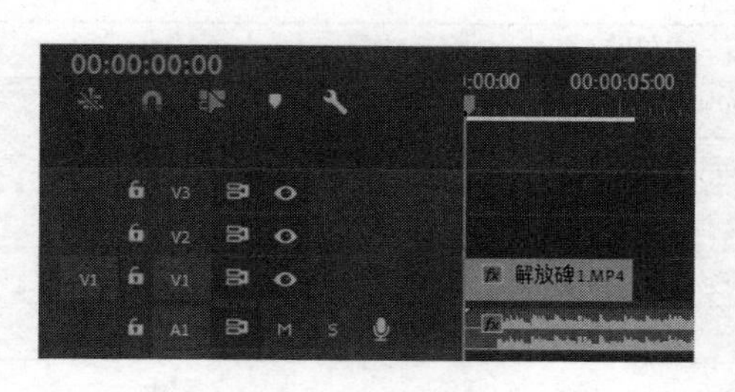

图 1-240 添加音频素材

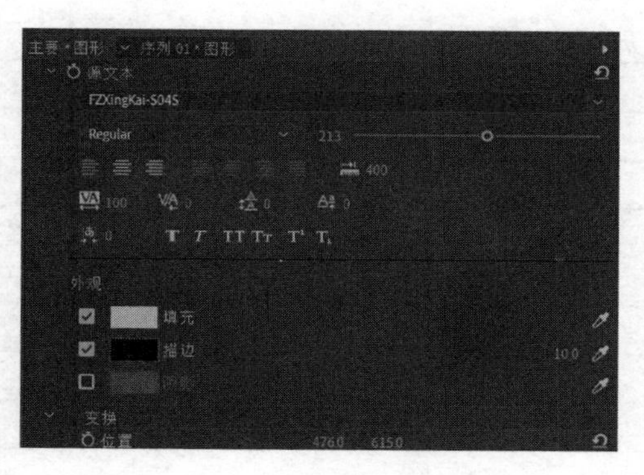

图 1-241 效果控件窗口

7）右击“标题”字幕，从弹出的快捷菜单中选择“速度/持续时间”菜单项，打开“剪辑速度/持续时间”对话框，将“持续时间”设置为6s，如图1-243所示，单击“确定”按钮。

图1-242　加入片头

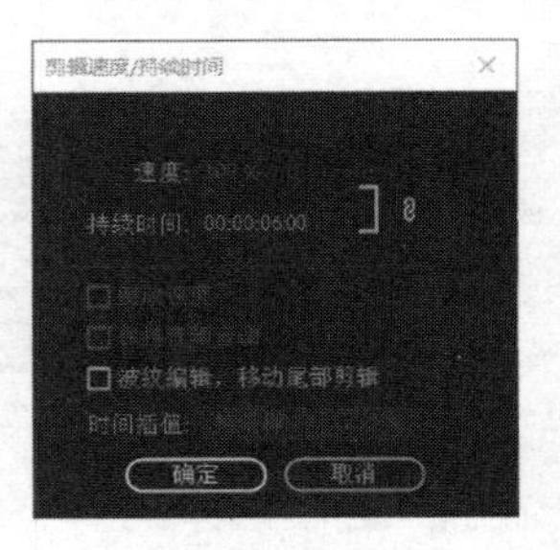

图1-243　设置持续时间

8）在效果窗口中选择“视频过渡”→“擦除”→“划出”，拖曳到“标题”字幕的起始位置，使标题逐步显现。

9）在效果窗口中选择“视频过渡”→“滑动”→“推”，拖曳到“标题”字幕的结束位置，如图1-244所示。

10）选择“标题”，在效果窗口中选择“视频效果”→“透视”→“斜面 Alpha”并双击，添加到“标题”字幕上，在效果控件窗口中设置“边缘厚度”为5，如图1-245所示。

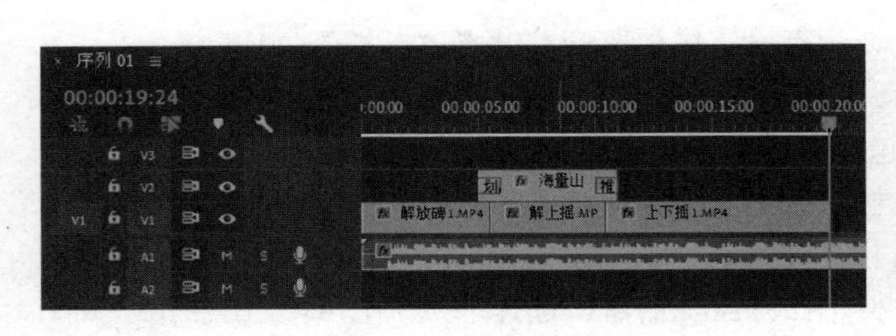

图1-244　加入特技

图1-245　文字效果

3．正片制作

1）在源监视器窗口中按照电视画面编辑技巧，依次设置素材的入出点，添加到时间线的V1 轨道中，与前一片段对齐，具体设置视频片段如表1-1所示。在“视频 1”轨道的位置如图1-246所示。

表1-1　设置视频片段

视频片段序号	入　点	出　点
解左右摇	4：12	15：19
解摇1	2：04	13：13
好吃街移	1：20	11：11
好吃街摇1	1：20	8：15
好吃街摇	4：02	11：14
较场口	1：23	9：21
较场口上下摇镜	3：18	12：12
较场口拉	2：15	7：10
解拉1	5：22	11：00
解拉	6：00	14：19

（续）

视频片段序号	入　点	出　点
解放碑拉 2	6：15	12：11
朝天门码头	4：07	9：11
游船	1：14	10：10
朝码 1	3：21	16：04
洪崖洞 1	1：09	6：00
洪崖洞	13：09	25：08
洪 1	0：22	5：17
洪崖洞正	1：04	7：21
洪 2	1：08	6：06
洪 3	3：12	12：04
洪 4	4：16	9：02
洪 6	4：08	10：14
洪 9	3：12	8：14
洪 10	1：13	6：10
洪崖洞拉 1	2：24	13：05
洪崖洞上摇	5：11	17：15

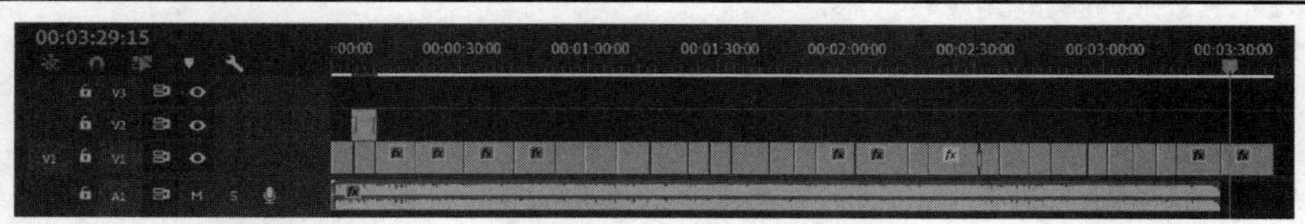

图 1-246　添加多个片段

2）在效果窗口中选择“视频过渡”→“溶解”→“交叉溶解”过渡，拖曳到“洪崖洞 1”与“洪崖洞”素材之间。

3）执行菜单命令“文件”→“保存”，保存项目文件，正片的制作完成。

4．歌词字幕的制作

MV 的歌词用 Premiere Pro 2020 的字幕来制作非常麻烦，工作量也相当大，不过可以使用专业的卡拉 OK 字幕制作工具——Sayatoo 卡拉字幕精灵来制作字幕。

Sayatoo 卡拉字幕精灵是专业的音乐字幕制作工具。通过它可以很容易地制作出非常专业的高质量的卡拉 OK 音乐字幕效果。可以对字幕的字体、颜色、布局、走字效果和指示灯模板等许多参数进行设置。它拥有高效智能的歌词录制功能，通过键盘或鼠标就可以十分精确地记录下歌词的时间属性，而且可以在时间线窗口上直接进行修改。其插件支持 Adobe Premiere、Ulead VideoStudio/MediaStudio 等视频编辑软件，可以将制作好的字幕项目文件直接导入使用。输出的字幕使用了反走样技术清晰平滑。

（1）安装傻丫头字幕精灵 v2.2.0.2916

1）安装之前先关闭杀毒软件，双击傻丫头字幕精灵 v2.2.0.2916 图标进行安装。

2）打开“安装向导-Sayatoo 卡拉字母精灵 2”对话框，如图 1-247 所示，单击“下一步”按钮。

3）进入“选择目标位置”界面，保持默认安装路径，如图 1-248 所示，单击“下一步”按钮。

图 1-247　安装向导

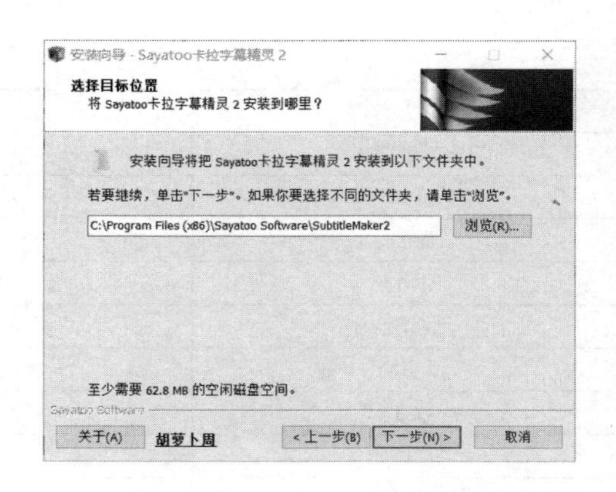

图 1-248　选择安装位置

4）进入“准备安装”界面，确定安装位置，如图 1-249 所示，单击“下一步”按钮。

5）进入“正在安装”界面，如图 1-250 所示，安装完毕。进入“完成 Sayatoo 卡拉字幕精灵 2 安装”界面，如图 1-251 所示，单击“完成”按钮，完成安装。

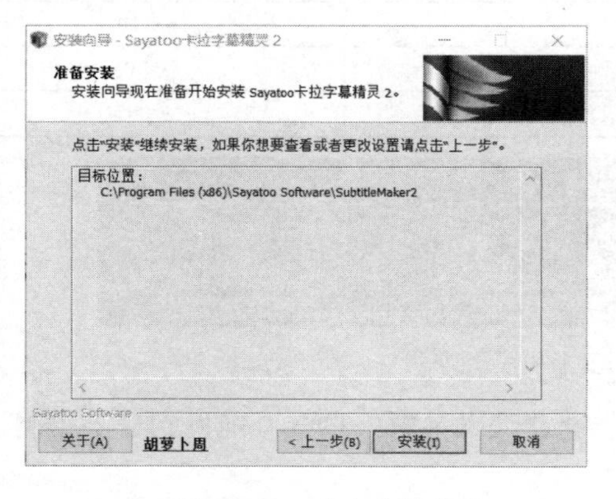

图 1-249　确定安装位置

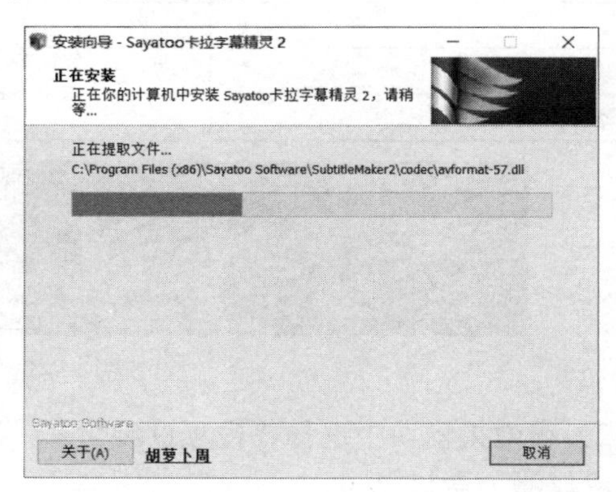

图 1-250　正在安装

（2）制作歌词字幕

将需要制作的唱词输入到记事本中，并对其进行编排，如图 1-252 所示。编排完毕，保存退出。

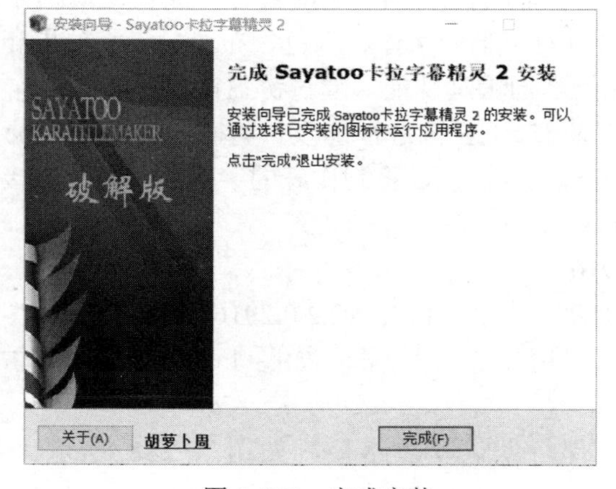

图 1-251　完成安装

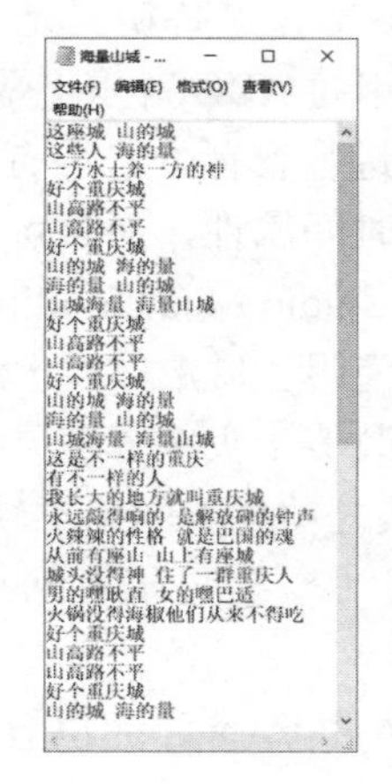

图 1-252　记事本

（3）使用 Sayatoo 卡拉字幕精灵制作字幕

1）在桌面上双击“Sayatoo 卡拉字幕精灵 2”图标，启动 SubTitleMaker 字幕设计窗口。

2）打开“SubTitleMaker”对话框，执行菜单命令“文件”→“导入字幕文件”，或单击时间线窗口左边的 T 按钮，或在歌词列表窗口内空白处单击鼠标右键，从弹出的快捷菜单中选择“导入字幕文件”选项，打开“导入歌词”对话框，选择刚才保存的记事本文件，单击“打开”按钮，导入歌词。导入的歌词文件必须是文本格式，每行歌词以回车结束。或者选择“新建”菜单项直接在歌词对话框中输入歌词。

3）执行菜单命令“文件”→“导入媒体文件”，打开“导入媒体”对话框，选择音乐文件“海量山城”，单击“打开”按钮，导入音乐。

4）单击第一句歌词，让其在窗口上显示。在字幕属性中设置“宽度”为 1920，“高度”为 1080，“排列”为单行，“对齐方式”为居中，“Y 偏移”为 940，如图 1-253 所示，在“字幕”选项卡中设置“名称”为方正大黑简体，“填充颜色”为白色，“描边颜色”为蓝色，“描边宽度”为 2，取消勾选“阴影”。

图 1-253　SubTitleMaker

5）在“特效”选项卡中设置“字幕特效”的“类型”为标准，“填充”的“颜色”为红色，“描边”的“颜色”为白色，“描边宽度”为 4，将“指示灯”的“类型”为标准，将“灯数量”设为 3，“灯颜色”为红色，如图 1-254 所示。

6）单击控制台上的“录制” 按钮，打开“录制设置”对话框，如图 1-255 所示，可以对录制的一些参数进行调整。

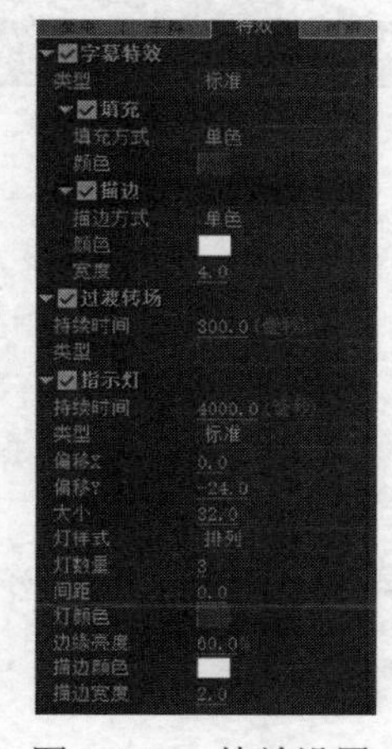

图 1-254　特效设置

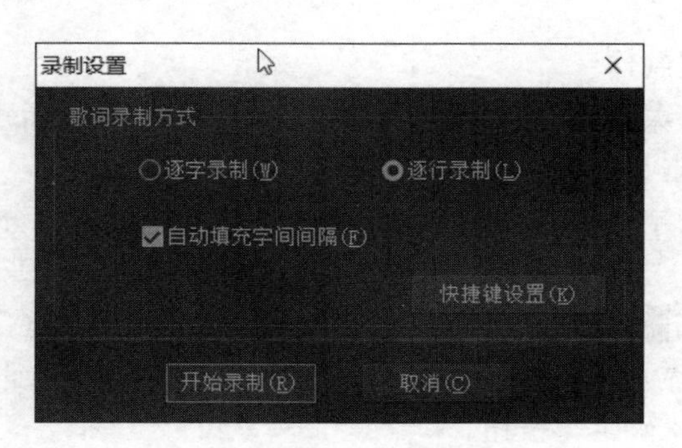

图 1-255　录制设置

“逐字录制”方式是以字为单位需要对每行歌词中的每个词进行时间设定；“逐行录制”方式是以行为单位只需对整行歌词的开始结束时间进行设定。

7）单击“开始录制”按钮，开始录制歌词，可以使用键盘或者鼠标来记录歌词的时间信息。显示器窗口上显示的是当前正在录制的歌词的状态。

使用键盘：当歌曲演唱到当前歌词时，按下键盘上空格键记录下该歌词的开始时间；当该歌词演唱结束后，松开按键记录下歌词的结束时间。按下到松开按键之间的时间间隔为歌词的持续时间。

使用鼠标：录制过程也可以通过单击控制台上的“记录时间” T 按钮来记录歌词时间。按下按钮记录下歌词的开始时间，弹起按钮记录下歌词的结束时间。按下到弹起按钮之间的时间间隔为歌词的持续时间。

如果需要对某一行歌词重新进行录制，首先将时间线上的指针移动到该行歌词开始演唱前的位置，然后在歌词列表中单击选择需要重新录制的歌词行，再单击控制台上的“歌词录制”→“开始录制”按钮对该行歌词进行录制。

8）歌词录制完成后，在时间线窗口中会显示出所有录制歌词的时间位置。可以直接用鼠标修改歌词的开始时间和结束时间，或者移动歌词的位置，如图 1-256 所示。

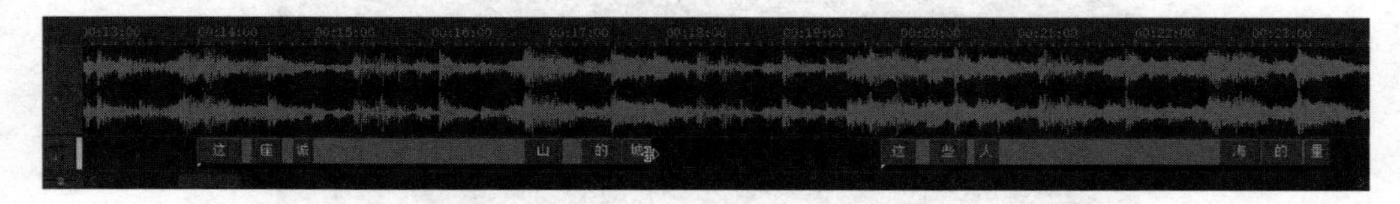

图 1-256　移动歌词位置

9）执行菜单命令“文件”→“保存项目”，打开“保存项目”对话框，在“文件名称”文本框内输入名称，单击“保存”按钮。

10）回到“SubTitleMaker”窗口，单击“关闭”按钮，完成字幕的制作。

11）回到 Premiere Pro 2020，导入唱词到项目窗口，再将唱词拖到 V2 轨道，与起始位置对齐，如图 1-257 所示。

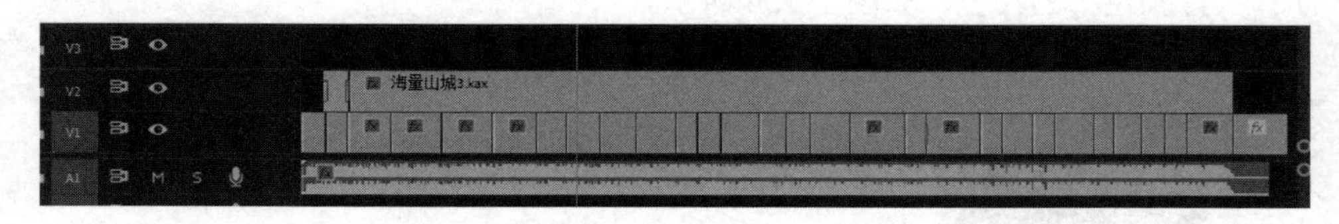

图 1-257　唱词的位置

5．片尾制作

1）执行菜单命令“文件”→“新建”→“旧版标题”，打开“新建字幕”对话框，输入字幕名称，单击“确定”按钮，打开字幕窗口。

2）单击字幕右边的按钮，从弹出的快捷菜单中分别选择“工具”“样式”“动作”和“属性”。

3）单击按钮，打开“滚动/游动选项”对话框，将“字幕类型”选择“滚动”，“定型（帧）”选择“开始于屏幕外”，设置“缓入”为 50，“缓出”为 50，“过卷”为 75，如图 1-258 所示，单击“确定”按钮。

4）使用文字工具输入演职人员名单，设置“字体”为“方正大黑简”，“大小”为 100，单击“外描边”右边的“添加”按钮，如图 1-259 所示。

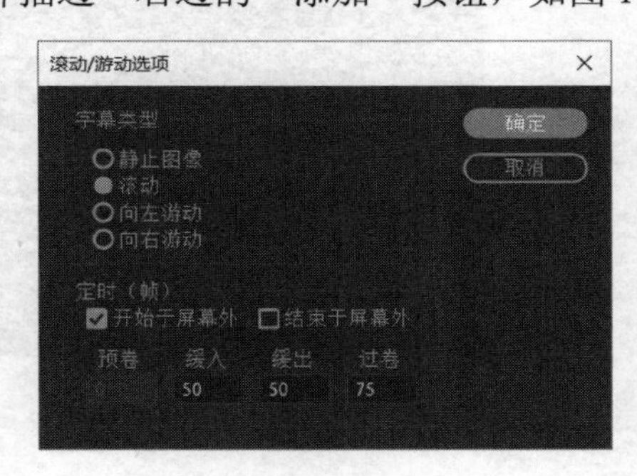

图 1-258　滚动字幕设置

图 1-259　输入演职人员名单

5）输入完演职人员名单后，按〈Enter〉键，拖动垂直滑块，将文字上移出屏为止。单击字幕窗口合适的位置，输入单位名称及日期，设置“字体大小”为 100，“字符间距”为 10，其余同上，如图 1-260 所示。

6）关闭字幕窗口，将当前时间指针定位到 3：27：01 位置，拖放“片尾”到时间线窗口 V2 轨道上的相应位置，使其开始位置与当前时间指针对齐，持续时间设置为 12：05，如图 1-261 所示。

图 1-260　输入单位名称及日期

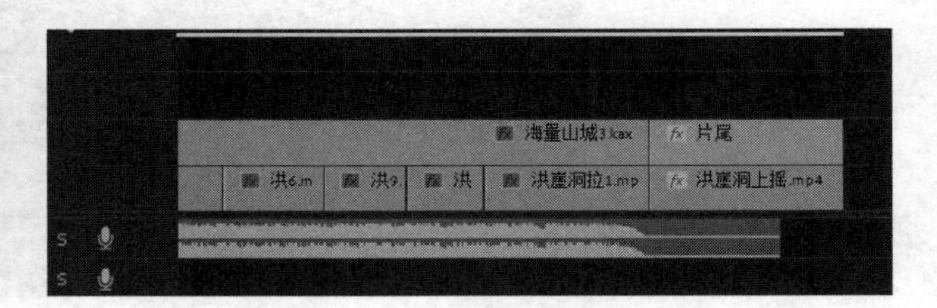

图 1-261　片尾的位置

7）选择“片尾”字幕，在效果控件窗口中，为“不透明度”选项在 3：37：24s 和 3：39：22s 处添加两个关键帧，其值为 100%和 0，制作淡出效果。

8）选择“洪崖洞上摇”素材，在效果控件窗口中，为“不透明度”选项在 3：37：24s 和 3：39：22s 处添加两个关键帧，其值为 100%和 0，如图 1-262 所示。

6．输出 H.265 文件

输出 H.265 文件步骤如下。

1）执行菜单命令“文件”→“导出”→“媒体”，打开“导出设置”对话框。

2）在右侧的“导出设置”中单击“格式”下拉列表框，选择“HEVC（H.265）”选项。

3）单击“输出名称”后面的链接，打开“另存为”对话框，在对话框中设置保存的名称和位置，单击“保存”按钮。

4）单击“预设”下拉列表框，选择“匹配源-高比特率”选项，如图 1-263 所示，单击“导出”按钮，开始输出。

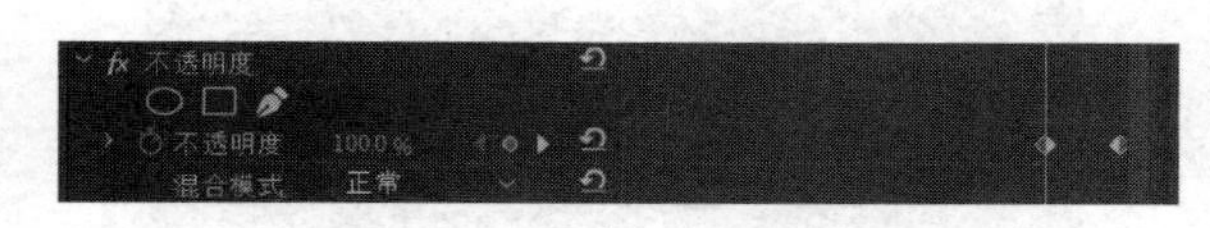

图 1-262　淡出效果的设置

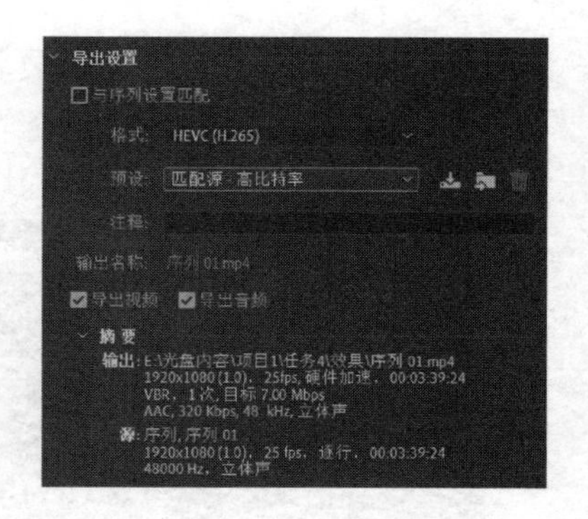

图 1-263　输出设置

5）输出完毕，用鼠标右键单击输出的文件，从弹出的快捷菜单中选择“暴风影音 5”菜单项，即可进行播放，如图 1-264 所示。

图 1-264　风暴影音播放

实训 2　制作卡拉 OK 影碟

实训情景设置

制作卡拉 OK 影碟和制作普通影碟没有什么区别，但卡拉 OK 的字幕需要变色，也就是要随着歌曲的推进，一个字一个字地变色，以引导演唱者演唱。这样的字幕可以使用专业的卡拉 OK 字幕制作工具——Sayatoo 来制作字幕。

操作步骤

1．歌词字幕的制作

歌词为“小城故事多 充满喜和乐 若是你到小城来收获特别多 看似一幅画 听像一首歌人生境界真善美这里已包括 谈的谈 说的说 小城故事真不错 请你的朋友一起来 小城来做客 谈的谈 说的说 小城故事真不错 请你的朋友一起来 小城来做客”。将其输入到记事本中，并对其进行编排，编排完毕，保存退出。

1）在桌面上双击“Sayatoo 卡拉字幕精灵”图标，启动 KaraTitleMaker 字幕设计窗口。

2）打开“KaraTitleMaker”对话框，执行菜单命令“文件”→“导入字幕文件”，或单击时间线窗口左边的 T 按钮，或在歌词列表窗口内空白处单击右键鼠标，从弹出的快捷菜单中选择“导入字幕文件”选项，打开“导入歌词”对话框，选择刚才保存的记事本文件，单击“打开”按钮，导入歌词。导入的歌词文件必须是文本格式，每行歌词以回车结束。或者选择“新建”直接在歌词对话框中输入歌词。

3）执行菜单命令“文件”→“导入媒体文件”，打开“导入媒体”对话框，选择音乐文件“小城故事”，单击“打开”按钮，导入音乐。

4）在“基本”选项卡中设置“宽度”为 1920，“高度”为 1080，“排列”为双行，第一行“对齐方式”为左对齐，“偏移 X”为 300，“偏移 Y”为 850，第二行“对齐方式”为右对齐，“偏移 X”为-300，“偏移 Y”为 970，如图 1-265 所示。在“字幕”选项卡中设置“名称”为“经典粗黑简”，“大小”为 35，“填充颜色”为白色，“描边颜色”为蓝色，“描边宽度”为 2，如图 1-266 所示。

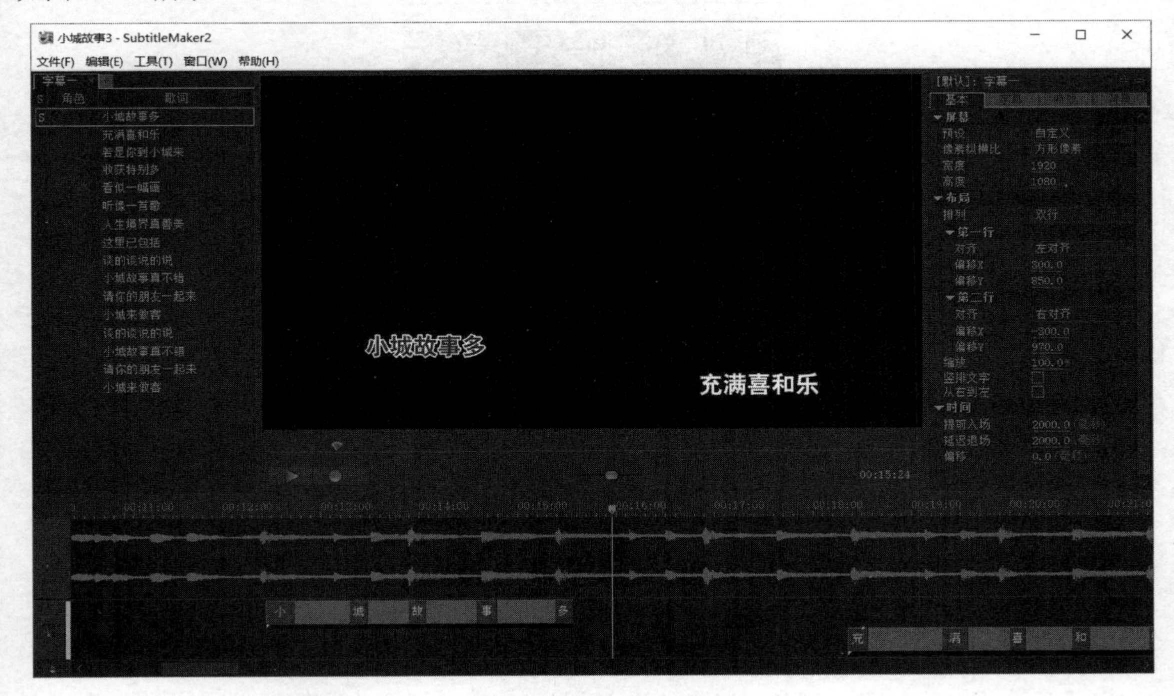

图 1-265　SubTitleMaker

5）在“特效”选项卡中设置“字幕特效”的“类型”为标准，“填充颜色”为红色，“描边颜色”为白色，“宽度”为 4，“灯数量”为 4，“灯颜色”为红色，如图 1-267 所示。

6）单击控制台上的“录制” 按钮，打开“录制设置”对话框，选择“逐字录制”单选按钮，如图 1-268 所示，可以对录制的一些参数进行调整。

7）单击“开始录制”按钮，开始录制歌词，可以使用键盘的空格键来记录歌词的时间信息。显示器窗口上显示的是当前正在录制的歌词的状态。

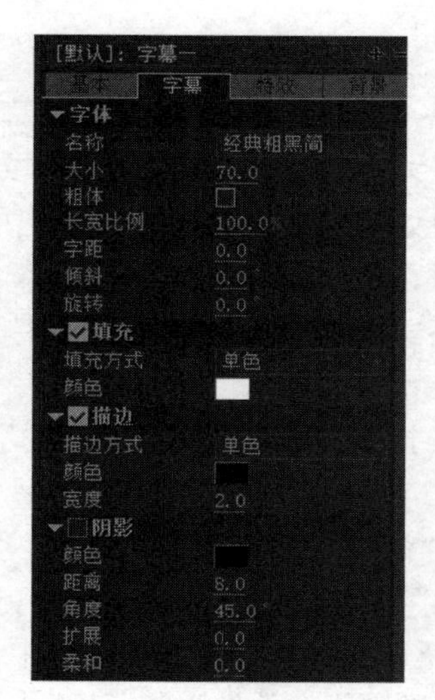

图 1-266　字幕设置

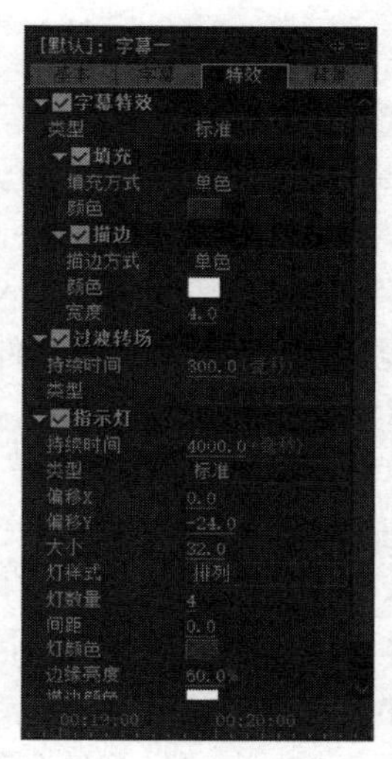

图 1-267　特效设置

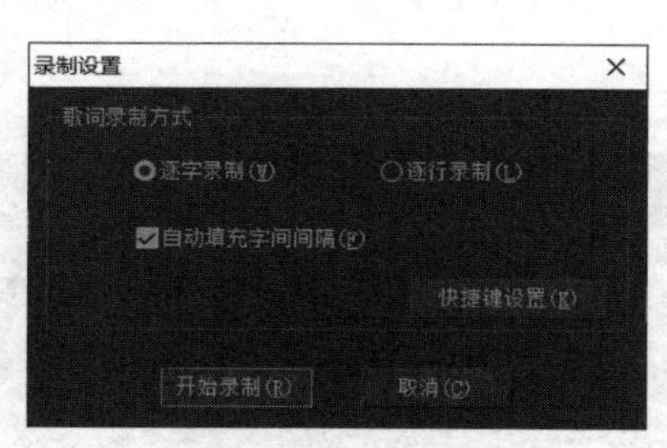

图 1-268　录制设置

8）歌词录制完成后，在时间线窗口中会显示出所有录制歌词的时间位置。可以直接用鼠标修改歌词的开始时间和结束时间，或者移动歌词的位置，如图 1-269 所示。

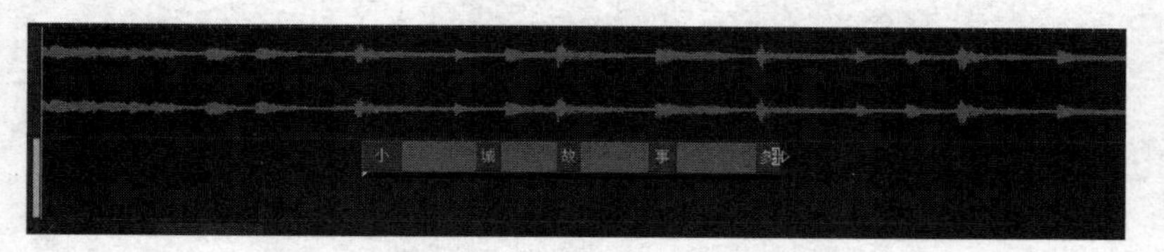

图 1-269　移动歌词位置

9）执行菜单命令“文件”→“保存项目”，打开“保存项目”对话框，在“文件名称”文本框内输入名称，单击“保存”按钮。单击“关闭”按钮，完成字幕的制作。

10）启动 Premiere Pro 2020，单击“新建项目”按钮，打开“新建项目”对话框，在“名称”文本框中输入“卡拉 OK”，选择一个存储位置，单击“确定”按钮。按〈Ctrl+N〉组合键，打开“新建序列”对话框，设置“可用预设”为 AVCHD→1080p→AVCHD 1080p25，在“序列名称”文本框中输入序列名，单击“确定”按钮。

11）按〈Ctrl+I〉组合键，打开“导入”对话框，选择“小城故事.kax”“小城故事.mp3”，单击“确定”按钮。

12）在项目窗口中选择“视频”文件夹，按〈Ctrl+I〉组合键，打开“导入”对话框，选择“磁器口素材”文件，单击“确定”按钮。

13）在项目窗口中展开“视频”文件夹，选择所有视频素材，单击鼠标右键，从弹出的快捷菜单中选择“修改”→“时间码”选项，打开“修改剪辑”对话框，设置“时间码”为 0，单击“确定”按钮。

14）将“小城故事.kax”和“小城故事.mp3”文件从项目窗口中拖曳到 V2 和 A1 轨道上，与开始点对齐，如图 1-270 所示。

图 1-270　添加字幕和音乐

15）执行菜单命令“文件”→“保存”，保存项目文件。

2. 编辑视频

1）在源监视器窗口中按照电视画面编辑技巧，依次选择设置素材的入出点，添加到时间线的 V1 轨道中，与起始位置对齐，视频片段入出点设置如表 1-2 所示。在 V1 轨道的位置如图 1-271 所示。

表 1-2　视频片段入出点设置

视频片段序号	入　点	出　点
磁器口牌坊推 1	3：17	10：11
街道拉摇	2：19	8：08
街道	1：12	6：18
打糖	0：13	6：11
吆喝	3：17	9：13
舂糍粑	4：21	11：20
街道	1：07	6：17
街道 3	1：18	6：11
街道跟 2	2：10	8：15
糍	4：20	9：06
梳子店 1	0：22	6：01
麻花店拉	1：15	9：16
街道跟 7	2：10	10：09
特产上下摇	3：01	8：19
街道 4	1：06	5：16
街道 5	1：07	6：06
街道 6	1：08	6：09
街道 7	2：04	7：10
街道 8	1：11	6：16
街道 9	0：23	6：14
街道 10	1：04	6：14
街道 11	1：11	6：22
街道 12	1：06	6：12
街道 13	1：07	7：23
留声机拉	2：12	8：02
磁器口牌坊拉	4：21	11：05

2）选择“磁器口牌坊拉”素材，在效果控件窗口中，为“不透明度”选项在 2：28：00s 和 2：30：00s 处添加两个关键帧，其值为100%和 0，这样素材就出现了淡出的效果。

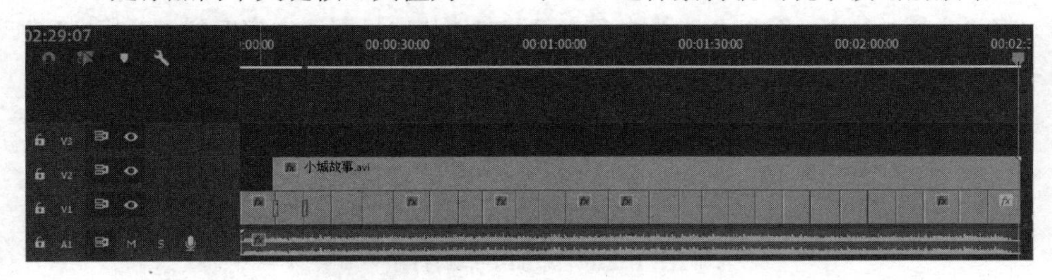

图 1-271　添加多个片段

3. 片头及单位标识的制作

1）执行菜单命令“文件”→“新建”→“旧版标题”，打开“新建字幕”对话框，在“名称”文本框内输入“小城故事”，如图 1-272 所示，单击“确定”按钮。

2）在字幕窗口中单击，输入“小城故事 作词 庄奴 作曲 汤尼 原唱 邓丽君”等文字。

3）当前默认为英文字体，选择“小城故事”，单击上方水平工具栏中的经典行...右边的小三角形，从弹出的快捷菜单中选择“经典粗黑简”，设置“字体大小”为 100。

4）在字幕属性窗口中，单击“色彩”右边的色彩块，打开“彩色拾取”对话框，将“色彩”设置为 D64C4C，单击“确定”按钮。

5）单击“描边”→“外描边”→“添加”按钮，添加外侧边，将“大小”设置为 20。

6）选择“作词 庄奴 作曲 汤尼 原唱 邓丽君”，单击上方水平工具栏中的经典行...右边的小三角形，从弹出的快捷菜单中选择“华文楷体”，设置字体大小为 60，添加外描边，如图 1-273 所示。

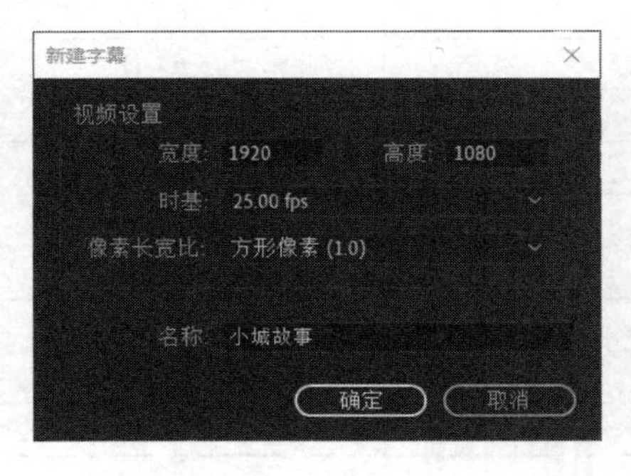

图 1-272　新建字幕

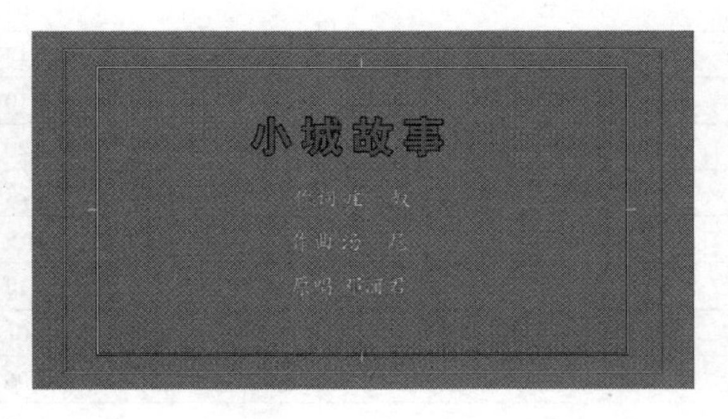

图 1-273　片头字幕

7）单击“基于当前字幕新建字幕”按钮，打开“新建字幕”对话框，在“名称”文本框内输入“重房影视”，单击“确定”按钮。

8）删除“小城故事 作词 庄奴 作曲 汤尼 原唱 邓丽君”字幕，输入“重建影视”，选择圆矩形工具，绘制一个图形，设置“填充类型”为消除，“描边颜色”为红色，如图 1-274 所示。

9）关闭字幕设置窗口，在时间线窗口中将当前时间指针定位到 0：24 位置。

10）将“小城故事”字幕添加到 V3 轨道中，使其开始位置与当前时间指针对齐，长度为 7：06s。

11）在效果窗口中选择“视频过渡”→“划像”→“菱形”，拖曳到“小城故事”字幕的起始位置，使标题逐步显现，将特技长度调整为2s。

12）在效果窗口中选择“视频过渡”→“3D 运动”→“翻转”，拖曳到“小城故事”字幕的结束位置，如图1-275所示。

图1-274　制作单位标识

图1-275　添加过渡

13）在时间线窗口中将当前时间指针定位到1：31：01位置。

14）将“重建影视”字幕添加到V3轨道中，使其开始位置与当前时间指针对齐，长度为6s。

15）在效果窗口中选择“视频过渡”→“擦除”→“棋盘擦除”，拖曳到“重建影视”字幕的起始位置，使标题逐步显现，如图1-276所示。

16）在效果窗口中选择“视频过渡”→“划像”→“盒形划像”，拖曳到“重建影视”字幕的结束位置，如图1-277所示。

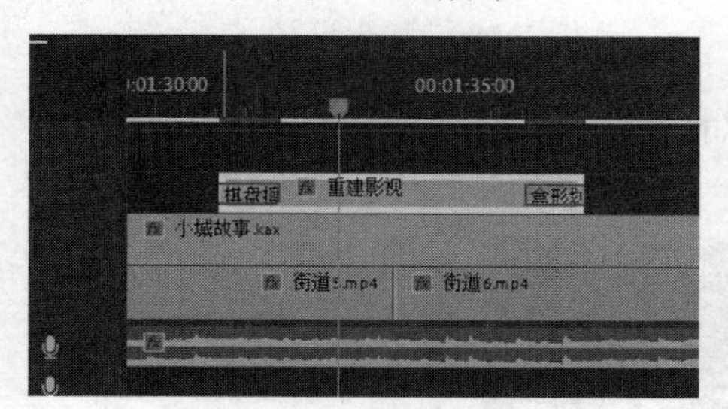

图1-276　标识中间位置

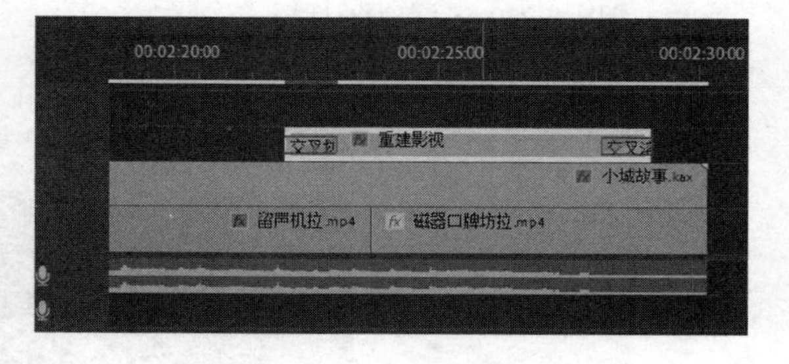

图1-277　标识结束位置

17）在时间线窗口中将当前时间指针定位到2：22：02位置。

18）将“重建影视”字幕添加到V3轨道中，使其开始位置与当前时间指针对齐，长度为7s。

19）在效果窗口中选择“视频过渡”→“划像”→“交叉划像”，拖曳到“重建影视”字幕的起始位置，使标题逐步显现。

20）在效果窗口中选择“视频过渡”→“溶解”→“交叉溶解”，拖曳到“重建影视”字幕的结束位置。素材在时间线上的排列如图1-278所示。

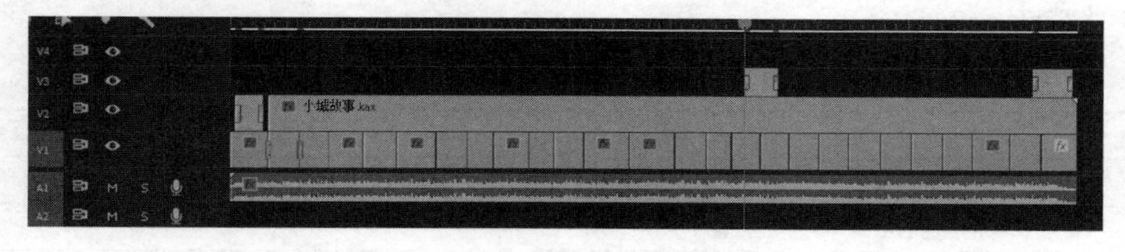

图1-278　素材在时间线上的排列

21）在节目监视器窗口中单击“播放”按钮进行预览，如果满意就可以将文件输出了。

22）执行菜单命令“文件”→“导出”→“媒体”，打开“导出设置”对话框，选择“格式”为 MPEG2，“预设”为“匹配源-中等比特率”，单击“输出名称”后的按钮，打开“另存为”对话框，如图 1-279 所示，找到存储位置，输入文件名，单击“保存”按钮，如图 1-280 所示。

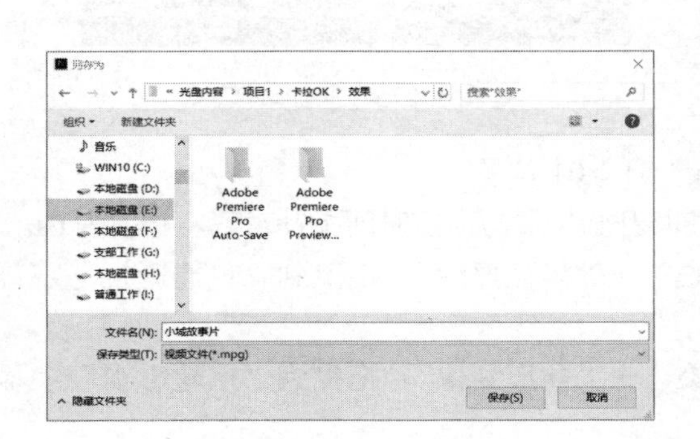

图 1-279　另存为对话框

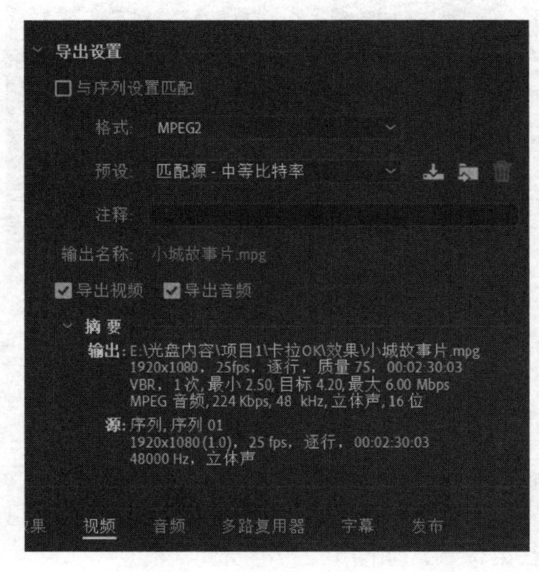

图 1-280　导出设置

23）单击“导出”按钮，开始编码输出，如图 1-281 所示。

图 1-281　编码输出

项目小结

体会与评价：完成这个任务后得到什么结论？有什么体会？写出实训报告，完成任务评价表，如表 1-3 所示。

表 1-3　任务评价表

项　目	内　容	评价标准	得　分	结　论	体　会
1	MV 制作	5			
2	卡拉 OK 制作	5			
	总评				

课后拓展练习

1）教师提供视频素材，学生完成一个 MV 影片的制作。

2）学生拍摄视频素材，完成一个 MV 影片的制作。

3）教师提供视频素材，学生完成一个卡拉 OK 影片的制作。

4）学生拍摄视频素材，完成一个卡拉 OK 影片的制作。

习题

1．填空题

1）Premiere Pro 2020 工作区会显示出现的主要窗口是________、项目窗口、监视器窗口、________。

2）Premiere Pro 2020“新建项目”的“自定义设置”中有________、________、视频渲染和________。

3）Premiere Pro 2020 能将________、________和图片等融合在一起，从而制作出精彩的数字电影。

4）剪辑点是________和________的统称。

5）源监视器窗口主要用于对素材进行________处理。

6）视频的慢放或快放镜头是通过调整________或________实现的。

7）音频控制器的数量与________数量相同。

8）________效果可以突出强的声音，消除噪声。

9）________效果可以较为精确地调整音频的声调。

10）字幕窗口中的两个方框是________。

11）绘制直线时，按〈________〉键可绘制与水平方向成 45° 的直线。

12）在“填充类型”下拉列表中有________种填充类型。

13）4 种图像序列分别是________、________、________和________。

14）执行菜单命令“文件”→“导出”→“媒体”，影片可输出成________或者________文件。

2．选择题

1）下面选项中，________不是导入素材的方法。

A．执行菜单命令“文件”→“导入”或直接按〈Ctrl+I〉快捷键

B．在项目窗口中的任意空白位置单击鼠标右键，从弹出的快捷菜单中选择“导入”菜单项

C．直接在项目窗口中的空白位置双击

D．在浏览器中拖入素材

2）下面选项中，________可以改变播放长度。

A．在时间线窗口中直接拖动素材

B．更改素材的“持续时间”

C．更改素材的“速度”

D．更改“编辑”→“参数”→“常规”中的“静帧图像默认持续时间”

3）默认情况下，为素材设定入点、出点的快捷键是________。

A．〈I〉和〈O〉　　B．〈R〉和〈C〉

C．〈 和 〉　　D．〈+〉和〈-〉

4）使用缩放工具时按________键，可缩小显示。

A．〈Ctrl〉　　B．〈Shift〉　　C．〈Alt〉　　D．〈Tab〉

5）可以选择单个轨道上在某个特定时间之后的所有素材或部分素材的工具是________。

A．选择工具　　B．滑行工具

C．轨道选择工具　　D．旋转编辑工具

6）粘贴素材是以________定位的。

A．选择工具的位置　　B．当前时间指针

C．入点　　D．手形工具

7）下面选项中，不包括在 Premiere Pro 2020 的音频效果组中的是________。

A．单声道　　B．环绕声　　C．立体声　　D．5.1 声道

8）为音频轨道中的音频添加效果后，素材上的 fx 会变色，其颜色是________。

A．黄色的　　B．白色的　　C．绿色的　　D．蓝色的

9）音量表的方块显示为________时，表示该音频音量超过界限，音量过大。

A．黄色　　B．红色　　C．绿色　　D．蓝色

10）下面形状中，不能在字幕中使用图形工具直接画出的是________。

A．矩形　　B．圆形　　C．三角形　　D．星形

11）使用矩形工具，按________键可以绘制出正方形。

A．〈Alt〉　　B．〈Tab〉　　C．〈Shift〉　　D．〈Ctrl〉

12）Premiere Pro 2020 中不能完成________。

A．滚动字幕　　B．文字字幕

C．三维字幕　　D．图形字幕

13）下面不可以输出的文件格式是________。

A．流行的 WAV 波形文件，可在 Windows Media player 中播放

B．Windows 媒体文件，包括 wma（音频）和 wmv（视频）

C．MPEG1-DVD，视、音频分离

D．包含数据类型的 date 格式

14）影片合成时不属于“导出设置”的参数是________。

A．“格式”下拉列表　　B．“预置”下拉列表

C．色彩深度　　D．输出名称

3．问答题

1）简述手动采集素材的基本方法。

2）简述管理素材的基本方法。

3）简述分离关联素材的目的。

4）简述粘贴、复制素材的方法。

5）简述在时间线窗口中设置音频素材淡入、淡出的方法。

6）调整音频的持续时间会使音频产生何种变化？

7）如何设置模版？

8）简述字幕的设置方法。

9）如何将音频或视频素材进行输出？

10）最终合成输出是需要对哪些参数进行设置？

项目 2 电子相册的编辑

项目导读

电子相册不仅能以艺术摄像的各种变换手法较完美地展现摄影（照片）画面的精彩瞬间，给家庭和亲友带来欢乐，而且可以通过文字编辑，充分展示照片主题，发掘相册潜在的思想内涵。随着个性化时代的来临和人民生活水平的不断提高，照片数量及其衍生的服务也将越来越多，这些纪念难忘岁月和美好时光的经典照片，将更显弥足珍贵。

音乐电子相册是以静态照片为素材（获得源方式为扫描仪扫描、数码相机拍摄等），配合动感的背景、前景和字幕等视频处理的特殊效果，配上音乐制作而成。制作好的电子相册可以在计算机上、各类影碟机上以及手机和 MP4 里观看。如果考虑到长期保存，则制作成电子相册光盘是最好的选择，它标准 DVD 格式兼容性好，通过 DVD 影碟机即可与家人、朋友、客户观赏；若保存在硬盘上，也便于随时调阅、欣赏和长期保存。

1．电子相册的种类

1）怀旧相册：以家庭保存年久的黑白旧照片为主，配以近年的家庭生活彩色照片，用回忆的方式，一一展现家庭成员在各个时期的形象。用对比的方法，注上文字说明，力图表现《流金岁月》《往事回忆》《家庭变化》《感怀思旧》的相册主题。

2）旅游相册：用自己游览各地风景名胜的专题照片，配以相关的风景花卉背景，以及文字说明或相关诗词书画（最好是自己创作、书写并吟诵），力图表现《胸怀豁达》《雄心壮志》《豪情舒展》《心旷神怡》的相册主题。

3）聚会相册：用同学、朋友、同事、战友在一起聚会的照片和相关的新老照片（还可加上录像片段），配以相关的背景与音乐，力图表现《怀念友情》《风雨同舟》《感慨人生》《友谊长青》的相册主题。

4）婚纱相册：用婚纱照片制作。

5）儿童相册：用幼儿和儿童照片制作。

6）写真相册：用少女或情侣特写照片制作成《少女写真》《烂漫影集》等写真相册。

7）毕业相册：用学校班级毕业团体、集体照片、同学照片、校园生活及校园景观等照片，配以校长老师题词和学友赠言等相关资料合成制作。

8）书画相册：用个人绘画或书法、摄影等作品图像照片制作，观摩欣赏性极强。

9）求职相册：用个人简历、学历、照片、证件、成果材料、获奖证书等资料编辑制作。音像代言，视角新鲜，利于竞争。

10）家谱相册：用家谱资料，配以相关照片编辑制作，便于查阅保存。

2．电子相册的优点

1）欣赏方便：传统的相册在多人欣赏时只好轮流进行，而电子相册可以很多人同时欣赏。

2）交互性强：可以像 DVD 点歌一样，将相册做成不同的标题。

3）储存量大：一张 DVD 光盘可储存几百张照片。

4）长久保存：DVD 光盘以金碟为存储介质，寿命长达上百年。

5）欣赏性强：以高科技专业视频处理技术处理照片，配上优美的音乐，可以得到双重的享受。

技能目标

能使用特技实现电视节目场景转换，增强节目的可视性和趣味性，完成电子相册的制作。

知识目标

熟悉转场的基本原理，掌握转场的添加、替换及控制。

了解默认转场的添加、设置与长度的改变。

学会正确添加转场、转场替换。

会转场控制、改变转场参数。

会添加默认转场及设置。

依托项目

特技具有神话般的魔力，让观众常常从特技效果中感觉到特技视觉冲击力，许多不可思议的事在屏幕上都成了现实。我们把制作电子相册作为一个任务。

项目解析

要制作电子相册，首先应写出电子相册策划稿，进行照片的拍摄，然后进行照片的编辑、添加字幕、配音、制作片头片尾及添加特技。我们可以将制作电子相册分成两个子任务来处理，第一个任务是转场的应用，第二个任务是综合实训。

任务　转场的应用

问题的情景及实现

平时看电视节目会发现，片段的组接一般使用切换方法，就是一个片段结束时立即换为另一个片段，这称为无技巧转换。有些片段间的转换采用的是有技巧转换，就是一个片段以某种效果逐渐地换为另一个片段。在电视广告和节目片头中会经常看到有技巧转换的运用。利用转换可以制作出赏心悦目的特技效果，大大增加艺术感染力，它是后期制作的有力手段。通常，仅将有技巧转换称为转场。

Premiere Pro 2020 提供了多种转场的方式，可以满足各种镜头转换的需要。

视频影片是由镜头与镜头之间的链接组建起来的，可以在两个镜头之间添加过渡效果，使得镜头与镜头之间的过渡更为平滑。

Premiere Pro 2020 根据视频效果的作用和效果，将提供的 46 种视频过渡效果分为“3D 运动”“划像”“擦除”“沉浸式视频”“溶解”“滑动”“缩放”“页面剥落”8 个文件夹，放置在效果窗口中的“视频过渡”文件夹中，如图 2-1 所示。

在时间线窗口中，视频过渡通常应用于同一轨道上相邻的两个素材文件之间，也可应用在素材文件的开始或者结尾处。在已添加视频过渡的素材文件上，将会出现相应的视频过渡图标，图标的宽度会根据视频过渡的持续时间长度而变化，选择相应的视频过渡，此时图标变成灰色，切换至效果控件窗口，可以对视频过渡进行详细设置，选中“显示实际源”复选框，如图 2-2 所示，即可在窗口中的预览区内预览实际素材效果。

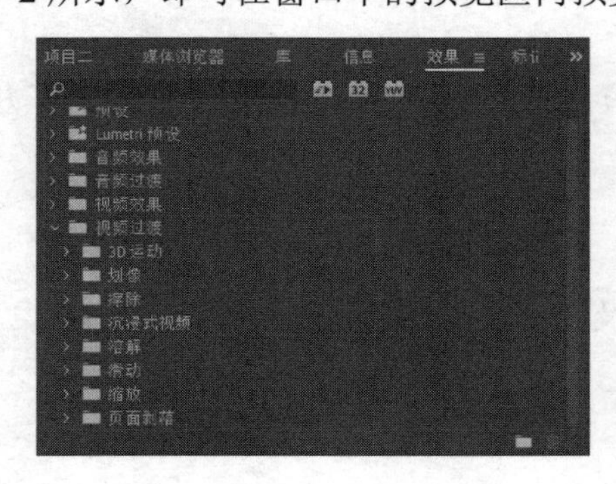

图 2-1 “视频过渡”文件夹

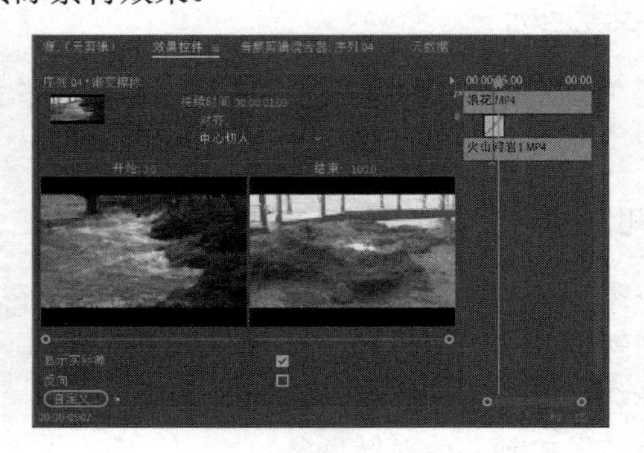

图 2-2 效果控件窗口

实例 1 通过立方体旋转制作转场效果

2-1 实例 1

实例要点：“立方体旋转”视频过渡的应用。

思路分析：“立方体旋转”视频过渡效果会在第一个镜头中出现立方旋转效果，并逐步显现第二个镜头的过渡效果，本实例的最终效果如图 2-3 所示。

图 2-3 “立方体旋转”转场效果

操作步骤如下。

1）在 Premiere Pro 2020 的工作窗口中，新建一个项目文件并创建 AVCHD 1080p25 的序列，导入两个素材文件“海浪拍打”和“火山熔岩”。

2）在项目窗口中双击“海浪拍打”素材文件，在源监视器窗口中设置入点为 2：09s，出点为 7：08s，拖动“仅拖动视频”按钮，将其添加到时间线窗口中的 V1 轨道起始位置上。

3）在项目窗口中双击“火山熔岩”素材文件，在源监视器窗口中设置入点为 1：03s，出点为 6：02s，拖动“仅拖动视频”按钮，将其添加到时间线窗口中的 V1 轨道中，并与“海浪拍打”片段的结束位置对齐。

4）在效果窗口中依次展开“视频过渡”→“3D 运动”选项，在其中选择“立方体旋转”视频过渡，如图 2-4 所示。

5）将“立方体旋转”视频过渡拖曳至时间线窗口中的两个素材文件之间，如图 2-5 所示，释放鼠标即可添加视频过渡。

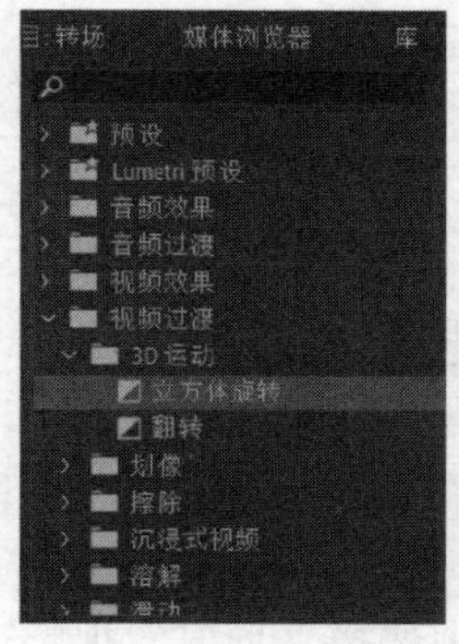

图 2-4 选择视频过渡方式

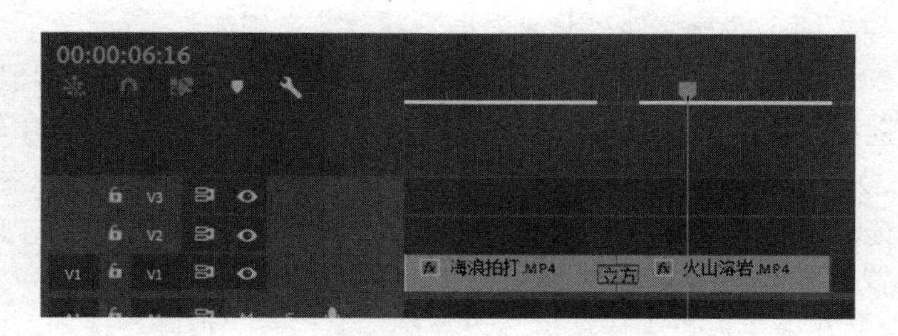

图 2-5 添加视频过渡

6）在添加的视频过渡上单击鼠标右键，从弹出的快捷菜单中选择“设置过渡持续时间”选项，如图 2-6 所示。

7）从弹出的“设置过渡持续时间”对话框中，设置“持续时间”为 3s，如图 2-7 所示。

图 2-6 选择“设置过渡持续时间”选项

图 2-7 设置过渡持续时间

8）单击“确定”按钮，在时间线窗口就可看到过渡持续时间的变化，如图 2-8 所示。

9）在 Premiere Pro 2020 中，将视频过渡效果应用于素材文件的开始或者结尾处时，可以认为是在素材文件与黑屏之间应用视频过渡效果。

图 2-8 过渡持续时间的变化

10）单击“播放-停止切换”按钮，预览视频效果，如图 2-3 所示。

实例 2 通过划出制作转场效果

2-2 实例 2

实例要点：“划出”视频转场效果的应用。

思路分析：“划出”转场效果是将第一个镜头的画面进行收缩，然后逐渐过渡至第二个镜头的转场效果，本实例的最终效果如图 2-9 所示。

图 2-9 “划出”转场效果

操作步骤如下。

1）在 Premiere Pro 2020 的工作窗口中，新建一个项目文件并创建 AVCHD 1080p25 的序列，导入两个素材文件“北海老街”和“北海银滩”。

2）在项目窗口中双击“北海老街”素材文件，在源监视器窗口中设置入点为 2s，出点为 7s，拖动“仅拖动视频”按钮，将其添加到时间线窗口中的 V1 轨道起始位置上。

3）在项目窗口中双击“北海银滩”素材文件，在源监视器窗口中设置入点为 2s，出点为 7s，拖动“仅拖动视频”按钮，将其添加到时间线窗口中的 V1 轨道并与“北海老街”片段的结束位置对齐。

4）在效果窗口中依次展开“视频过渡”→“擦除”选项，在其中选择“划出”视频过渡。

5）将“划出”视频过渡拖曳到时间线窗口中的两个素材文件之间，选择“划出”视频过渡，如图 2-10 所示。

6）切换至效果控件窗口，在效果缩略图右侧单击“自西北向东南”按钮，如图 2-11 所示，调整伸展的方向。

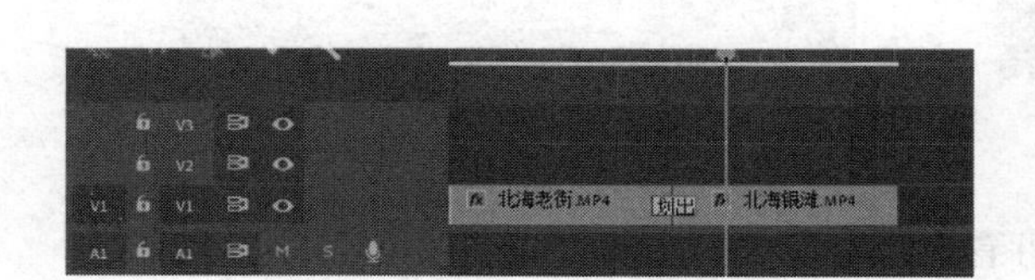

图 2-10　添加“划出”视频过渡

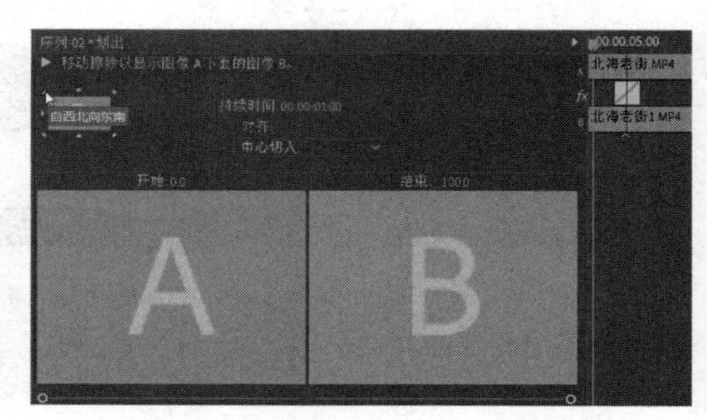

图 2-11　单击“自西北向东南”按钮

7）执行上述操作后，即可设置划出转场效果，单击“播放-停止切换”按钮，预览视频效果，如图 2-9 所示。

实例 3　通过菱形划像制作转场效果

2-3　实例 3

实例要点：“菱形划像”视频转场效果的应用。

思路分析：“菱形划像”转场效果是将第二个镜头的画面以菱形方式扩张，然后逐渐取代第一个镜头的转场效果。本实例的最终效果如图 2-12 所示。

图 2-12　“菱形划像”转场效果

操作步骤如下。

1）在 Premiere Pro 2020 的工作窗口中，新建一个项目文件并创建 AVCHD 1080p25 的序列，导入两个素材文件“海浪拍打”和“北海老街 1”。

2）在项目窗口中双击“北海老街”素材文件，在源监视器窗口设置入点为 2s，出点为 7s，拖动“仅拖动视频”按钮，将其添加到时间线窗口中的 V1 轨道起始位置上。

3）在项目窗口中双击“海浪拍打”素材文件，在源监视器窗口设置入点为 2s，出点为 7s，拖动“仅拖动视频”按钮，将其添加到时间线窗口中的 V1 轨道并与“北海老街”片段的结束位置对齐。

4）在效果窗口中依次展开“视频过渡”→“划像”→“菱形划像”，将其拖曳到时间线窗口中相应的两个素材文件之间，选择“菱形划像”，如图 2-13 所示。

5）切换至效果控件窗口，设置“边框宽度”为 1，“边框颜色”为红色，勾选“显示实际源”，单击“对齐”右侧的下拉按钮，在弹出的列表框中选择“起点切入”选项，如图 2-14 所示。

图 2-13　添加“菱形划像”视频过渡

图 2-14　选择“起点切入”选项

6）执行上述操作后，即可设置视频过渡效果的切入方式，在效果控件窗口右侧的时间轴上可以查看视频过渡的切入起点，如图 2-15 所示。

图 2-15　查看切入起点

7）单击“播放-停止切换”按钮，预览视频效果，如图 2-12 所示。

实例 4　通过渐变擦除制作转场效果

2-4　实例 4

实例要点：“渐变擦除”视频转场效果的应用。

思路分析：“渐变擦除”转场效果是将第二个镜头的画面以渐变方式逐渐取代第一个镜头的转场效果。本实例的最终效果如图 2-16 所示。

图 2-16　“渐变擦除”转场效果

操作步骤如下。

1）在 Premiere Pro 2020 的工作窗口中，新建一个项目文件并创建 AVCHD 1080p25 的序列，导入两个素材文件“浪花”和“火山熔岩 1”。

2）在项目窗口中双击“浪花”素材文件，在源监视器窗口中设置入点为 2s，出点为 7s，拖动“仅拖动视频”按钮，将其添加到时间线窗口中的 V1 轨道起始位置上。

3）在项目窗口中双击“火山熔岩 1”素材文件，在源监视器窗口中设置入点为 2s，出点为 7s，拖动“仅拖动视频”按钮，将其添加到时间线窗口中的 V1 轨道，并与“浪花”片段的结束位置对齐。

4）在效果窗口中依次展开“视频过渡”→“擦除”选项，在其中选择“渐变擦除”视频过渡。

5）将“渐变擦除”视频过渡拖曳到时间线窗口中相应的两个素材文件之间，如图 2-17 所示。

6）释放鼠标，弹出“渐变擦除设置”对话框，在对话框中设置“柔和度”为 0，如图 2-18 所示，单击“确定”按钮，即可设置渐变擦除转场效果。

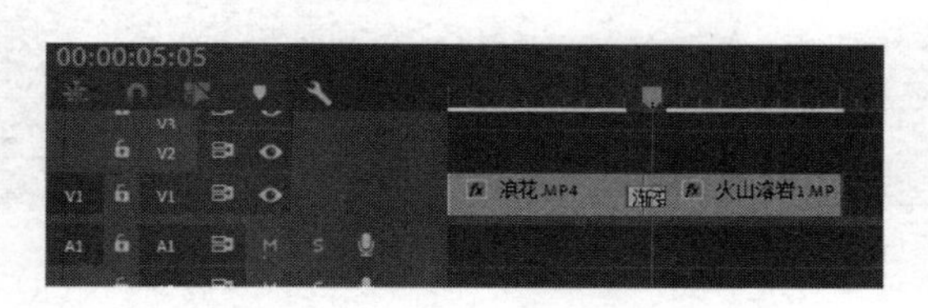

图 2-17　添加“渐变擦除”视频过渡

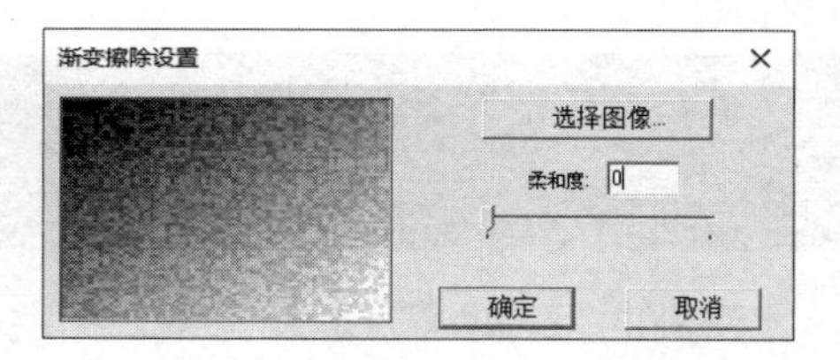

图 2-18　设置“柔和度”

7）单击“播放-停止切换”按钮，预览视频效果，如图 2-16 所示。

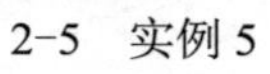

2-5　实例 5

实例 5　通过叠加溶解制作转场效果

实例要点：“叠加溶解”视频转场效果的应用。

思路分析：“叠加溶解”转场效果是将第一个镜头的画面融化消失，第二个镜头的画面同时出现的转场效果，本实例最终效果如图 2-19 所示。

图 2-19　“叠加溶解”转场效果

操作步骤如下。

1）在 Premiere Pro 2020 的工作窗口中，新建一个项目文件并创建 AVCHD 1080p25 的序列，导入两个素材文件“月亮湾”和“浪花 1”。

2）在项目窗口中双击“月亮湾”素材文件，在源监视器窗口中设置入点为 2s，出点为 7s，拖动“仅拖动视频”按钮，将其添加到时间线窗口中的 V1 轨道起始位置上。

3）在项目窗口中双击“浪花 1”素材文件，在源监视器窗口中设置入点为 2s，出点为 7s，拖动“仅拖动视频”按钮，将其添加到时间线窗口中的 V1 轨道，并与“月亮湾”片段的结束位置对齐。

4）在效果窗口中依次展开“视频过渡”→“溶解”选项，在其中选择“叠加溶解”视频过渡。

5）将“叠加溶解”视频过渡拖曳到时间线窗口中相应的两个素材文件之间，如图 2-20 所示。

6）在时间线窗口中选择“叠加溶解”视频过渡，切换至效果控件窗口，将鼠标移至效果图标右侧的视频过渡效果上，当鼠标指针呈红色拉伸形状时，单击鼠标左键并向右拖曳，如图 2-21 所示，即可调整视频过渡效果的播放时间。

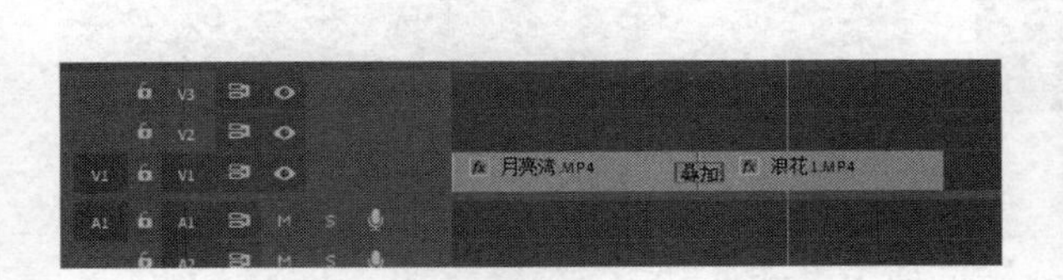

图 2-20 添加“叠加溶解”视频过渡

图 2-21 拖曳视频过渡

7）执行上述操作后，即可设置叠加溶解转场效果，单击“播放-停止切换”按钮，预览视频效果，如图 2-19 所示。

2-6 实例 6

实例 6 通过中心拆分制作转场效果

实例要点：“中心拆分”视频转场效果的应用。

思路分析：“中心拆分”转场效果是将第一个镜头的画面从中心拆分为四个画面，并向四个角落移动，逐渐过渡至第二个镜头的转场效果，本实例最终效果如图 2-22 所示。

图 2-22 “中心拆分”转场效果

操作步骤如下。

1）在 Premiere Pro 2020 的工作窗口中，新建一个项目文件并创建 AVCHD 1080p25 的序列，导入两个素材文件“火山熔岩 3”和“小船航行”。

2）在项目窗口中双击“火山熔岩 3”素材文件，在源监视器窗口中设置入点为 2s，出点为 7s，拖动“仅拖动视频”按钮，将其添加到时间线窗口中的 V1 轨道起始位置上。

3）在项目窗口中双击“小船航行”素材文件，在源监视器窗口中设置入点为 2s，出点为 7s，拖动“仅拖动视频”按钮，将其添加到时间线窗口中的 V1 轨道并与“火山熔岩 3”片段的结束位置对齐。

4）在效果窗口中依次展开“视频过渡”→“内滑”选项，在其中选择“中心拆分”视频过渡。

5）将“中心拆分”视频过渡添加到时间线窗口中相应的两个素材文件之间，如图 2-23 所示，

6）在时间线窗口中选择“中心拆分”视频过渡，在效果控件窗口中设置“持续时间”为 2s，“边框宽度”为 2，“边框颜色”为白色，如图 2-24 所示。

图 2-23　添加“中心拆分”视频过渡

图 2-24　参数设置

7）执行上述操作后，即可设置中心拆分转场效果，单击“播放-停止切换”按钮，预览视频效果，如图 2-22 所示。

2-7　实例 7

实例 7　通过带状滑动制作转场效果

实例要点：“带状滑动”视频转场效果的应用。

思路分析：“带状滑动”转场效果是将第二个镜头的画面以长条带状的方式进入，逐渐取代第一个镜头的转场效果，本实例最终效果如图 2-25 所示。

图 2-25　“带状滑动”转场效果

操作步骤如下。

1）在 Premiere Pro 2020 的工作窗口中，新建一个项目文件并创建 AVCHD 1080p25 的序列，导入两个素材文件“火山熔岩 1”和“月亮湾”。

2）在项目窗口中双击“火山熔岩 1”素材文件，在源监视器窗口中设置入点为 2s，出点为 7s，拖动“仅拖动视频”按钮，将其添加到时间线窗口中的 V1 轨道起始位置上。

3）在项目窗口中双击“月亮湾”素材文件，在源监视器窗口中设置入点为 2s，出点为 7s，拖动“仅拖动视频”按钮，将其添加到时间线窗口中的 V1 轨道并与“火山熔岩 1”片段的结束位置对齐。

4）在效果窗口中依次展开“视频过渡”→“内滑”选项，在其中选择“带状内滑”视频过渡。

5）将“带状内滑”视频过渡拖曳到时间线窗口中相应的两个素材文件之间，如图 2-26 所示。

6）释放鼠标即可添加视频过渡效果，在时间线窗口中选择“带状内滑”视频过渡，在效果控件窗口中单击“自定义”按钮，如图 2-27 所示。

图 2-26　添加“带状内滑”视频过渡

图 2-27　单击“自定义”按钮

7）弹出“带状内滑设置”对话框，设置“带数量”为 12。

8）单击“确定”按钮，即可设置带状内滑视频过渡效果，单击“播放-停止切换”按钮，预览视频效果，如图 2-25 所示。

2-8　实例 8

实例 8　通过缩放轨迹制作转场效果

实例要点：“交叉缩放”视频转场效果的应用。

思路分析：“交叉缩放”转场效果是将第一个镜头的画面向中心放大，并显示放大轨迹，逐渐过渡到第二个镜头由大到小的转场效果，本实例最终效果如图 2-28 所示。

图 2-28　“交叉缩放”转场效果

操作步骤如下。

1）在 Premiere Pro 2020 的工作窗口中，新建一个项目文件并创建 AVCHD 1080p25 的序列，导入两个素材文件“火山熔岩”和“全景”。

2）在项目窗口中双击“火山熔岩”素材文件，在源监视器窗口中设置入点为 2s，出点为 7s，拖动“仅拖动视频”按钮，将其添加到时间线窗口中的 V1 轨道起始位置上。

3）在项目窗口中双击“全景”素材文件，在源监视器窗口中设置入点为 2s，出点为 7s，拖动“仅拖动视频”按钮，将其添加到时间线窗口中的 V1 轨道并与“火山熔岩”片段的结束位置对齐。

4）在效果窗口中依次展开“视频过渡”→“缩放”选项，在其中选择“交叉缩放”视频过渡。

5）将“交叉缩放”视频过渡拖曳到时间线窗口中相应的两个素材文件之间，如图 2-29 所示。

图 2-29　添加“交叉缩放”视频过渡

6）单击“播放-停止切换”按钮，预览视频效果，如图 2-28 所示。

2-9　实例 9

实例 9　通过页面剥落制作转场效果

实例要点：“页面剥落”视频转场效果的应用。

思路分析：“页面剥落”转场效果是将第一个镜头的画面以页面的形式从左上角剥落，逐渐过渡到第二个镜头的转场效果，本实例最终效果如图 2-30 所示。

图 2-30　页面剥落转场效果

操作步骤如下。

1）在 Premiere Pro 2020 的工作窗口中，新建一个项目文件并创建 AVCHD 1080p25 的序列，导入两个素材文件“月亮湾 1”和“小船航行”。

2）在项目窗口中双击“月亮湾 1”素材文件，在源监视器窗口中设置入点为 2s，出点为 7s，拖动“仅拖动视频”按钮，将其添加到时间线窗口中的 V1 轨道起始位置上。

3）在项目窗口中双击“小船航行”素材文件，在源监视器窗口中设置入点为 2s，出点为 7s，拖动“仅拖动视频”按钮，将其添加到时间线窗口中的 V1 轨道并与“月亮湾 1”片段的结束位置对齐。

4）在效果窗口中依次展开“视频过渡”→“页面剥落”选项，在其中选择“页面剥落”视频过渡。

5）将“页面剥落”视频过渡添加到时间线窗口中相应的两个素材文件之间，如图 2-31 所示。

6）在时间线窗口中选择“页面剥落”视频过渡，切换至效果控件窗口，选中“反向”复选框，如图 2-32 所示，即可将页面剥落视频过渡效果进行反向。

图 2-31　添加“页面剥落”视频过渡

图 2-32　选中“反向”复选框

7）单击“播放-停止切换”按钮，预览视频效果，如图 2-30 所示。

实例 10　通过 VR 随机块制作转场效果

2-10　实例 10

实例要点：“VR 随机块”视频转场效果的应用。

思路分析：“VR 随机块”转场效果是将第一个镜头的画面翻转，逐渐过渡到第二个镜头的转场效果。本例将介绍“VR 随机块”转场效果的使用方法。本实例最终效果如图 2-33 所示。

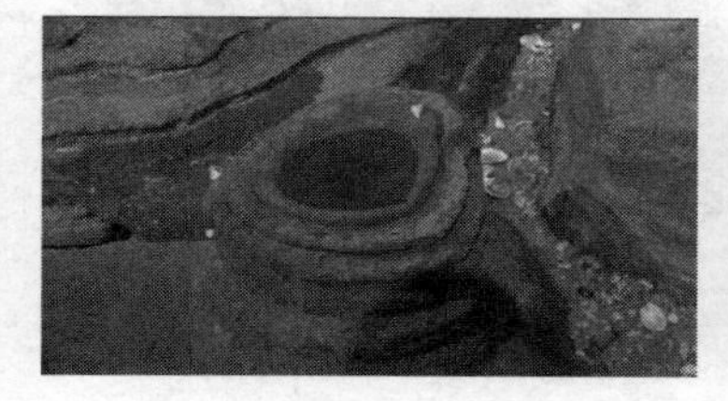

图 2-33　“VR 随机块”转场效果

操作步骤如下。

1）在 Premiere Pro 2020 的工作窗口中，新建一个项目文件并创建 AVCHD 1080p25 的序列，导入两个素材文件“火山熔岩 2”和“月亮湾”。

2）在项目窗口中双击“火山熔岩 2”素材文件，在源监视器窗口中设置入点为 2s，出点为 7s，拖动“仅拖动视频”按钮，将其添加到时间线窗口中的 V1 轨道起始位置上。

3）在项目窗口中双击“月亮湾”素材文件，在源监视器窗口中设置入点为 2s，出点为 7s，拖动“仅拖动视频”按钮，将其添加到时间线窗口中的 V1 轨道，并与“火山熔岩 2”片段的结束位置对齐。

4）在效果窗口中依次展开“视频过渡”→“沉浸式视频”选项，在其中选择“VR 随机块”视频过渡。

5）将“VR 随机块”视频过渡拖曳到时间线窗口中相应的两个素材文件之间，如图 2-34 所示。

6）在时间线窗口中选择“VR 随机块”视频过渡，切换至效果控件窗口，为“块宽度”和“块高度”在 4：14s 和 5：05s 处添加关键帧，其值分别为（100，100）和（50，50），设置“滚动”为 20°，如图 2-35 所示。

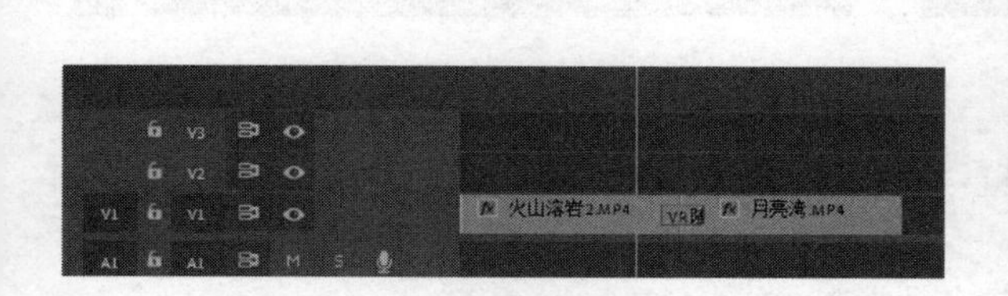

图 2-34　添加“VR 随机块”视频过渡

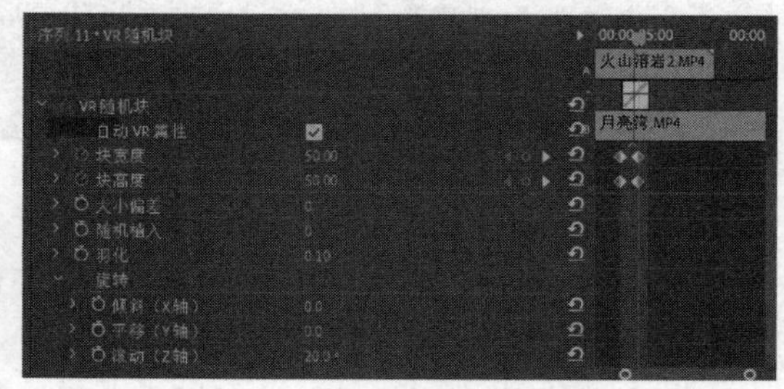

图 2-35　设置“VR 随机块”视频过渡

7）单击“确定”按钮，即可添加通道映射转场效果，单击“播放-停止切换”按钮，预览视频效果，如图 2-33 所示。

实例 11　通过翻转制作转场效果

2-11　实例 11

实例要点：“翻转”视频转场效果的应用。

思路分析：“翻转”转场效果是将第一个镜头的画面翻转，逐渐过渡到第二个镜头的转场效果，本实例最终效果如图 2-36 所示。

图 2-36　“翻转”转场效果

操作步骤如下。

1）在 Premiere Pro 2020 的工作窗口中，新建一个项目文件并创建 AVCHD 1080p25 的序列，导入两个素材文件“远景”和“花”。

2）在项目窗口中双击“远景”素材文件，在源监视器窗口中设置入点为 2s，出点为 7s，拖动“仅拖动视频”按钮，将其添加到时间线窗口中的 V1 轨道起始位置上。

3）在项目窗口中双击“花”素材文件，在源监视器窗口中设置入点为 0s，出点为 5s，拖动“仅拖动视频”按钮，将其添加到时间线窗口中的 V1 轨道，并与“远景”片段的结束位置对齐。

4）在效果窗口中依次展开“视频过渡”→“3D 运动”选项，在其中选择“翻转”视频过渡。

5）将“翻转”视频过渡添加到时间线窗口中相应的两个素材文件之间，如图 2-37 所示。

6）在时间线窗口中选择“翻转”视频过渡，切换至效果控件窗口，单击“自定义”按钮，如图 2-38 所示。

图 2-37　添加“翻转”视频过渡

图 2-38　单击“自定义”按钮

7）在弹出的“翻转设置”对话框中，设置“带”为 8，单击“填充颜色”右侧的色块，如图 2-39 所示。

8）在打开的“拾色器”对话框中，设置颜色为 fffC00，如图 2-40 所示。

9）依次单击“确定”按钮，即可设置翻转转场效果，单击“播放-停止切换”按钮，预览视频效果，如图 2-36 所示。

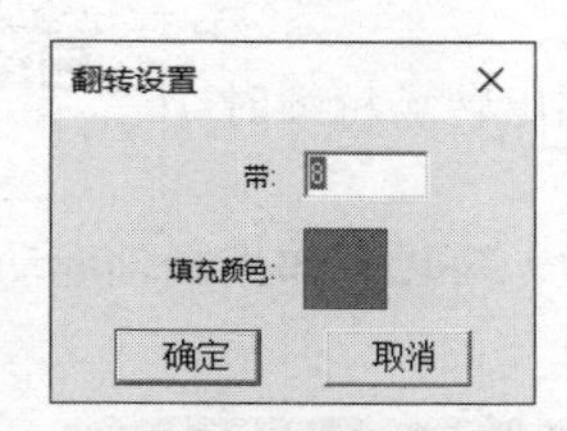

图 2-39　翻转设置

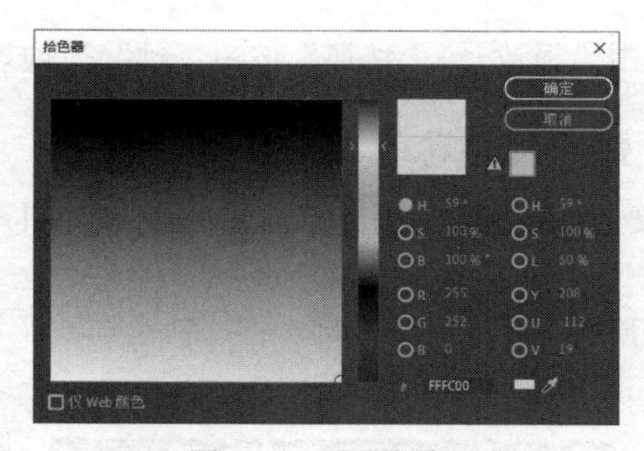

图 2-40　设置颜色

实例 12　通过交叉溶解制作转场效果

2-12　实例 12

实例要点：“交叉溶解”视频转场效果的应用。

思路分析：“交叉溶解”转场效果是在第一个镜头的画面显示第二个镜头画面的纹理，然后过渡到第二个镜头的转场效果，本实例最终效果如图 2-41 所示。

图 2-41　“交叉溶解”转场效果

操作步骤如下。

1）在 Premiere Pro 2020 的工作窗口中，新建一个项目文件并创建 AVCHD 1080p25 的序列，导入两个素材文件“海浪”和“推镜头”。

2）在项目窗口中双击“海浪”素材文件，在源监视器窗口中设置入点为 2s，出点为 7s，拖动“仅拖动视频”按钮，将其添加到时间线窗口中的 V1 轨道起始位置上。

3）在项目窗口中双击“推镜头”素材文件，在源监视器窗口中设置入点为 3∶23s，出点为 8∶23s，拖动“仅拖动视频”按钮，将其添加到时间线窗口中的 V1 轨道，并与“海浪”片段的结束位置对齐。

4）将时间指针拖曳到 5s 位置，执行菜单命令“序列”→“应用视频过渡”，即可添加“交叉溶解”视频过渡（默认过渡），如图 2-42 所示。

5）右击要更换的视频过渡，从弹出的快捷菜单中选择“将所选过渡设置为默认过渡”选项，如图 2-43 所示，即可更换默认视频过渡。

图 2-42　添加“交叉溶解”视频过渡

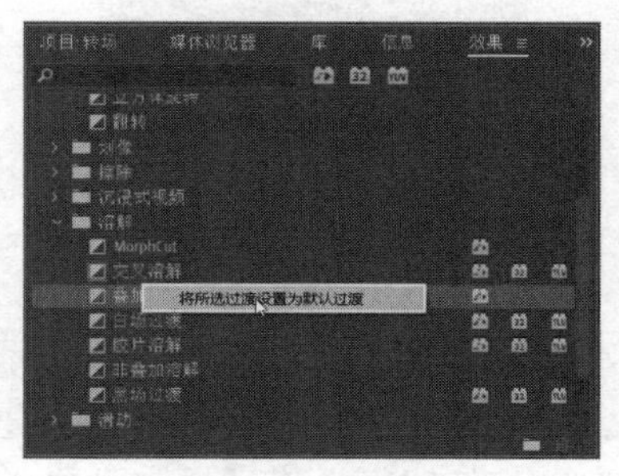

图 2-43　更换默认过渡

6）单击“播放-停止切换”按钮，预览视频效果，如图 2-41 所示。

2-13　实例 13-1

实例 13　制作画轴卷动效果

实例要点：添加“划出转场”效果并设置其参数，设置划出转场持续时间和方向。

思路分析：利用划出转场，通过制作画轴及设置相关参数，可以制作出画轴卷动效果。其最终效果如图 2-44 所示。

图 2-44　画轴卷动效果

具体操作如下。

1）启动 Premiere Pro 2020，新建一个“名称”为“画轴卷动“、“可用预设”为“PAL D1/DV”的序列文件。

2）执行菜单命令“文件”→“导入”，导入本书配套教学素材“项目 2\任务 1\素材”文件夹中的“光环.jpg”，如图 2-45 所示。

3）在项目窗口中选择导入的素材，将其添加到 V2 轨道上，如图 2-46 所示，右击添加的素材，从弹出的快捷菜单中选择“缩放为帧大小”选项，将该素材调整到全屏状态。

图 2-45　“光环”素材

图 2-46　添加素材

4）在效果控件窗口中，取消“等比缩放”复选框，将“缩放高度”和“缩放宽度”分别设置为 90 和 85。

5）右击“光环”素材，从弹出的快捷菜单中选择“速度/持续时间”选项，在打开的“剪辑速度/持续时间”对话框中设置“持续时间”为 12s，单击“确定”按钮。

6）执行菜单命令“文件”→“新建”→“彩色遮罩”，打开“新建颜色遮罩”对话框，设置如图 2-47 所示，单击“确定”按钮。

7）打开“拾色器”对话框，将颜色设置为白色，如图 2-48 所示，单击“确定”按钮。

图 2-47 “新建颜色遮罩”对话框

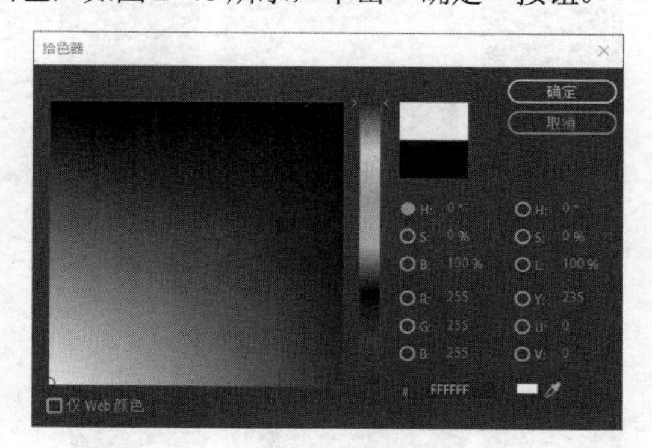

图 2-48 设置颜色

8）打开“选择名称”对话框，在“选择用于新蒙版的名称”文本框中输入“白色蒙版”，单击“确定”按钮。

9）在项目窗口中将“白色蒙版”添加到时间线窗口的 V1 轨道中，将其结束点拖到与“光环”结束点对齐，如图 2-49 所示。

10）选中“白色蒙版”素材，在效果控件窗口中展开运动属性，取消“等比缩放”复选框，将“缩放高度”和“缩放宽度”分别设置为 92 和 50。

11）执行菜单命令“文件”→“新建”→“旧版标题”，打开“新建字幕”对话框，在该对话框的“名称”文本框中输入“画轴”，如图 2-50 所示，单击“确定”按钮，进入字幕编辑窗口。

2-14 实例 13-2

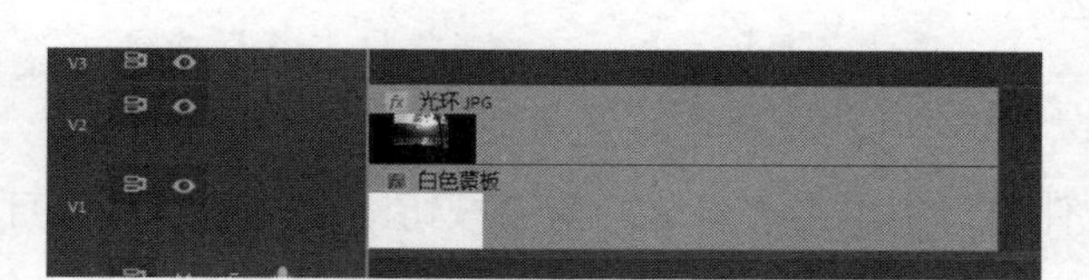

图 2-49 加入并调整后的素材

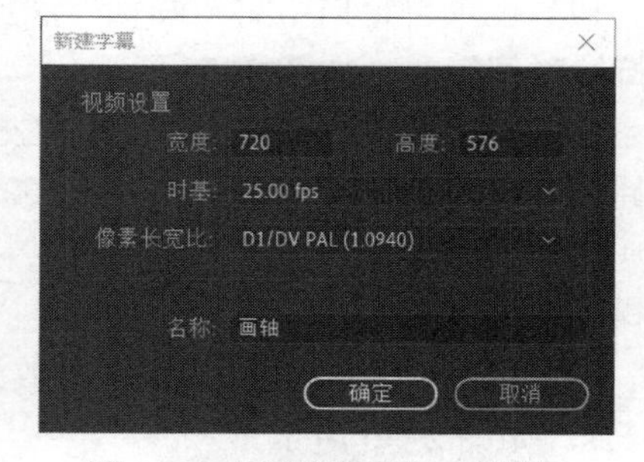

图 2-50 “新建字幕”对话框

12）单击“画轴”右边的三横按钮，从弹出的下拉列表中分别选择工具、动作选项，在工具箱中选择矩形工具，在字幕编辑窗口的上方绘制一个矩形（系统默认填充白色），如图 2-51 所示。

13）按〈Ctrl+C〉和〈Ctrl+V〉组合键，复制一个矩形，设置“颜色”为黑色，选中“光泽”复选框，效果如图 2-52 所示。

14）在工具箱中选择椭圆工具，在矩形的旁边绘制一个椭圆形，设置“颜色”为黑色，单击“外描边”的添加按钮，设置“大小”为 6，“颜色”为白色，如图 2-53 所示。

15）右击椭圆形，从弹出的快捷菜单中选择“复制”选项，用同样的方法，从弹出的快捷菜单中选择“粘贴”选项，将复制出一个椭圆形，将其移到矩形的另一边，效果如图 2-54 所示。

图 2-51　绘制的矩形

图 2-52　绘制并填充矩形

图 2-53　绘制并填充椭圆形

图 2-54　复制并移动椭圆形

16）关闭字幕编辑窗口，返回到 Premiere Pro 2020 的工作窗口。

17）在项目窗口中将“画轴”添加到 V3 和 V4 轨道中，调整其持续时间与 V1 轨道中素材的持续时间等长，如图 2-55 所示。

18）选择 V3 轨道中的素材，在效果控件窗口中为“位置”选项在 0s 和 12s 处添加两个关键帧，其参数为（360，288）和（360，820）。

19）在效果窗口中选择“视频转换”→“擦除”→“划出”，将其拖曳到 V1 和 V2 轨道的素材上。

20）分别选中添加的转场，在效果控件窗口中单击“自北向南”按钮，设置“持续时间”为 12s，如图 2-56 所示。

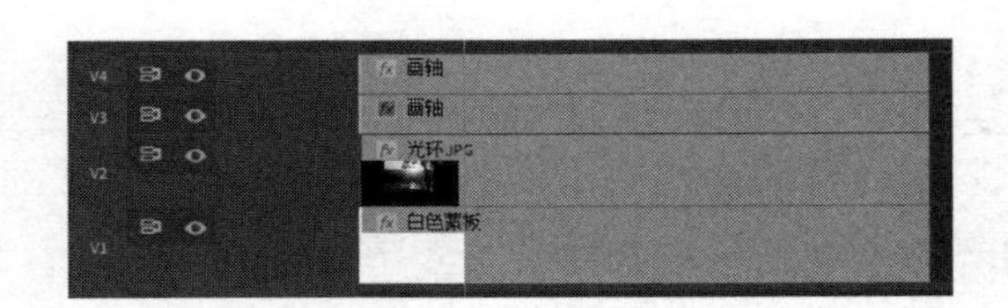

图 2-55　添加素材并调整持续时间

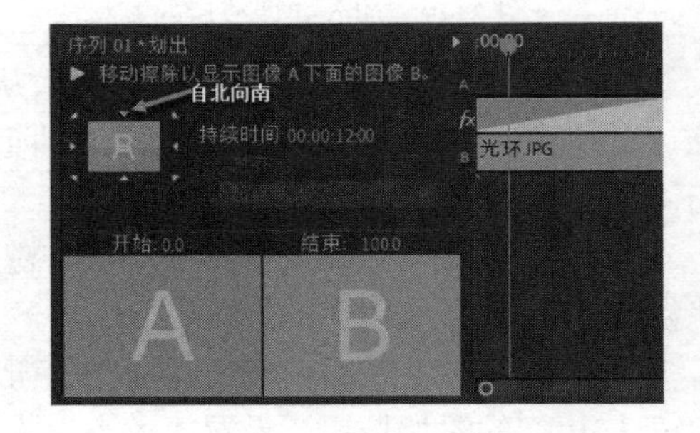

图 2-56　单击“从北到南”按钮

21）单击“播放-停止切换”按钮，效果如图 2-44 所示。

综合实训

实训目的

通过本实训项目使学生进一步掌握特技的使用，能在实际项目中运用特技效果制作电子相册。

实训1　丽江古城

实训情景设置

用在丽江古城拍摄的照片制作一个电视风光片，该项目的要点是新建项目、导入素材、安装插件、片头制作、录音、拖曳复述性文字、拖曳音乐、编排素材、制作图像运动效果、拖曳特技特效、制作片尾字幕及输出影片。

阅读材料：丽江瑞云缭绕、祥气笼罩，鸟儿在蓝天、白云间鸣啭，牛、羊在绿草红花中徜徉，人们在古桥流水边悠闲，阳光照耀着生命的年轮，雪山涧溪洗涤着灵魂的尘埃。在那里，只有聆听，只有感悟，只有凝视人与自然那种相处的和谐，那种柔情的倾诉，那种深深的依恋，把这些统统加在一起，这就是丽江。

操作步骤

1．新建项目并导入素材

1）启动 Premiere Pro 2020，单击“新建项目”按钮，打开“新建项目”对话框，在“名称”文本框中输入文件名，设置文件的保存位置，单击“确定”按钮。

2）按〈Ctrl+N〉组合键，打开“新建序列”对话框，设置“可用预设”为“DV−PAL”→“标准 48kHz”选项，“序列名称”为“高原姑苏”，单击“确定”按钮，进入 Premiere Pro 2020 的工作界面。

3）按〈Ctrl+I〉组合键，打开“导入”对话框，选择本书配套教学素材“项目 2\高原姑苏\素材”文件夹。

4）单击“导入文件夹”按钮，将所选的素材导入到项目窗口的素材库中。

2．制作彩条

1）执行菜单命令“文件”→“新建”→“彩条”，打开“新建彩条”对话框，在该对话框中选择“时基”为 25fps，如图 2−57 所示，单击“确定”按钮。新建的“彩条”会自动导入到项目窗口的素材库中。

2）在项目窗口中选择“彩条”拖曳到 V1 轨道上，设置入点位置为 0s，如图 2−58 所示。

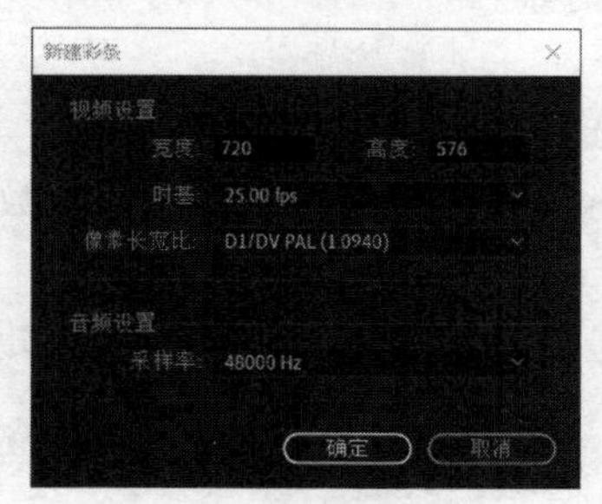

图 2−57　“新建彩条”对话框

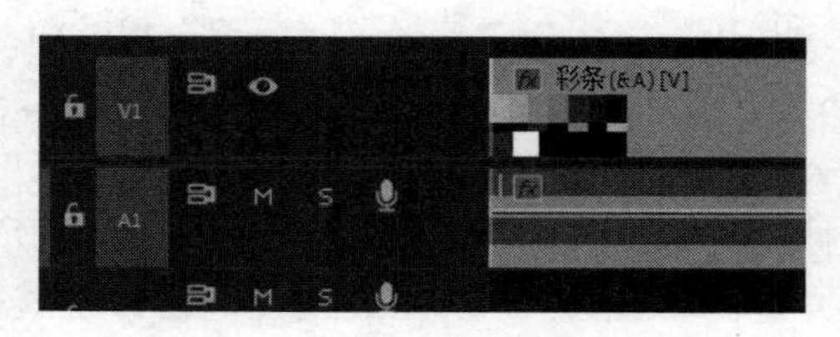

图 2−58　拖曳彩条

3. 设计相册片头

1）在项目窗口中选择“背景 2”，将其拖曳到时间线窗口的 V1 轨道中，设置入点与“彩条”结束位置对齐。

2）在项目窗口中选择“背景 1”，将其拖曳到时间线窗口的 V1 轨道中，设置入点与“背景 2”结束点对齐，如图 2-59 所示。

3）在项目窗口中选择“水车”图片，将其拖曳到时间线窗口的 V2 轨道中，设置起始位置与“背景 2”对齐，“持续时间”为 2s。

4）在项目窗口中分别选择“图片 1”“图片 2”“图片 3”，将其拖曳到时间线窗口的 V2、V3、V4 轨道中，设置“图片 1”的起始位置与“水车”的结束位置对齐，长度为 3：10s；“图片 2”和“图片 3”的结束位置与“图片 1”的结束位置对齐，长度为 2：23s，如图 2-60 所示。

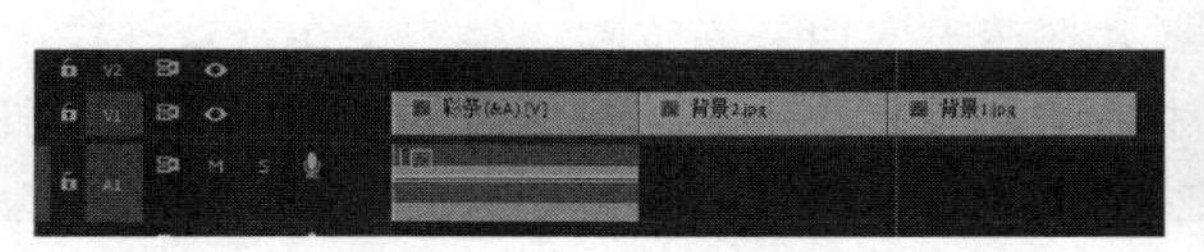

图 2-59　拖曳背景

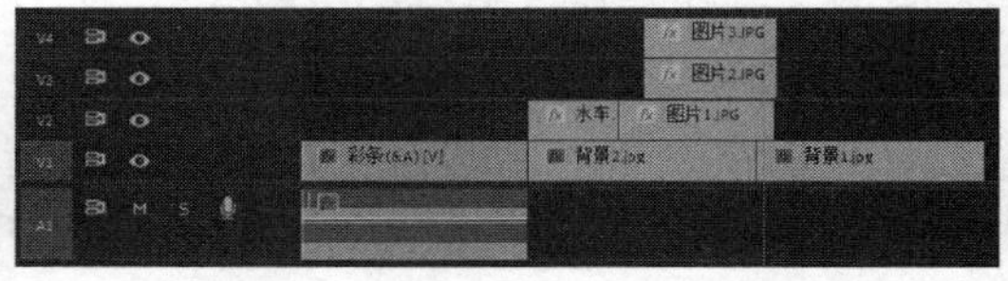

图 2-60　拖曳图片

5）在效果窗口中选择“视频过渡”→“3D 运动”→“翻转”，拖曳到“水车”与“图片 1”之间。

6）选择“水车”，在效果控件窗口展开“运动”选项，为“缩放”选项在 5s 和 5：10s 处添加两个关键帧，其对应参数分别为 0 和 14；为“旋转”选项在 5s 和 5：18s 添加曳两个关键帧，将其参数分别设置为 0 和 333°，如图 2-61 所示。

7）选择“图片 1”，在效果控件窗口中展开“运动”选项，将“缩放”和“旋转”分别设置为 8 和-39°，为“位置”选项在 7：13s 和 9：21s 处添加两个关键帧，其对应参数分别为（-82，648）和（567，134），如图 2-62 所示。

图 2-61　效果控件窗口

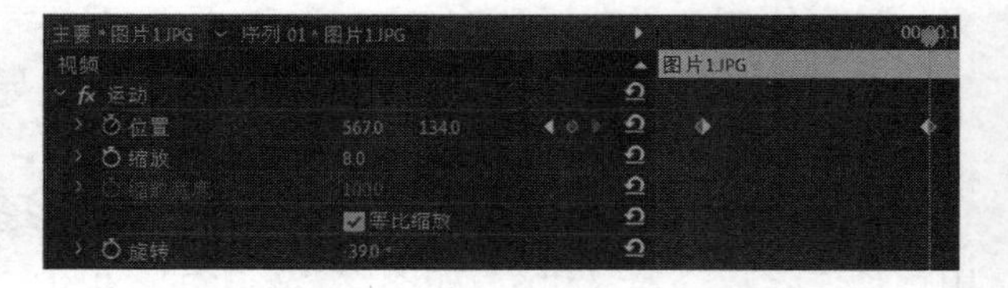

图 2-62　“图片 1”的“运动”选项

8）选择“图片 1”，在效果控件窗口中为“不透明度”选项在 9：21s 和 10：08s 处添加两个关键帧，其对应参数为 100 和 0。

9）选择“图片 2”，在效果控件窗口中展开“运动”选项，将“缩放”和“旋转”分别设置为 8 和 39°，为“位置”选项在 7：13s 和 9：21s 处添加两个关键帧，其对应参数分别为（817，646）和（100，76）。

10）选择“图片 2”，在效果控件窗口中为“不透明度”选项在 9：21s 和 10：08s 处添加两个关键帧，其对应参数为 100 和 0，如图 2-63 所示。

11）选择“图片 3”，在效果控件窗口中展开“运动”选项，设置“缩放”为 8，为“位置”选项在 7：13s 和 9：21s 处添加两个关键帧，其对应参数分别为（348，-99）和（346，

475）。

12）选择“图片 3”，在效果控件窗口中为“不透明度”选项在 9：21s 和 10：08s 处添加两个关键帧，其对应参数为 100 和 0。

13）执行菜单命令“文件”→“新建”→“旧版标题”，打开“新建字幕”对话框，设置“名称”为“片头字幕”，单击“确定”按钮。

14）进入字幕编辑窗口，在工具栏中选择文本工具，在“字幕工作区”中输入文字“丽江古城”。

15）在“旧版标题样式”中选择“Arial Black yellow orange gradient”样式，设置“字体系列”为“汉仪太极简”，“字体大小”为 90，效果如图 2-64 所示。

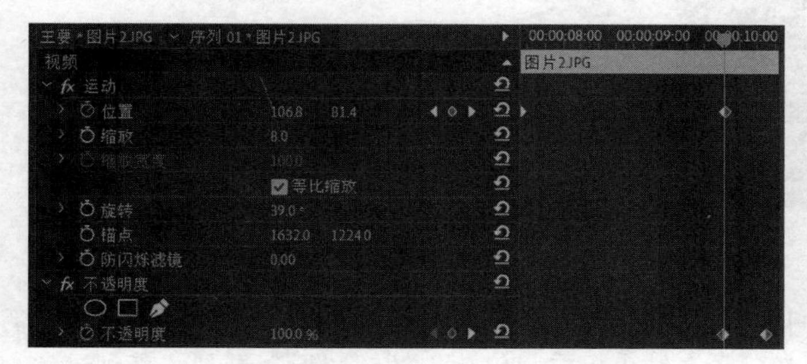

图 2-63 “图片 2”的效果控件窗口

图 2-64 字幕效果

16）关闭字幕编辑窗口，返回 Premiere Pro 2020 的工作界面，创建的字幕文件会自动导入到项目窗口中。

17）在项目窗口中选择“片头字幕”，将其拖曳到时间线窗口的 V2 轨道中，设置入点位置与“图片 1”结束点对齐，“持续时间”为 4：16s。

18）在效果窗口中选择“视频过渡”→“3D 运动”→“立方体旋转”，将其拖曳到“片头字幕”起始位置上。

19）在效果窗口中选择“视频过渡”→“内滑”→“内滑”，将其拖曳到“片头字幕”结束位置上，如图 2-65 所示。

20）选择“片头字幕”，在效果窗口中选择“视频效果”→“Trapcode”→“Shine”特效并双击之。在效果控件窗口中展开“Shine”选项，为 Source Point 选项在 11：14s 和 13：19s 添加两个关键帧，其对应参数分别为（98，288）和（627，288）。为 Ray Length 在 11：11s、11：14s、13：19s 和 14：00s 处添加 4 个关键帧，其对应参数分别为 0、6、6 和 0。

21）将 Colorize→Base On…设置为 Alpha，Colorize…设置为 None，Transfer Mode 设置为 Hue，如图 2-66 所示。

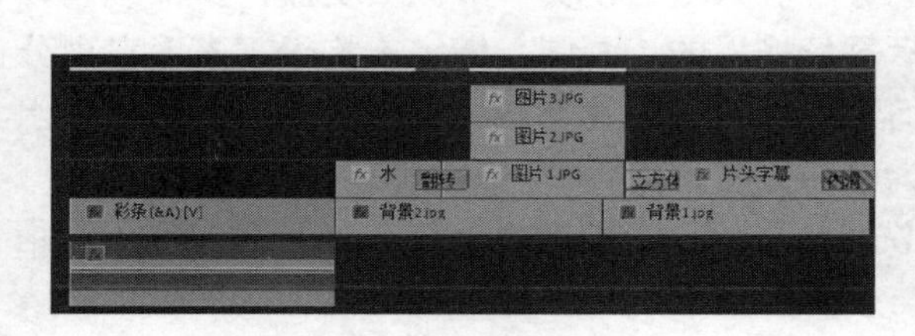

图 2-65 添加“内滑”视频过渡

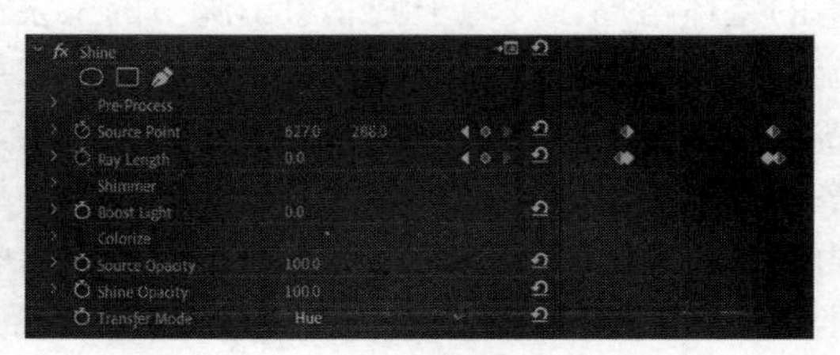

图 2-66 “Shine”选项

4. 录音

在“音频硬件设置”对话框窗口中对轨道录音设定基本选项。如 ASIO，设置音频输入设备。

1）执行菜单命令“编辑”→“首选项”→“音频硬件”，打开“首选项”对话框，如图 2-67 所示。

2）单击“设置”按钮，打开“声音”对话框，单击“录制”选项卡，在“选择以下录制设备来修改设置”中选中“麦克风”，如图 2-68 所示，单击“确定”→“确定”按钮。

图 2-67 “首选项”对话框

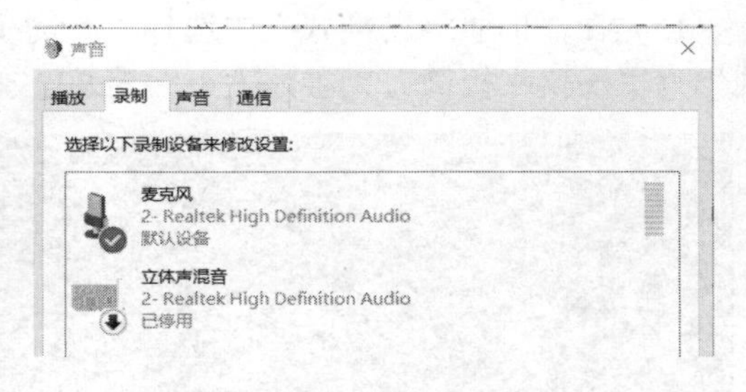

图 2-68 “声音”对话框

3）将扬声器的音量关闭，在时间线窗口的录制轨道中按下“画外音录制”按钮，激活录音功能，如图 2-69 所示，开始录音。录音结束单击“停止”按钮。反复录制，直到录完、满意为止。

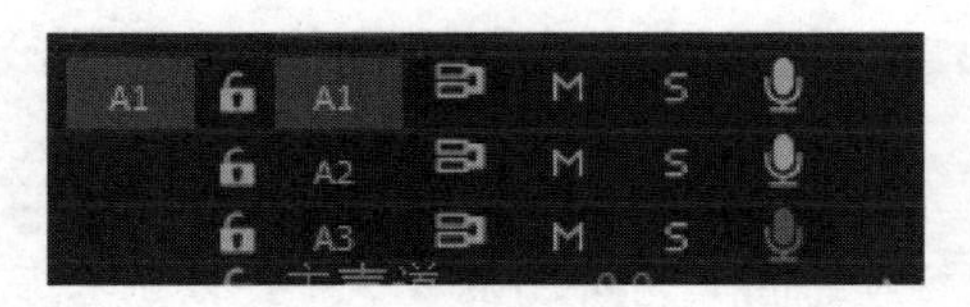

图 2-69 调音台

提示：本实训用 Audition 2020 软件录制配音，录制完后经过处理，混缩存为 MP3 文件。将其导入到 Premiere Pro 2020 的项目窗口，再拖曳到时间线窗口的 A1 轨道上，设置起始位置与片头字幕的结束位置对齐，如图 2-70 所示。

丽江古城的解说词：具有 800 多年历史的丽江古城，坐落在丽江坝子中部，面积约 3.8 平方千米，始建于南宋末年，是元代丽江路宣抚司，明代丽江军民府和清代丽江府驻地。丽江古城选址独特，布局上充分利用山川地形及周围自然环境，北依象山、金虹山，西枕猴子山，东面和南面与开阔坪坝自然相连，既避开了西北寒风，又朝向东南光源，形成坐靠西北，放眼东南的整体格局。发源于城北象山脚下的玉泉河水分三股入城后，又分成无数支流，穿街绕巷，流布全城，形成了“家家门前绕水流，户户屋后垂杨柳”的诗画图。街道不拘于工整而自由分布，主街傍水，小巷临渠，300 多座古石桥与河水、绿树、古巷、古屋相依相映，极具高原水乡古树、小桥、流水、人家的美学意韵，被誉为“东方威尼斯”“高原姑苏”。丽江充分利用城内涌泉修建的多座“三眼井”，上池饮用，中塘洗菜，下流漂衣，是纳西族先民智慧的象征，是当地民众利用水资源的典范杰作，充分体现人与自然和谐统一。古城心脏四方街明清时已是滇西北商贸枢纽，是茶马古道上的集散中心。

1986 年国务院公布丽江为中国历史文化名城；1997 年 12 月 4 日，被联合国教科文组织正式批准列入《世界遗产名录》清单，成为全国首批受人类共同承担保护责任的世界文化遗产城市；2001 年 10 月，被评为全国文明风景旅游区示范点；2002 年，荣登“中国最令人向往的 10 个城市”行列。

5．拖曳音乐

1）在项目窗口中双击“星空.mp3”，将其插入源监视器窗口，设置入点为 14∶17s，出点为 24∶04s，将其拖曳到时间线窗口的 A1 轨道上，与片头对齐，在 13∶21s 处制作一个淡出效果，如图 2-71 所示。

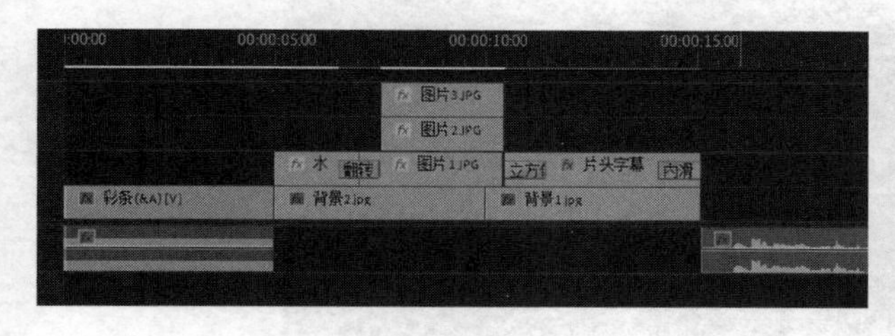

图 2-70　插入配音

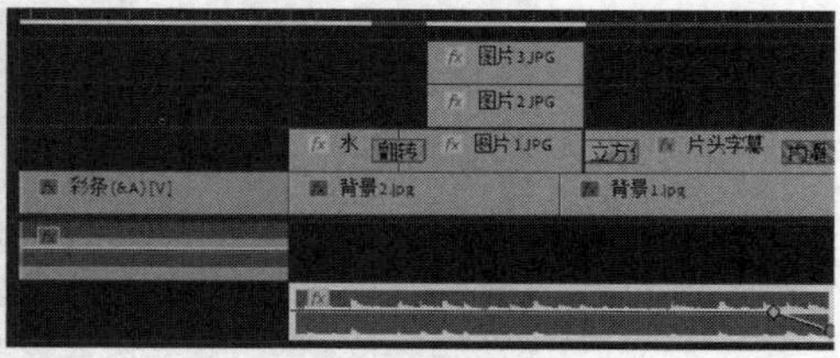

图 2-71　拖曳片头音乐

2）在源监视器窗口中，设置入点为 14∶22s、出点为 3∶30∶17s，将其拖曳到时间线窗口的 V2 轨道上，与片头结束点对齐，并在最后 2s 添加淡出效果，如图 2-72 所示。

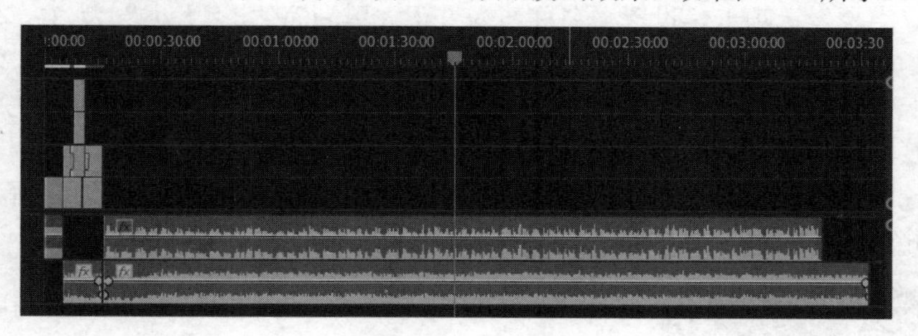

图 2-72　拖曳音乐

3）降低背景音乐的音量，使背景音乐低于解说词的音量。单击节目监视器的“音频”选项卡，打开基本声音窗口，选择 V1 轨道的配音，单击“对话”选项，选择 V2 轨道的背景音乐，单击“音乐”选项，勾选“回避”复选框，单击“生成关键帧”按钮。

6．解说词字幕

将解说词分段复制到记事本中，并对其进行编排，编排完毕，单击“退出”按钮，保存文件名为“解说词文字”，用于解说词字幕的歌词。

在 Premiere Pro 2020 中，将编辑好的节目的音频输出，输出格式为 MP3，输出文件名为“配音”，用于解说词字幕的音乐。

1）在桌面上双击“Sayatoo 卡拉字幕精灵”图标，启动 SubTitleMaker 字幕设计窗口。

2）打开“SubTitleMaker”对话框，用鼠标右键单击项目窗口的空白处，从弹出快捷菜单中选择“导入歌词”选项，打开“导入歌词”对话框，选择“解说词文字”文件，单击“打开”按钮，导入解说词。

3）执行菜单命令“文件”→“导入音乐”，打开“导入音乐”对话框，选择音频文件“配音”，单击“打开”按钮。

4）单击第一句歌词，让其在窗口上显示。在“基本”选项卡中设置“预设”为 DV-PAL，“排列”为单行，“对齐方式”为居中，“偏移 Y”为 500，如图 2-73 所示。“字体”为“经典粗黑简”，“字体大小”为 38，“填充颜色”为白色，“描边颜色”为黑色，“描边宽度”为 6，在“模板”特效中取消“指示灯”的勾选。

图 2-73　卡拉字幕制作

5）选择“字幕”选项卡，设置“名称”为方正大黑为简体，“大小”为 35，填充“颜色”为白色，描边“颜色”为黑色，描边“宽度”为 2，取消“阴影”的勾选，如图 2-74 所示，在“特效”选项卡中，填充“颜色”为白色，描边“颜色”为黑色，描边“宽度”为 2，取消“字幕特效”“过渡转场”“指示灯”的勾选。

6）单击控制台上的“录制歌词”按钮，打开“歌词录制设置”对话框，选择“逐行录制”单选按钮，如图 2-75 所示。

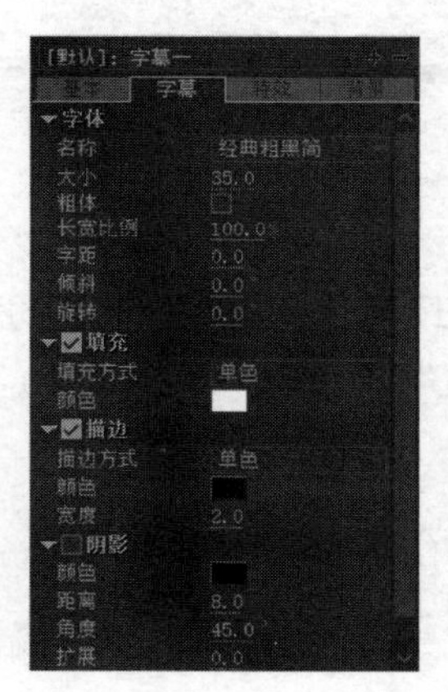

图 2-74　字幕设置

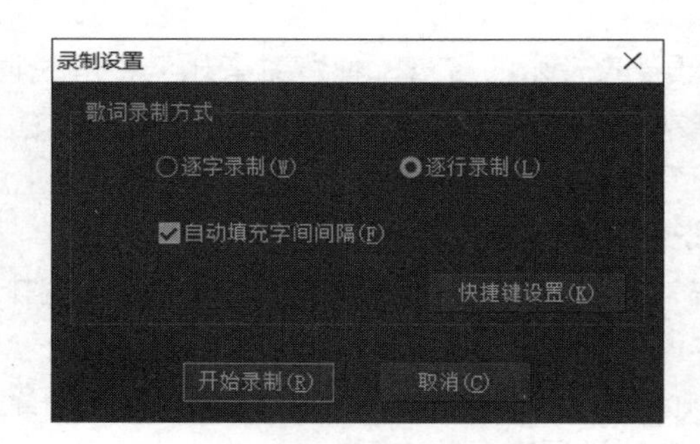

图 2-75　歌词录制设置

7）单击“开始录制”按钮，开始录制歌词，使用键盘获取解说词的时间信息，解说词一行开始按下键盘的空格键，结束时松开键；下一行开始又按下空格键，结束时松开键，周而复始，直至完成。

8）歌词录制完成后，在时间线窗口中将显示出所有录制歌词的时间位置。可以直接用鼠标修改歌词的开始时间和结束时间，或者移动歌词的位置。

9）执行菜单命令“文件”→“保存项目”，打开“保存项目”对话框，在“文件名称”文本框内输入名称“字幕”，单击“保存”按钮。字幕制作完毕。

10）在“SubTitleMaker”窗口中，单击“关闭”按钮。

11）在 Premiere Pro 2020 中，按〈Ctrl +I〉组合键，导入“丽江古城字幕”文件。

12）将“丽江古城字幕”文件从项目窗口中拖曳到时间线窗口的 V2 轨道中，与配音的开始位置对齐，如图 2-76 所示。

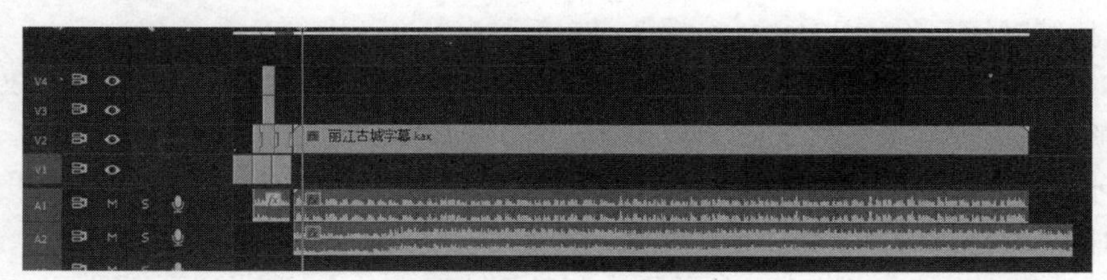

图 2-76　添加字幕

7．画面编辑

画面与声音要声画对位，声画对位是指声音和画面以同一个纪实内容为中心，在各自独立表现的基础上，又有机地结合起来的表现形式。

1）在项目窗口中选择“全景”并拖曳到时间线窗口的 V1 轨道中，设置入点位置与“背景 1”对齐，“持续时间”为 4∶15s。

2）选择“全景”，在效果控件窗口中展开“运动”选项，取消“等比缩放”复选框的勾选，为“缩放高度”“缩放宽度”在 15∶14s 和 18∶14s 添加两个关键帧，其对应参数分别为（200，200）和（109，100）。

3）在项目窗口中选择“木府 3”并拖曳到时间线窗口的 V1 轨道中，设置入点位置与“全景”对齐，将画面调整为满屏，设置其“持续时间”为 3∶24s。

4）在效果窗口中选择“视频过渡”→“溶解”→“交叉溶解”，拖曳到“全景”与“木府 3”的中间位置。

5）在项目窗口中选择“雕塑”，拖曳 4 次到时间线窗口的 V1 轨道中，设置入点位置与前一画面对齐，“持续时间”分别为 1∶02s、1∶14s、1∶13s 和 1∶16s，如图 2-77 所示。

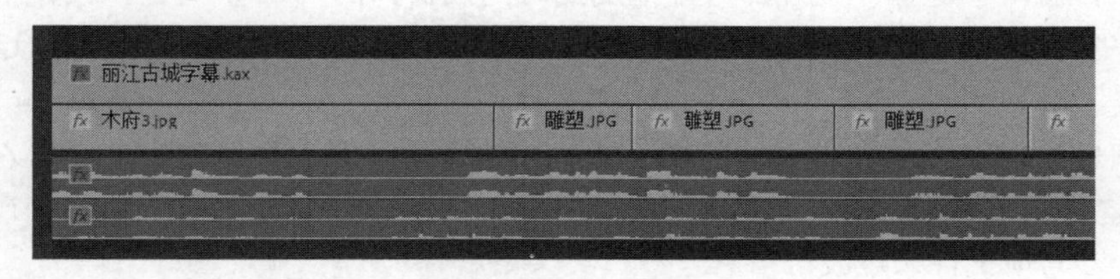

图 2-77　“雕塑”在时间线窗口中的排列

6）在效果控件窗口中分别设置“雕塑”的“缩放”为 100、80、50 和 25，“位置 Y”分别为 475、470、420 和 288，其效果如图 2-78 所示。

图 2-78　设置“雕塑”的缩放比例

7）在项目窗口中选择“街道 1”并拖曳到时间线窗口的 V1 轨道中，设置入点位置与前一画面对齐，“持续时间”为 5：10s。

8）在效果控件窗口中展开“运动”选项，为“位置”“缩放”在 29：21s 和 33：19s 处添加两个关键帧，其对应参数分别为[（590，405），40]和[（273，208），30]。

9）在项目窗口中选择“街道 2”并拖曳到时间线窗口的 V1 轨道中，设置入点位置与前一画面对齐，“持续时间”为 4：21s。

10）在效果控件窗口中展开“运动”选项，为“位置”“缩放”在 35：20s 和 39：08s 处添加两个关键帧，其对应参数分别为[（-30，320），50]和[（442，227），30]。

11）在项目窗口中选择“早晨的阳光”并拖曳到时间线窗口的 V1 轨道中，设置入点位置与前一画面对齐，“持续时间”为 5s，“缩放”为 25。

12）在项目窗口中选择“街道 3”并拖曳到时间线窗口的 V1 轨道中，设置入点位置与前一画面对齐，“持续时间”为 4：15s，为“位置”“缩放”选项在 45：04s 和 47：19s 处添加两个关键帧，其对应参数分别为[（360，288），25]和[（166，625），100]，其效果如图 2-79 所示。

图 2-79　运动效果

13）在项目窗口中选择“小山”并拖曳到时间线窗口的 V1 轨道中，设置入点位置与前一画面对齐，“持续时间”为 1：23s，“缩放”为 25。并在“街道 3”与“小山”之间拖曳视频过渡“溶解”→“交叉溶解”。

14）在项目窗口中选择“金虹山”并拖曳到时间线窗口的 V1 轨道中，设置入点位置与前一画面对齐，“持续时间”为 1：10s。并在“小山”与“金虹山”之间拖曳视频过渡“溶解”→“交叉溶解”。

15）在项目窗口中选择“猴子山”并拖曳到时间线窗口的 V1 轨道中，设置入点位置与前一画面对齐，“持续时间”为 2：06s，“缩放高度”为 33，“缩放宽度”为 26。并在“金虹山”与“猴子山”之间拖曳视频过渡“溶解”→“交叉溶解”。

16）在项目窗口中选择“古城夜景”并拖曳到时间线窗口的 V1 轨道中，设置入点位置与前一画面对齐，“持续时间”为 5s，“缩放高度”为 112。并在“猴子山”与“古城夜景”之间拖曳视频过渡“3D 运动”→“翻转”。

17）在项目窗口中选择“花店”并拖曳到时间线窗口的 V1 轨道中，设置入点位置与前一画面对齐，“持续时间”为 5：00s，为“位置”选项在 59：24s 和 1：03：24s 添加两个关键帧，其对应参数分别为（312，357）和（731，-20），设置“缩放”为 50。

18）在项目窗口中选择“幽雅气息”并拖曳到时间线窗口的 V1 轨道中，设置入点位置与前一画面对齐，“持续时间”为 4：02s。为“位置”“缩放”在 1：05：02s 和 1：08：12s 处添加两个关键帧，其对应参数分别为[（360，288），24]和[（-319，-200），67]。

19）在项目窗口中选择“街道 4”并拖曳到时间线窗口的 V1 轨道中，设置入点位置与前一画面对齐，“持续时间”为 3：08s，“缩放”为 24。

20）在项目窗口中选择“古城水车”并拖曳到时间线窗口的 V1 轨道中，设置入点位置与前一画面对齐，“持续时间”为 6：02s，为“位置”“缩放”在 1：12：09s 和 1：16：23s 处添加两个关键帧，其对应参数分别为[（418，331），44]和[（360，288），24]。

21）在项目窗口中选择“水车”并拖曳到时间线窗口的 V1 轨道中，设置入点位置与前一画面对齐，“持续时间”为 2：21s，“缩放”为 24。

22）在效果窗口中选择“视频过渡”→“擦除”→“划出”，拖曳到“古城水车”与“水车”的中间位置。

23）在项目窗口中选择“古城小溪”并拖曳到时间线窗口的 V1 轨道中，设置入点位置与前一画面对齐，“持续时间”为 3：15s，“缩放”为 24。

24）在效果窗口中选择“视频过渡”→“内滑”→“推”，拖曳到“水车”与“古城小溪”的中间位置。

25）在项目窗口中选择“水流”并拖曳到时间线窗口的 V1 轨道中，设置入点位置与前一画面对齐，“持续时间”为 3：15s，“缩放”为 24。

26）在效果窗口中选择“视频过渡”→“擦除”→“插入”，拖曳到“古城小溪”与“水流”的中间位置。

27）在项目窗口中选择“垂杨柳”并拖曳到时间线窗口的 V1 轨道中，设置入点位置与前一画面对齐，“持续时间”为 4：08s，“缩放”为 24。

28）在效果窗口中选择“视频过渡”→“内滑”→“拆分”，拖曳到“水流”与“垂杨柳”的中间位置。

29）在项目窗口中选择“街道 5”并拖曳到时间线窗口的 V1 轨道中，设置入点位置与前一画面对齐，“持续时间”为 4：14s，“缩放”为 24。

30）在效果窗口中选择“视频过渡”→“划像”→“菱形划像”，拖曳到“水流”与“垂杨柳”的中间位置。

31）在项目窗口中选择“小巷”并拖曳到时间线窗口的 V1 轨道中，设置入点位置与前一画面对齐，“持续时间”为 1：16s，“缩放”为 24。

32）在项目窗口中选择“小巷 1”并拖曳到时间线窗口的 V1 轨道中，设置入点位置与前一画面对齐，“持续时间”为 1：23s，“缩放”为 24。

33）在项目窗口中选择“小桥”并拖曳到时间线窗口的 V1 轨道中，设置入点位置与前一画面对齐，“持续时间”为 4：03s，“缩放”为 24。

34）在效果窗口中选择“视频过渡”→“内滑”→“带状内滑”，拖曳到“小巷”与“小桥”的中间位置。

35）在项目窗口中选择“小溪”并拖曳到时间线窗口的 V1 轨道中，设置入点位置与前一画面对齐，“持续时间”为 5s，为“位置”“缩放”在 1：45：02s 和 1：49：04s 处添加两个关键帧，其对应参数分别为[（365，−102）90]和[（343，301），24]。

36）在项目窗口中选择“小桥 1”并拖曳到时间线窗口的 V1 轨道中，设置入点位置与前一画面对齐，“持续时间”为 4：15s，为“位置”“缩放”在 1：50：00s 和 1：52：23s 处添加两个关键帧，其对应参数分别为[（329，175），88]和[（360，288），24]。

37）在项目窗口中选择“小溪 2”并拖曳到时间线窗口的 V1 轨道中，设置入点位置与前一画面对齐，“持续时间”为3：13s，设置“缩放”为24。

38）在效果窗口中选择“视频过渡”→“擦除”→“径向擦除”，将其拖曳到“小桥 1”与“小溪 2”的中间位置。

39）在项目窗口中选择“满城尽是黄金甲”并拖曳到时间线窗口的 V1 轨道中，设置入点位置与前一画面对齐，“持续时间”为4：19s，“缩放”为102。

40）在效果窗口中选择“视频过渡”→“内滑”→“内滑”，将其拖曳到“小溪 2”与“满城尽是黄金甲”的中间位置。

41）在项目窗口中选择“三眼井 1” 并拖曳到时间线窗口的 V1 轨道中，设置入点位置与前一画面对齐，“持续时间”为5：18s。为“缩放”在2：02：24s和2：07：08s处添加两个关键帧，其对应参数分别为200、164。

42）在效果窗口中选择“视频过渡”→“3D 运动”→“立方体旋转”，拖曳到“满城尽是黄金甲”与“三眼井 1”的中间位置。

43）在项目窗口中选择“三眼井”并拖曳到时间线窗口的 V1 轨道中，设置入点位置与前一画面对齐，“持续时间”为5：13s。为“位置”在2：08：11s和2：12：21s处添加两个关键帧，其对应参数分别为（360，511）和（365，47），设置“缩放”为200。

44）在效果窗口中选择“视频过渡”→“擦除”→“划出”，拖曳到“三眼井 1”与“三眼井”的中间，其运动效果如图2-80所示。

图2-80 “三眼井”运动效果

45）在项目窗口中选择“三眼井 2”并拖曳到时间线窗口的 V1 轨道中，设置入点位置与前一画面对齐，“持续时间”为4：03s。

46）在效果控件窗口中展开“运动”选项，取消“等比缩放”复选框的勾选，为“位置”“缩放高度”和“缩放宽度”在2：14：19s和2：17：21s处添加两个关键帧，其对应参数分别为[（360，288），118，122]和[（550，89），200，210]。

47）在项目窗口中选择“丽江图片 1”并拖曳到时间线窗口的 V1 轨道中，设置入点位置与前一画面对齐，“持续时间”为5：01s。

48）在效果控件窗口中展开“运动”选项，取消“等比缩放”复选框的勾选，将“缩放高度”和“缩放宽度”分别设置为172、160。

49）在效果窗口中选择“视频过渡”→“擦除”→“风车”，拖曳到“三眼井 2”与“丽江图片 1”的中间位置。

50）在项目窗口中选择“小溪 1”并拖曳到时间线窗口的 V1 轨道中，设置入点位置与前一画面对齐，“持续时间”为5s，“缩放”为24。

51）在效果窗口中选择“视频过渡”→“擦除”→“螺旋框”，拖曳到“丽江图片 1”与“小溪 1”的中间位置。

52）在项目窗口中选择“四方街”并拖曳到时间线窗口的 V1 轨道中，设置入点位置与前一画面对齐，“持续时间”为 4：02s，“缩放”为 136。

53）在效果窗口中选择“视频过渡”→“内滑”→“内滑”，拖曳到“小溪 1”与“四方街”的中间位置。

54）在项目窗口中选择“四方街 1”并拖曳到时间线窗口的 V1 轨道中，设置入点位置与前一画面对齐，“持续时间”为 3：13s。

55）在效果控件窗口中展开“运动”选项，为“位置”“缩放”在 2：32：06s 和 2：35：12s 处添加两个关键帧，其值分别为[（370，15），100]和[（360，288），24]。

56）在项目窗口中选择“四方街 2”并拖曳到时间线窗口的 V1 轨道中，设置入点位置与前一画面对齐，“持续时间”为 4：03s。为“缩放”在 2：36：00s 和 2：38：24s 处添加两个关键帧，其相应参数分别为 100、24。

57）在项目窗口中选择“雕塑 1”并拖曳到时间线窗口的 V1 轨道中，设置入点位置与前一画面对齐，“持续时间”为 6：14s。为“位置”“缩放”在 2：40：18s 和 2：45：08s 处添加两个关键帧，其相应参数分别为[（413，301），53]和[（360，288），24]。

58）在项目窗口中选择“街道 6” 并拖曳到时间线窗口的 V1 轨道中，设置入点位置与前一画面对齐，“持续时间”为 5：00s。

59）在效果控件窗口中展开“运动”选项，为“位置”“缩放”在 2：47：00s 和 2：50：19s 处添加两个关键帧，其相应参数分别为[（246，357），100]和[（360，288），24]。

60）在项目窗口中选择“瓦猫”并拖曳到时间线窗口的 V1 轨道中，设置入点位置与前一画面对齐，“持续时间”为 3：05s，“缩放”为 24。

61）在效果窗口中选择“视频过渡”→“滑动”→“中心拆分”，拖曳到“街道 6”与“瓦猫”的中间位置。其效果如图 2-81 所示。

62）在项目窗口中选择“瓦猴”并拖曳到时间线窗口的 V1 轨道中，设置入点位置与前一画面对齐，“持续时间”为 2：16s，“缩放”为 24。

63）在效果窗口中选择“视频过渡”→“内滑”→“带状内滑”，拖曳到“瓦猫”与“瓦猴”的中间位置。其效果如图 2-82 所示。

图 2-81 “中心拆分”效果

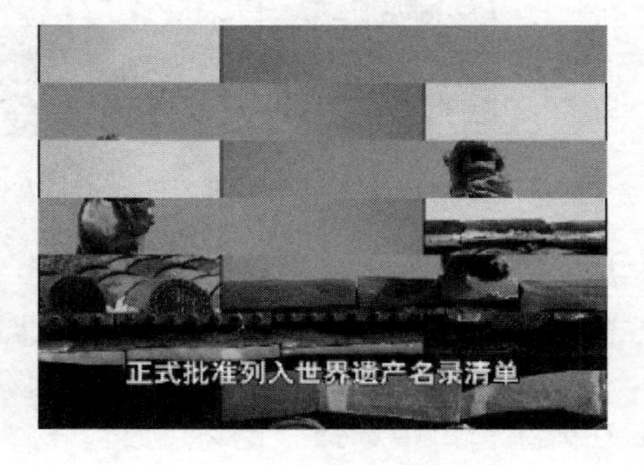

图 2-82 “带状内滑”效果

64）在项目窗口中选择“木府 1” 并拖曳到时间线窗口的 V1 轨道中，设置入点位置与前一画面对齐，“持续时间”为 4：06s。

65）在效果控件窗口中展开“运动”选项，取消“等比缩放”前复选框的勾选，将“缩放高度”“缩放宽度”选项分别设置为137、127。

66）在效果窗口中选择“视频过渡”→“缩放”→“交叉缩放”，拖曳到“瓦猴”与“木府1”的中间位置。

67）在项目窗口中选择“木府2”并拖曳到时间线窗口的V1轨道中，设置入点位置与前一画面对齐，“持续时间”为4∶12。

68）在效果控件窗口中展开“运动”选项，取消“等比缩放”复选框的勾选，将“缩放高度”“缩放宽度”选项分别设置为152、132。

69）在效果窗口中选择“视频过渡”→“擦除”→“棋盘擦除”，拖曳到“木府1”与“木府2”的中间位置。

70）在项目窗口中选择“牌坊”，拖曳4次到时间线窗口的V1轨道中，设置入点位置与前一画面对齐，“持续时间”分别为1∶20s、1∶17s、1∶18s和1∶20s。

71）在效果控件窗口中展开“运动”选项，分别设置“牌坊”的“缩放”为24、50、75和94，第四个“牌坊”的“位置”为（260，288）。

72）在项目窗口中选择“街道7”并拖曳到时间线窗口的V1轨道中，设置入点位置与前一画面对齐，“持续时间”为7∶07s。

73）在效果控件窗口中展开“运动”选项，为“位置”“缩放”在3∶13∶16s和3∶17∶07s处添加两个关键帧，其对应参数分别为[（428，936），100]和[（360，288），24]，如图2-83和图2-84所示。

图2-83 “街道7”运动选项设置1

图2-84 “街道7”运动选项设置2

74）素材片段在时间线窗口中的位置如图2-85所示。

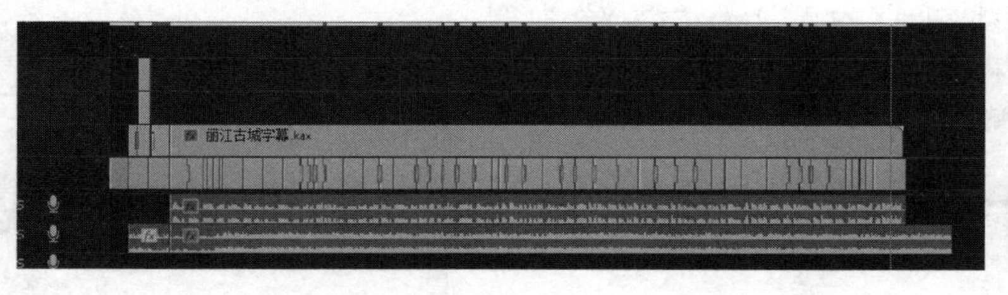

图2-85 素材在时间线窗口中的位置

8．片尾的制作

1）在项目窗口中选择“肉石”并拖曳到时间线窗口的V1轨道中，设置入点位置与前一画面对齐，“持续时间”为4∶10s，“缩放”为25。

2）在效果窗口中选择“视频过渡”→“擦除”→“双侧平推门”，拖曳到“街道7”与“肉石”的中间位置。

3）在项目窗口中选择“城门”并拖曳到时间线窗口的V1轨道中，设置入点位置与前一画面对齐，“持续时间”为3∶03s，“缩放”为25。

4）在项目窗口中选择“木府 4”并拖曳到时间线窗口的 V1 轨道中，设置入点位置与前一画面对齐，“持续时间”为 4：14s。

5）在效果控件窗口中展开“运动”选项，取消“等比缩放”复选框的勾选，将“缩放高度”“缩放宽度”选项分别设置为 142、129。

6）执行菜单命令“文件”→“新建”→“旧版标题”，在“新建字幕”对话框中输入字幕名称，单击“确定”按钮，打开字幕窗口。

7）单击字幕窗口上方的“滚动/游动选项”按钮，打开“滚动/游动选项”对话框，设置“字幕类型”为“滚动”，勾选“开始于屏幕外”，设置“缓入”为 50，“缓出”为 50，“过卷”为 75，如图 2-86 所示，单击“确定”按钮。

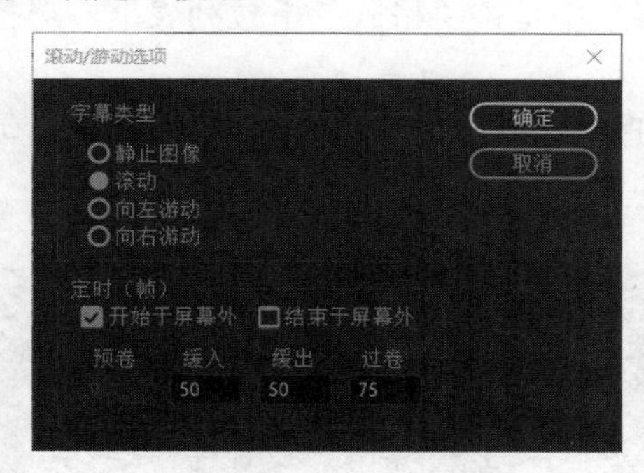

图 2-86 “滚动/游动选项”对话框

8）使用文字工具输入演职人员名单，插入赞助商的标志，输入其他相关内容，设置“字体”为“经典粗黑简”，“字体大小”为 49。

9）在字幕属性窗口中，单击“描边”→“外侧边”→“添加”，设置字体“大小”为 22，效果如图 2-87 所示。

10）输入完演职人员名单后，按〈Enter〉键，拖动垂直滑块，将文字上移出屏为止。单击字幕设计窗口合适的位置，输入制作单位及日期，设置“字体大小”为 49，其余设置同上。效果如图 2-88 所示。

图 2-87 字幕效果

图 2-88 制作单位及日期

11）关闭字幕属性窗口，将当前时间指针定位到 3：19：17s 位置，拖动“片尾”到时间线窗口的 V2 轨道中的相应位置，使其开始位置与当前时间指针对齐，设置“持续时间”为 12：00s，如图 2-89 所示。

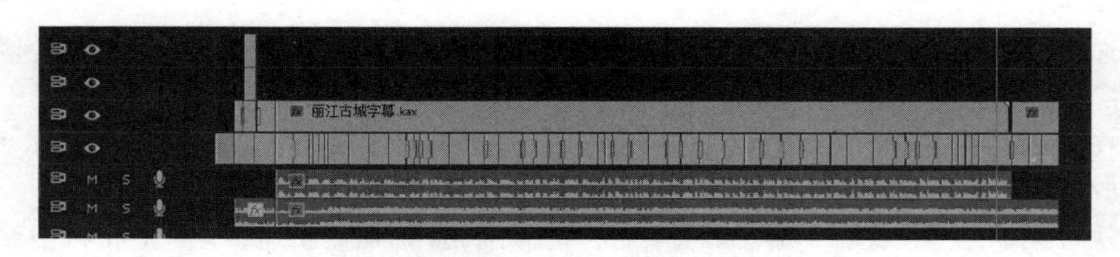

图 2-89　片尾的位置

9．输出

1）执行菜单命令“文件”→“导出”→“媒体”，打开“导出设置”对话框。

2）在右侧的“导出设置”中单击“格式”下拉列表框，选择“H.264”选项，设置“预设”为“匹配源-中等比特率”。

3）单击“输出名称”后面的链接，打开“另存为”对话框，在对话框中设置保存的名称和位置，单击“保存”按钮，如图 2-90 所示，单击“导出”按钮。

图 2-90　输出设置

4）打开“编码 序列 01”对话框，开始输出。

实训 2　高原明珠——泸沽湖

实训情景设置

应用特效、特技、运动及抠像制作图片的电子相册，制作过程包括：新建项目并导入素材，制作图像运动效果，三维运动类及划像类等转场的运用，叠加的运用，制作标题字幕，拖曳标题字幕特效，拖曳音乐及输出影片。

阅读材料：泸沽湖古称为鲁窟海子，又名左所海，俗称为亮海，位于四川省凉山彝族自治州盐源县与云南省丽江市宁蒗彝族自治县之间。湖面海拔约 2690.75 米，面积约 48.45 平方千米。湖边的居民主要为摩梭人，也有部分纳西人。摩梭人至今仍然保留着母系氏族婚姻制度。

操作步骤

1．新建项目并导入素材

制作风景电子相册，准备素材最重要，首先创建一个新的项目文件，将准备好的素材按照各自类别输入到项目窗口中，以便后面操作时使用。

1）启动 Premiere Pro 2020，单击“新建项目”按钮，打开“新建项目”对话框，设置“名称”为“高原明珠”，并设置文件的保存位置，单击“确定”按钮。

2）按〈Ctrl+N〉组合键，打开“新建序列”对话框，设置“可用预设”为“DV−PAL”→“标准 48kHz”，在“序列名称”文本框中输入序列名，单击“确定”按钮。设置静止图像默认时间为 6s。

3）在项目窗口中创建 4 个文件夹，分别为“图片”“照片”“音乐”和“字幕”，如图 2−91 所示。

4）用鼠标右键单击“音乐”文件夹，从弹出的快捷菜单命令中选择“导入”菜单项，打开“导入”对话框，选择本书配套教学素材“项目 2\泸沽湖\素材\音乐”文件夹中的“月光下的凤尾竹.mp3”音乐文件，如图 2−92 所示，单击“打开”按钮，输入文件。

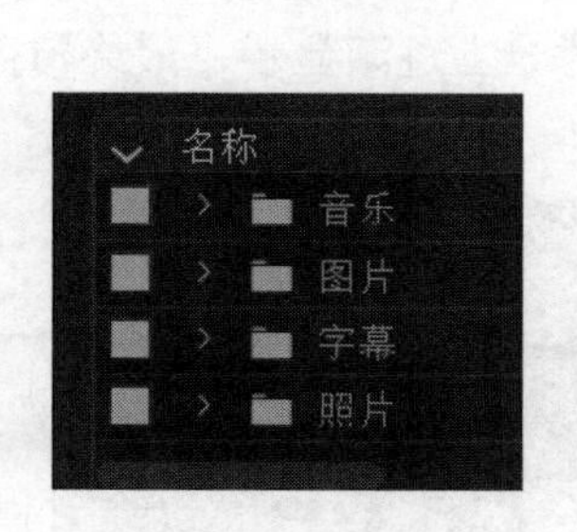

图 2−91　项目窗口

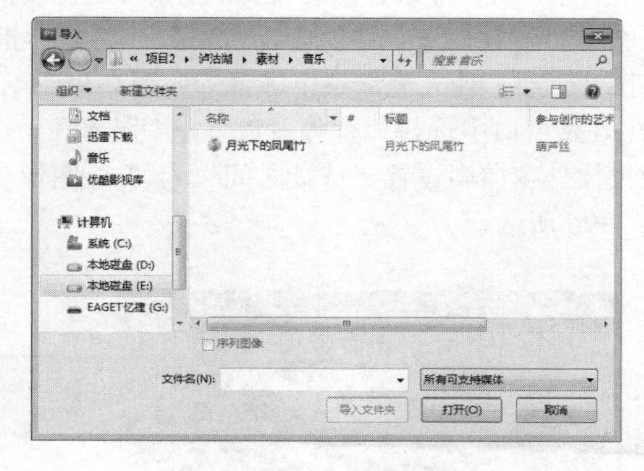

图 2−92　导入音乐素材

5）使用同样的方法将“图片”和“照片”文件夹中的资源文件也导入到相应的文件夹中。

2．准备字幕标题和视频背景

制作电子相册的视频内容，包括准备背景音乐，利用字幕制作标题文字，利用图片制作视频背景等。

1）双击项目窗口“音乐”文件夹中的“月光下的凤尾竹.mp3”音乐文件，在源监视器窗口中分别将音频的入点和出点设置为 2：00s 和 1：50：24s，将音频片段拖曳到时间线窗口的 A1 轨道中，并在前 2s 和后 2s 处添加淡入和淡出效果。

2）执行菜单命令“文件→“新建”→“颜色遮罩”，打开“新建颜色遮罩”对话框，单击“确定”按钮。

3）打开“拾色器”对话框，将颜色设置为大红色（FF2020），如图 2-93 所示，单击“确定”按钮。打开“选择名称”对话框，在文本框中输入“红色背景”，单击“确定”按钮。在项目窗口中将“红色背景”拖曳到时间线窗口的 V1 轨道中，与开始位置对齐。

4）将项目窗口“照片”文件夹中的“山水”拖曳到时间线窗口的 V2 轨道中，同样将起始位置与视频开始位置对齐，如图 2-94 所示。

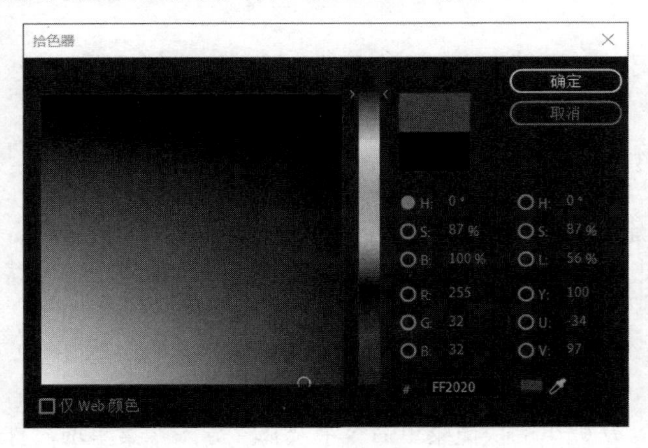

图 2-93 设置颜色

图 2-94 拖曳图片

5）当前图片大小为 686 像素×408 像素，这比当前制作的 DV 视频尺寸 720 像素×576 像素要小。在节目监视器窗口中选择图片对象，将鼠标指针移动到右下角的控制手柄上，拖动鼠标，调整图片大小，使之充满整个屏幕，如图 2-95 所示。

6）在效果窗口中选择“视频过渡”→“溶解”→“叠加溶解”，拖曳到“山水”的开始位置。在效果控件窗口中设置“持续时间”为 2s，图像在红色背景上逐渐显示，最终覆盖红色背景，如图 2-96 所示。

图 2-95 调整图片大小

图 2-96 叠加溶解

7）执行菜单命令“文件”→“新建”→“旧版标题”，在打开的“新建字幕”对话框中，输入字幕名称“标题”，单击“确定”按钮。

8）在屏幕上部位置单击，输入“高原明珠”，选择“高原明珠”，在“旧版标题样式”中选择“Arial Black yellow orange gradient”，设置“字体系列”为“经典粗黑简”，“字体大小”为 56。

“行距”“字偶间距”“倾斜”分别设置为 22、11 和 22°，以得到倾斜的文字效果，如图 2-97 所示。

9）确认当前选择的是文字工具T，在当前文字下方再创建一个文字对象，输入文字“泸沽湖”。在“旧版标题样式”中选择“Arial Black gold”，设置“字体系列”为“方正综艺简”，“字体大小”为 70，“字偶间距”为 11，“倾斜”为-14°，如图 2-98 所示。

图 2-97 “高原明珠”文字效果

图 2-98 “泸沽湖”文字的效果

10）关闭字幕编辑窗口，将时间线窗口中的当前播放指针定位到 2s 位置，也就是 V2 轨道中“叠加溶解”转场完毕的时间。

11）将“标题”字幕拖曳到时间线窗口的 V3 轨道中，使其开始位置与当前播放指针对齐，设置“持续时间”为 3s，如图 2-99 所示。

12）在效果窗口中选择“视频过渡”→“内滑”→“推”，拖曳到“标题”字幕的开始位置。

13）将项目窗口“图片”文件夹中的“背景 1”拖曳到时间线窗口的 V3 轨道中，与前面的字幕末端对齐。

14）在效果窗口中选择“视频过渡”→“擦除”→“随机擦除”，拖曳到当前的图片与字幕之间，如图 2-100 所示。

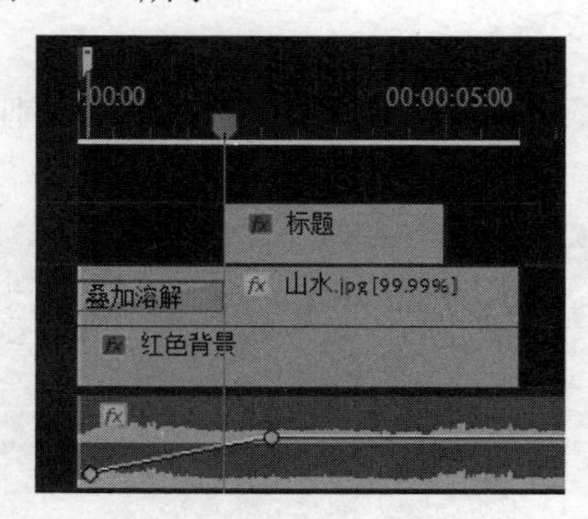

图 2-99 添加字幕

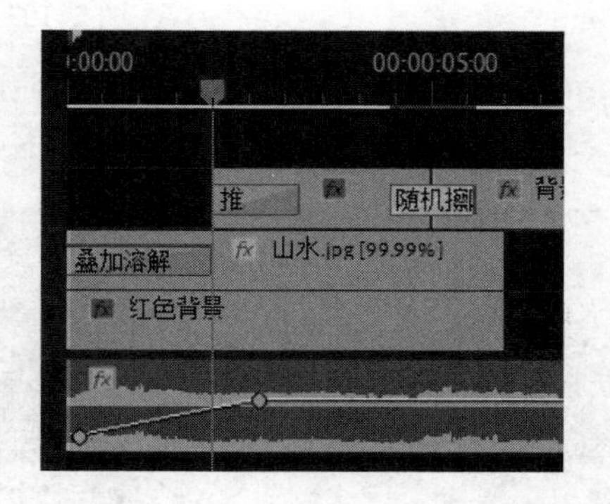

图 2-100 添加“随机擦除”转场特效

15）选择“背景 1”，在效果窗口中选择“视频效果”→“调整”→“ProcAmp”特效并双击之。

16）右击“背景 1”，从弹出的快捷菜单中选择“速度/持续时间”选项，打开“素材速度/持续时间”对话框，将“持续时间”调整为 1：44：00s，单击“确定”按钮。

17）在效果控件窗口中展开“ProcAmp”，为“色相”选项在 10：21s、30：02s 和 1：48：23s 处添加 3 个关键帧，其值分别为 300°、0° 和-320°，如图 2-101 所示。

3．利用“颜色键”特效使照片与背景融合

利用“颜色键”特效将照片与背景融合在一起，形成虚边的自然过渡融合效果。

1）将播放指针定位到 6：20s 的位置，将项目窗口“照片”文件夹中的“彩云之南”拖曳到时间线窗口的 V4 轨道中，与播放指针对齐，将照片缩小到与屏幕大小一致。

2）右击“彩云之南”，从弹出的快捷菜单中选择“速度/持续时间”，打开“剪辑速度/持续时间”对话框，将“持续时间”调整为 1：42：05s，单击“确定”按钮。

3）选择照片“彩云之南”，在效果控件窗口中为“缩放”选项在 6：20s 和 9：05s 处添加两个关键帧，其值分别为 0 和 120，如图 2-102 所示。

图 2-101　设置色相

图 2-102　设置缩放比例

4）在效果窗口中选择“视频效果”→“键控”→“颜色键”，拖曳到“彩云之南”上。

5）在效果控件窗口中展开“颜色键”选项，设置“主要颜色”为黑色，“边缘细化”为-5，“羽化边缘”为 50。为“颜色容差”选项在 10：21s、12：04s 和 13：14s 处添加 3 个关键帧，其选项为 0、100 和 13，如图 2-103 所示。

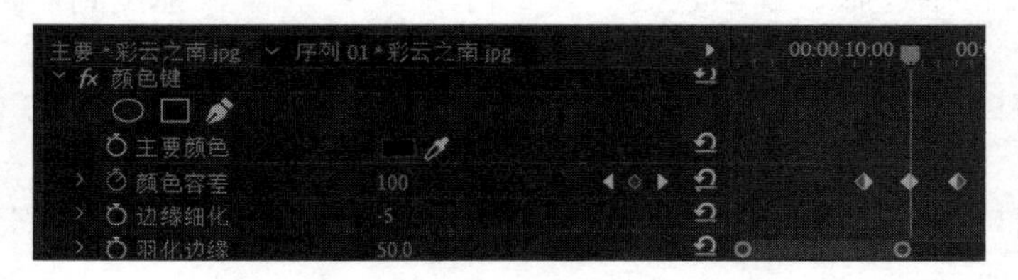

图 2-103　设置颜色键

6）为“位置”选项在 12：04s 和 14：10s 处添加两个关键帧，其对应参数分别为（360，288）和（550，288），使照片水平向屏幕右侧移动，如图 2-104 所示。

图 2-104　照片水平移动

7）将项目窗口“图片”文件夹中的“雪花 3”拖曳到时间线窗口的 V7 轨道中，将之与 V4

轨道中的照片的起始位置对齐，如图 2-105 所示。将播放指针定位到 28：04s 的位置，延长“雪花 3”图片的长度，与播放指针对齐。

8）选择图片“雪花 3”，在效果控件窗口中为“位置”选项在 6：20s 和 28：09s 处添加两个关键帧，其对应参数分别为（109，544）和（659，136），雪花图片由屏幕左下方移动到右上方。

9）分别为“缩放”“旋转”选项在 6：20s 和 28：09s 处添加两个关键帧，其对应参数分别为（10，0）和（50，2×0），图片由小逐渐变大并旋转起来，动画效果如图 2-106 所示。

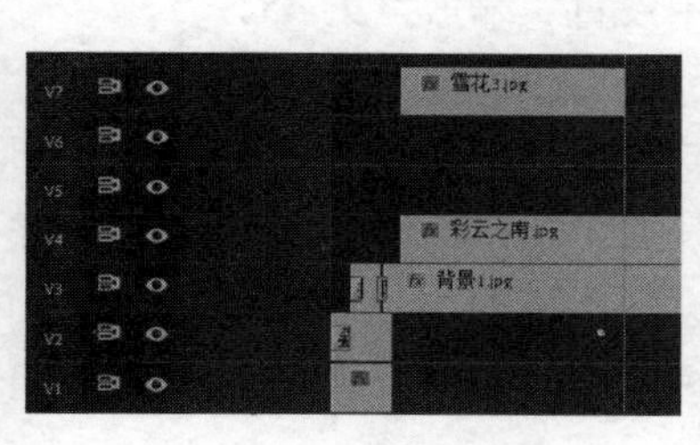

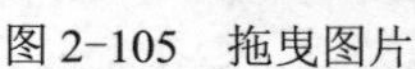
图 2-105　拖曳图片

图 2-106　图片变大并旋转的动画效果

10）为“不透明度”选项 6：20s、8：24s、24：10s 和 28：09s 添加 4 个关键帧，其对应参数分别为 0、100%、100%和 0，这样图片在开始和结束位置就会产生淡入和淡出的效果。

11）选择“雪花 3”，在效果窗口中选择“视频效果”→“键控”→“颜色键”特效并双击之，在效果控件窗口中设置“颜色”为黑色，“颜色容差”为 4。

12）将播放指针定位到 8s 的位置，将“雪花 3”图片复制并粘贴到时间线窗口的 V8 轨道中，并与播放指针对齐，如图 2-107 所示。

13）将项目窗口“图片”文件夹中的“花瓣-光晕 03”拖曳到时间线窗口的 V11 轨道中，将它与 V8 轨道中图片的起始位置对齐。选择 “花瓣-光晕 03”图片，在效果控制窗口中将“缩放”调整为 45。

14）为“位置”选项在开始和结束位置各添加一个关键帧，其对应参数分别为（91，-50）和（91，300）；为“旋转”选项在开始和结束位置也同样各添加一个关键帧，其对应参数分别为 0 和 2×300°，这样花瓣图形就会边旋转边下落；为“不透明度”选项在 10：05s、12：24s 和 13：24s 处添加 3 个关键帧，其对应参数分别为 100%、50%和 0，如图 2-108 所示。花瓣图片下落并逐渐消失。

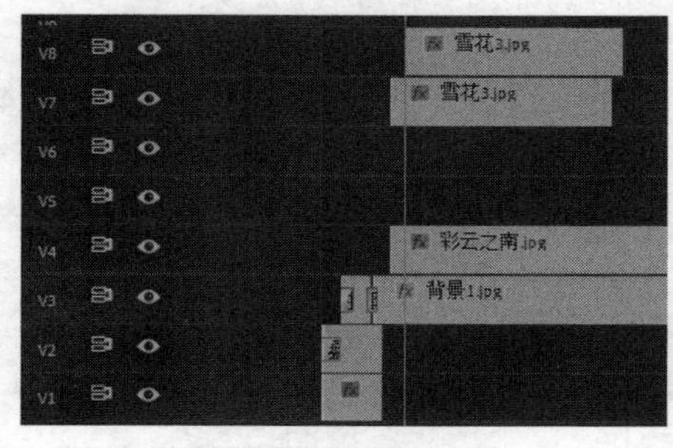

图 2-107　复制图片

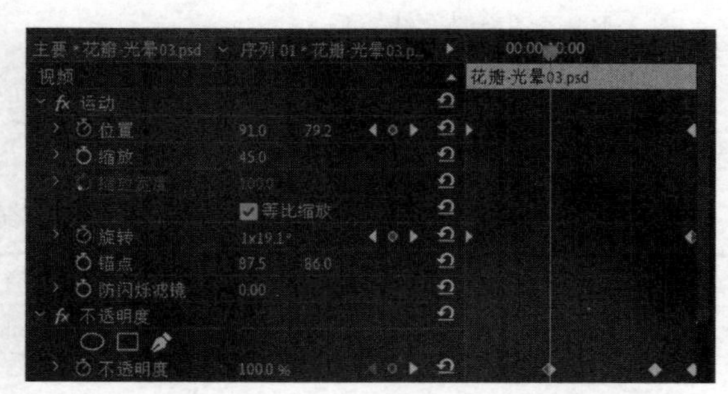

图 2-108　设置“运动”选项

15）将项目窗口“图片”文件夹中的“花瓣 02”拖曳到时间线窗口的 V12 轨道中，起始位置在 10：09s，持续时间为默认的 6s，在效果控件窗口中设置“缩放”选项为 45。

16）为“位置”选项在 10：09s 和 16：08s 处添加两个关键帧，其值分别为（500，-50）和（500，300）。

17）为“旋转”选项在 10：09s 和 16：08s 处添加两个关键帧，其值分别为 0 和 2×300°；为“不透明度”选项在 12：24s、15：08s 和 16：08s 处添加 3 个关键帧，其值分别为 100%、50%和 0。花瓣图片下落并逐渐消失。

18）将项目窗口“图片”文件夹中的“花瓣 01”拖曳到时间线窗口的 V10 轨道中，设置起始位置为 12：00s，“持续时间”为默认的 6s，在效果控件窗口中设置“缩放”为 45。

19）为“位置”选项在 12s 和 17：24s 处添加两个关键帧，其对应参数分别为（200，-50）和（200，300）；为“旋转”选项在 12s 和 17：24s 处添加两个关键帧，其对应参数分别为 0 和 2×300°；为“不透明度”选项在 14：05s、16：24s 和 17：24s 处添加 3 个关键帧，其对应参数分别为 100%、50%和 0。花瓣图片下落并逐渐消失。

20）将项目窗口“图片”文件夹中的“花瓣 03”拖曳到时间线窗口的 V11 轨道中，与前面的图形结束位置对齐，在效果控件窗口中设置“缩放”为 45。

21）为“位置”选项在 14s 和 19：24s 处添加两个关键帧，其对应参数分别为（600，-50）和（600，300）；为“旋转”选项在 14s 和 19：24s 处添加两个关键帧，其值分别为 0 和 2×300°；为“透明度”选项在 16：05s、18：09s 和 19：24s 处添加 3 个关键帧，其值分别为 100%、50%和 0。花瓣图片下落并逐渐消失。当前时间线窗口如图 2-109 所示。

4．拖曳“泸沽湖”照片

拖曳“泸沽湖”照片，分别为各个照片设置运动动画，拖曳视频特效，使照片之间自然过渡叠加。

1）将播放指针定位到 16：12s 的位置，将项目窗口“照片”文件夹中的“束光”拖曳到时间线窗口的 V6 轨道中，并与播放指针对齐，如图 2-110 所示。

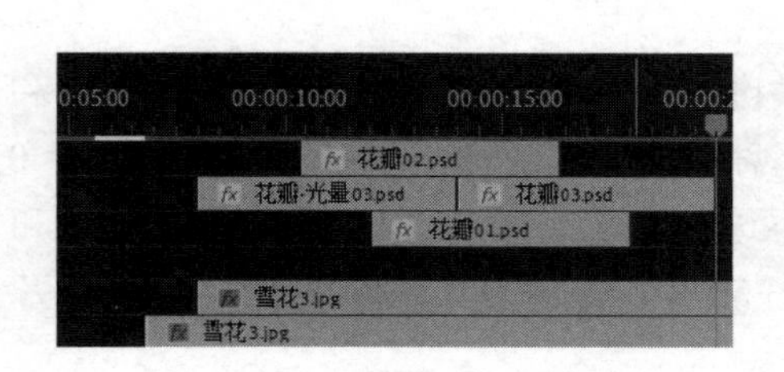

图 2-109　当前时间线窗口

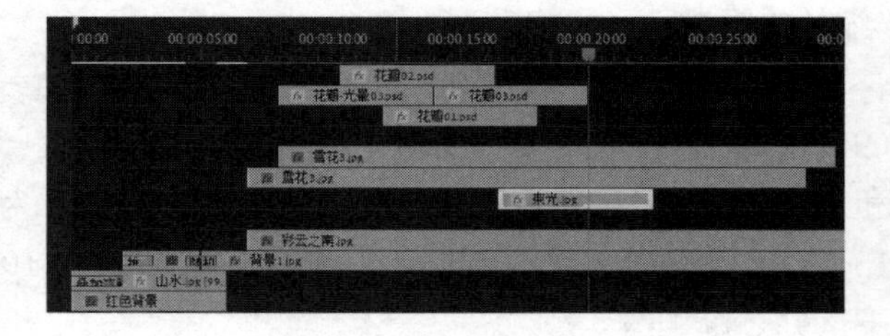

图 2-110　添加“束光”图片

2）选择图片“束光”，在效果控件窗口中分别为“位置”“缩放”和“旋转”选项添加 4 个关键帧，具体设置如表 2-1 所示。

表 2-1　照片关键帧选项设置

关键帧时间选项	16：12s	17：18s	21：01s	22：10s
位置	（153，191）	（360，288）	（360，288）	（153，191）
缩放	11	80	95	10
旋转	1×0°	0°	0°	1×0°

3）激活 V12 轨道，将该轨道内的“花瓣 02”在本轨道内进行复制，与前面的图片对齐；

激活 V10 轨道，将该轨道内的“花瓣 01”在本轨道内进行复制，与前面的图片对齐；激活 V11 轨道，将该轨道内的“花瓣 03”在本轨道内进行复制，与前面的图片对齐。

4）将 V11 轨道内前一段图片缩短至与 V10 轨道内两段图片分界处对齐，然后将本轨道内新复制的图片向左侧移动，与之前调整了长度的图片结束位置对齐。将 V8 轨道中的“雪花 3”图片复制到 V9 轨道中，与之前 V10 轨道中的图片分界位置对齐。使用同样的方法在 V11 中复制“花瓣 03”图片，与前面的图片对齐。

5）为了增加视频画面上的随机变化效果，将 V10 中的图片复制到 V12 轨道中，而将 V12 轨道中的图片复制到 V10 轨道中，如图 2-111 所示。

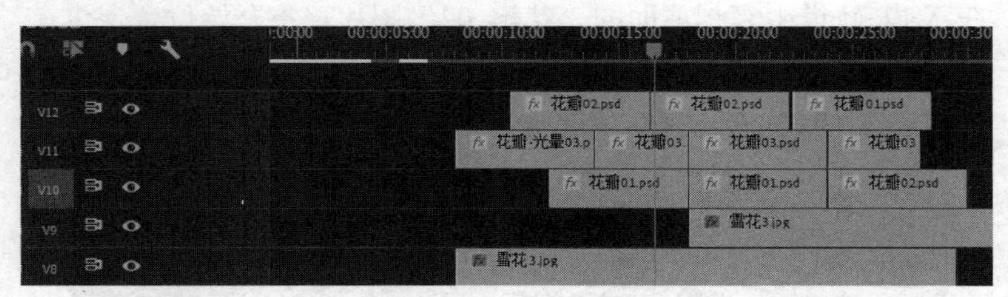

图 2-111　交换复制图片 1

6）将项目窗口“照片”文件夹中的“眺望”拖曳到 V5 轨道中，使其开始位置与“视频 6”轨道中的图片结束位置对齐。

7）选择图片“眺望”，在效果控件窗口中设置“缩放”为 40。

8）为“位置”选项在 22：12s、23：23s、27：15s 和 28：11s 处添加 4 个关键帧，其值分别为（-180，186）、（400，186）、（500，186）和（900，186）。

9）将项目窗口“照片”文件夹中的“思”拖曳到 V6 轨道中，使其开始位置与前面的图片结束位置对齐，如图 2-112 所示。

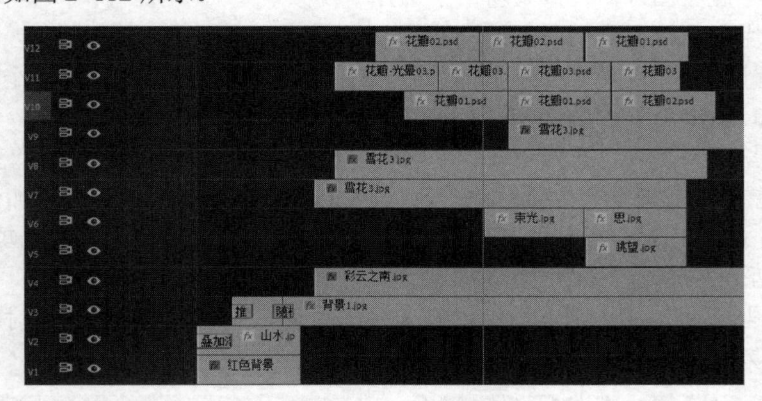

图 2-112　添加“思”图片

10）选择图片“思”，在效果控件窗口中设置“缩放”为 40。

11）为“位置”选项在 22：12s、23：23s、27：15s 和 28：07s 处添加 4 个关键帧，其对应参数分别为（900，400）、（350，400）、（250，400）和（-180，400），照片在屏幕上水平移动的动画效果如图 2-113 所示。分别激活 V7 和 V8 轨道，将其中的“雪花 3”图片向后复制并对齐。

图 2-113　照片水平移动动画效果

12）将 V11 轨道中的“花瓣 03”在本通道内进行复制，将前一段图片结束位置调整到 28：00s，将新复制的图片向左侧对齐。在 V10 轨道中复制前面的“花瓣 01”图片，将开始位置定位在 32s。在 V12 轨道中复制前面的“花瓣 02”图片，将开始位置定位在 30：09s，如图 2-114 所示。

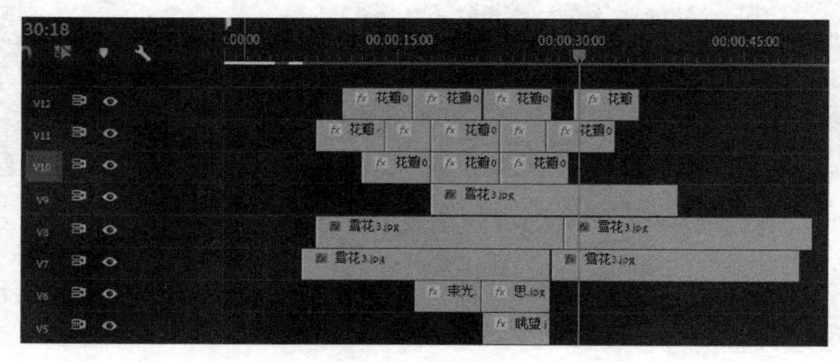

图 2-114　复制图片 1

13）将项目窗口“照片”文件夹中的“早晨”拖曳到 V6 轨道中，使其开始位置与前面的图片结束位置对齐。用鼠标右键单击当前图片，从弹出的快捷菜单中勾选 “缩放为帧大小”，使图片与画幅匹配（以后的照片与画幅匹配都可以这样操作）。

14）选择“早晨”图片，在效果窗口中选择“视频效果”→“变换”→“水平翻转”特效并双击之，使照片水平翻转。

15）为“位置”选项在 28：12s、30：02s、33：02s 和 34：12s 处添加 4 个关键帧，其对应参数分别为（360，850）、（360，288）、（360，288）和（360，850）。

16）选择“早晨”图片，在效果窗口中选择“视频效果”→“键控”→“颜色键”特效并双击之，在效果控件窗口中为“主要颜色”选项在 28：12s 和 30：02s 处添加两个关键帧，由白色调整为蓝色（5889C2），以使照片中的蓝色部分镂空。为“颜色容差”选项在 30：02s 和 31：16s 处添加两个关键帧，其对应参数分别为 0 和 80。

17）为“羽化边缘”选项在 30：02s 和 31：16s 处添加两个关键帧，其对应参数分别为 5 和 80。两关键帧对应照片效果如图 2-115 所示。

图 2-115　两关键帧对应的照片效果

18）将项目窗口“照片”文件夹中的“韵”拖曳到 V6 轨道中，使其开始位置与前面的图片结束位置对齐。

19）在效果窗口中选择“视频过渡”→“擦除”→“划出”，拖曳到“韵”图片与“早晨”图片的连接处，保持默认选项，效果如图 2-115 所示。

20）在效果窗口中选择“视频过渡”→“沉浸式视频”→“VR 随机块”，拖曳到当前图片的末端。

21）激活 V11 轨道，将该轨道中后两个图片序列同时选择，在后方复制 3 次，将 V9、V10、V12 轨道中的图片都在本轨道内向后复制。将 V10 轨道中的“花瓣 01”图片复制到 V12 轨道中，将 V12 轨道中的“花瓣 02”图片复制到 V10 轨道中，交换复制图片结果如图 2-116 所示。

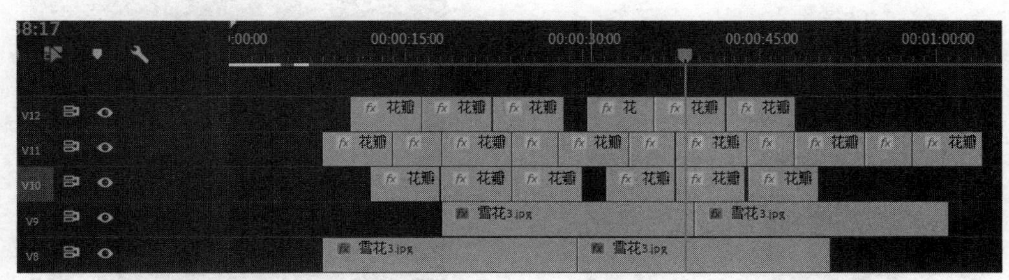

图 2-116　交换复制图片 2

22）将项目窗口“照片”文件夹中的“湖面”拖曳到 V6 轨道中，使其开始位置与前面的图片结束位置对齐。

23）在效果窗口中选择“视频过渡”→“沉浸式视频”→“VR 随机块”，拖曳到“湖面”图片的开始位置。

24）在效果窗口中选择“视频过渡”→“内滑”→“带状内滑”，拖曳到“湖面”图片的结束位置。

25）激活 V12 轨道，将播放指针定位到 50：09s 的位置，选择该轨道中前面的“花瓣 02”，向播放指针位置复制两次。激活 V10 轨道，将播放指针定位到 52：00s 的位置，选择该轨道中前面的“花瓣 01”，向播放指针位置复制两次，如图 2-117 所示。

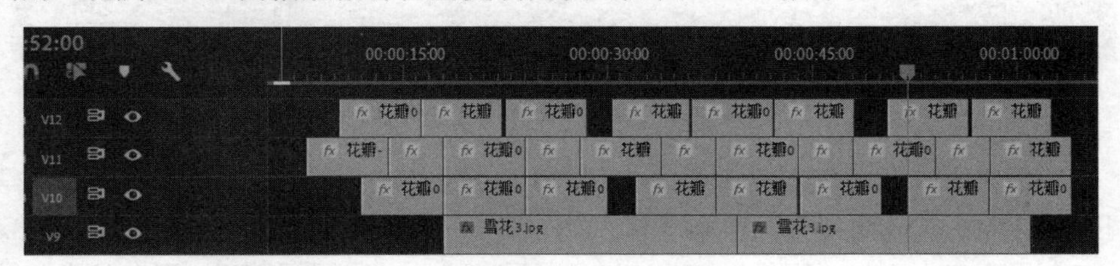

图 2-117　复制图片 2

26）将 V7、V8 和 V9 轨道中的“雪花 3”图片继续向后复制 3 次，将它们的结束位置全部缩短到 1：50：20 位置。

27）将项目窗口“照片”文件夹中的“静享”拖曳到 V6 轨道中，使其开始位置与前面的图片末端对齐。

28）在效果窗口中选择“视频过渡”→“内滑”→“推”，拖曳到“静享”照片的开始位置和结束位置。

29）将项目窗口“照片”文件夹中的“山水间”拖曳到V5轨道中，使其开始位置与V6轨道中最后一张照片末端对齐。选择图片“山水间”，在效果控件窗口中设置“缩放”为40，“位置”为（496，193），效果如图2-118所示。

30）在效果窗口中选择“视频过渡”→“内滑”→“内滑”，拖曳到“山水间”照片的开始位置和末端。

31）选择“山水间”图片上的开始位置转场部分，在效果控件窗口中选择“反向”复选框，如图2-119所示。选择图片上的结束位置特效部分，同样在效果控件窗口中部分选择“反向”复选框。

图2-118　调整后的效果

图2-119　选择“反向”复选框

32）将项目窗口“照片”文件夹中的“净”拖曳到V6轨道中，与前面的图片结束位置对齐。选择照片“净”，在效果控件窗口中设置“缩放”为40，“位置”为（242，389）。

33）在效果窗口中选择“视频过渡”→“内滑”→“内滑”，拖曳到“净”图片的开始位置和末端，默认其选项，如图2-120所示。

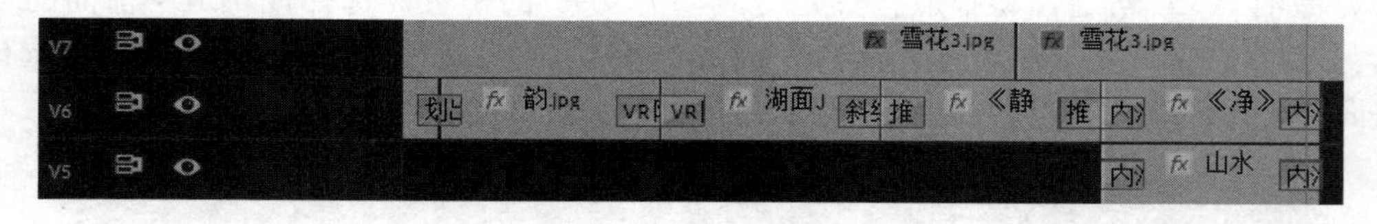

图2-120　添加“内滑”视频过渡

34）将项目窗口“照片”文件夹中的“环抱”拖曳到V5轨道中，与前面的图片结束位置对齐。调整照片大小，使照片充满整个屏幕。

35）在效果窗口中选择“视频过渡”→“页面剥落”→“页面剥落”，拖曳到当前图片的开始位置，如图2-121所示。

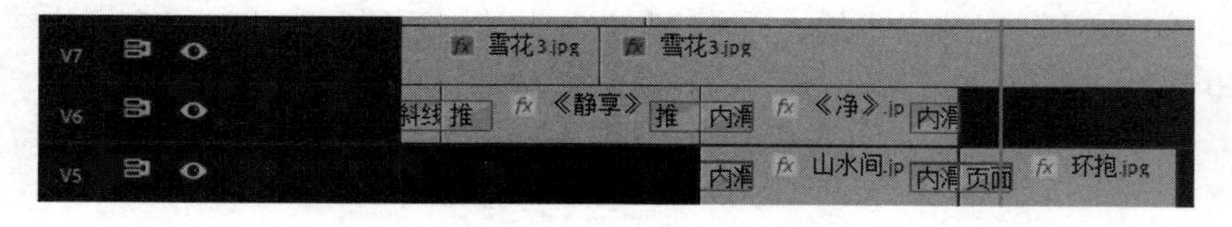

图2-121　添加“页面剥落”视频过渡

36）将播放指针定位到 1：03：06s 的位置，将项目窗口“照片”文件夹中的“飞翔”拖曳到 V6 轨道中，与播放指针对齐。

37）在效果窗口中选择“视频过渡”→“内滑”→“带状内滑”，拖曳到“飞翔”图片的开始位置和结束位置，在效果控件窗口中设置开始位置“方向”为“自北朝南”，结束位置“方向”为“自东南向西北”，如图 2-122 所示。

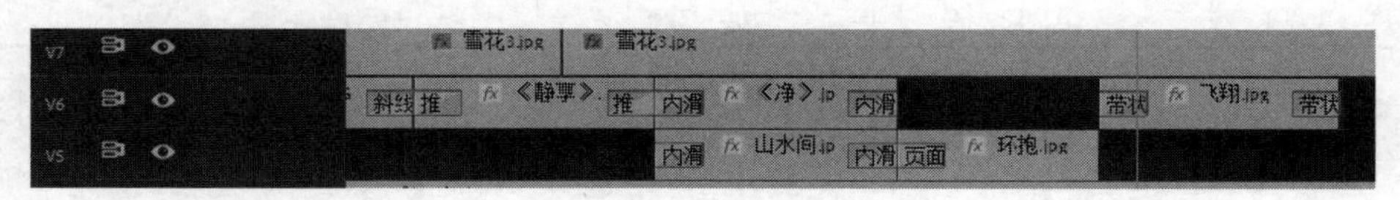

图 2-122　添加“带状内滑”过渡

38）激活 V11 轨道，将当前倒数第二较短的一段图片向后复制，将该轨道第一个图片“花瓣-光晕 03”向后复制。

39）激活 V12 轨道，按住〈Shift〉键，同时选择后 3 张图片，将之向后复制两次。激活 V10 轨道，同样将后 3 张图片向后复制两次，如图 2-123 所示。

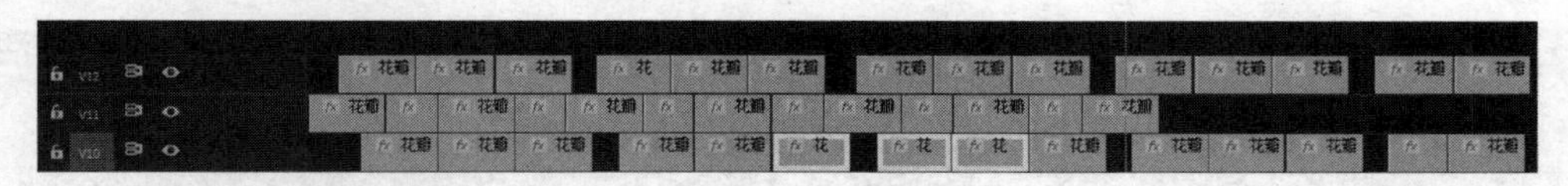

图 2-123　复制图片 3

40）选择 V3 轨道中的“背景 1”，为“色相”选项在 30：09s、36：00s、1：00：09s、1：32：24s 和 1：48：23s 处再次添加 5 个关键帧，其值分别为-100°、-100°、-1×-140°、-220°和-111°。这样背景图像在整个视频播放期间的颜色变化将更为丰富。

41）将项目窗口“照片”文件夹中的“一榭春池”拖曳到 V5 轨道中，与 V6 轨道中最后一张图片结束位置对齐。

42）在效果窗口中选择“视频过渡”→“3D 运动”→“立方体旋转”，拖曳到当前图片的开始位置；选择“视频过渡”→“划像”→“菱形划像”，拖曳到当前图片的结束位置，如图 2-124 所示。

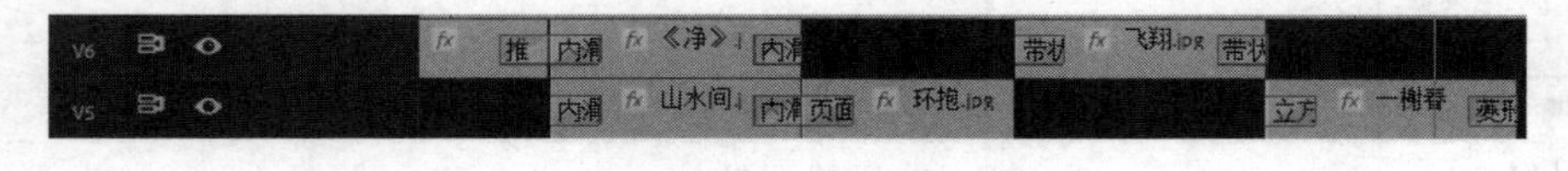

图 2-124　添加视频过渡

43）激活 V11 轨道，按照如图 2-125 所示，将后面两张向后复制两次。

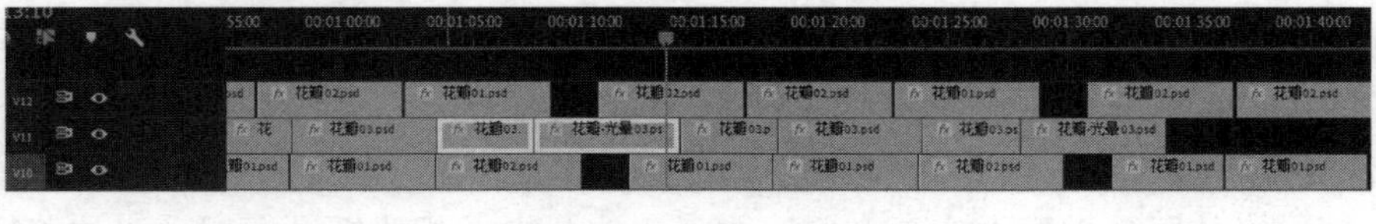

图 2-125　复制图片 4

44）将项目窗口“照片”文件夹中的“一棹春风”拖曳到 V6 轨道中，与 V5 轨道中最后一张照片结束位置对齐。选择照片“一棹春风”，在效果控件窗口中为“位置”和“缩放”选项各添加 4 个关键帧，具体选项设置如表 2-2 所示。

表 2-2　关键帧选项设置

关键帧 时间选项	1：15：05s	1：16：09s	1：19：22s	1：21：04s
位置	（20，20）	（360，288）	（360，288）	（720，576）
缩放（高度、宽度）	10、12	100、120	100、120	10、12

45）激活 V11 轨道，按住〈Shift〉键的同时选择两张图片，将之向后复制，如图 2-126 所示。

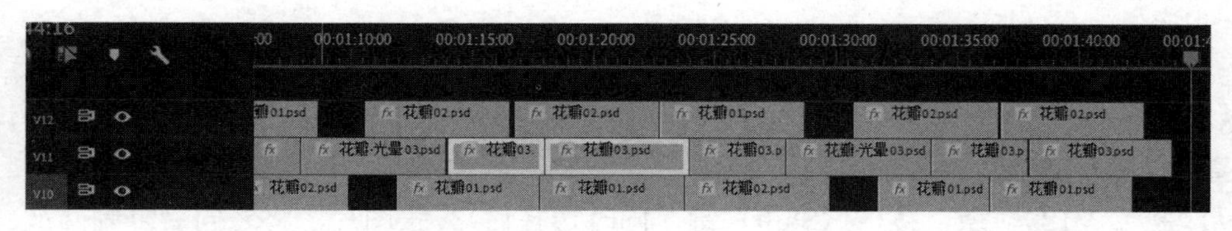

图 2-126　复制图片 5

46）按照图 2-127 所示，按住〈Shift〉键的同时选择 3 个轨道中的图片，复制后激活 V10 轨道，粘贴复制的图片，与前面的图片结束位置对齐。

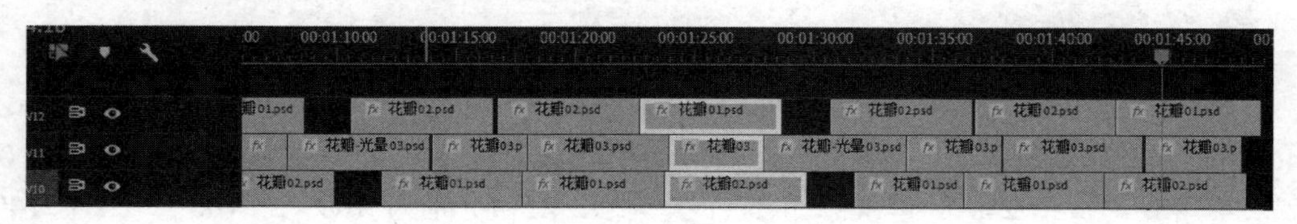

图 2-127　复制图片 6

47）将项目窗口“照片”文件夹中的“点缀”拖曳到 V5 轨道中，与 V6 轨道中最后一张图片结束位置对齐。选择照片“点缀”，在效果控件窗口中，为“位置”和“缩放”选项各添加 4 个关键帧，具体选项设置如表 2-3 所示。

表 2-3　关键帧选项设置

关键帧 时间选项	1：21：06s	1：22：00s	1：25：23s	1：27：05s
位置	（720，20）	（360，288）	（360，288）	（0，576）
缩放比例	10、12	100、120	100、120	1、12

48）将项目窗口“照片”文件夹中的“里格寨子”拖曳到 V5 轨道中，与前面图片结束位置对齐。

49）在效果窗口中选择“视频过渡”→“划像”→“盒形划像”，拖曳到当前照片的开始位置，效果如图 2-128 所示。

5．设计片尾字幕

利用一幅定格的照片并配合字幕文字，烘托出这个电子相册视频主题，表达美好祝愿，其中对照片要使用“颜色键”这个视频特效使之与背景融合。

1）将项目窗口“照片”文件夹中的“泸沽旭日”拖曳到 V5 轨道中，与前面图片结束位置对齐。

2）将图片“泸沽旭日”的结束位置向后拖动，使之与 V4 轨道中图片结束位置对齐，延长图片持续时间。

3）在效果窗口中选择“视频过渡”→“擦除”→“时钟擦除”，拖曳到“泸沽旭日”图片与“里格寨子”图片的连接处，如图 2-129 所示。选择“泸沽旭日”，在效果窗口中选择“视频效果”→“键控”→“颜色键”特效并双击之。

图 2-128　转场效果

图 2-129　添加“时钟擦除”过渡

4）在效果控件窗口中展开“颜色键”选项，为“主要颜色”选项在 1∶35∶24s 和 1∶39∶00s 处添加两个关键帧，其对应参数分别为白色和 RGB（15，21，49），将“薄化边缘”设置为-5。

5）为“颜色容差”选项在 1∶35∶24s 和 1∶37∶09s 处添加两个关键帧，其对应参数分别为 0 和 50。为“羽化边缘”选项在 1∶35∶24s 和 1∶37∶09s 处添加两个关键帧，其对应参数分别为 5 和 80。

6）执行菜单命令“文件”→“新建”→“旧版标题”，在打开的“新建字幕”对话框中输入字幕名称“片尾”，单击“确定”按钮。

7）选择对话框左侧工具栏中的垂直文本按钮 T，在屏幕的左侧位置单击，输入文字“东方第一奇景，滇西北的一片净土”。选择“东方第一奇景”，在“旧版标题样式”中选择“Arial Black yellow orange gradient”样式，设置“字体”为“汉仪太极体简”；选择“滇西北的一片净土”，在“旧版标题样式”中选择“Arial Black gold”样式，设置“字体”为“汉仪菱心体简”。将当前字幕文字的“行距”和“字距”分别设置为 10 和 15，调整文字的行距和字距效果。分别选择其中各个文字，调整“字体尺寸”选项，各个文字的尺寸设置如表 2-4 所示，效果如图 2-130 所示。

表 2-4　字幕中各个文字的尺寸设置

文字	滇	西	北	的	一	片	净	土	东	方	第	一	奇	景
字号	53	30	45	40	40	35	38	45	50	50	50	50	45	60

8）关闭字幕编辑窗口，将时间线窗口中的播放指针定位到 1∶38∶13s 的位置。

9）将新建的字幕拖曳到 V6 轨道中，使其开始位置与播放指针对齐，使其结束位置与 V5 轨道中的图片结束位置对齐。

10）在效果控件窗口中展开“运动”选项，为“位置”选项在 1∶38∶13s 和 1∶40∶21s 处添加两个关键帧，其对应参数分别为（82，288）和（360，288）。

11）单击 V6 轨道左边的“折叠/展开轨道”按钮，展开 V6 轨道，在工具箱中选择钢笔工具，在 1：46：22s 和 1：48：22s 位置上单击，加入两个关键帧。

12）拖曳终点的关键帧到最低点位置上，这样素材就出现了淡出的效果。

电子视频制作部分全部完成，此时时间线窗口如图 2-131 所示。

图 2-130　字幕效果

图 2-131　最终的时间线窗口

6．影片输出

1）执行菜单命令“文件”→“导出”→“媒体”，打开“导出设置”对话框，在右侧的“导出设置”中，设置“格式”为“MPEG2”，“预设”为“PAL DV”。

2）单击“输出名称”后面的链接，打开“另存为”对话框，在对话框中设置保存的名称和位置，单击“保存”按钮，单击“导出”按钮。

3）打开“编码序列 01”对话框，开始输出。

项目小结

体会与评价：完成这个任务后得到什么结论？有什么体会？完成任务评价表，如表 2-5 所示。

表 2-5　任务评价表

项　目	内　容	评价标准	得　分	结　论	体　会
1	丽江古城	5			
2	高原明珠——泸沽湖	5			
	总评				

课后拓展练习

学生自己动手拍摄照片，制作一个电子相册，要求写策划稿，制作片头、片尾，配解说词，添加字幕及音乐。

习题

1．填空题

1）要使用两个相邻素材产生百叶窗转场效果，可添加________转场。

2）________转场类型表现了前一个视频剪辑融化消失，后一个视频剪辑同时出现的效果。

3）映射（Map）转场类型是使用影像________作为影像图进行转场的。

2．选择题

1）卷页项中共包括________个卷页转场。

A．6　　B．7　　C．5　　D．8

2）滑动转场类型采用像________转场常用的方式那样进行过渡。

A．幻灯片　　B．十字形　　C．矩形　　D．X 形

3）按________键拖动滑块可以使开始和结束滑块以相同的数值变化。

A．〈Alt〉　　B．〈Shift〉　　C．〈Ctrl〉　　D．〈Tab〉

3．问答题

1）如何将转场应用到时间线窗口的素材上？

2）在效果控件窗口如何调整转场效果？

项目 3　电视栏目剧的编辑

项目导读

3-1　项目 3

近年来，以重庆电视台播出的国内第一部真正意义上的栏目剧《雾都夜话》为代表的一系列电视栏目剧成为电视节目中的一大亮点，在保持较高收视率的同时引起了广泛的社会影响。栏目剧的出现，拓宽了中国电视节目的形态领域，改变了中国电视传统的话语方式。

《雾都夜话》问世至今已有二十几年，然而关于电视栏目剧概念的标准阐释，至今在业界仍没有形成共识。《雾都夜话》的制片人曾在 2004 年国际情景剧研讨会上首次提出“电视栏目剧”的概念，即从内容上看，“它不是情景剧，不是喜剧，它是正剧”；从形式上看，具有“相对固定的时间、固定的长度，以栏目的形式加以发布”，更具体地说，栏目剧是以电视栏目的形式存在，具有统一的片头、主持人及由演员演绎的故事情节的电视节目形态。“栏目化”“故事化”“生活化”“参与性”是它的基本要素，正是这几个因素使电视栏目剧得以蓬勃发展。栏目剧是以电视栏目的形式进行生产和播出的，有固定的制作班子、固定的节目样式和播出时间，制作周期短、成本低。可以说，栏目剧以栏目形式走向繁荣，占据了有利的时机。

技能目标

能使用特效修饰、修补图像，弥补图像的不足，会使用键控进行抠像，完成栏目剧片头制作及栏目剧编辑。

知识目标

熟悉特效的分类。

掌握特效的施加、参数的设置及动画的创建。

学会正确使用特效。

学会使用特效创建动画。

学会常用键的使用。

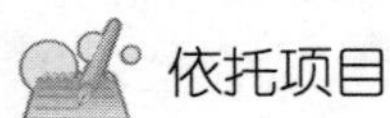

依托项目

在电视栏目剧中，有各种各样方式的栏目剧出现在电视屏幕上，常常使观众耳目一新，产生激情。我们把电视栏目剧片头制作及栏目剧编辑当作一个任务。

项目解析

作为一个电视栏目剧，应该首先出现的是光彩夺目的背景及片名，为了使片头有动感、不呆板，需要将其做成动画，然后添加一些动态或光效，最后是栏目剧的编辑。我们可以将电视栏目剧分成两个子任务来处理，第一个任务是施加效果，第二个任务是综合实训。

任务　施加效果

问题的情景及实现

Premiere Pro 2020 包含了大量音频和视频效果，可以在项目中施加给素材片段，以增强其视觉上或音频的特性。还可以通过关键帧控制效果属性，从而产生动画。

每个素材片段都包含一些基本属性，视频素材片段或静态图片素材片段包含位置、比例、旋转和定位点这几个运动属性以及不透明度属性，音频素材片段包含音量属性，影片素材片段包含以上视频素材片段和音频素材片段所具有的所有基本属性，这些基本属性被称为固定效果，是素材片段固有的基本属性，无法删除或施加。

除了素材片段的固定效果属性，还可以为素材片段施加基础效果。Premiere Pro 2020 中包含了大量的效果插件，甚至还支持使用 After Effects 和 Photoshop 中的效果及滤镜插件。在效果窗口中，展开“视频效果”文件夹中的子文件夹，将其中的效果拖曳到所需素材片段上，即可为其施加基础效果。

3-2　实例 1

实例 1　通过添加视频效果编辑海水波浪

实例要点：添加视频效果的操作方法。

思路分析：在 Premiere Pro 2020 的效果窗口中，在“视频效果”文件夹中提供了所有的视频效果，可以直接将需要的视频效果拖曳至视频轨道上的素材上；依次拖曳多个视频效果至时间线窗口的素材中，可以实现多个视频效果的添加。本实例的最终效果如图 3-1 所示。

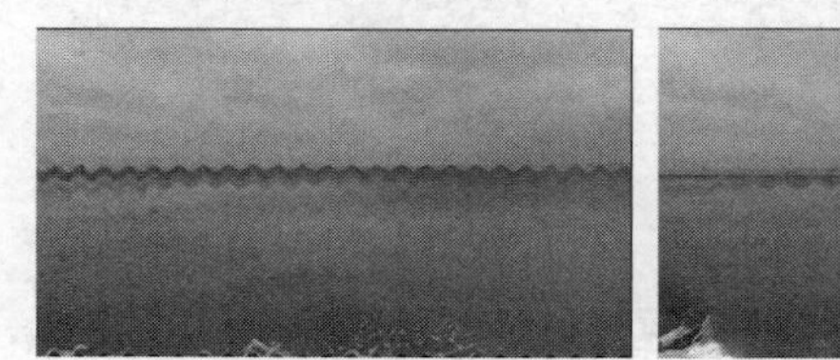
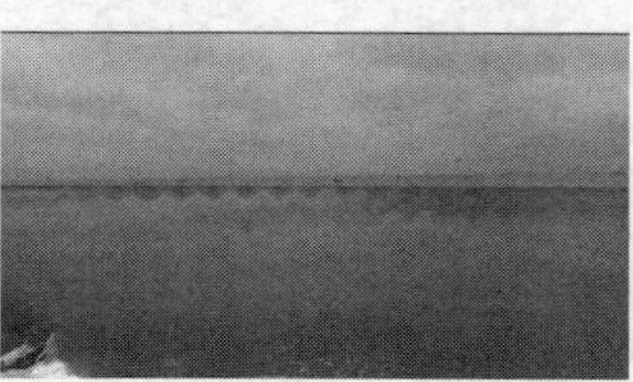

图 3-1　实例最终效果

操作步骤如下。

1）在 Premiere Pro 2020 的工作窗口中，新建一个项目文件并创建 AVCHD 1080p25 的序列。导入一个素材文件“海水”。

2）在项目窗口中双击“海水”素材文件，在源监视器窗口设置入点为 2s，出点为 7s，拖动“仅拖动视频”按钮，将其添加到时间线窗口的 V1 轨道起始位置上。

3）选择 V1 轨道中的素材，在效果窗口中选择“视频效果”→“变换”→“裁剪”效果并双击之，即可为“海水”素材添加视频效果，如图 3-2 所示。

4）选择 V1 轨道上的素材，在效果控件窗口中展开“裁剪”选项，设置“底部”为 56，如图 3-3 所示。

5）按住〈Alt〉键的同时拖曳“海水”素材到 V2 轨道，如图 3-4 所示，在效果控件窗口中设置“顶部”为 42。

6）选择 V2 轨道中的素材，在效果窗口中选择“视频效果”→“扭曲”→“波形变形”效果并双击之，即可为“海水”素材添加视频效果。

7）选择 V2 轨道中的素材，在效果控件窗口中展开“波形变形”选项，为“波形类型”“波形高度”“波形宽度”“波形速度”和“固定”选项在 0s、2s 和 4s 处添加 3 个关键帧，其参数分别为（正弦，10，40，1，无）、（三角形，15，50，1，所有边缘）和（圆形，10，50，2，左边），如图 3-5 所示。

图 3-2　添加“裁剪”视频效果

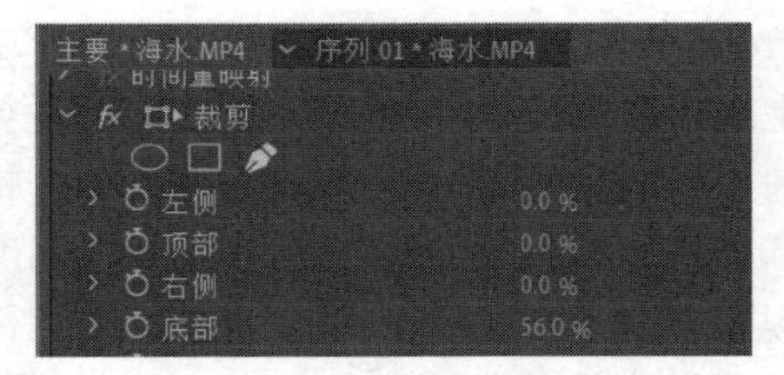

图 3-3　设置“裁剪”参数

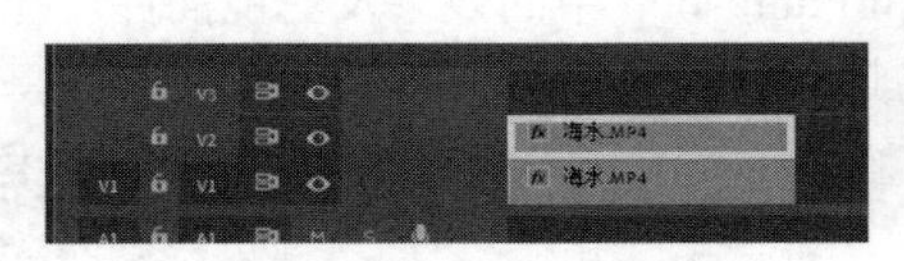

图 3-4　复制“海水”素材

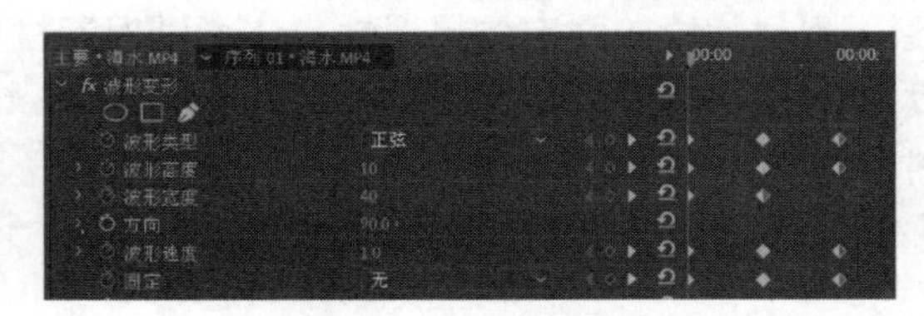

图 3-5　设置“波形变形”参数

8）单击“播放-停止切换”按钮，预览视频效果，如图 3-6 所示。

图 3-6　预览视频效果

9）选择 V2 轨道中的素材，在效果窗口中选择“视频效果”→ “实用程序”选项，在其中选择“Cineol 转换器”视频效果，如图 3-7 所示。

10）单击鼠标左键并拖曳“Cineon 转换器”效果至效果控件窗口中，如图 3-8 所示，释放鼠标左键，即可添加视频效果。

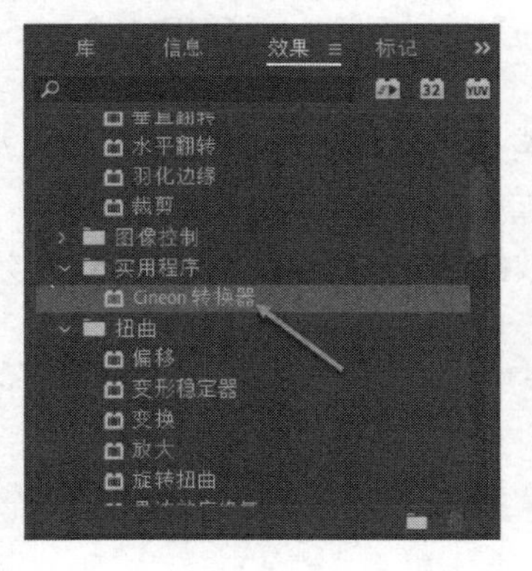

图 3-7　选择“Cineon 转换器”视频效果

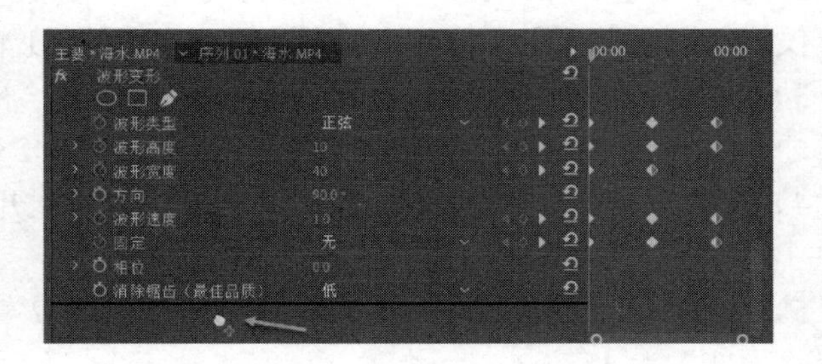

图 3-8　拖曳“Cineon 转换器”特效

11）在效果控件窗口中展开“Cineon 转换器”选项，在其中设置“转换类型”为线性到对数，“10 位白场”为 699，“高光滤除”为 32。

12）执行上述操作后，即可设置添加的视频效果，单击“播放-停止切换”按钮，预览视频效果，如图 3-1 所示。

3-3 实例 2

实例 2 通过复制与粘贴效果编辑火山熔岩

实例要点：复制与粘贴视频效果的操作方法。

思路分析：在编辑视频的过程中，往往需要对多个素材使用同样的视频效果。此时，用户可以使用复制和粘贴视频效果的方法来制作多个相同的视频效果。本实例的最终效果如图 3-9 所示。

图 3-9 复制与粘贴视频效果

操作步骤如下。

1）在 Premiere Pro 2020 的工作窗口中，创建一个 AVCHD 1080p25 的序列。导入两个素材文件“浪花 4”和“火山熔岩 3”。

2）在项目窗口中双击“浪花 4”素材文件，在源监视器窗口中设置入点为 2s，出点为 7s，拖动“仅拖动视频”按钮，将其添加到时间线窗口的 V1 轨道起始位置上，如图 3-10 所示。

3）选择“浪花 4”素材文件，在效果窗口中依次展开“视频效果”→“调整”选项，在其中选择 Procamp 视频效果。

4）切换至效果控件窗口，将 Procamp 视频效果拖曳至效果控件窗口中，设置“亮度”为 1，“对比度”为 108，“饱和度”为 155，在 Procamp 选项上单击鼠标右键，在弹出的快捷菜单中选择“复制”选项，如图 3-11 所示。

图 3-10 选择“浪花 4”素材

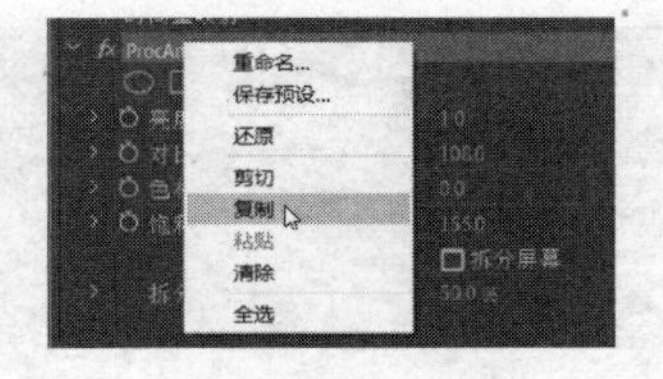

图 3-11 在右键菜单中选择“复制”选项

5）在项目窗口中双击“火山熔岩 3”素材文件，在源监视器窗口中设置入点为 2s，出点为 7s，拖动“仅拖动视频”按钮，将其添加到时间线窗口中的 V1 轨道“浪花 4”结束点位置上，如图 3-12 所示。

6）选择“火山熔岩 3”素材文件，在效果控件窗口中的空白位置单击鼠标右键，在弹出的快捷菜单中选择“粘贴”选项，如图 3-13 所示。

7）执行上述操作后，即可将复制的视频效果粘贴到“火山熔岩 3”素材中。

8）单击“播放-停止切换”按钮，预览视频效果，如图 3-9 所示。

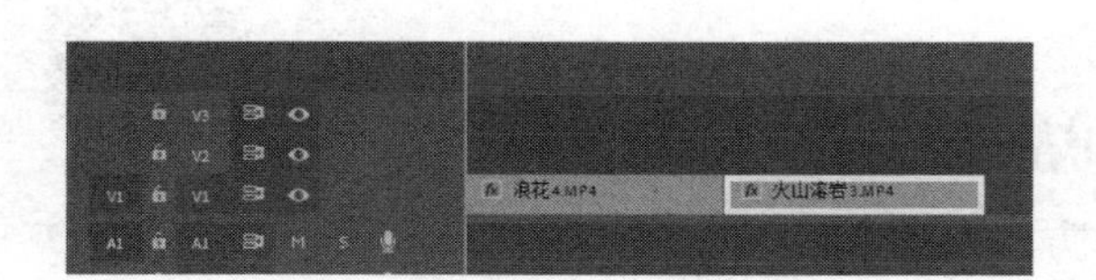

图 3-12　选择“火山熔岩 3”素材文件

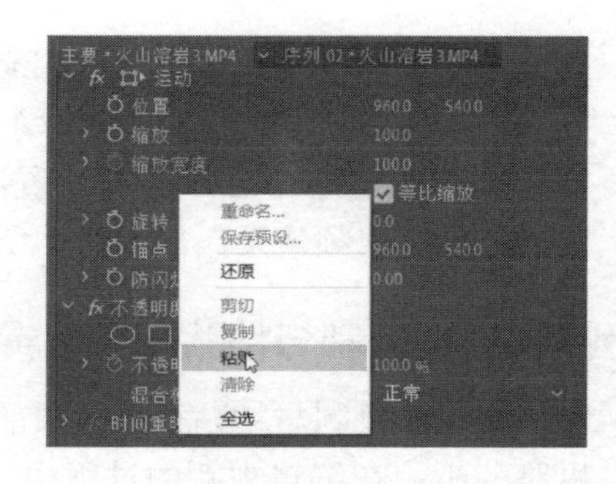

图 3-13　在右键菜单中选择“粘贴”选项

实例 3　通过删除视频效果编辑海浪

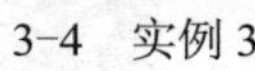

实例要点：删除视频效果的操作方法。

思路分析：在 Premiere Pro 2020 中，在进行视频效果添加的过程中，如果对添加的视频效果不满意，可以通过“清除”命令将其删除。本实例的最终效果如图 3-14 所示。

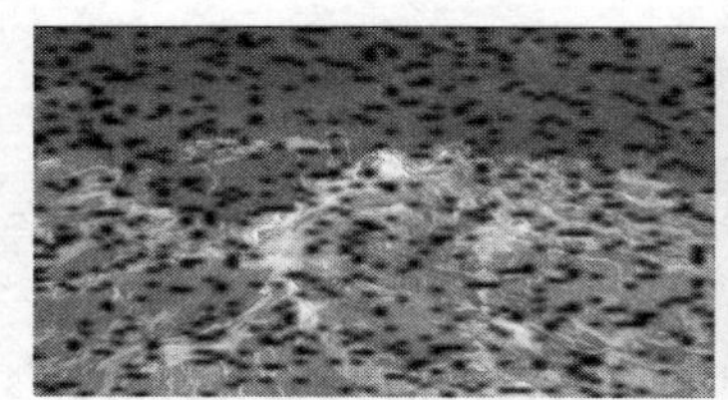

图 3-14　删除视频效果后的前后对比效果

操作步骤如下。

1）在 Premiere Pro 2020 的工作窗口中，按〈Ctrl+O〉组合键，打开一个项目文件，在节目监视器窗口中查看项目效果，如图 3-15 所示。

2）在时间线窗口的 V1 轨道中选择素材文件，如图 3-16 所示。

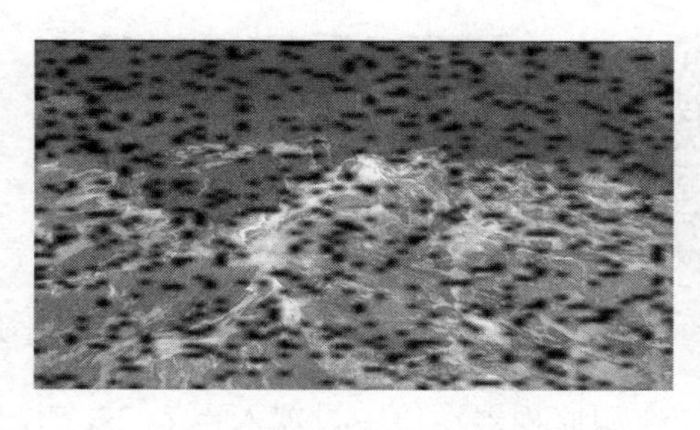

图 3-15　查看项目效果

图 3-16　选择素材文件

3）切换至效果控件窗口，在“色彩”选项上单击鼠标右键，在弹出的快捷菜单中选择“清除”选项，如图 3-17 所示。

4）执行操作后，即可清除“色彩”视频效果，选择“块溶解”选项，如图 3-18 所示。

5）执行菜单命令“编辑”→“清除”，即可清除“块溶解”视频效果。

6）单击“播放-停止切换”按钮，预览视频效果，如图 3-14 所示。

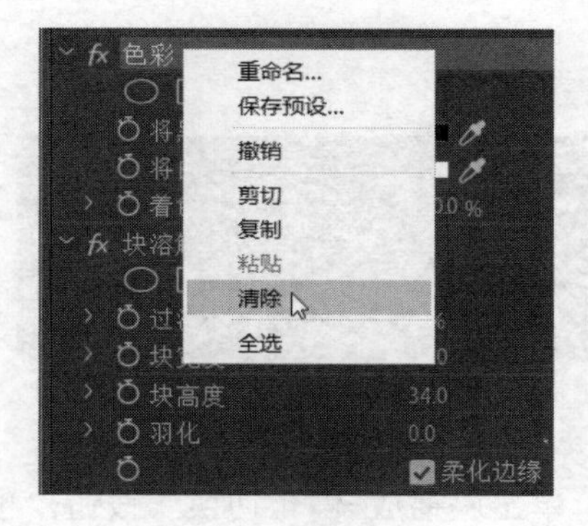

图 3-17　在右键菜单中选择“清除”选项

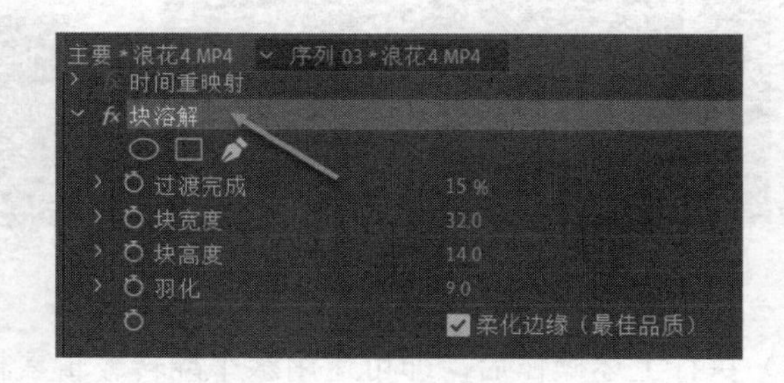

图 3-18　选择“块溶解”选项

实例 4　通过“水平翻转”效果编辑火山口

3-5　实例 4

实例要点：“水平翻转”效果的应用。

思路分析：“水平翻转”效果可以将当前的素材进行水平翻转。本实例的最终效果如图 3-19 所示。

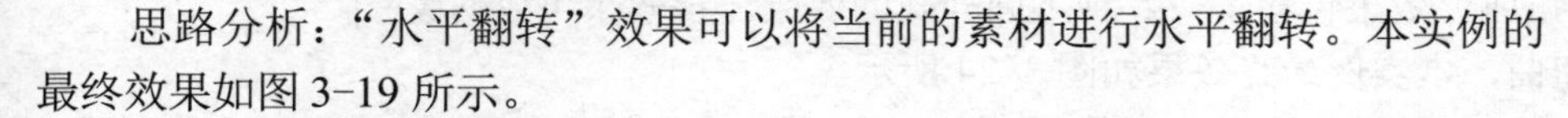

图 3-19　“水平翻转”效果

操作步骤如下。

1）在 Premiere Pro 2020 的工作窗口中，创建一个 AVCHD 1080p25 的序列。导入一个素材文件“远景”。

2）在项目窗口中双击“远景”素材文件，在源监视器窗口设置入点为 2s，出点为 7s，拖动“仅拖动视频”按钮，将其添加到时间线窗口中的 V1 轨道起始位置上，如图 3-20 所示。

3）在时间线窗口中添加素材后，在节目监视器窗口中可以查看该素材画面，如图 3-21 所示。

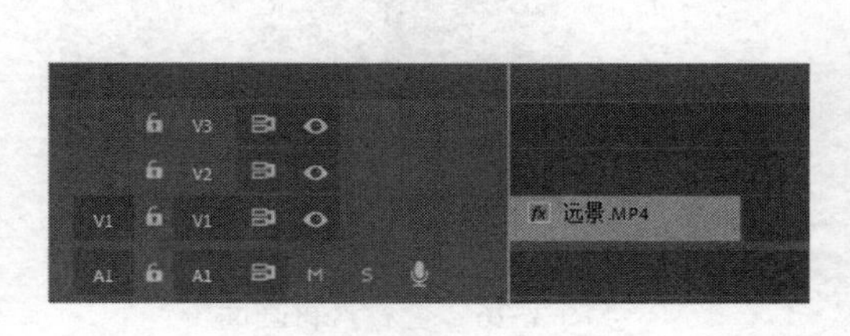

图 3-20　添加素材文件

图 3-21　查看素材画面

4）选择“远景”素材，在效果窗口中选择“视频效果”→“变换”→“水平翻转”效果并双击之，即可添加视频效果，如图 3-22 和图 3-23 所示。

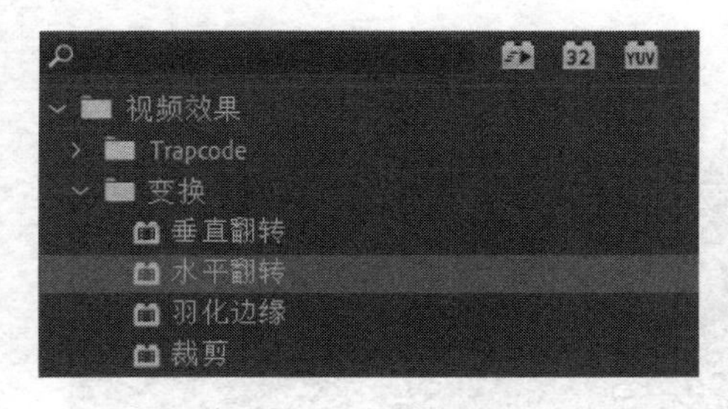

图 3-22　选择“水平翻转”视频效果

图 3-23　拖曳视频效果

5）执行上述操作后，即可运用水平翻转编辑素材，单击“播放-停止切换”按钮，预览视频效果，如图 3-19 所示。

实例 5　通过“扭曲”效果放大文字

3-6　实例 5

实例要点：“扭曲”视频效果的应用。

思路分析：“扭曲”效果包含了 12 种不同样式的效果，该效果可以对镜头画面进行变形扭曲，本实例最终效果如图 3-24 所示。

图 3-24　“扭曲”特效

操作步骤如下。

1）在 Premiere Pro 2020 的工作窗口中，创建一个 AVCHD 1080p25 的序列。导入一个素材文件“全景”。

2）在项目窗口中双击“全景”素材文件，在源监视器窗口中设置入点为 2s，出点为 8s，拖动“仅拖动视频”按钮，将其添加到时间线窗口的 V1 轨道起始位置上，如图 3-25 所示。

3）在时间线窗口中添加素材后，在节目监视器窗口中可以查看该素材画面，如图 3-26 所示。

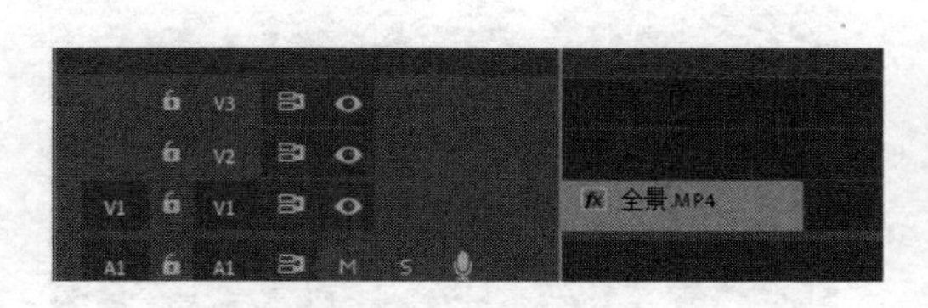

图 3-25　添加素材文件

图 3-26　查看素材画面

4）在效果窗口中，依次展开“视频效果”→“扭曲”选项，在其中选择“放大”视频效果，如图 3-27 所示。

5）单击鼠标左键并拖曳“放大”效果至时间线窗口中的素材文件上，选择 V1 轨道中的素材，在效果控件窗口中，设置“羽化”为 20，为“中央”在 0s 和 5s 处添加两个关键帧，其对应参数为（695，130）和（695，962），如图 3-28 所示。

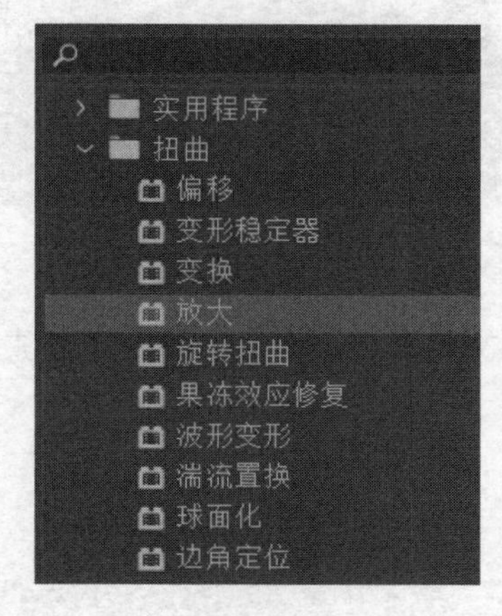

图 3-27　选择“放大”视频效果

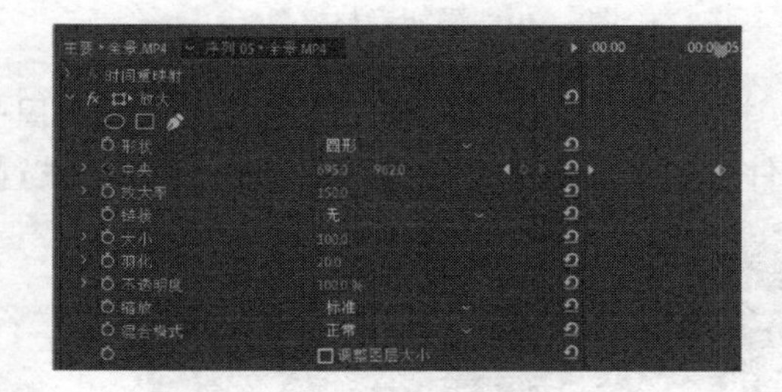

图 3-28　设置“放大”参数

6）执行上述操作后，即可通过“扭曲”视频效果编辑素材，单击“播放-停止切换”按钮，预览视频效果，如图 3-24 所示。

实例 6　通过“蒙尘与划痕”效果制作怀旧相片

3-7　实例 6

实例要点：“蒙尘与划痕”效果的应用。

思路分析：“蒙尘与划痕”效果可用于产生一种朦胧的模糊效果。本实例最终效果如图 3-29 所示。

图 3-29　“蒙尘与划痕”效果

操作步骤如下。

1）在 Premiere Pro 2020 的工作窗口中，创建一个 AVCHD 1080p25 的序列。导入一个素材文件“中景 2”。

2）在项目窗口中双击“中景 2”素材文件，在源监视器窗口设置入点为 5∶13s，出点为 10∶13s，拖动“仅拖动视频”按钮，将其添加到时间线窗口的 V1 轨道起始位置上，如图 3-30 所示。

3）在时间线窗口中添加素材后，在节目监视器窗口中可以查看该素材画面，如图 3-31 所示。

4）在效果窗口中依次展开“视频效果”→“杂色与颗粒”选项，在其中选择“蒙尘与划痕”视频效果，如图 3-32 所示。

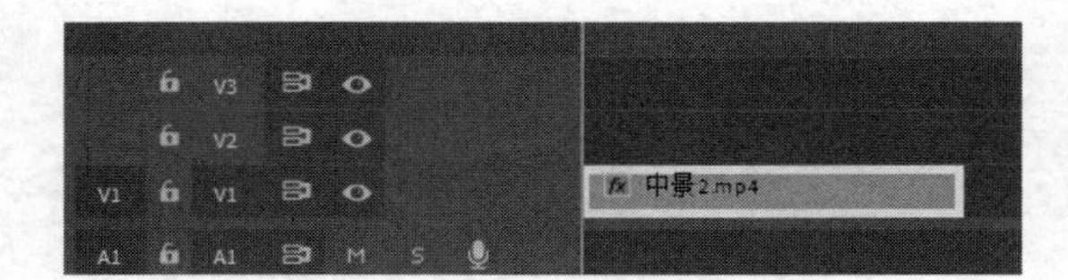

图 3-30　添加素材文件

图 3-31　查看素材画面

5）将“蒙尘与划痕”效果拖曳至时间线窗口中的素材文件上，选择 V1 轨道中的素材，在效果控件窗口中，展开“蒙尘与划痕”选项，设置“半径”为 6，如图 3-33 所示。

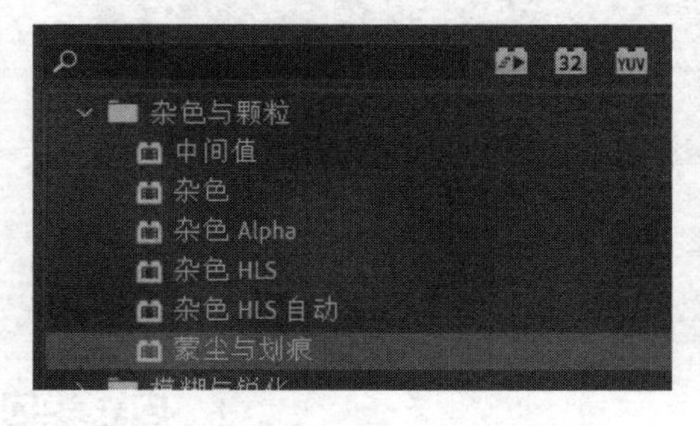

图 3-32　选择“蒙尘与划痕”视频效果

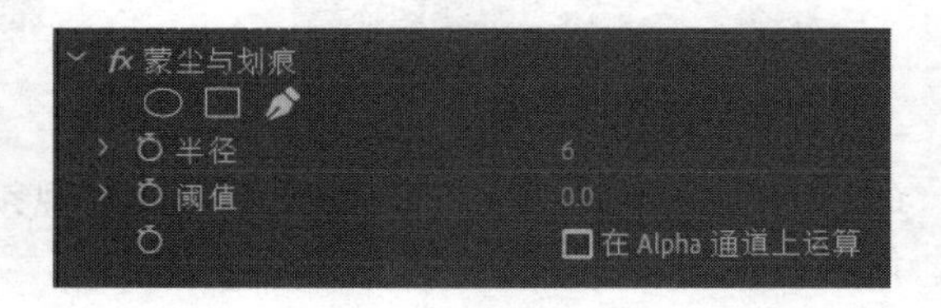

图 3-33　设置“半径”为 6

6）执行上述操作后，即可通过“蒙尘与划痕”效果编辑素材，单击“播放-停止切换”按钮，预览视频效果，如图 3-29 所示。

实例 7　通过“锐化和模糊”效果编辑清新美女

在 Premiere Pro 2020 中，“锐化”和“模糊”效果可以对镜头画面进行清晰或模糊处理。下面介绍运用“锐化”和“模糊”效果编辑素材的操作方法。

1．通过锐化效果编辑清新美女

3-8　实例 7-1

实例要点：“锐化”效果的应用。

思路分析：“锐化”效果通过增加颜色变化位置的对比度，对镜头画面进行清晰处理。本实例最终效果如图 3-34 所示。

图 3-34　“锐化”效果

操作步骤如下。

1）在 Premiere Pro 2020 的工作窗口中，创建一个 AVCHD 1080p25 的序列。导入一个素材文件“近景”。

2）在项目窗口中双击“近景”素材文件，在源监视器窗口设置入点为 1s，出点为 6s，拖动“仅拖动视频”按钮，将其添加到时间线窗口的 V1 轨道起始位置上，如图 3-35 所示。

3）在时间线窗口中添加素材后，在节目监视器窗口中可以查看该素材画面，如图 3-36 所示。

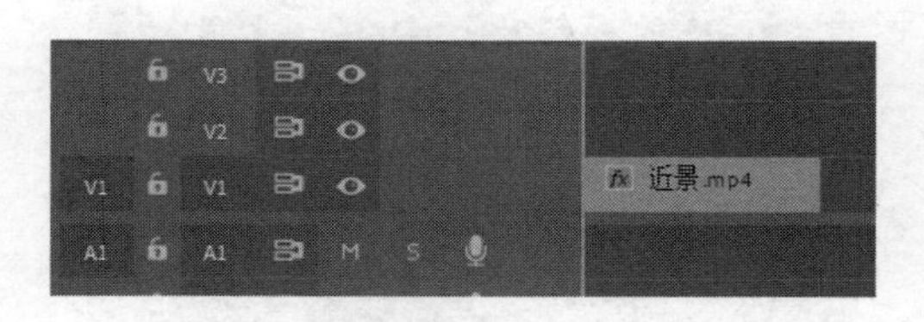

图 3-35　添加素材文件

图 3-36　查看素材画面

4）在效果窗口中，依次展开“视频效果”→“模糊与锐化”选项，在其中选择“锐化”视频效果，如图 3-37 所示。

5）将“锐化”效果拖曳至时间线窗口中的素材文件上，选择 V1 轨道中的素材，在效果控件窗口中展开“锐化”选项，设置“锐化量”为 90，如图 3-38 所示。

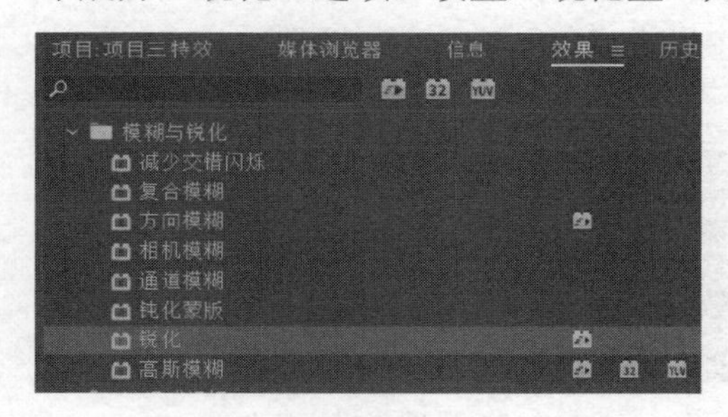

图 3-37　选择“锐化”视频效果

图 3-38　设置“锐化量”为 90

6）执行上述操作后，即可运用“锐化”特效编辑素材，单击“播放-停止切换”按钮，预览视频效果，如图 3-34 所示。

2. 通过模糊效果编辑清新美女

3-9　实例 7-2

实例要点：“高斯模糊”效果的应用。

思路分析：与“锐化”特效相反，“模糊”特效能对镜头画面进行模糊化处理。本实例最终效果如图 3-39 所示。

图 3-39　通过“模糊”效果编辑清新美女

操作步骤如下。

1）在 Premiere Pro 2020 的工作窗口中，创建一个 AVCHD 1080p25 的序列。导入一个素材文件“近景 1”。

2）在项目窗口中双击“近景 1”素材文件，在源监视器窗口中设置入点为 1s，出点为 6s，拖动“仅拖动视频”按钮，将其添加到时间线窗口的 V1 轨道起始位置上，如图 3-40 所示。

3）在时间线窗口中添加素材后，在节目监视器窗口中可以查看该素材画面，如图 3-41 所示。

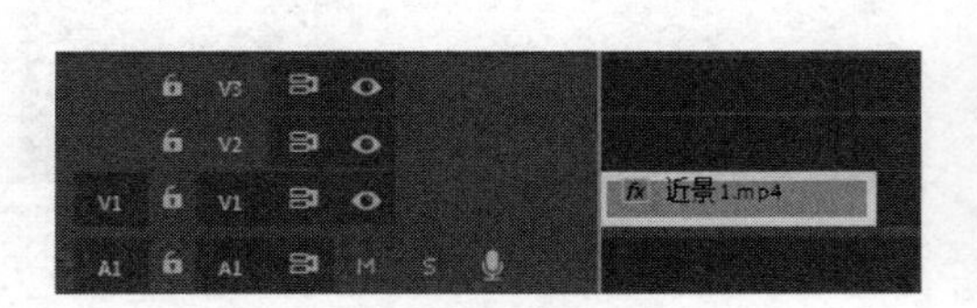

图 3-40　添加素材文件

图 3-41　查看素材画面

4）在效果窗口中，依次展开“视频效果”→“模糊与锐化”选项，在其中选择“高斯模糊”视频效果，如图 3-42 所示。

5）将“高斯模糊”效果拖曳至时间线窗口中的素材文件上，选择 V1 轨道中的素材，在效果控件窗口中展开“高斯模糊”选项，设置“模糊度”为 47，如图 3-43 所示。

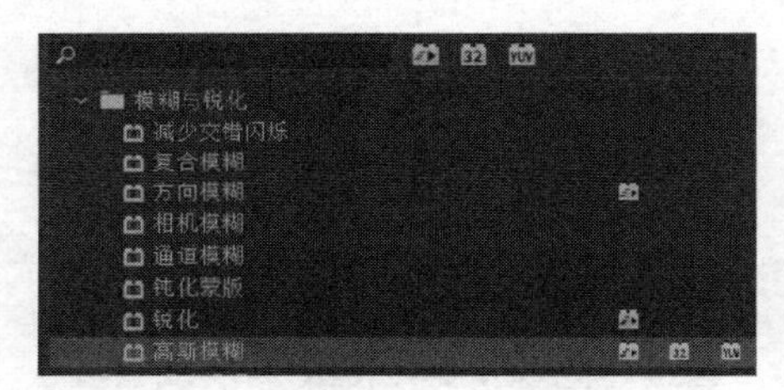

图 3-42　选择“高斯模糊”视频效果

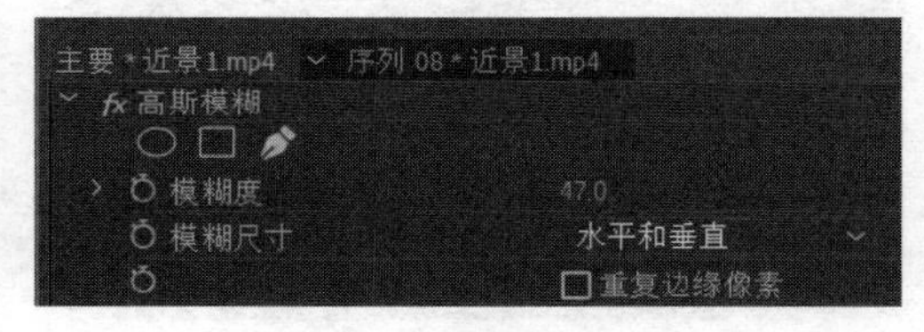

图 3-43　设置“模糊度”为 47

6）执行上述操作后，即可运用“高斯模糊”效果编辑素材，单击“播放-停止切换”按钮，预览视频，如图 3-39 所示。

实例 8　通过“镜头光晕”效果编辑冰雕

3-10　实例 8

实例要点：“镜头光晕”效果的应用。

思路分析：“镜头光晕”效果可以在素材画面上模拟出摄像机镜头上的光晕效果，本实例最终效果如图 3-44 所示。

图 3-44　“镜头光晕”效果

操作步骤如下。

1）在 Premiere Pro 2020 的工作窗口中，创建一个 AVCHD 1080p25 的序列。导入一个素材文件“冰雕”。

2）在项目窗口中双击“冰雕”素材文件，在源监视器窗口设置入点为 1s，出点为 6s，拖动“仅拖动视频”按钮，将其添加到时间线窗口中的 V1 轨道起始位置上，如图 3-45 所示。

3）在时间线窗口中添加素材后，在节目监视器窗口中可以查看该素材画面，如图 3-46 所示。

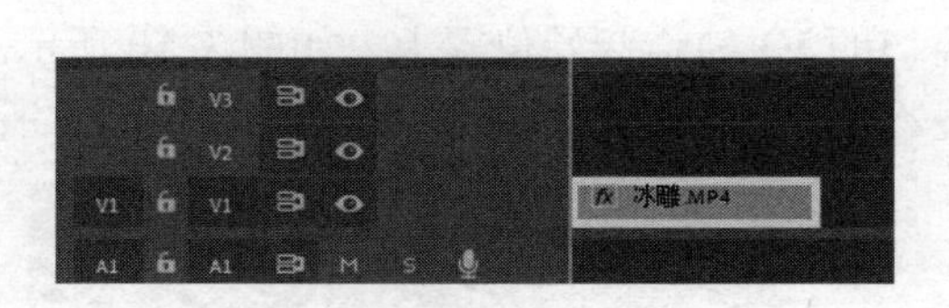

图 3-45　添加素材文件

图 3-46　查看素材画面

4）在效果窗口中，依次展开“视频效果”→“生成”选项，在其中选择“镜头光晕”视频效果，如图 3-47 所示。

5）将“镜头光晕”效果拖曳至时间线窗口中的素材文件上，选择 V1 轨道上的素材，在效果控件窗口中展开“镜头光晕”选项，设置“光晕中心”的坐标参数值分别为 480、260，“光晕亮度”为 120%，如图 3-48 所示。

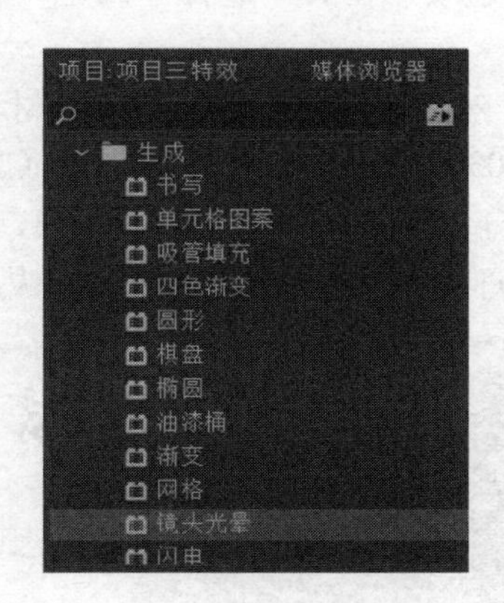

图 3-47　选择“镜头光晕”视频效果

图 3-48　设置参数

6）执行上述操作后，即可运用“镜头光晕”效果编辑素材，单击“播放-停止切换”按钮，预览视频效果，如图 3-44 所示。

实例 9　通过“闪电”效果制作闪电惊雷

3-11　实例 9

实例要点：“闪电”效果的应用。

思路分析：“闪电”效果可以在视频画面中添加“闪电”特效，本实例最终效果如图 3-49 所示。

图 3-49 “闪电”效果

操作步骤如下。

1）在 Premiere Pro 2020 的工作窗口中，创建一个 AVCHD 1080p25 的序列。导入一个素材文件“海边”。

2）在项目窗口中双击“海边”素材文件，在源监视器窗口中设置入点为 1s，出点为 6s，拖动“仅拖动视频”按钮，将其添加到时间线窗口的 V1 轨道起始位置上，如图 3-50 所示。

3）在时间线窗口中添加素材后，在节目监视器窗口中可以查看该素材画面，如图 3-51 所示。

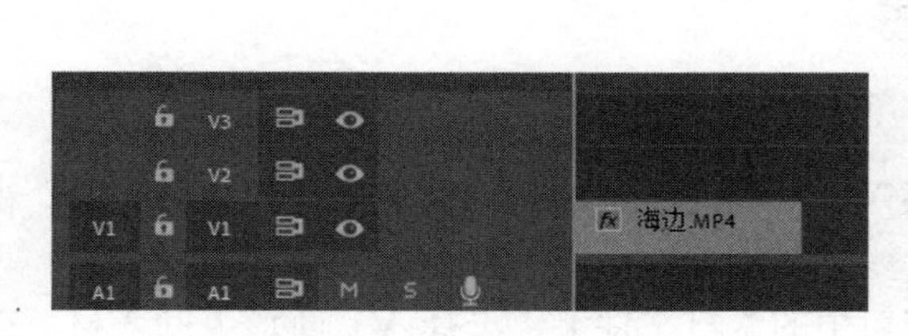

图 3-50 添加素材文件

图 3-51 查看素材画面

4）在效果窗口中，依次展开“视频效果”→“生成”选项，在其中选择“闪电”视频效果，如图 3-52 所示。

5）将“闪电”效果拖曳至时间线窗口中的素材文件上，然后选择 V1 轨道中的素材，在效果控件窗口中展开“闪电”选项，设置“起始点”为（1034，33），“结束点”为（1234，1096），“分段”为 25，“振幅”为 10，“细节级别”为 8，“分支”为 1，“再分支”为 1，“分支角度”为 30，“分支段”为 5，“宽度变化”为 0.2，“拖拉方向”为 11°，其余参数默认不变，如图 3-53 所示。

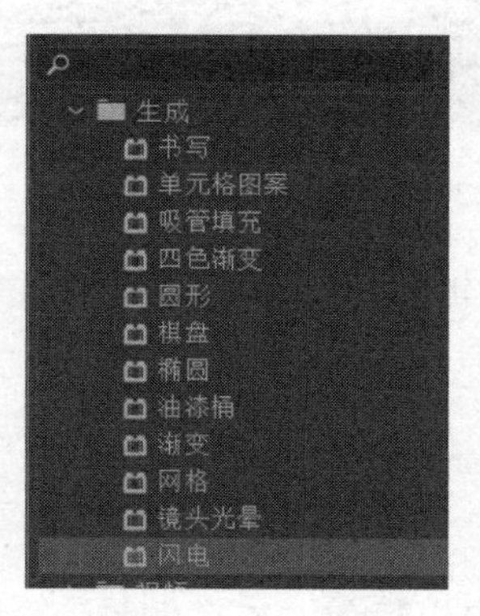

图 3-52 选择“闪电”视频效果

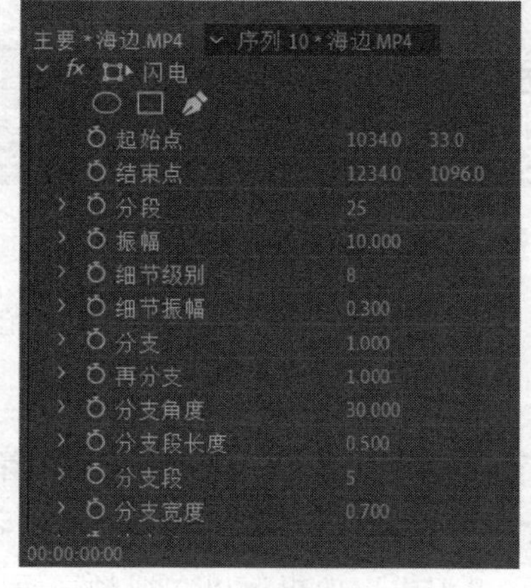

图 3-53 设置相应的选项

6）执行上述操作后，即可运用“闪电”效果编辑素材，单击“播放-停止切换”按钮，预览视频效果，如图 3-49 所示。

实例 10　通过“时间码”效果制作小船航行

3-12　实例 10

实例要点：“时间码”效果的应用。

思路分析：“时间码”效果可以在视频画面中添加一个时间码，本实例最终效果如图 3-54 所示。

图 3-54　“时间码”效果

操作步骤如下。

1）在 Premiere Pro 2020 的工作窗口中，创建一个 AVCHD1080 p25 的序列。导入一个素材文件“小船航行”。

2）在项目窗口中双击“小船航行”素材文件，在源监视器窗口中设置入点为 2s，出点为 7s，拖动“仅拖动视频”按钮，将其添加到时间线窗口的 V1 轨道起始位置上，如图 3-55 所示。

3）在时间线窗口中添加素材后，在节目监视器窗口中可以查看该素材画面，如图 3-56 所示。

图 3-55　添加素材文件

图 3-56　查看素材画面

4）在效果窗口中，依次展开“视频效果”→“视频”选项，在其中选择“时间码”视频效果，如图 3-57 所示。

5）将“时间码”效果拖曳至时间线窗口中的素材文件上，然后选择 V1 轨道上的素材，在效果控件窗口中展开“时间码”选项，调整时间码的显示“位置”为（960，950.4），设置“大小”为 15%，“不透明度”为 35%，如图 3-58 所示。

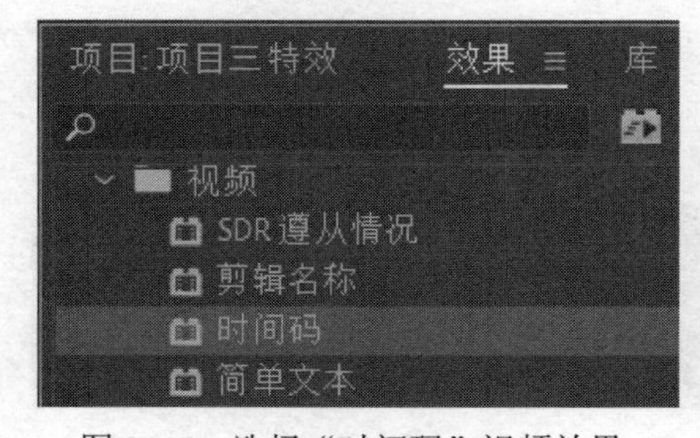

图 3-57　选择“时间码”视频效果

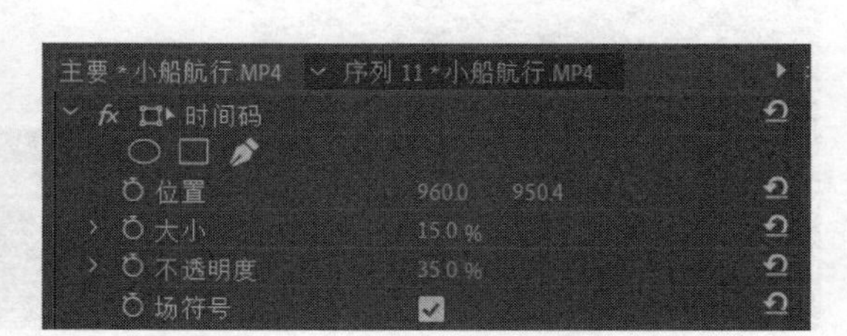

图 3-58　设置相应的选项

6）执行上述操作后，即可运用“时间码”效果编辑素材，单击“播放-停止切换”按钮，预览视频效果，如图 3-54 所示。

3-13　实例 11

实例 11　通过“透视”效果制作华丽都市

实例要点“透视”效果的应用。

思路分析：“透视”效果主要用于在视频画面上添加透视效果，本实例最终效果如图 3-59 所示。

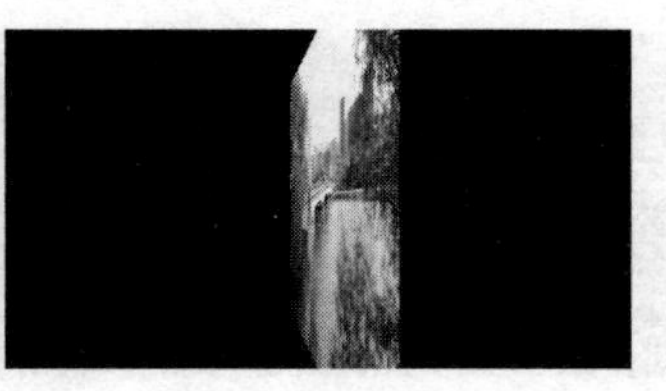

图 3-59　“透视”效果

操作步骤如下。

1）在 Premiere Pro 2020 的工作窗口中，创建一个 AVCHD 1080p25 的序列。导入一个素材文件“黄河大桥”。

2）在项目窗口中双击“黄河大桥”素材文件，在源监视器窗口中设置入点为 2s，出点为 7s，拖动“仅拖动视频”按钮，将其添加到时间线窗口的 V1 轨道起始位置上，如图 3-60 所示。

3）在时间线窗口中添加素材后，在节目监视器窗口中可以查看该素材画面，如图 3-61 所示。

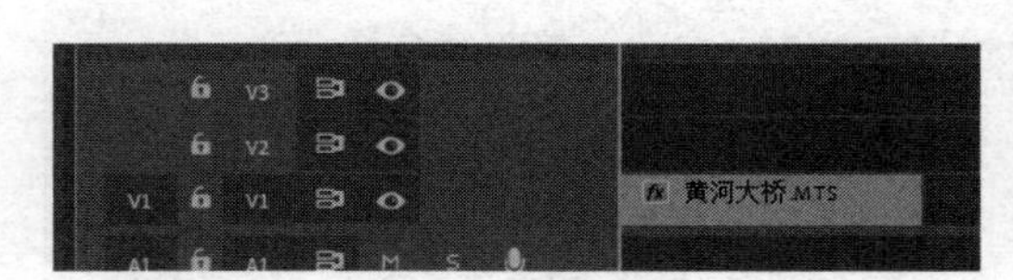

图 3-60　添加素材文件

图 3-61　查看素材画面

4）在效果窗口中，依次展开“视频效果”→“透视”选项，在其中选择“基本 3D”视频效果，如图 3-62 所示。

5）将“基本 3D”效果拖曳至时间线窗口中的素材文件上，选择 V1 轨道上的素材，在效果控件窗口中，展开“基本 3D”选项。

6）为“旋转”选项在 0s 和 5s 处添加关键帧，其对应参数分别为 0 和-100，如图 3-63 所示。

图 3-62　选择“基本 3D”视频效果

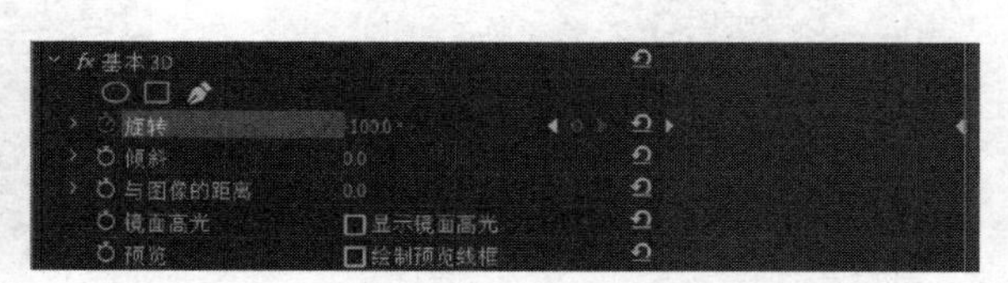

图 3-63　设置“旋转”为-100

7）执行上述操作后，即可运用“基本 3D”效果调整素材，单击“播放-停止切换”按钮预览视频效果，如图 3-59 所示。

3-14　实例 12

实例 12　通过通道效果制作清新美女

实例要点：“通道”效果的应用。

思路分析：“通道”视频效果主要用于对画面的 RGB 通道进行特殊处理，本实例最终效果如图 3-64 所示。

图 3-64　通道效果

操作步骤如下。

1）在 Premiere Pro 2020 的工作窗口中，创建一个 AVCHD 1080p25 的序列。导入一个素材文件“近景”。

2）在项目窗口中双击“近景”素材文件，在源监视器窗口中设置入点为 1s，出点为 6s，拖动“仅拖动视频”按钮，将其添加到时间线窗口的 V1 轨道起始位置上，如图 3-65 所示。

3）在时间线窗口中添加素材后，在节目监视器窗口中可以查看该素材画面，如图 3-66 所示。

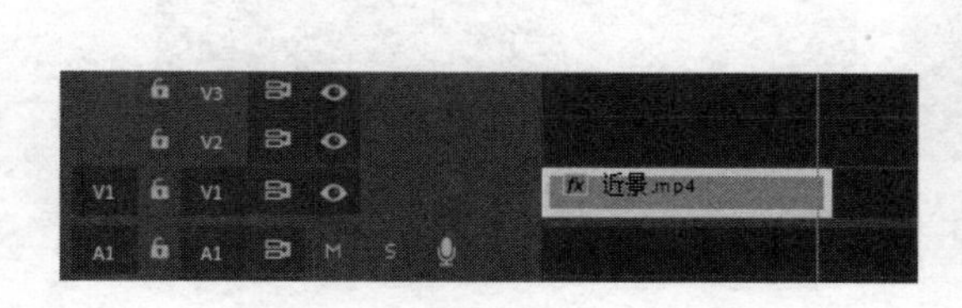

图 3-65　添加素材文件

图 3-66　查看素材画面

4）在效果窗口中，依次展开“视频效果”→“通道”选项，在其中选择“纯色合成”视频效果，如图 3-67 所示。

5）将“纯色合成”效果拖曳至时间线窗口中的素材文件上，选择 V1 轨道中的素材，在效果控件窗口中，展开“纯色合成”选项，为“源不透明度”与“颜色”选项在 0s 和 4s 处添加关键帧，其值分别为（100%，白色）和（50%，FFCDCD），如图 3-68 所示。

图 3-67　选择“纯色合成”视频效果

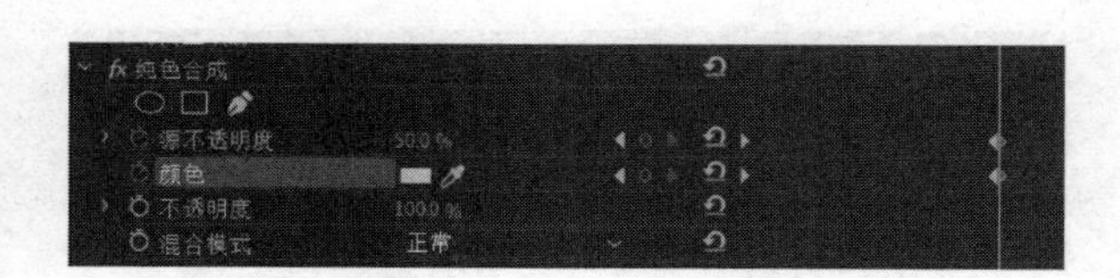

图 3-68　设置相应的选项

6）单击“播放-停止切换”按钮，预览视频效果，如图 3-64 所示。

3-15 实例 13

实例 13 通过键控效果制作可爱女孩

实例要点：“键控”效果的应用。

思路分析：“键控”视频效果主要针对视频图像的特定键进行处理，本实例最终效果如图 3-69 所示。

图 3-69 “键控”效果

操作步骤如下。

1）在 Premiere Pro 2020 的工作窗口中，创建一个 AVCHD 1080p25 的序列。导入两个素材文件“人物全景 1”和“海水”，如图 3-70 所示。

图 3-70 导入素材文件

2）在项目窗口中双击“海水”素材文件，在源监视器窗口中设置入点为 2s，出点为 7s，拖动“仅拖动视频”按钮，将其添加到时间线窗口的 V1 轨道起始位置上。

3）在项目窗口中双击“人物全景 1”素材文件，在源监视器窗口中设置入点为 0s，出点为 5s，拖动“仅拖动视频”按钮，将其添加到时间线窗口的 V2 轨道起始位置上，如图 3-71 所示。

4）使用绿屏抠像打光要均匀，如果光线不均匀，可在效果窗口中依次展开“视频效果”→“变换”选项，在其中选择“裁剪”视频效果，如图 3-72 所示。

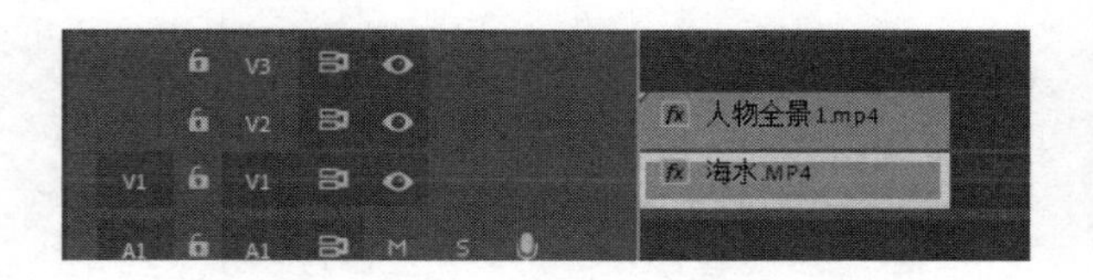

图 3-71 选择素材文件

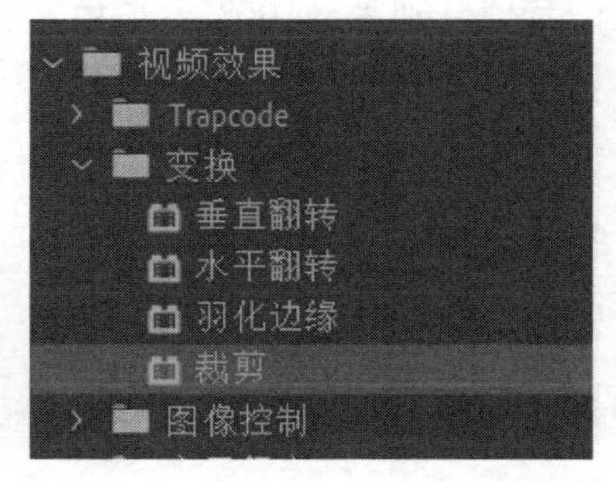

图 3-72 选择“裁剪”视频效果

5）将“裁剪”效果拖曳至时间线窗口中 V2 轨道素材文件上，选择 V2 轨道中的素材，在效果控件窗口中，设置“左侧”为 34%，“顶部”为 6%，“底部”为 6%，为“右侧”选项在 0s、4：02s 和 5s 处添加关键帧，其值分别为 44%、46%和 50%，如图 3-73 所示，效果如图 3-74 所示。

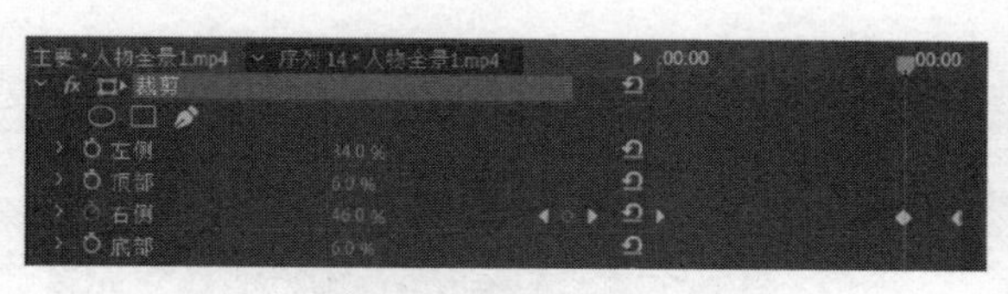

图 3-73 设置相应的选项

图 3-74 查看素材画面

6）在效果窗口中，依次展开“视频效果”→“键控”选项，在其中选择“颜色键”视频效果，如图 3-75 所示。

7）将“颜色键”效果拖曳至时间线窗口中 V2 轨道的素材文件上，选择 V2 轨道中的素材，在效果控件窗口中选择滴管工具，在节目监视器窗口中单击一下绿色背景，设置“颜色容差”为 60，如图 3-76 所示。

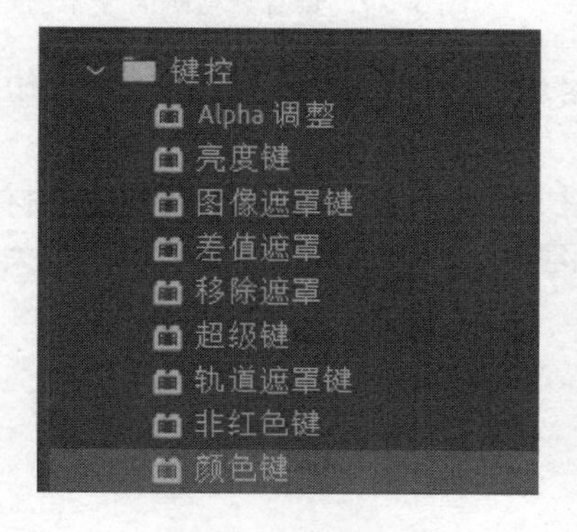

图 3-75 选择“颜色键”视频效果

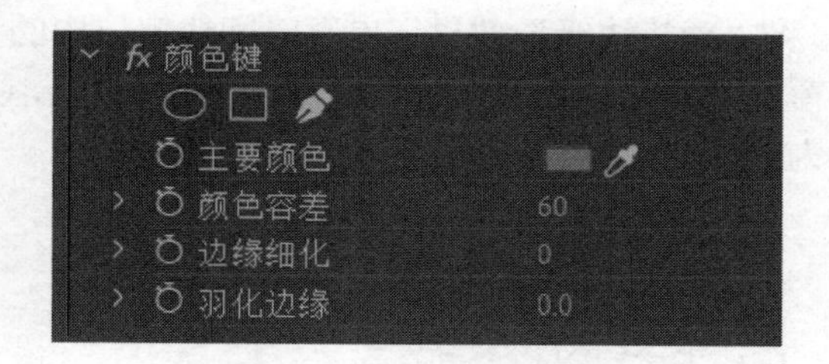

图 3-76 设置相应的选项

8）单击“播放-停止切换”按钮，预览视频效果，如图 3-69 所示。

实例 14 通过“风格化”效果制作水墨画

3-16 实例 14

实例要点：“风格化”效果的应用。

思路分析：“风格化”视频效果主要用于创建印象或其他画派的绘画效果，本实例最终效果如图 3-77 所示。

图 3-77 “风格化”效果

操作步骤如下。

1）在 Premiere Pro 2020 的工作窗口中，新建一个项目文件并创建序列，导入一个素材文件“冰雕”。

2）在项目窗口中双击“冰雕”素材文件，在源监视器窗口中设置入点为 2s，出点为 7s，拖动“仅拖动视频”按钮，将其添加到时间线窗口的 V1 轨道起始位置上，如图 3-78 所示。

3）在时间线窗口中添加素材后，在节目监视器窗口中可以查看该素材画面，如图 3-79 所示。

图 3-78 添加素材文件

图 3-79 查看素材画面

4）在效果窗口中，依次展开“视频效果”→“风格化”选项，在其中选择“查找边缘”视频效果，如图 3-80 所示。

5）将“查找边缘”效果拖曳至时间线窗口中的素材文件上，选择 V1 轨道中的素材，在效果控件窗口中展开“查找边缘”选项，为“与原始图像混合”在 0s 和 4s 处添加两个关键帧，其参数为 0 和 20%，如图 3-81 所示。

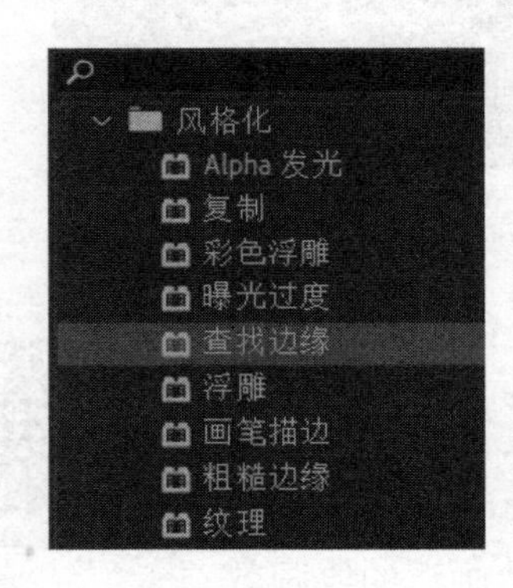

图 3-80 选择“浮雕”视频效果

图 3-81 设置相应的选项

6）单击“播放-停止切换”按钮，预览视频效果，如图 3-77 所示。

3-17 实例 15

实例 15 通过“风格化”效果制作马赛克

实例要点：“风格化”效果的应用。

思路分析：使用固态颜色的长方形对素材画面进行填充，生成马赛克效果。

在新闻报道中，有时候为了保护被采访者，将被采访者的相貌用马赛克隐藏起来。本实例最终效果如图 3-82 所示。

图 3-82 “风格化”效果

1）在 Premiere Pro 2020 的工作窗口中，创建一个 AVCHD 1080p25 的序列。导入一个素材文件“人物中景”。

2）在项目窗口中双击“人物中景”素材文件，在源监视器窗口中设置入点为 1s，出点为 6s，拖动“仅拖动视频”按钮，将其添加到时间线窗口的 V1 和 V2 轨道起始位置上，如图 3-83 所示。

3）在时间线窗口中添加素材后，在节目监视器窗口中可以查看该素材画面，如图 3-84 所示。

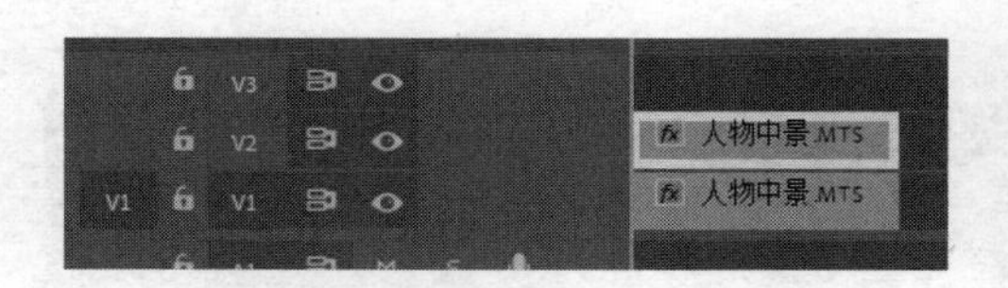

图 3-83 添加素材文件

图 3-84 查看素材画面

4）在效果窗口中，依次展开“视频效果”→“风格化”选项，在其中选择“马赛克”视频效果，如图 3-85 所示。

5）将“马赛克”效果拖曳至时间线窗口中 V2 轨道的素材文件上，选择 V2 轨道中的素材，在效果控件窗口中展开“马赛克”选项，设置“水平块”和“垂直块”为 50，如图 3-86 所示。

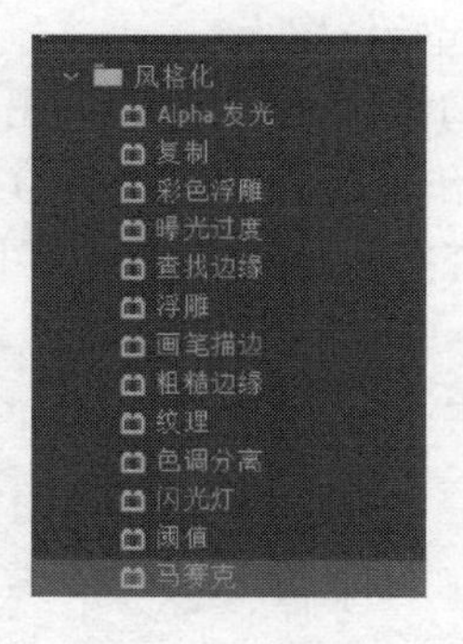

图 3-85 选择“马赛克”视频效果

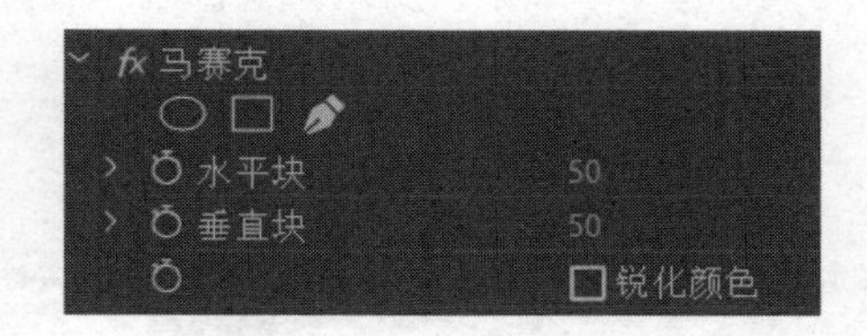

图 3-86 设置相应的参数

6）在效果窗口中，依次展开“视频效果”→“变换”选项，在其中选择“裁剪”视频效果，如图 3-87 所示。

7）将“裁剪”效果拖曳至时间线窗口 V2 轨道素材文件上，选择 V2 轨道中的素材，在效果控件窗口中，展开“裁剪”选项，设置“左侧”为 60%，“顶部”为 4%，“右侧”为 29%，“底部”为 66%，使马赛克正好覆盖人的脸为止，如图 3-88 所示。

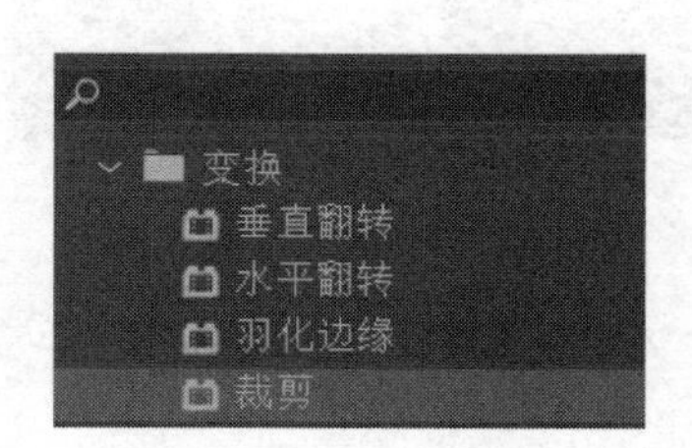

图 3-87　选择“裁剪”视频效果

图 3-88　设置相应的选项

8）单击“播放-停止切换”按钮，预览视频效果，如图 3-82 所示。

实例 16　通过“扭曲”效果制作边角定位

3-18　实例 16

实例要点：“扭曲”效果的应用。

思路分析：通过改变画面 4 个边角的位置，对画面进行变形。使用此效果可以对画面实现伸展、收缩、倾斜或扭曲等变化效果。本实例最终效果如图 3-89 所示。

图 3-89 “扭曲”效果

1）在 Premiere Pro 2020 的工作窗口中，创建一个 AVCHD 1080p25 的序列。导入一个素材文件“海水”和“冰雕”。

2）在项目窗口中双击“海水”素材文件，在源监视器窗口中设置入点为 1s，出点为 6s，拖动“仅拖动视频”按钮，将其添加到时间线窗口的 V1 轨道起始位置上。

3）在项目窗口中双击“冰雕”素材文件，在源监视器窗口设置入点为 1s，出点为 6s，拖动“仅拖动视频”按钮，将其添加到时间线窗口的 V2 轨道起始位置上，如图 3-90 所示。

4）在时间线窗口中添加素材后，在节目监视器窗口中可以查看该素材画面，如图 3-91 所示。

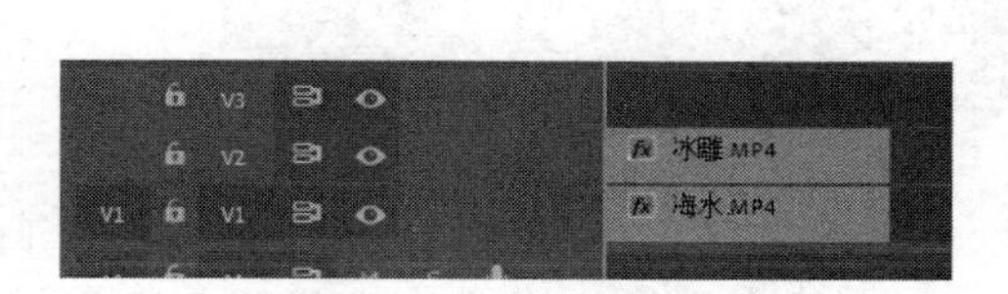

图 3-90　添加素材文件

图 3-91　查看素材画面

5）在效果窗口中，依次展开“视频效果”→“扭曲”选项，在其中选择“边角定位”视频效果，如图 3-92 所示。

6）将“边角定位”效果拖曳至时间线窗口 V2 轨道素材文件上，选择 V2 轨道中的素材，在效果控件窗口中展开“边角定位”选项，为“右上”和“右下”参数在 0s 和 1s 处添加两个关键帧，其参数分别为默认值和[（900，200），（900，880）]，如图 3-93 所示。

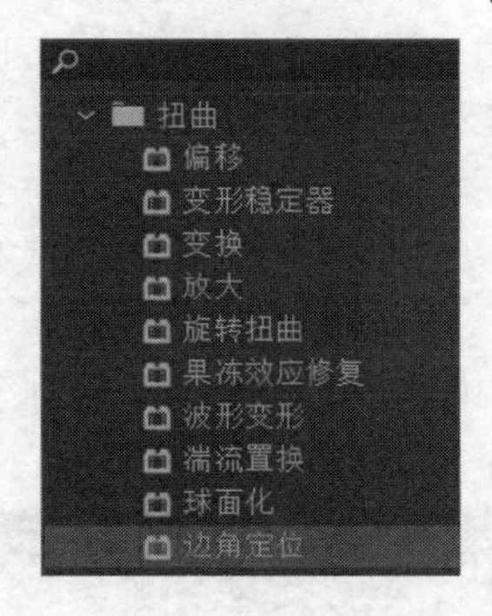

图 3-92　选择“边角定位”视频效果

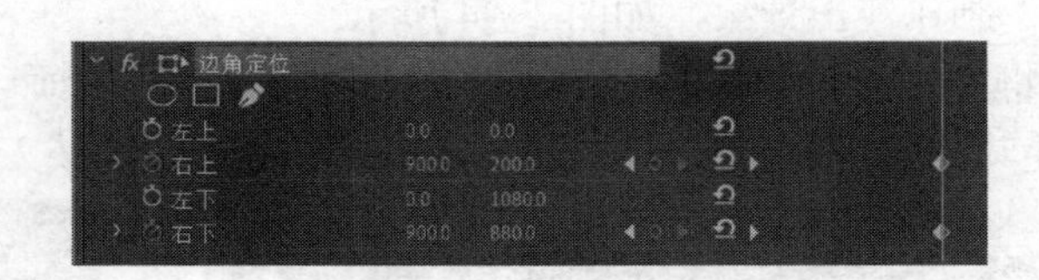

图 3-93　设置相应的选项

7）单击“播放-停止切换”按钮，预览视频效果，如图 3-89 所示。

综合实训

实训目的

通过本实训项目使学生能进一步掌握特效的应用，能在实际项目中运用特效制作电视片头及栏目剧的编辑。

实训 1　婚恋片头

实训情景设置

通过一个婚恋片头的制作来学习如何用简单的形式表现一个有独特风格的主题。片头是一种具有高度概括性的短片，结婚的喜庆要在短短的十几秒钟内表现出来，应该说这类片头对制作人员的专业素养有很高的要求。一个好的电视片头，不一定使用很高超的制作技巧，而是要清晰地表现出电视片的主要特点，吸引观众观看。

本实训操作过程将分为 9 个步骤，分别为导入背景素材、调整背景的色彩、导入字幕与鞭炮、为“喜”字添加辉光粒子效果、导入其他素材、创建字幕、添加字幕及运动效果、调整效果、添加音乐及影片输出。

操作步骤

1．导入背景素材

1）启动 Premiere Pro 2020，单击“新建项目”按钮，打开“新建项目”对话框，设置“名称”为“婚恋片头”，设置文件的保存位置，单击“确定”按钮。

2）执行菜单命令“新建”→“序列”，打开“新建序列”对话框，设置“可用预设”模式为“DV-PAL”的“标准 48kHz”选项，单击“确定”按钮。

3）双击项目窗口的空白处，打开“导入”对话框，选择本书配套教学素材“项目 3\婚恋片头\素材”文件夹下的“红色背景.m2v”“戒指.m2v”“龙凤背景.avi”和“背景音乐”，单击“打开”按钮。

4）在项目窗口中选择并拖曳“红色背景”到时间线窗口的 V1 轨道中，用鼠标右键单击当前的片段，从弹出的快捷菜单中选择“速度/持续时间”菜单项，打开“速度/持续时间”对话框，在“持续时间”文本框中输入 800（即 8s），单击“确定”按钮。

5）在项目窗口中将“戒指”拖曳到 V1 轨道中并与红色背景的末端对齐，选择“戒指”素材，在效果控件窗口中为“不透明度”在 20∶22s 和 22∶03s 处添加两个关键帧，其值分别为 100 和 0，制作淡出效果，如图 3-94 所示。

6）将当前时间指针定位在 20∶21s 的位置上，在项目窗口中将“龙凤背景”添加到 V2 轨道中，使其起始点与当前时间指针对齐，并制作 1s 的淡入效果，如图 3-95 所示。

图 3-94 添加片段 1

图 3-95 添加片段 2

2. 调整背景的色彩

由于制作的是喜庆的片头，背景素材的颜色要调整得喜庆一些，所以要对背景素材的颜色进行调整。

1）选择“红色背景”素材，在效果窗口中选择“视频效果”→“图像控制”→“颜色平衡（RGB）”效果并双击之，在效果控件窗口中，设置“红色”“绿色”和“蓝色”的值分别为 170、95 和 0，此时节目窗口中的颜色变为了红色，如图 3-96 所示。

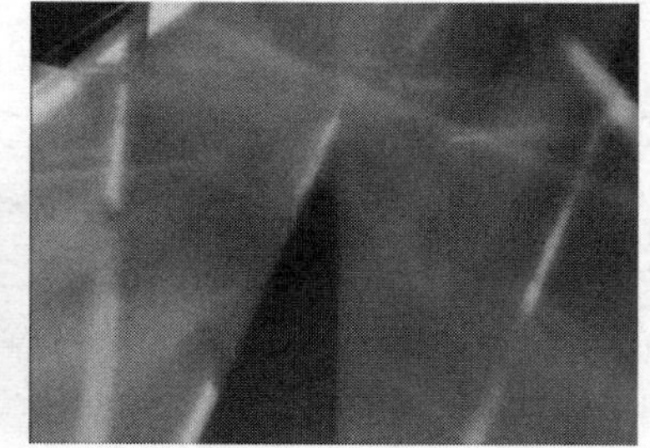

图 3-96 设置“颜色平衡（RGB）”参数及背景效果 1

2）选择“戒指”素材，在效果窗口中选择“视频效果”→“图像控制”→“颜色平衡（RGB）”效果并双击之，在效果控件窗口中，设置“红色”“绿色”和“蓝色”的值分别为 173、101 和 64，此时节目窗口中的颜色变为了金黄色，如图 3-97 所示。

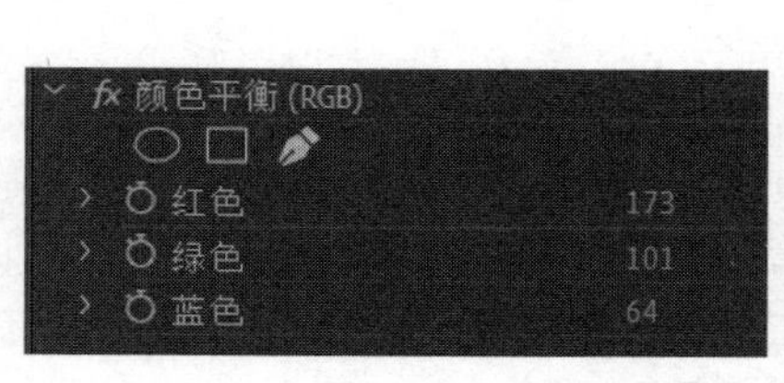

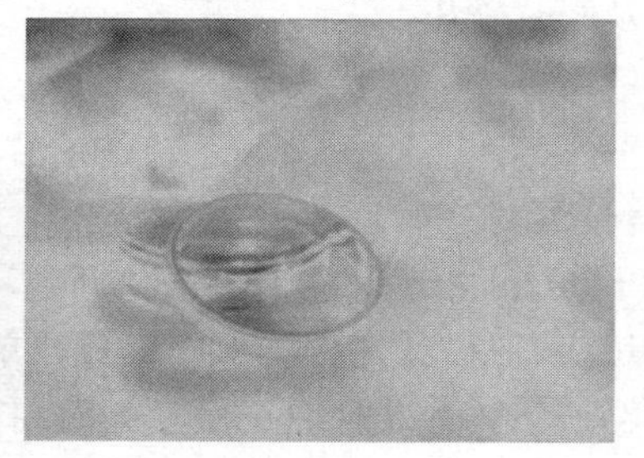

图 3-97 设置“颜色平衡”参数及背景效果 2

3．导入字幕与鞭炮

1）双击项目窗口中的空白处，打开“导入”对话框，选择本书配套教学素材“项目 3\婚恋片头\素材\鞭炮”文件夹中的“彩色鞭炮 0001.tga”文件，勾选对话框下方的“图片序列”复选框，单击“打开”按钮，将序列素材导入项目窗口中。

2）在项目窗口中将“彩色鞭炮 0001”拖曳到时间线窗口的 V3 轨道中，与起始位置对齐，将画面放大到与屏幕一样大小，效果如图 3-98 所示。

3）双击项目窗口中的空白处，打开“导入”对话框，选择本书配套教学素材“项目 3\婚恋片头\素材\喜字序列”文件夹中的“喜字 0000.tga”文件，勾选对话框下方的“图片序列”复选框，单击“打开”按钮，将序列素材导入项目窗口中。

4）在项目窗口中将“喜字 0000”拖曳到时间线窗口的 V2 轨道中，与 V3 轨道中的“彩色鞭炮”素材的末端对齐，将画面放大到与屏幕一样大小，如图 3-99 所示。

图 3-98　添加彩色鞭炮效果

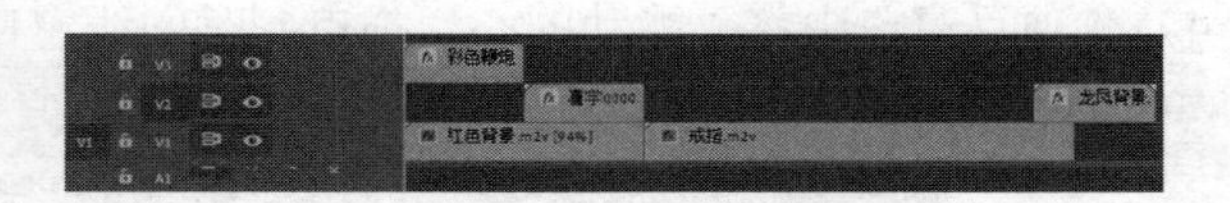

图 3-99　添加“喜”字

4．为“喜”字添加辉光粒子效果

1）执行菜单命令“序列”→“添加轨道”，打开“添加轨道”对话框，在“视频轨道”选项组中的“添加”文本框中输入 3，其他参数都设置为 0，单击“确定”按钮，在时间线窗口中加入 V4、V5 及 V6 轨道。

2）双击项目窗口中的空白处，打开“导入”对话框，选择本书配套教学素材“项目 3\婚恋片头\素材\辉光序列”文件夹内的“辉光 0001.tga”，勾选对话框下方的“图片序列”复选框，单击“打开”按钮，将序列素材导入项目窗口。

3）在项目窗口中将“辉光 0001”拖曳到时间线窗口中的 V4 轨道中，与 V3 轨道中的鞭炮素材的末端对齐，将画面放大到与屏幕一样大小，如图 3-100 所示。

图 3-100　添加“辉光”

5．导入其他素材

1）双击项目窗口中的空白处，打开“导入”对话框，按住〈Ctrl〉键，选择本书配套教学素材“项目 3\婚恋片头\素材”文件夹内的“灯笼.avi”“花瓣雨.avi”“飘动的心.avi”文件，单击“打开”按钮，将序列素材导入项目窗口中。

2）在项目窗口中将“灯笼”拖曳到时间线窗口的 V3 轨道中，将起始点调整到 6：17s 的位置上，如图 3-101 所示。

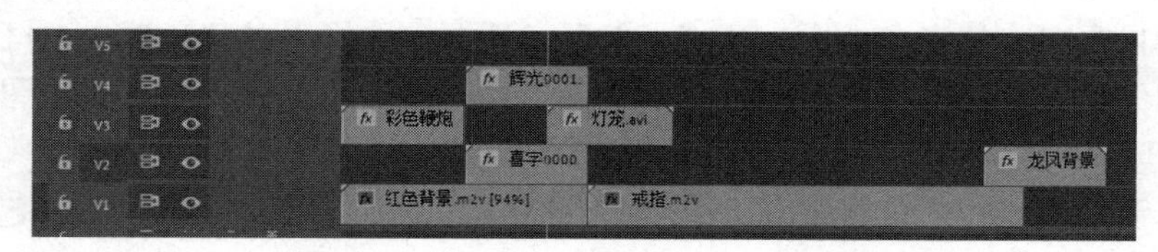

图 3-101　添加“灯笼”

3）在项目窗口中将“花瓣雨”拖曳到时间线窗口的 V3 轨道中，与“灯笼”的末端对齐。将当前时间指针定位在 21：14s 位置上，将“花瓣雨”片段的末端与当前时间指针对齐，如图 3-102 所示。

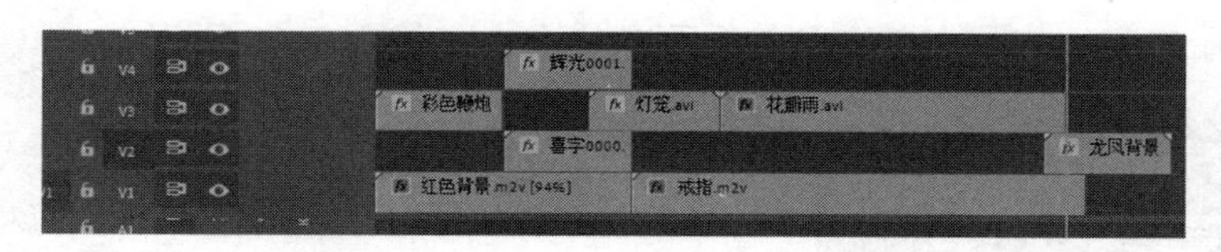

图 3-102　添加“花瓣雨”

4）在项目窗口中将“飘动的心”拖曳到时间线窗口的 V3 轨道中，与“花瓣雨”的末端对齐，如图 3-103 所示。

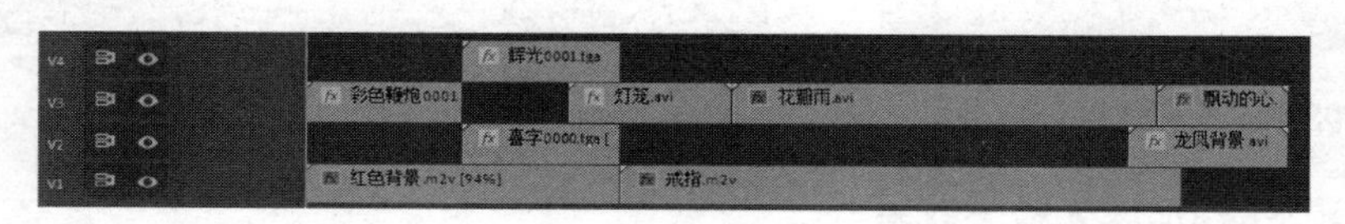

图 3-103　添加“飘动的心”

5）选择“花瓣雨”素材，在效果窗口中选择“视频效果”→“键控”→“亮度键”效果并双击之，黑色背景被去除。同样，再将此特效应用到“飘动的心”片段上，两段片段会直接产生抠像叠加特效。

6．创建字幕

1）执行菜单命令“文件”→“新建”→“旧版本标题”，打开“新建字幕”对话框，在“名称”的文本框中输入文字“喜结连理”，单击“确定”按钮。

2）打开字幕窗口，选择文本工具，单击字幕窗口并输入文字“喜结连理”（位置偏上），设置“字体系列”为“方正舒体简”，“字体大小”为 76，“填充类型”为“实底”，“颜色”为 F2B54A，选择“外描边”，设置“类型”为边缘，“大小”为 15，效果如图 3-104 所示。

3）单击“基于当前字幕新建字幕”按钮，打开“新建字幕”对话框，在“名称”文本框内输入“花好月圆”，单击“确定”按钮。

4）删除“喜结连理”字幕，在其下方输入“花好月圆”，设置“字体系列”为“汉仪菱心体简”，“字体大小”为 76，如图 3-105 所示。

5）单击“基于当前字幕新建字幕”按钮，打开“新建字幕”对话框，在“名称”文本框内输入“比翼双飞”，单击“确定”按钮。

6）删除“花好月圆”字幕，在其中间输入“比翼双飞”，设置“字体系列”为“方正水柱简”，“字体大小”为 65，如图 3-106 所示。

图 3-104 “喜结连理”文字效果

图 3-105 “花好月圆”文字效果

7）单击“基于当前字幕新建字幕”按钮，打开“新建字幕”对话框，在“名称”文本框内输入“结婚纪念”，单击“确定”按钮。

8）删除“比翼双飞”字幕，在其中间输入“结婚纪念”和“JIE HUN JI NIAN”，设置“字体系列”为“经典粗黑简”和“华文新魏”，“字体大小”为 90 和 43，如图 3-107 所示。

图 3-106 “比翼双飞”文字效果

图 3-107 “结婚纪念”文字效果

到这里完成了字幕制作，关闭字幕窗口。

7. 添加字幕及运动效果

1）在项目窗口中将“喜结连理”字幕添加到时间线窗口的 V4 轨道中，起点调整为 11：18s 位置上，持续时间为 8：12s。

2）将“花好月圆”字幕添加到时间线窗口的 V5 轨道中，起点调整为 10：18s 位置上，持续时间为 8：18s。

3）将“比翼双飞”字幕添加到时间线窗口的 V6 轨道中，起点调整为 12：05s 位置上，持续时间为 8：14s。

4）将“结婚纪念”字幕添加到时间线窗口的 V5 轨道中，起点调整为 20：06s 位置上，持续时间为 4：17s，如图 3-108 所示。

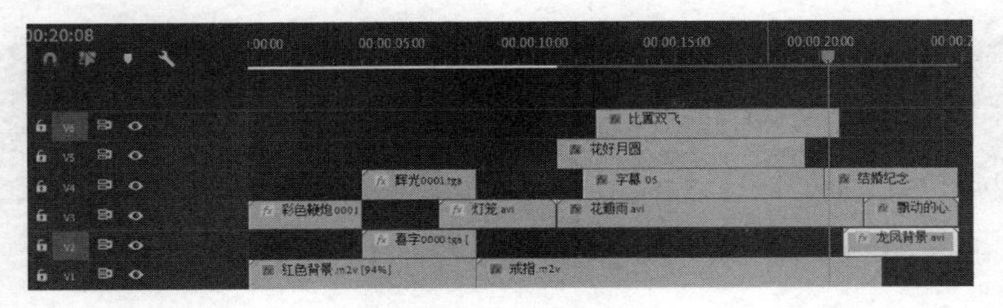

图 3-108 添加片段

5）选择 V4 轨道中的“喜结连理”字幕，在效果控件窗口中展开“运动”选项，为“位置”在 11：18s 和 20：05s 处添加两个关键帧，其对应参数分别为（-230，288）和（952，288）。

6）选择 V5 轨道中的“花好月圆”字幕，在效果控件窗口中展开“运动”选项，为“位置”在 10：18s 和 19：13s 处添加两个关键帧，其对应参数为（952，360）和（-230，360）。

7）选择 V6 轨道中的“比翼双飞”字幕，在效果控件窗口中展开“运动”选项，为“位置”在 12：05s 和 20：19s 处添加两个关键帧，其对应参数分别为（780，288）和（195，288），将“不透明度”调整为 56，这样字幕之间会产生空间感。

8）选择 V5 轨道中的“结婚纪念”字幕，在效果控件窗口中展开“运动”选项，为“位置”在 20：06s 和 21：01s 处添加两个关键帧，其对应参数分别为（360，-73）和（360，288）。

9）选择“结婚纪念”字幕，在效果窗口中选择“视频特效”→“Trapcode”→“Shine”特效并双击之，在效果控件窗口中，为“Source Point”参数在 21：10s 和 23：18s 处添加两个关键帧，其值分别为（130，288）和（650，288）。为“Ray Length”参数在 21：01s、21：10s、23：19s 和 24：01s 处添加 4 个关键帧，其对应参数分别为 0、4、4 和 0。

10）将“Colorize”→“Base On...”设置为 Alpha，“Colorize...”设置为 None，“Transfer Mode”设置为 Hue，如图 3-109 所示。

图 3-109　发光参数

11）在时间线窗口中分别选择“喜结连理”“花好月圆”“比翼双飞”和“结婚纪念”字幕，在效果窗口中选择“视频特效”→“透视”→“斜面 Alpha”特效并双击之，在效果控件窗口中设置“边缘厚度”为 3。

8．调整效果

1）在“灯笼”素材，在效果控件窗口中展开“不透明度”选项，为其在 6：17s、7：17s、9：20s 和 10：20s 处添加关键帧，其对应参数分别为 0，100，100，0，这样素材就出现了淡入、淡出的效果，如图 3-110 所示。

2）用同样的方法为“花瓣雨”的“不透明度”选项在 20:08s 和 21:14s 加入淡出效果，如图 3-111 所示。

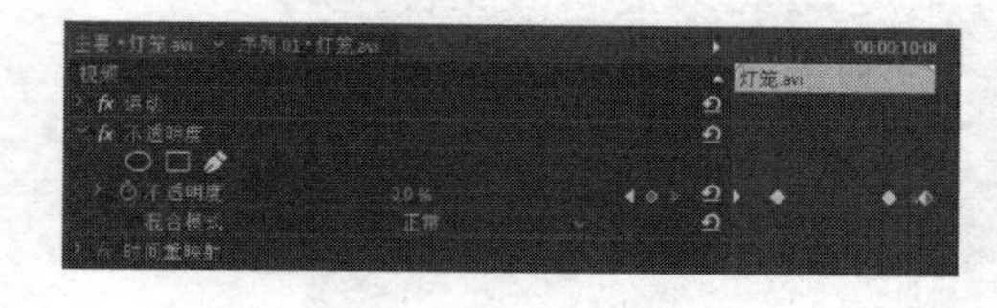

图 3-110　设置“灯笼”素材的“不透明度”

图 3-111　设置“花瓣雨”素材的“不透明度”

9．添加音乐及影片输出

1）在项目窗口中，将“背景音乐”拖曳到时间线窗口的 A1 轨道中，将音频的终止点拖动到与“龙凤背景”终止点的位置上。

2）选择铅笔工具，在时间线窗口的“背景音乐”素材上 23：08s 和 24：19s 处单击添加关键帧，将 24：19s 处的关键帧下拖到底，为音乐加入淡出效果，如图 3-112 所示。

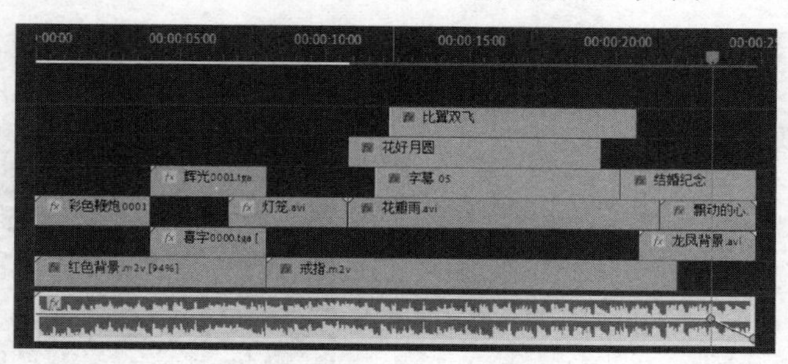

图 3-112　为音乐加入淡出效果

3）执行菜单命令“文件”→“导出”→“媒体”，在打开的“导出设置”对话框中，设置“格式”为 H.264，“预设”为“匹配源-中等比特率”，“输出名称”为“婚恋片头”，单击“导出”按钮开始输出。至此片头的制作就完成了。

实训 2　影视频道

实训情景设置

镜头四周由不断变化的画面环绕着，“影视频道”4 个金属字在镜头的中间闪光出现。这一特殊效果的制作，使用了 Premiere Pro 2020 的多种功能，充分发挥了空间的想象力。

本实例操作过程分为 8 个步骤，分别为使用 Photoshop 软件制作遮罩、导入素材并设置片断持续时间、设置素材从上向下的移动效果、设置素材中间的黑色矩形区域并加入凹进效果、制作素材的横向滚动效果、将横向滚动的素材和上下移动的素材进行合成、加入字幕以及输出。

操作步骤

1．使用 Photoshop 软件制作遮罩

1）打开 Photoshop 软件，执行菜单命令“文件”→“打开”，打开“打开”对话框，选择本书配套教学素材“项目 3\影视频道\素材”文件夹中的“图片 l.jpg”，单击“确定”按钮。

2）在工具箱中选择范围选取工具⬚，把图片中前景的中间部分全部选择，如图 3-113 所示。

3）执行菜单命令“选择”→“羽化”，打开“羽化选区”对话框，设置“羽化半径”为 3 像素，单击“确定”按钮退出，如图 3-114 所示。

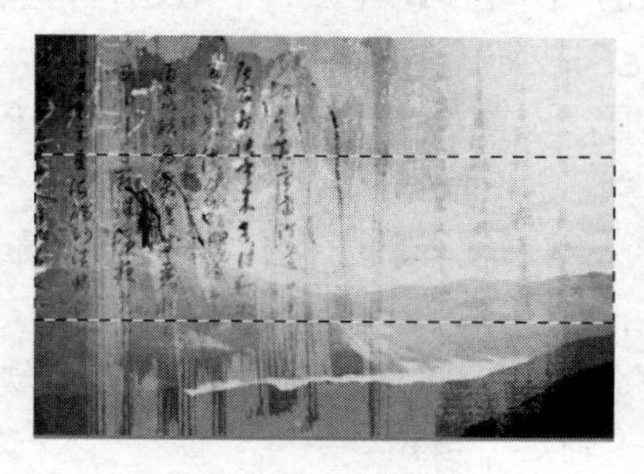

图 3-113　选择范围

图 3-114　“羽化选区”对话框

4）执行菜单命令“编辑”→“填充”，打开“填充”对话框，选择使用“前景色”填充，单击“确定”按钮退出，如图 3-115 所示。图片中的湖面区域已经填充了黑色，效果如图 3-116 所示。

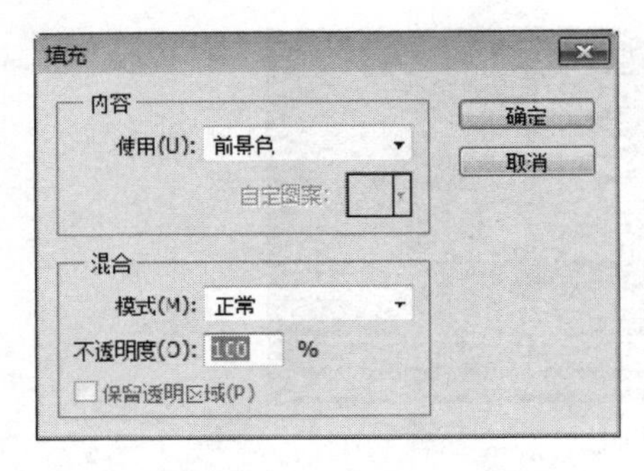

图 3-115 “填充”对话框

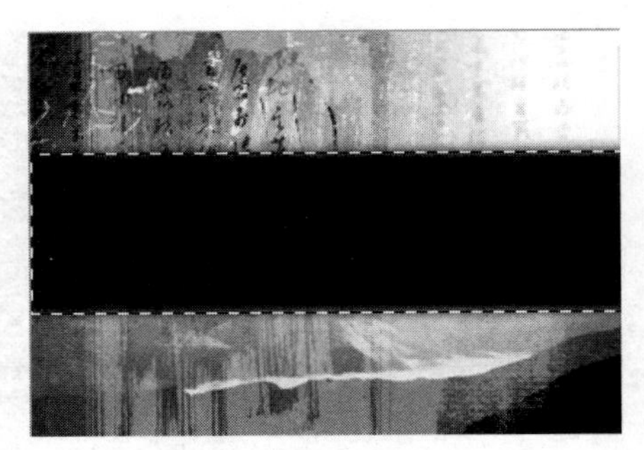

图 3-116 填充效果

5）执行菜单命令“选择”→“反选”，把图像中的选择区域进行反向选择，从而选中除黑色区域以外的其他区域，如图 3-117 所示。

6）执行菜单命令“选择”→“羽化”，打开“羽化选区”对话框，设置“羽化半径”为 3 像素，单击“确定”按钮。

7）执行菜单命令“编辑”→“填充”，打开“填充”对话框，选择使用“背景色”填充，单击“确定”按钮。这时图片被黑色和白色所填充，原图中间的矩形部分为黑色，其他部分为白色，如图 3-118 所示。

图 3-117 反向选择

图 3-118 填充效果

8）执行菜单命令“文件”→“另存为”，将文件命名为“蒙版.jpg”并进行保存。

2. 导入素材并设置片断持续时间

1）启动 Premiere Pro 2020，单击“新建项目”按钮，打开“新建项目”对话框，设置“名称”为“影视频道”，设置文件的保存位置，单击“确定”按钮。

2）按〈Ctrl+N〉组合键，打开“新建序列”对话框，设置“可用预设”为“DV-PAL”的“标准 48kHz”选项，“序列名称”为“向下移动”单击“确定”按钮。

3）按〈Ctrl+I〉组合键，打开“导入”对话框，导入本书配套教学素材“项目 3\影视频道\素材”文件夹内的所有文件，如图 3-119 所示。

4）执行菜单命令“序列”→“添加轨道”，打开“添加轨道”对话框，在“视频轨道”中输入 2，即添加 2 条视频轨道，如图 3-120 所示，单击“确定”按钮。

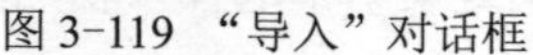
图 3-119 “导入”对话框

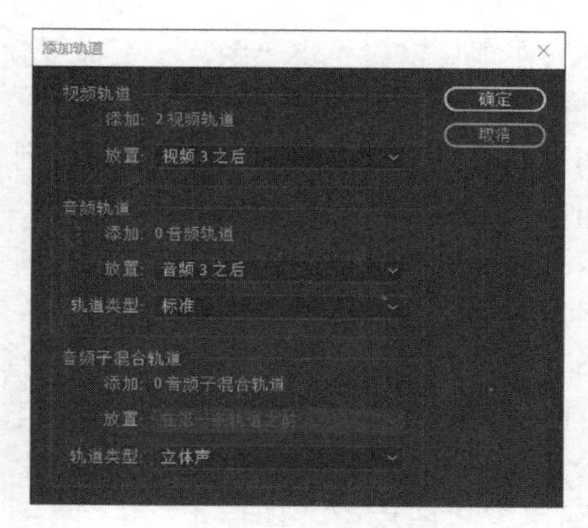

图 3-120 添加轨道

5）右击项目窗口的“图片 1”，从弹出的快捷菜单中选择“速度/持续时间”，打开“剪辑速度/持续时间”对话框，设置“持续时间”为3s，单击“确定”按钮，如图 3-121 所示。

6）重复步骤 5），将项目窗口的“图片 2”“图片 3”“图片 4”和“图片 5”的“持续时间”都设为3s。

3. 设置素材从上向下的移动效果

1）将项目窗口中的“图片 1”添加到 V1 轨道中，使起始位置与 0 对齐。

2）右击当前的图片，从弹出的快捷菜单中选择“缩放为帧大小”选项，将当前片段放大到与当前画幅适配，如图 3-122 所示。

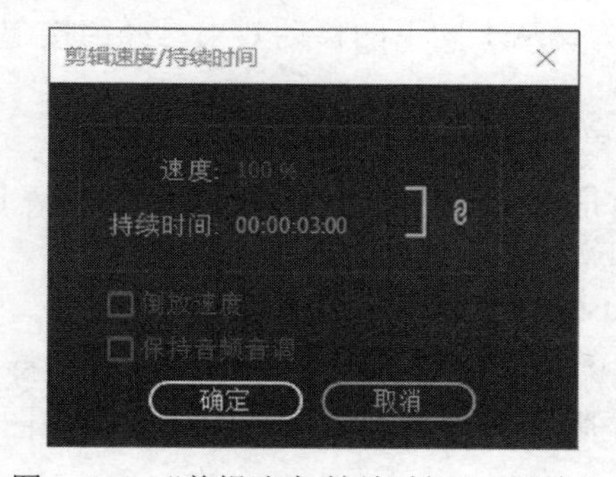

图 3-121 “剪辑速度/持续时间”对话框

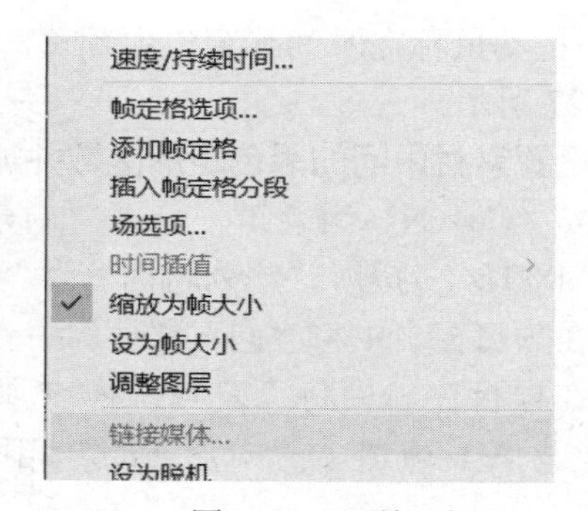

图 3-122 画幅适配

3）选择“图片 1”，在效果控件窗口中展开“运动”选项，为“位置”在 0s 和 3s 处添加两个关键帧，其对应参数分别为（360，-285）和（360，850），如图 3-123 所示。

4）拖动鼠标在时间线窗口中预览，发现素材从上向下的移动效果已经做出来了，如图 3-124 所示。

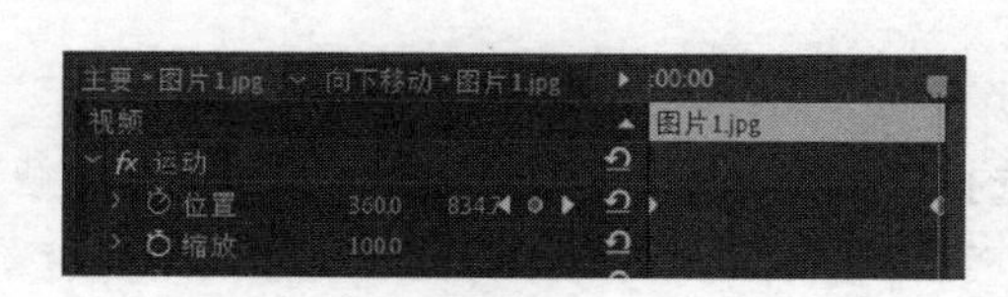

图 3-123 设置“位置”

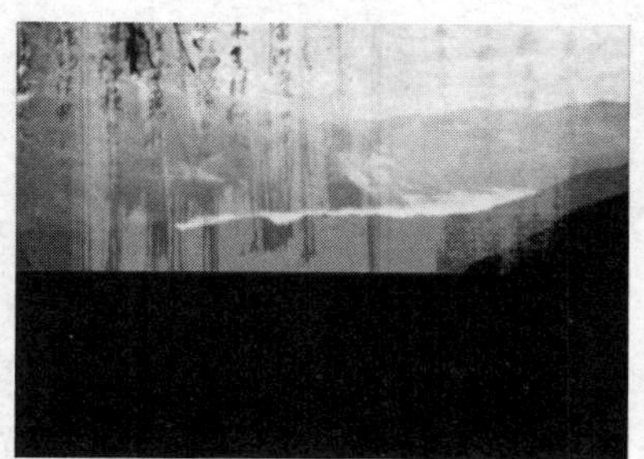

图 3-124 合成效果

5）在项目窗口中将“图片 2”拖曳到 V2 轨道，将其起始时间设置为 1：12s，重复步骤 2），将当前片段放大到与当前画幅适配。

6）在项目窗口中将“图片 3”拖曳到 V3 轨道，将其起始时间设置为 3：00s，按上述方法将当前片段放大到与当前画幅适配。

7）在项目窗口中将“图片 4”拖曳到 V4 轨道，将其起始时间设置为 4：12s，按上述方法将当前片段放大到与当前画幅适配。

8）在项目窗口中将“图片 5”拖曳到 V5 轨道，将其起始时间设置为 6s，按上述方法将当前片段放大到与当前画幅适配，如图 3-125 所示。

9）在时间线窗口中，选择 V1 轨道上“图片 1”，按〈Ctrl+C〉组合键，用鼠标右键分别单击“图片 2”“图片 3”“图片 4”和“图片 5”，从弹出的快捷菜单中选择“粘贴属性”选项，如图 3-126 所示。

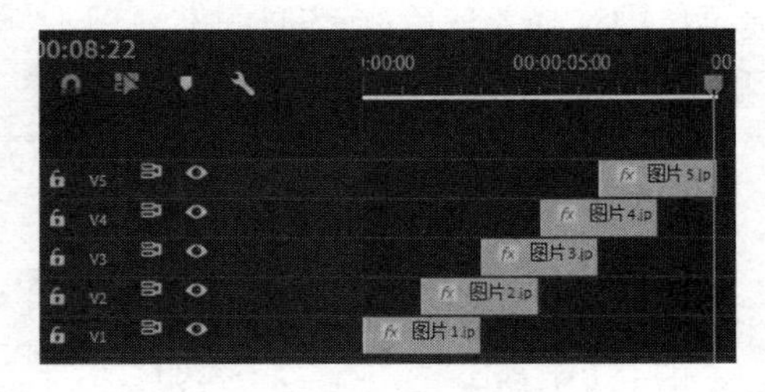

图 3-125　素材的排列

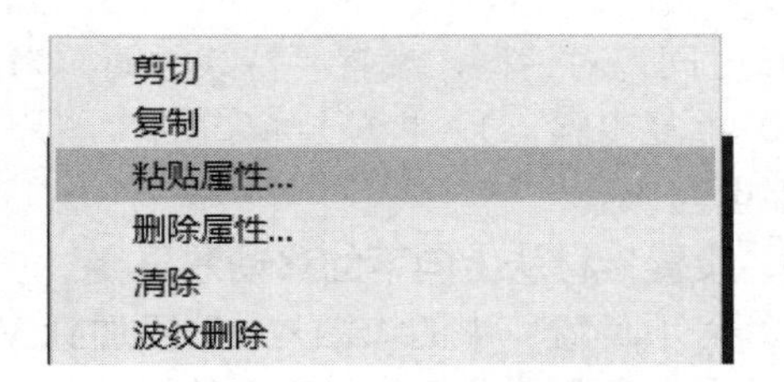

图 3-126　选择“粘贴属性”选项

10）拖动鼠标在时间线窗口中预览，发现几段素材从上向下的移动效果已经衔接起来了，如图 3-127 所示。

4．设置素材中间的黑色矩形区域并加入凹进效果

1）按〈Ctrl+N〉组合键，打开“新建序列”对话框，设置“可用预设”为“DV-PAL 标准”的“48kHz”选项，“序列名称”为“素材的上下滚动”，单击“确定”按钮。

2）在项目窗口中将“向下移动”序列拖曳到 V1 轨道中。

3）在项目窗口中将“蒙版”拖曳到 V2 轨道中，利用选择工具把“蒙版”的持续时间长度拖至与 V1 轨道中“向下移动”相同，将“蒙版”放大到与当前画幅适配，如图 3-128 所示。

图 3-127　合成效果

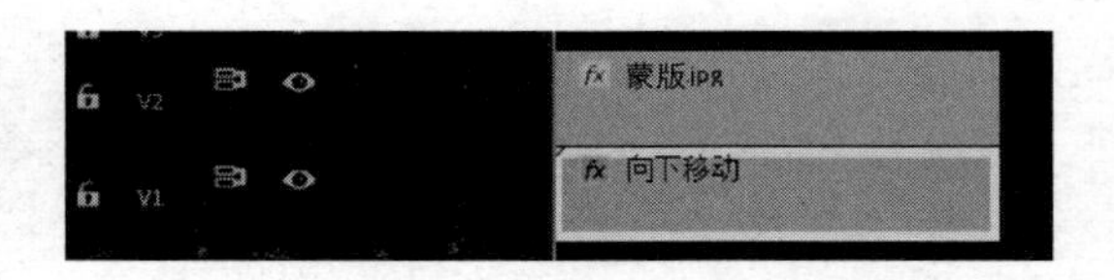

图 3-128　时间线设置

4）选择“向下移动”片段，在效果窗口中选择“视频效果”→“键控”→“轨道遮罩键”特效并双击之，在效果控件窗口中设置“遮罩”为“视频 2”，“合成方式”为“亮度遮罩”，如图 3-129 所示。

5）选择“向下移动”片段，在效果窗口中选择“视频效果”→“扭曲”→“镜头扭曲”特效并双击之，在效果控件窗口中设置“曲率”为-40。

6）拖动鼠标在时间线窗口中预览，发现镜头中影片的中间部分有一个黑色矩形区域，此区域为横向滚动的素材区域，在黑色区域以后滚动的素材应有一种向内凹进的效果，如图 3-130 所示。

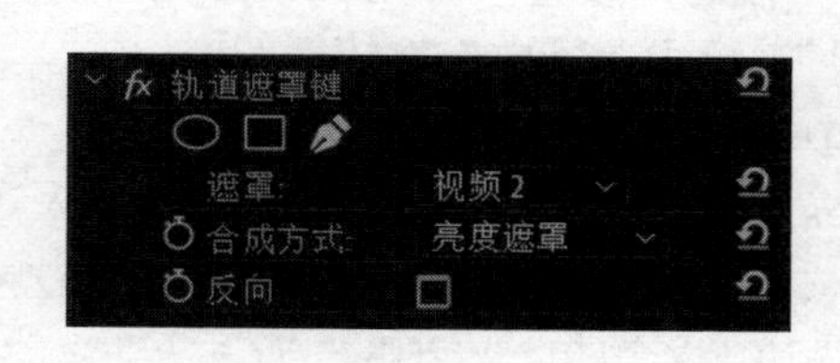

图 3-129　轨道遮罩键

图 3-130　合成效果

5．制作素材的横向滚动效果

1）按〈Ctrl+N〉组合键，打开“新建序列”对话框，设置“可用预设”为“DV-PAL 标准”的“48kHz”选项，“序列名称”为“素材的从右至左平移”，单击“确定”按钮。

2）将项目窗口中的“图片 1”拖曳到 V1 轨道中，使起始位置与 0 对齐。

3）选择“图片 1”，在效果控件窗口中展开“运动”选项，为“位置”在 0s 和 3s 处添加两个关键帧，其对应参数分别为（850，288）和（-126，288）；设置“缩放”为 85。

4）在项目窗口中将“图片 2”拖曳到 V2 轨道中，将其起始位置设置为 1：10s。在项目窗口中将“图片 3”拖曳到 V3 轨道中，将其起始位置设置为 3s。在项目窗口中将“图片 4”拖曳到 V4 轨道中，将其起始位置设置为 4：10s。在项目窗口中将“图片 5”拖曳到 V5 轨道中，将其起始位置设置为 6s，如图 3-131 所示。

5）选择时间线窗口 V1 轨道中的“图片 1”，按〈Ctrl+C〉组合键，用鼠标右键分别单击“图片 2”“图片 3”“图片 4”和“图片 5”，从弹出的快捷菜单中选择“粘贴属性”选项，粘贴运动属性。

6）拖动鼠标在时间线窗口中预览，发现镜头中素材的运动是连续的从右向左的平移运动，如图 3-132 所示。

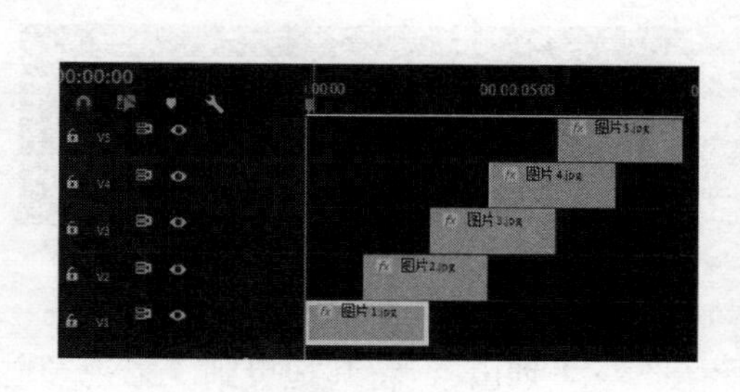

图 3-131　素材排列

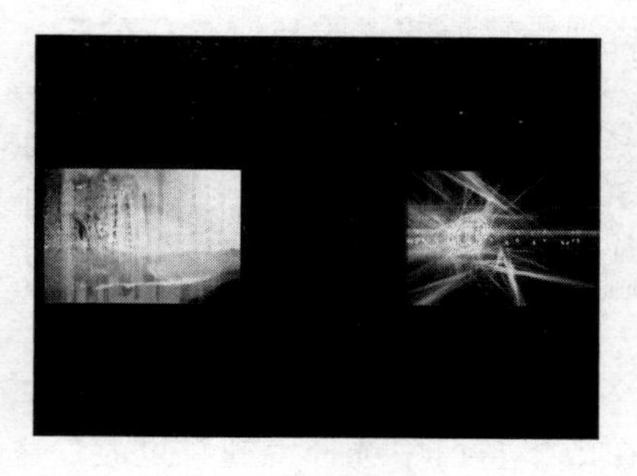

图 3-132　合成效果

6．将横向滚动的素材和上下移动的素材进行合成

1）按〈Ctrl+N〉组合键，打开“新建序列”对话框，设置“可用预设”为“DV-PAL 标准”的“48kHz”选项，“序列名称”为“循环底”，单击“确定”按钮。

2）在项目窗口中将“素材的上下滚动”序列拖曳到 V1 轨道中，使其起始位置与 0 对齐。在项目窗口中将“素材的从右至左平移”序列拖曳到 V2 轨道中，使其起始位置与 0 对齐。

3）拖动鼠标在时间线窗口中预览，合成效果如图 3-133 所示，一段素材从上向下滚动，屏幕中间的黑色矩形部分实现素材的从右至左的平移运动。

7．加入字幕

1）按〈Ctrl+N〉组合键，打开“新建序列”对话框，设置“可用预设”为“DV-PAL 标准”的“48kHz”选项，“序列名称”为“最终效果”，单击“确定”按钮。

2）在项目窗口中将“循环底”拖曳到 V1 轨道中，使其起始位置与 0 对齐。

3）选择文字工具，将时间指针拖曳到 1：15s 处，单击节目监视器窗口，输入“影视频道”，使用选择工具在效果控件窗口中展开“文本（影视频道）”，设置“字体”为 FZXingKai-S04S，“大小”为 100，“填充色”为 F2B54A，“描边”为黑色，“大小”为 5，“持续时间”为 6s，效果如图 3-134 所示，素材时间线窗口中的排列如图 3-135 所示。

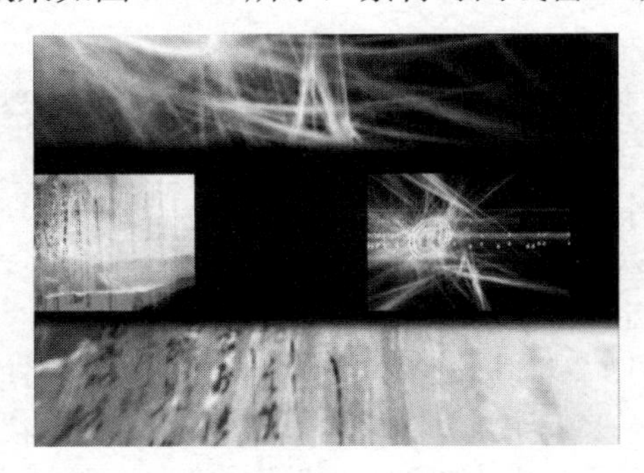

图 3-133　合成效果

图 3-134　字幕效果

4）在时间线窗口中，使用选择工具选择 V1 轨道中的“循环底”，执行菜单命令“剪辑”→“重命名”，打开“重命名素材”对话框，在“素材名”文本框内输入“最终循环底”，单击“确定”按钮。

5）在时间线窗口，使用剃刀工具沿 V2 轨道中“标题”素材的前边缘将 V1 轨道上的“最终循环底”片段剪开，把剪开后多出的素材删除。

6）将视频轨道的片段与位置 0 对齐，如图 3-136 所示。

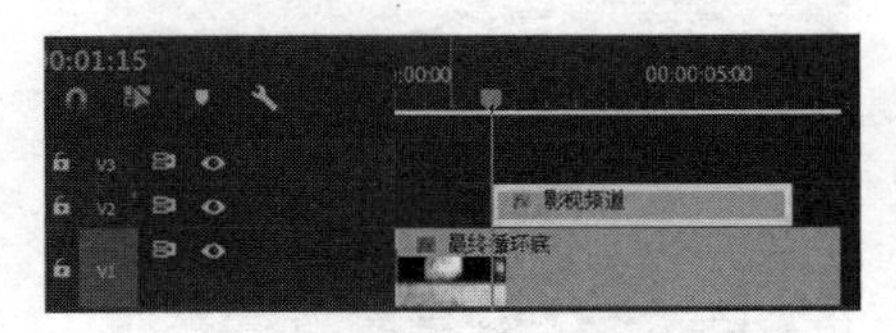

图 3-135　素材在时间线窗口中的排列

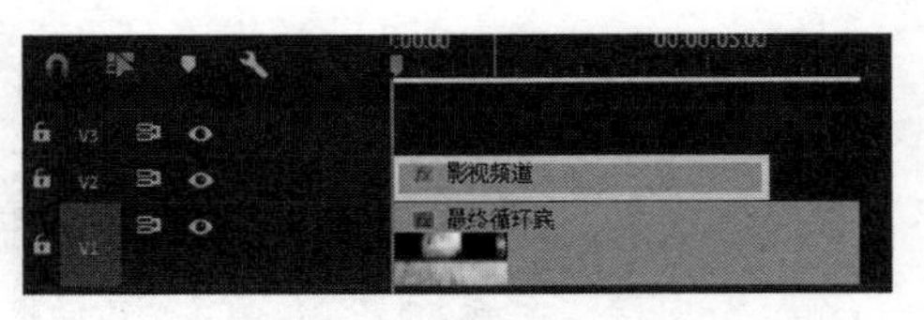

图 3-136　对齐方式

7）在效果窗口中选择“视频过渡”→“擦除”→“划出”，将其拖曳到“影视频道”字幕的起始位置，在效果控件窗口中设置“持续时间”为4s，如图 3-137 所示。

8）选择“影视频道”字幕，在效果窗口中选择“视频效果”→“Trapcode”→“Shine”特效并双击之。

9）在效果控件窗口中，为“Source Point”参数在0：16s和4s处添加两个关键帧，其对应参数分别为（95，288）和（632，288）。为“Ray Lengh”参数在4s和4：12s处添加两个关键帧，其对应参数分别为4和0。

10）将“Colorize”→“Base On…”设置为Alpha，“Colorize”设置为None，“Transfer Mode”设置为Overlay，如图3-138所示。

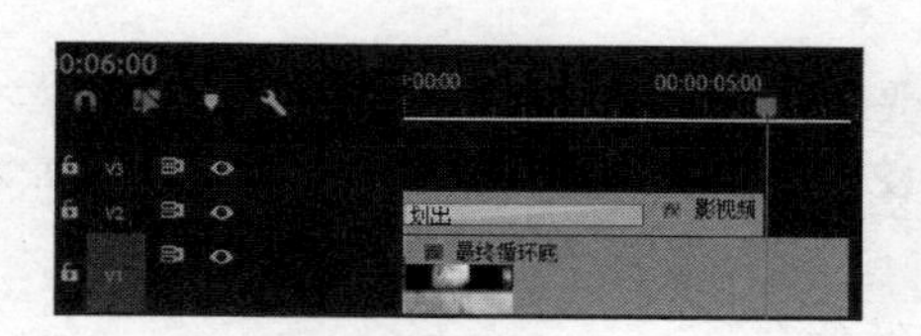

图3-137 设置“划出”视频过渡

图3-138 设置“Shine”特效

11）选择“影视频道”字幕，在效果窗口中选择“视频效果”→“透视”→“斜面Alpha”特效并双击之，在效果控件窗口中设置“边缘厚度”为3。

12）剪辑一段音频添加到A1轨道上，用钢笔工具在6：02s和7：09s处添加两个关键帧，并将7：09s处的关键帧拖到最低处，在如图3-139所示。

13）拖动鼠标在时间线窗口中预览，合成效果如图3-140所示，在上下左右穿梭的素材的前面，“影视频道”4个金字闪耀着金色的光芒。

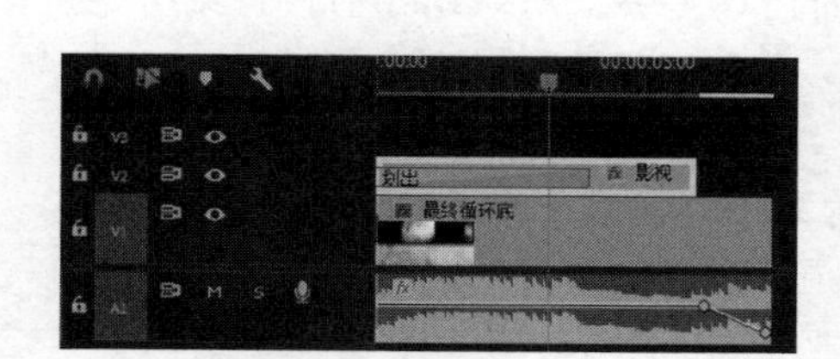

图3-139 设置音频关键帧

图3-140 合成效果

8．输出

执行菜单命令“文件”→“导出”→“媒体”，在打开的“导出设置”对话框中，设置“格式”为H.264，“预设”为“匹配源-中等比特率”，将文件命名为“影视频道片头”，单击“导出”按钮，开始输出。到这里片头的制作完成了。

实训3 电视栏目剧片段的编辑

《贫困生柳红》剧本片段（陈静）

校园路上 夜

空旷的马路上，路灯昏黄，树影晃动，柳红提着大包小包的行李，艰难地走着。她有些胆怯地前后左右看了看，马路上空无一人，于是稍微加快了脚步。突然，她听到一声女人的尖叫。（紧张的音乐）一个人影快速地从柳红身边跑过，柳红手中的包被撞掉在地上，她正在俯身去捡，身后突然冲出一个女孩，女孩被地上的包绊倒，摔在地上。柳红疑惑地看着她。女孩焦急地看着前方，挣扎着想爬起来。

女孩:（慌乱地）小偷，小偷！快！我的手机！

柳红:（赶紧去扶女孩）……

女孩挣扎着起来，顾不得手边的行李就要冲出去，柳红追上她，硬是把她拉住，要把行李递给她。

柳红：同学，东西掉落了……

女孩焦急地看着前方，小偷快速地跑，马上要不见影了，柳红仍然拉着她，要把行李给她。她无奈地挣扎着，眼看着小偷的身影没入黑夜里，女孩气得直跺脚。她用力甩开柳红的手，恶狠狠地瞪着她。

女孩：你要做什么？我手机遭抢了，你拉倒我做什么？

柳红被吼得愣住了，疑惑地、怯怯地看着女孩。女孩狠狠瞪了柳红一眼，气愤地抢过行李往前走。

女孩:（抱怨地）飞机晚点，手机遭抢，还遇到个神经病……

女孩又怨愤地瞪了柳红一眼，泄愤似地拍了拍身上的灰，扭头走了。

柳红怯怯地看着女孩的背影，又看了看小偷跑走的方向，内心很愧疚。

女生寝室　夜

（门被大力推开，按开关，房里大亮，空旷的四人间学生寝室呈现在眼前。）之前被抢手机的女孩周婷提着行李走进寝室。她打量了一下四周的环境，选了一张桌子，放下行李，打开行李箱收拾东西。突然，门边悄悄弹出一只手抓住门框，周婷感觉不对劲，疑惑地回头看，看见一个人影快速地缩回门后。周婷吓一跳，怯怯地向门口走去。周婷站在门内仔细听了听，不敢走出去。

周婷:（怯怯地）哪位？

没有回应，周婷想了想，鼓足勇气走出去，看见柳红提着行李低头站在门边。

周婷:（疑惑地，生气地）是你？你跟踪我？

柳红:（低头，支支吾吾）我，我……你住这里？

周婷上下去打量柳红，柳红一身乡土打扮，衣服有些旧了，行李包也旧旧的、脏脏的，周婷皱眉看着她。

周婷:（手叉腰）是！难道……你也住这里？

柳红:（看了看她，点头）嗯，你好，我叫柳红……

周婷有些惊讶，表情稍缓和，她又打量着柳红，想了想让到一边，让柳红进门。柳红提着行李，怯怯地走进寝室。

周婷：你也半夜到？

柳红:（支支吾吾）火车到得晚，不知道怎么坐车，转了几趟才找到。

周婷:（看了看床位）好像还有一个同学没来……

柳红:（观察周婷）你……你的手机真的遭抢了？是不是该报警啊？

周婷:（冷哼一声）算了，人早就跑了，到哪里去找嘛，再换个新的咯……

柳红：（愧疚地）对不起，都是因为我……

周婷：（挥挥手，打断她）算了，没什么。

周婷转身继续收拾行李，不再看柳红，柳红无奈地看了看她。

实训情景设置

电视栏目剧制作首先是剧本的创作，其次是素材的拍摄，最后是编辑。编辑过程包括片头的制作、视频、音频素材的剪辑、加入音乐和台词字幕及输出影片等过程。

本实例操作过程分为导入素材、片头制作、正片制作、片尾制作、加入音乐和输出MP4 文件。

操作步骤

1．导入素材

1）启动 Premiere Pro 2020，单击“新建项目”按钮，打开“新建项目”对话框，设置“名称”为“贫困生柳红”，设置文件的保存位置，单击“确定”按钮。

2）按〈Ctrl+N〉组合键，打开“新建序列”对话框，设置“可用预设”为“DV-PAL 标准”的“48kHz”选项，在“序列名称”文本框中输入序列名，单击“确定”按钮，进入Premiere Pro 2020 的工作界面。

3）单击项目窗口中的“新建文件夹”按钮，新建两个文件夹，分别取名为“视频”和“音频”。

4）分别选择“视频”和“音频”文件夹，按〈Ctrl+I〉组合键，打开“导入”对话框，在该对话框中选择本书配套教学素材“项目 3\电视栏目剧\素材\视频、音频”文件夹中的视频及音频素材。

5）单击“打开”按钮，将所选的素材导入到项目窗口中。

6）在项目窗口中分别双击“0～6”视频素材，将其在源监视器窗口中打开。

2．片头制作

1）在项目窗口中双击“0”素材文件，在源监视器窗口中拖曳“仅拖动视频”按钮到时间线窗口的 V1 轨道中，与起始位置对齐。

2）从项目窗口中的“音频”文件夹中选择“雾都夜话片头音乐”拖曳到“音 A1”轨道上，如图 3-141 所示。

3）在源监视器窗口中选择“1.mpg”素材，确定入点为 8∶14s，出点为 25∶13s，将其拖到时间线窗口中，并与前一片段的末尾对齐。

4）执行菜单命令“文件”→“新建”→“旧版标题”，打开“新建字幕”对话框，设置“名称”为“标题 01”，单击“确定”按钮。

5）在屏幕上单击，输入“贫困生柳红”5 个字，选择“贫困生柳红”字幕，在旧版标题样式中选择“Arial black yellow orange gradient”样式。

6）在旧版标题属性中，设置“字体系列”为“经典行楷简”，“字体大小”为 80，如图 3-142 所示。

7）单击“基于当前字幕新建字幕”按钮，打开“新建字幕”对话框，在“名称”文本框内输入“标题 02”，单击“确定”按钮，设置“填充类型”为实底，“颜色”为白色，如图 3-143 所示。

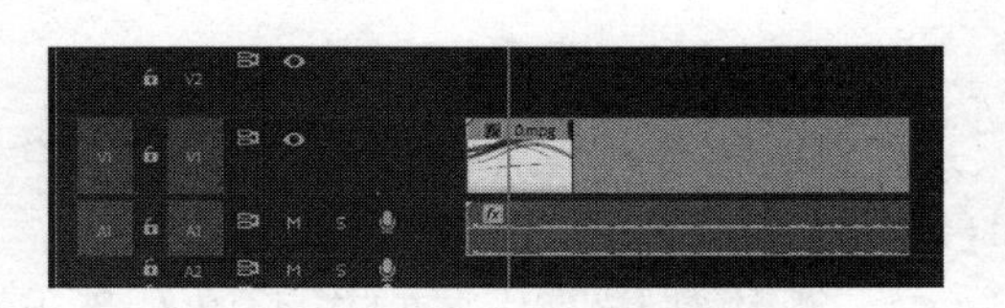

图 3-141　加入片头

图 3-142　输入文字

8）单击“基于当前字幕新建字幕”按钮，打开“新建字幕”对话框，在“名称”文本框内输入“标题 03”，单击“确定”按钮。

9）删除“贫困生柳红”字幕，并在其下方输入“Pin kun sheng liu hong”，在旧版标题样式中选择“Arial black yellow orange gradient”样式，并设置“字体系列”为 Arial，“字体大小”为 50，如图 3-144 所示。

图 3-143　改变文字样式

图 3-144　输入拼音文字

10）单击“基于当前字幕新建字幕”按钮，打开“新建字幕”对话框，在“名称”文本框内输入“遮罩 01”，单击“确定”按钮。

11）将拼音字幕删除，在屏幕上绘制一个白色倾斜矩形，如图 3-145 所示。

12）关闭字幕设置窗口，在时间线窗口中将当前时间指针定位到 43∶03s 位置。

13）将“标题 01”字幕添加到 V2 轨道中，使其开始位置与当前时间指针对齐，设置“持续时间”为 10s。

14）将“标题 02”字幕添加到 V3 轨道中，使其开始位置与当前时间指针对齐，设置“持续时间”为 6s。

15）将“标题 03”字幕添加到 V3 轨道中，使其开始位置与“标题 02”末尾对齐，设置“持续时间”为 4s。

16）在时间线窗口中将当前时间指针定位到 45s 位置。将“遮罩 01”拖曳到 V3 轨道上方，自动添加视频轨道，使其开始位置与当前时间指针对齐，结束位置与“标题 2”的结束位置对齐，如图 3-146 所示。

17）在效果窗口中选择“视频过渡”→“擦除”→“划出”，添加到“标题 01”字幕的起始位置。

图 3-145　绘制白色倾斜矩形

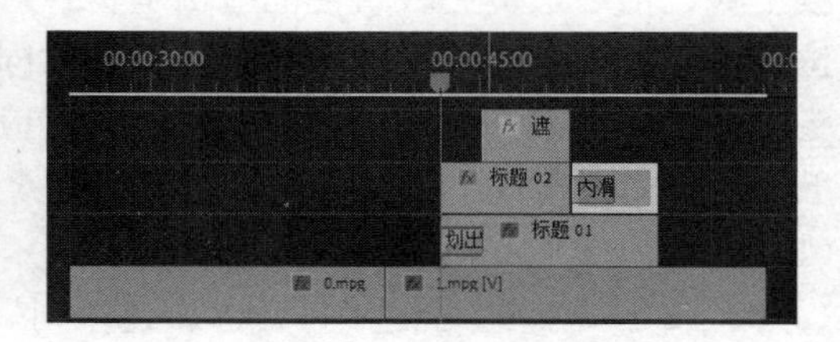

图 3-146　添加遮罩

18）单击“划出”过渡，在效果控件窗口中展开“划出”选项，设置“持续时间”为 2s，使标题逐步显现。

19）选择 V4 轨道中的“遮罩”，在效果控件窗口中展开“运动”选项，为“位置”在 45s 和 49s 处添加两个关键帧，其值分别为（360，270）和（900，270），如图 3-147 所示。

20）选择“标题 02”字幕，在效果窗口中选择“视频特效”→“键控”→“轨道遮罩键”特效并双击之，在效果控件窗口中设置“遮罩”为“视频 4”，“合成方式”为“亮度遮罩”，如图 3-148 所示。

图 3-147　将“遮罩”设置在右边

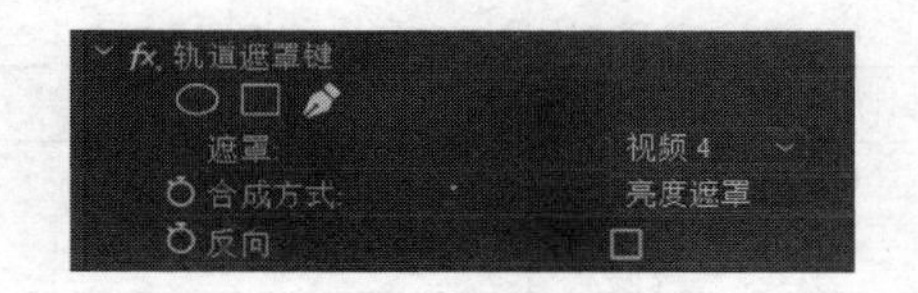

图 3-148　轨道遮罩键

21）在效果窗口中选择“视频切换”→“内滑”→“内滑”，拖曳到“标题 03”字幕的起始位置。

22）在效果控件窗口展开“内滑”选项，设置“持续时间”为 2s，“内滑方向”为“自南向北”，如图 3-149 所示，使标题从下逐步滑出。时间线窗口如图 3-150 所示。

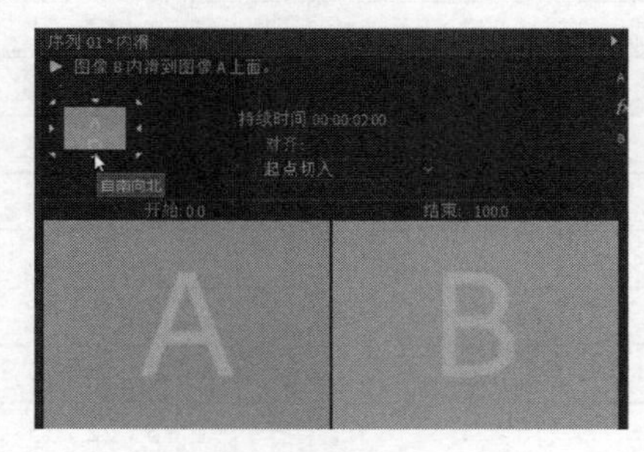

图 3-149　设置“内滑”特效

图 3-150　片段在时间线窗口中的排列

3．正片制作

对于人物对白的剪辑，根据对白内容和戏剧动作的不同，可以有平行剪辑和交错剪辑两种方法。对白的平行剪辑是指上一个镜头对白和画面同时同位切出或下一个镜头对白和画面同时同位切入，显得平稳、严肃而庄重，但稍嫌呆板，应用于人物空间距离较大、人物对话交流语气比较平稳、情绪节奏比较缓慢的对白剪辑。对白的交错剪辑是指上一个镜头对白和画面不同时同位切出，或下一个镜头对白和画面不同时同位切入，而将上一个镜头里的对白延续到下一个镜头人物动作上来，从而加强上下镜头的呼应，使人物的对话显得生动、活泼、明快流畅，应用于人物空间距离较小、人物对话情绪交流紧密、语言节奏较快的对白剪辑。

（1）编辑视频

1）按〈Ctrl+N〉组合键，打开“新建序列”对话框，在“序列名称”中输入序列名称，单击“确定”按钮。

2）将当前时间指针定位到 0 的位置，将项目窗口中的“序列 01”添加到 V1 轨道中，使起始位置与当前时间指针对齐。

3）在源监视器窗口中按照电视画面编辑技巧，依次设置素材的入出点，添加到时间线的 V1 轨道中，与前一片段对齐，具体设置如表 3-1 所示。

表 3-1　设置视频片段

视频片段序号	素材来源	入　点	出　点
片段 1	6.mpg	02：01	04：22
片段 2	1.mpg	31：11	34：24
片段 3	6.mpg	06：18	07：14
片段 4	1.mpg	36：02	38：00
片段 5	1.mpg	45：12	48：09
片段 6	1.mpg	49：09	53：15
片段 7	1.mpg	54：23	59：13
片段 8	1.mpg	1：49：15	1：55：03
片段 9	1.mpg	2：10：20	2：12：14
片段 10	4.mpg	6：05	18：10
片段 11	5.mpg	11：03	18：14
片段 12	4.mpg	25：23	44：21
片段 13	2.mpg	56：03	1：21：00
片段 14	3.mpg	00：24	03：08
片段 15	2.mpg	1：25：01	1：27：06
片段 16	2.mpg	3：02：03	3：04：21
片段 17	2.mpg	1：48：07	1：50：01
片段 18	2.mpg	3：59：06	4：02：00
片段 19	2.mpg	3：10：00	3：13：05
片段 20	2.mpg	4：05：02	4：11：08
片段 21	2.mpg	3：21：02	3：24：15
片段 22	2.mpg	4：52：05	4：54：19
片段 23	2.mpg	5：18：11	5：22：15
片段 24	2.mpg	6：43：08	6：49：13
片段 25	2.mpg	5：55：12	6：00：08
片段 26	6.mpg	6：54：09	6：55：14

（续）

视频片段序号	素材来源	入　点	出　点
片段 27	2.mpg	6：05：21	6：07：21
片段 28	2.mpg	6：57：10	7：01：04
片段 29	2.mpg	7：01：04	7：03：18
片段 30	2.mpg	6：15：06	6：17：07
片段 31	2.mpg	7：06：20	7：12：17

4）选择片段 12，在效果控件窗口中为“不透明度”选项在 2：01：20s 和 2：03：21s 处添加两个关键帧，其对应参数为 100 和 0，加入淡出效果。

5）选择片段 13，在效果控件窗口中为“不透明度”选项在 2：04：07s 和 2：05：21s 处添加两个关键帧，其对应参数为 0 和 100，加入淡入效果，如图 3-151 所示。

图 3-151　添加多个片段

（2）对白字幕的制作

本例解说词如下。

“喂，小心一点啊。”“东西掉了，快，帮我抓住他，抢东西了，站住，站住。”“喂，同学，东西掉了。”“站住，站住，站住。”“站住，站住，站住，抢东西了，你不要跑，给我站住。”“喂，东西掉了。”“站住，站住，我的包包，站住，不要跑”“站住，站住，等等，我的包包、手机。”“你的包包，你的包包落了。”“哎呀，哎，你要做什么。”“你的包包。”“我的包包被抢了，你抓住我做什么？我的手机、钱包全部在里面。”“飞机晚点，手机被抢，还遇到个神经病。”“哪位？是你，你跟踪我吗？”“你住这里？”“是啊，你难道也住这里？”“嗯，我叫柳红。”“你怎么半夜到？”“火车到得晚，转了几趟才找到。”“好像还有一个同学没来。”“嗯，你的手机真的被抢了？那你报警了吗？”“算了，人早就跑了，到哪里去找啊？只有再买个新的了。”“对不起，都是因为我。”“算了，算了，没关系。”

将解说词分段复制到记事本中，并对其进行编排，编排完毕，单击“退出”按钮，保存文件名为“对白文字”，用于解说词字幕的歌词。

在 Premiere Pro 2020 中，将编辑好的节目的音频输出，设置“输出格式”为 MP3，“文件名”为“配音输出”，用于解说词字幕的音乐。

1）在桌面上双击“Sayatoo 卡拉字幕精灵”图标，启动 SubTitleMaker 字幕设计窗口。

2）在打开的“SubTitleMaker”对话框，用鼠标右键单击项目窗口的空白处，从弹出的快捷菜单中选择“导入字幕文件”菜单项，打开“导入歌词”对话框，选择“对白文字”文件，单击“打开”按钮，导入解说词。

3）执行菜单命令“文件”→“导入媒体”，打开“导入媒体”对话框，选择音频文件“配音输出”，单击“打开”按钮，如图 3-152 所示。

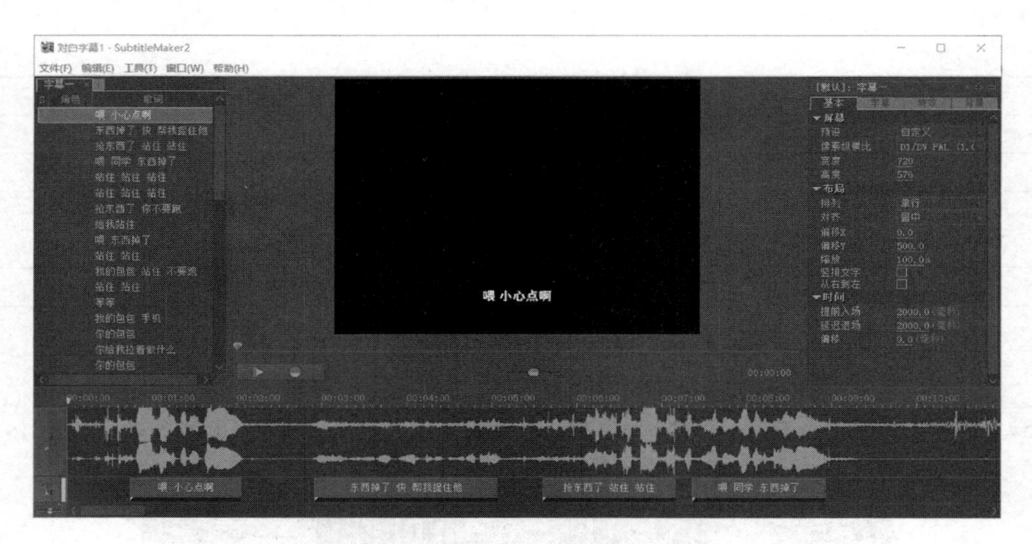

图 3-152　配音字幕制作

4）单击第一句歌词，让其在窗口中显示。在字幕属性中设置“宽度”为 720，“高度”为 576，“排列”为“单行”，“对齐方式”为“居中”，“偏移 Y”为 500，如图 3-152 所示。在“字幕”选项卡中设置“名称”为“经典粗黑简”，“大小”为 32，“填充颜色”为白色，“描边颜色”为黑色，“描边宽度”为 2，如图 3-153 所示。在“特效”选项卡中，取消“字幕特效”“过渡转场”“指示灯”的勾选。

5）单击控制台上的“录制歌词”按钮，打开“歌词录制设置”对话框，选择“逐行录制”单选按钮，如图 3-154 所示。

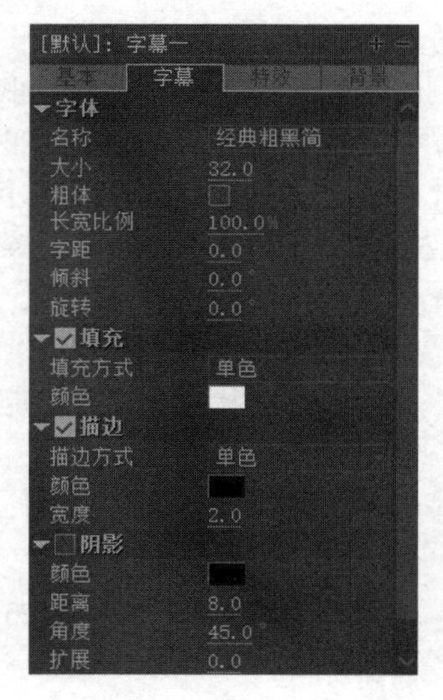

图 3-153　字幕设置

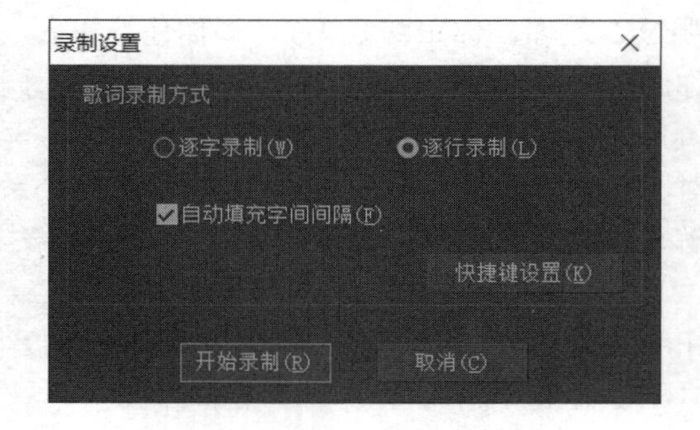

图 3-154　录制

6）单击“开始录制”按钮，开始录制歌词，使用键盘获取解说词的时间信息，解说词一行开始按下键盘的空格键，结束时松开键；下一行开始又按下空格键，结束时松开键，周而复始，直至完成。

7）歌词录制完成后，在时间线窗口中会显示出所有录制歌词的时间位置。可以直接用鼠标修改歌词的开始时间和结束时间，或者移动歌词的位置。

8）执行菜单命令“文件”→“保存项目”，打开“保存项目”对话框，在“文件名称”文本框内输入名称“字幕”，单击“保存”按钮。

9）在“SubTitleMaker”窗口，单击“关闭”按钮。

10）在 Premiere Pro 2020 中，按〈Ctrl+I〉组合键，导入“对白字幕”和“配音输出”文件。

11）将“字幕”文件从项目窗口中拖动到 V3 轨道上，与配音的开始位置对齐，如图 3-155 所示。

12）执行菜单命令“文件”→“保存”，保存项目文件，正片的制作完成。

4．片尾制作

1）执行菜单命令“文件”→“新建”→“旧版标题”，打开“新建字幕”对话框，设置“名称”为“片尾”，单击“确定”按钮，打开字幕窗口。

2）单击按钮，打开“滚动/游动选项”对话框，勾选“开始于屏幕外”，设置“缓入”为 50（2s），“缓出”为 50（2s），“过卷”为 75（3s），使字幕从屏幕外滚动进入，如图 3-156 所示，单击“确定”按钮。

图 3-155　添加对白字幕

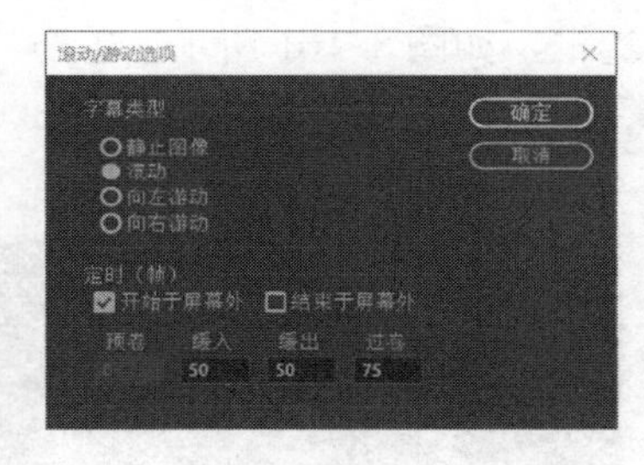

图 3-156 “滚动/游动选项”对话框

3）使用文字工具输入演职人员名单，在旧版标题属性中，设置“字体系列”为“经典粗宋简”，“字体大小”为 45，“描边”为“外描边”，“类型”为“边缘”，“大小”为 20，“颜色”为黑色，效果如图 3-157 所示。

4）输入完演职人员名单后，按〈Enter〉健，拖动垂直滑块，将文字上移出屏幕为止。单击字幕窗口合适的位置，输入单位名称及日期，设置“字体大小”为 41，其余同上，如图 3-158 所示。

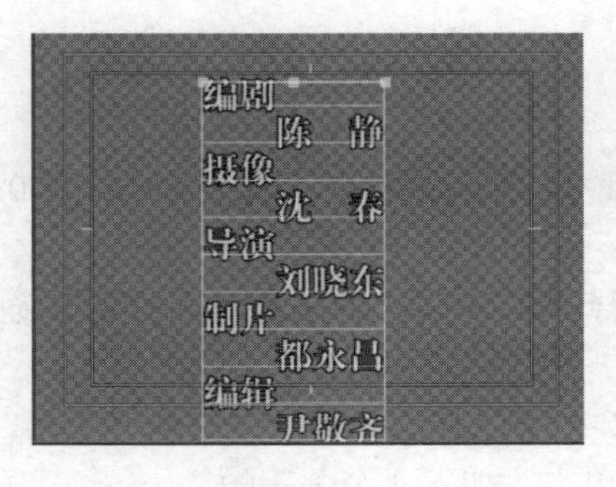

图 3-157　输入演职人员名单

图 3-158　输入单位名称及日期

5）关闭字幕窗口，将当前时间指针定位到 3：30：22s 位置，拖曳“片尾”到时间线窗口

V2 轨道中的相应位置，使其开始位置与当前时间指针对齐，设置“持续时间”为 12s，如图 3-159 所示。

6）将当前时间指针拖到最后一帧输出为单帧，如图 3-160 所示。

图 3-159　片尾位置

图 3-160　单帧位置画面

7）执行菜单命令“文件”→“导出”→“媒体”，打开“导出设置”对话框，在“格式”下拉列表中选择“Targa”，设置“输出名称”为“静帧”，在“视频”选项卡中取消“导出为序列”复选框，如图 3-161 所示，单击“导出”按钮，导出单帧文件。

8）将单帧文件导入到项目窗口，将其拖曳到 V1 轨道中，与“片尾”对齐，如图 3-162 所示。

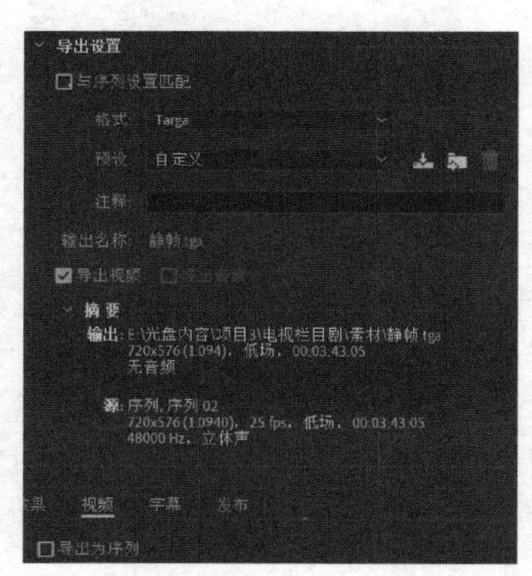

图 3-161　导出设置

图 3-162　单帧的位置

5．加入音乐

1）在项目窗口中将“003.mp3”拖曳到源监视器窗口，在 23：06s 设置入点，1：02：14s 设置出点。

2）将当前时间指针定位在 54：09s 位置，选择 A2 轨道，单击素材源监视器窗口的“覆盖”按钮，加入片头音乐。

3）向下拖曳 A2 轨道右边的▣按钮，展开 A2 轨道，在工具箱中选择钢笔工具，在 54：09s、56：09s、1：31：17s 和 1：33：17s 的位置上单击，加入 4 个关键帧。

4）拖曳起、始点的关键帧到最低点位置上，这样素材就出现了淡入淡出的效果。

5）在项目窗口中将“01.mp3”拖曳到源监视器窗口，在 45：15s 设置入点，1：00：01s 设置出点。

6）将当前时间指针定位在 3：31：07s 位置，单击源监视器窗口的“覆盖”按钮，添加片尾音乐，如图 3-163 所示。

图 3-163　添加片尾音乐

6．输出 MP4 文件

1）执行菜单命令“文件”→“导出”→“媒体”，打开“导出设置”对话框，设置“格式”为“H.264”，“预设”为“匹配源-中等比特率”。

2）单击“输出名称”后面的链接，打开“另存为”对话框，在对话框中设置保存的名称和位置，单击“保存”按钮，单击“导出”按钮，开始输出。

项目小结

体会与评价：完成这个任务后得到什么结论？有什么体会？完成任务评价表，如表 3-2 所示。

表 3-2　任务评价表

班　　级		姓　　名	
项　　目	内　　容	评 价 标 准	得　　分
1	婚恋片头	3	
2	栏目包装——影视频道	3	
3	电视栏目剧——贫困生柳红	4	
	总评		

课后拓展练习

由教师提供片头的视频素材，学生根据影片内容制作一个片头。

习题

1．填空题

1）在效果控件窗口中选择“________”选项，影像会出现控制框。

2）Premiere Pro 2020 的效果可分为________和________效果。

3）“自动颜色”效果可以自动调节影像的________。

4）在扭曲效果文件夹中共包括________种扭曲效果。

5）合成一般分为________和________。

6）差异蒙版键控是使用________实现抠像的。

7）利用________键可以将图像和背景完美地结合在一起。

2．选择题

1）调整滤镜效果使用的是________窗口。

A．效果控件　　B．节目

C．效果　　D．项目

2）下面________效果不属于风格化效果。

A．Alpha 辉光　　B．画笔描绘　　C．彩色浮雕　　D．偏移

3）使用图像蒙版键控时，蒙版中的________产生遮挡的作用。

A．黑色　　B．白色　　C．灰色　　D．蓝色

4）当对动态影像进行抠像时，虚边产生半透明效果是________。

A．不正常的　　B．正常的，会增加动感

C．会产生与背景分离的效果　　D．产生硬边

5）黄种人在使用抠像时使用________背景录制比较容易抠像。

A．红色　　B．绿色　　C．蓝色　　D．单色

3．问答题

1）如何在片段中加入视频特效？

2）简述裁剪效果的使用。

3）抠像后容易产生两种不和谐的色彩，需要如何设置？

4）轨道蒙版键和差异蒙版键的特点是什么？

项目 4　电视纪录片的编辑

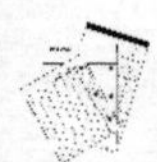

项目导读

4-1　项目 4-1

电视纪录片是在因电视的诞生而衍生出的、能够极大地影响观众并受到观众支持的电视节目的一种类型。

- 纪录片是不包含一切戏剧化的虚构、将事实用写实的手法表现出来的电视的一种形式。
- 纪录片是用事实来述说真实，并且不使用任何导演手法的一种节目形式。
- 纪录片原则上应尽量避免再现和设计，在无法按拍摄方案拍摄时，可以改变拍摄方案或修改解说词。
- 对于纪录片来说，最重要的是传达真实。但是，事实经常会发生变化，并不总是能够体现出真实来。可以由制作者来判断是否需要在经过前期调查、在事实的基础上使用导演手段将真实加以传播。
- 对于纪录片来说，关键要看它是否通过节目本身揭示了真实，个别场景可以进行设计和再现，不需要流水账式的说明及编辑。
- 纪录片是以事实为基础进行戏剧化地再现的节目。在由于时间或气象条件等原因致使拍摄无法进行的情况下，可以进行再现导演。

技能目标

能使用运动制作动画，完成纪录片片头的制作及编辑。

知识目标

了解运动效果的概念。

掌握添加、设置运动效果的方法。

学会正确添加运动效果。

学会设置运动效果。

学会关键帧动画的制作。

依托项目

在电视纪录片中，有各种各样效果的纪录片出现在电视屏幕上，使观众耳目一新，产生共鸣。我们把电视纪录片制作当作一个任务。

项目解析

作为一个电视纪录片，应该首先出现的是光彩夺目的背景及片名，为了使片头有动感、不呆板，需要将其做成动画，然后添加一些动态效果，最后是纪录片的编辑。我们可以将电视纪录片的制作分成两个子任务来处理，第一个子任务是运动效果制作，第二个子任务是综合实训。

任务　关键帧动画制作

4-2　项目 4-2

问题的情景及实现

Premiere Pro 2020 可以在影片和静止图像中产生运动效果，这十分类似于使用动画摄像机，可以通过为对象建立运动来改变对象在影片中的空间位置和状态等。

视频轨道上的对象都具有运动的属性，可以对目标进行移动、调整大小和旋转等操作。如果添加关键帧调整参数的话，还能产生动画。

在动画发展的早期阶段，动画是依靠手绘逐帧渐变的画面内容，在快速连续的播放过程中产生连续的动作效果。而在 CG（将利用计算机技术进行视觉设计和生产的领域通称为 CG）动画时代，只需要在物体阶段运动的端点设置关键帧，则会在端点之间自动生成连续的动画，即关键帧动画。

1．关键帧动画概述

使用关键帧可以创建动画并控制动画、效果、音频属性，以及其他一些随时间变化而变化的属性。关键帧标记指示设置属性的位置，例如空间位置、不透明度、音频的音量。关键帧之间的属性数值会被自动计算出来。当使用关键帧创建随时间变化而产生的变化时，至少需要两个关键帧，一个处于变化的起始位置的状态，而另一个处于变化结束位置的新状态。使用多个关键帧，可以为属性创建复杂的变化效果。

当使用关键帧为属性创建动画时，可以在效果控件窗口或时间线窗口中观察并编辑关键帧。有时使用时间线窗口设置关键帧，可以更为方便直观地对其进行调节。在设置关键帧时，遵循以下原则可以大大增强工作的方便性与工作效率。

- 在时间线窗口中编辑关键帧，适用于只具有一维数值参数的属性，例如不透明度或音频的音量，而效果控件窗口则更适合二维或多维数值参数的属性，比如色阶、旋转或比例等。
- 在时间线窗口中，关键帧数值的变化会以图表的形式展现，因此可以直观分析数值随时间变化的大体趋势。在默认状态下，关键帧之间的数值以线性的方式进行变化，但可以通过改变关键帧的插值，以贝塞尔曲线的方式控制参数的变化，从而改变数值变化的速率。
- 效果控件窗口可以一次性显示多个属性的关键帧，但只能显示所选素材片段的；而时间线窗口可以一次性显示多轨道或多素材的关键帧，但每个轨道或素材仅显示一种属性。
- 像时间线窗口一样，效果控件窗口也可以图像化显示关键帧。一旦某个效果属性的关键帧功能被激活，便可以显示其数值及其速率图。速率图以变化的属性数值曲线显示关键帧的变化过程，显示可供调节用的柄，以调节其变化速率和平滑度。
- 音频轨道效果的关键帧可以在时间线窗口或音频混合器窗口中进行调节，而音频素材片段效果的关键帧则像视频片段效果一样，只可以在时间线窗口或效果控件窗口中进行调节。

2．操作关键帧的基本方法

使用关键帧可以为效果属性创建动画，可以在效果控件窗口或时间线窗口添加并控制关键帧。

在效果控件窗口中，单击按下效果属性名称左边的“切换动画”按钮，激活关键帧功能，在时间指针当前位置自动添加一个关键帧。单击“添加/删除关键帧”按钮，可以添加或删除当前时间指针所在位置的关键帧。单击此按钮前后的三角形箭头按钮，可以将时间指针移动到前一个或后一个关键帧的位置。改变属性的数值可以在空白地方自动添加包含此数值的关键帧，如果此处有关键帧，则更改关键帧数值。单击属性名称左边的三角形按钮，可以展开此属性的曲线图表，包括数值图表和速率图表。再次单击“秒表”按钮，可以关闭属性的关键帧功能，设置的所有关键帧将被删除。

在时间线窗口中，音频轨道可以选择显示素材片段的关键帧。不但显示关键帧，还以数值线的形式显示数值的变化，关键帧位置的高低表示数值的大小。使用钢笔工具或选择工具拖曳关键帧，可以对其数值进行调节。使用钢笔工具单击数值线上的空白位置，可以添加关键帧，而右击关键帧，从弹出的快捷菜单中选择“贝塞尔曲线”可以改变其插值方法，如图 4-1 所示，在线性关键帧和“贝塞尔曲线”关键帧中进行转换。当关键帧转化为“贝塞尔曲线”插值时，可以使用钢笔工具调节其控制柄的方向和长度，从而改变关键帧之间的数值曲线。

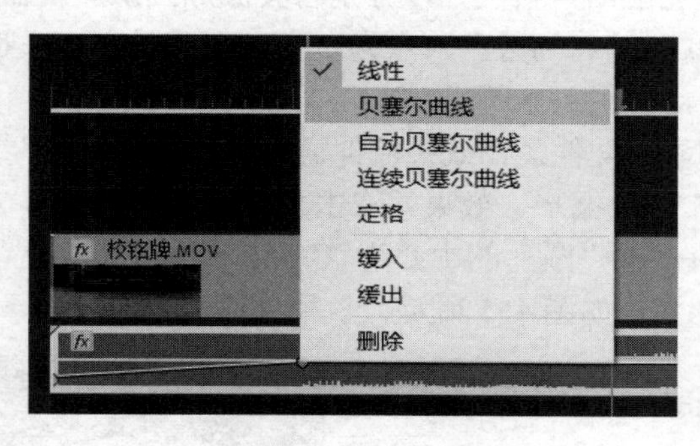

图 4-1　贝塞尔曲线

使用钢笔工具或选择工具单击关键帧，可以将其选中，按住〈Shift〉键，可以连续选择多个关键帧。使用钢笔工具拖曳出一个区域，可以将区域内的关键帧全部选中。使用菜单命令“编辑”→“剪切/复制/粘贴/清除”，可以对选中的关键帧进行剪切、复制、粘贴及清除的操作，其对应的快捷键分别为〈Ctrl+X〉〈Ctrl+C〉〈Ctrl+V〉和〈Backspace〉。粘贴多个关键帧时，从时间指针位置开始顺序粘贴。

4-3　实例 1

实例 1　通过设置位置运动方向制作花的移动

实例要点：通过“位置”选项设置运动方向。

思路分析：在 Premiere Pro 2020 中，制作运动效果时，可以根据需要设置运动方向，本例介绍设置运动方向的操作方法，本例的最终效果如图 4-2 所示。

图 4-2　最终效果

操作步骤如下。

1）启动 Premiere Pro 2020，新建一个项目文件并创建一个 AVCHD1080p25 的序列。导入两个素材文件“特写 7”和“俯拍 4”，如图 4-3 所示。

图 4-3　导入素材文件

2）在项目窗口中选择相应的素材文件，分别将其添加到源监视器窗口，设置“俯拍 4”入点为 2：07s，出点为 8：02s，“特写 7”入点为 3：14s，出点为 9：09s，分别将其拖曳到时间线窗口的 V1 与 V2 轨道中，如图 4-4 所示。

3）选择 V2 轨道中的素材文件，在效果控件窗口中设置“缩放”为 70%，在效果窗口中选择“视频效果”→“生成”→“圆形”效果并双击之，添加到“特写 7”素材上。

4）在效果控件窗口中设置“圆”的中心为（795，540），“半径”为 330，“羽化”为 30，“混合模式”为“模板 Alpha”，如图 4-5 所示，效果如图 4-6 所示。

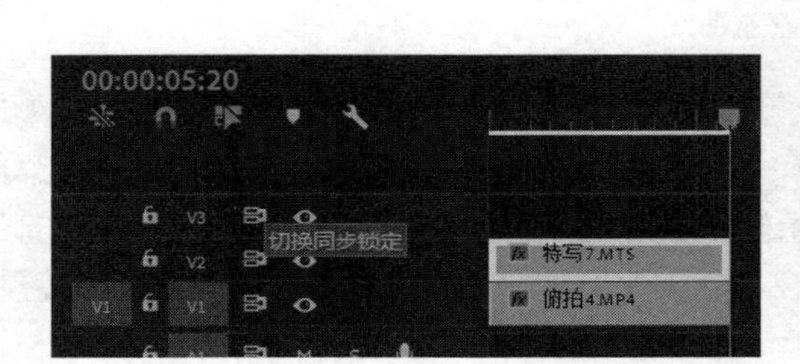

图 4-4　添加素材文件

图 4-5　“圆形”参数设置

5）拖曳时间指针至 0s 的位置，在效果控件窗口中设置“位置”为（1800，230），效果如图 4-7 所示。

图 4-6　效果

图 4-7　第一个关键帧效果

6）拖曳时间指针至 2s 的位置，在效果控件窗口中设置“位置”为（368，620），效果如图 4-8 所示。

7）拖曳时间指针至 5：18s 的位置，在效果控件窗口中设置“位置”为（1520，1300），效果如图 4-9 所示。

图 4-8　第 2 个关键帧效果

图 4-9　第 3 个关键帧效果

8）单击“播放-停止切换”按钮，预览视频效果，如图 4-2 所示。

实例 2　通过缩放运动效果制作字幕移动

4-4　实例 2

实例要点：通过“缩放”选项制作画面缩放运动效果。

思路分析：在 Premiere Pro 2020 中，缩放运动效果是指对象以从小到大或从大到小的形式，本例介绍设置缩放运动的操作方法。本实例的最终效果如图 4-10 所示。

图 4-10　缩放运动效果

操作步骤如下。

1）在 Premiere Pro 2020 的工作窗口中，创建一个 AVCHD1080p25 的序列。导入两个素材文件“花 2”和“依恋”，如图 4-11 所示。

2）在项目窗口中选择“花 2”素材文件，将其添加到时间线窗口的 V1 轨道中，选择 V1 轨道中的素材文件，在效果控件窗口中设置“缩放高度”为 20，“缩放宽度”为 25，如图 4-12 所示。

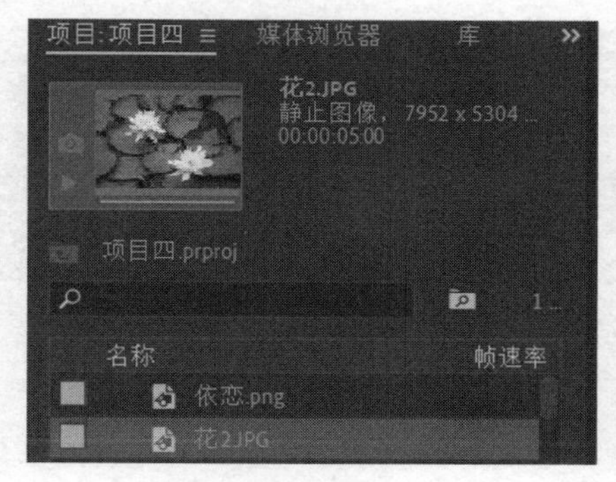

图 4-11　导入素材文件

图 4-12　设置“缩放”后的效果

3）在项目窗口中选择“依恋”素材文件，将其添加到时间轴窗口的V2轨道中，如图4-13所示。

4）选择V2轨道中的素材，在效果控件窗口中，为“位置”“缩放”以及“不透明度”选项在0s、1：20s和4：10s处添加3个关键帧，其值分别为[（960，540），0，0]、[（960，540），80，100%]和[（430，780），100，-]，如图4-14所示。效果如图4-15所示。

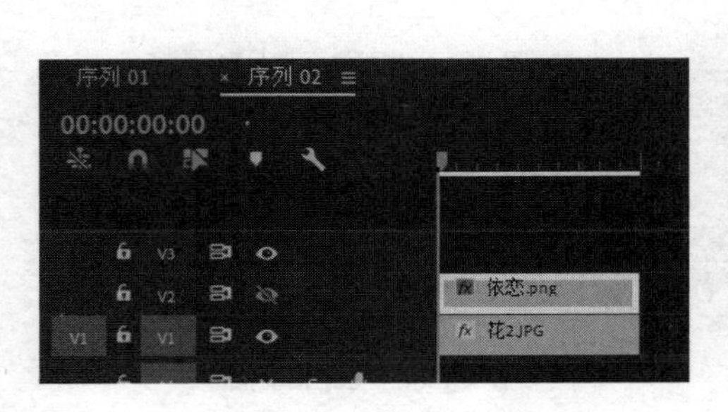

图4-13　添加素材文件

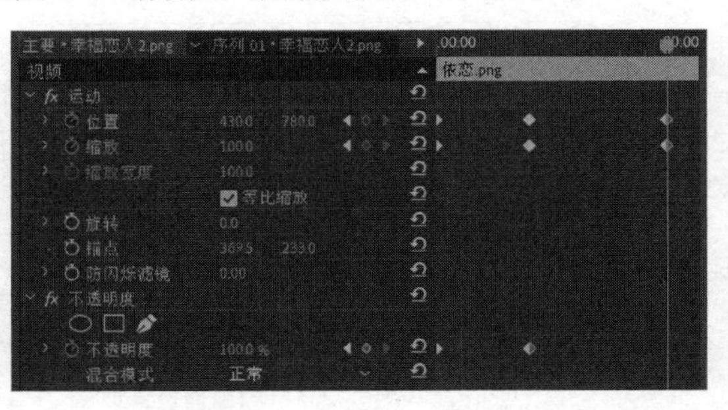

图4-14　添加第1组关键帧

5）选择“依恋”字幕，在效果窗口中选择“视频效果”→“透视”→“投影”并双击之，在效果控件窗口中设置“距离”为10，“柔和度”为15，如图4-16所示。

图4-15　添加关键帧效果

图4-16　投影设置

6）单击“播放-停止切换”按钮，预览视频效果，如图4-10所示。

4-5　实例3

实例3　通过旋转制作降落效果

实例要点：通过“旋转”选项制作物体旋转效果，通过“位置”选项制作物体降落效果。

思路分析：在Premiere Pro 2020中，旋转降落效果可以将素材围绕指定的轴进行旋转。本例介绍设置旋转降落效果的操作方法。本实例的最终效果如图4-17所示。

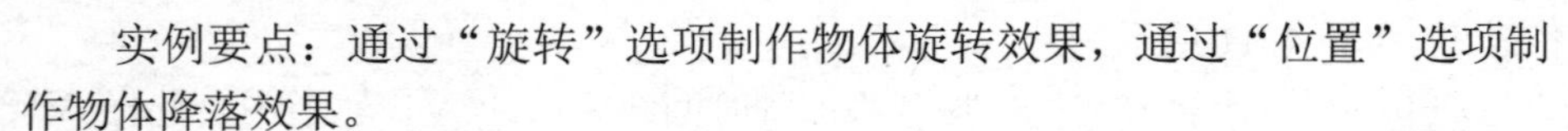

图4-17　旋转降落效果

操作步骤如下。

1）在Premiere Pro 2020的工作窗口中，创建一个AVCHD 1080p25的序列。导入两个素材文件“黄河”和“草莓”。

2）在项目窗口中选择“黄河”和“草莓”素材文件，分别添加到时间线窗口的 V1 与 V2 轨道中，如图 4-18 所示。

3）选择 V1 轨道中的“黄河”素材文件，在效果控件窗口中设置“缩放高度”为 20，“缩放宽度”为 25，如图 4-19 所示。

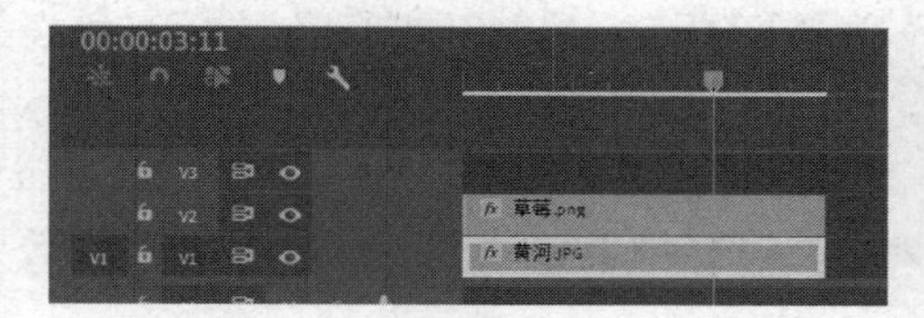

图 4-18　添加素材文件

图 4-19　设置“缩放”

4）选择 V2 轨道上的素材文件，在效果控件窗口中设置“位置”为（960，-65），“缩放”为 20，如图 4-20 所示。

5）为“位置”和“旋转”选项在 0s、0：13s、1s、1：13s、2s、2：08s、2：19s、3：08s、3：19s 和 4：06s 处添加 10 个关键帧，其值分别为[（960，-65），20]、[（960，100），-180°][（960，280），-360°]、[（960，460），-540°]、[（960，640），-720°]、[（960，690），-790°]、[（778，652），-990°]、[（539，768），-1200°]、[（458，586），-1270°]和[（420，860），-5990°]，如图 4-21 所示。

图 4-20　参数设置

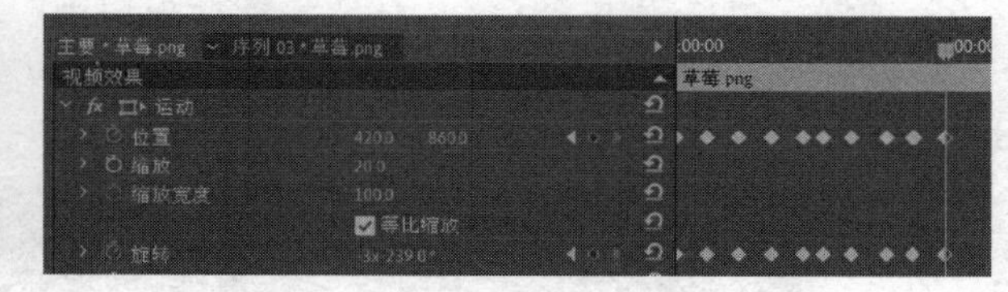

图 4-21　添加第 10 组关键帧

6）单击“播放-停止切换”按钮，预览视频效果，如图 4-17 所示。

4-6　实例 4

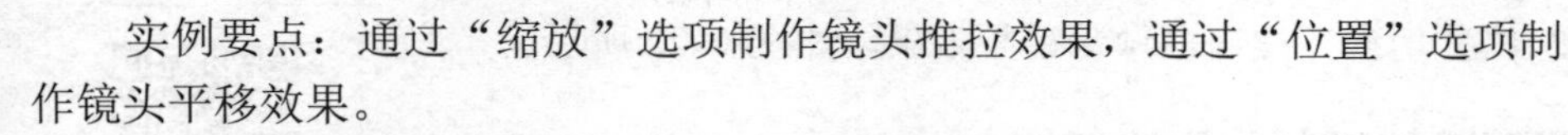

实例 4　通过镜头推拉与平移效果制作节日快乐

实例要点：通过“缩放”选项制作镜头推拉效果，通过“位置”选项制作镜头平移效果。

思路分析：在 Premiere Pro 2020 的视频节目中，制作镜头的推拉与平移可以增加画面的视觉效果。本例介绍制作镜头的推拉与平移效果的操作方法。本实例的最终效果如图 4-22 所示。

图 4-22　镜头推拉与平移效果

操作步骤如下。

1）在 Premiere Pro 2020 的工作窗口中，创建一个 AVCHD1080p25 的序列。导入素材文件“道路”。

2）在项目窗口中选择“道路”素材文件，并将其添加到时间线窗口的 V1 轨道中。

3）选择 V1 轨道中的素材文件，在效果控件窗口中设置“缩放高度”为 20，“缩放宽度”为 25。

4）在工具箱选择文字工具，单击节目监视器窗口，输入文字“节日快乐”，选择选择工具在效果控件窗口中展开“文本”选项，设置“字体”为“FZHuPo-M04S[琥珀]”，“填充色”为 0FBCF2，“位置”为屏幕的左上角，如图 4-23 所示。

5）选择“节日快乐”字幕，在效果窗口中选择“视频效果”→“透视”→“斜面 Alpha”并双击之，即可为选择的素材添加立体效果，在效果控件窗口中设置“边缘厚度”为 5，效果如图 4-24 所示。

图 4-23　输入文字

图 4-24　为字幕添加立体效果

6）选择“节日快乐”字幕，在效果控件窗口中，为“位置”与“缩放”选项在 0s、2s 和 3：10s 处添加 3 个关键帧，其值为[（960，540），100]、[（2090，540），100]和[（2604、1488），250]，如图 4-25 所示。

图 4-25　添加第 3 组关键帧

7）单击“播放-停止切换”按钮，预览视频效果，如图 4-22 所示。

4-7　实例 5

实例 5　通过字幕漂浮效果制作小船摇摇

实例要点：“波形变形”特效的应用。

思路分析：在 Premiere Pro 2020 中，当出现一个背景图像时，通过漂浮的字幕来介绍这个图像，可以使视频内容变得更加丰富。本例介绍设置字幕漂浮效果的操作方法。本实例最终效果如图 4-26 所示。

图 4-26　字幕漂浮效果

操作步骤如下。

1）在 Premiere Pro 2020 的工作窗口中，创建一个 AVCHD1080p25 的序列。导入素材文件“小船”。

2）在项目窗口中选择“小船”素材文件，并将其添加到时间线窗口的 V1 轨道中。

3）选择 V1 轨道中的素材文件，在效果控件窗口中设置“缩放高度”为 30，“缩放宽度”为 40。

4）在工具箱选择垂直文字工具，单击节目监视器窗口，输入文字“小船摇摇”，选择选择工具，在效果控件窗口中展开“文本”选项，设置“字体”为“FZZongYi-M05S”，“大小”为 150，“填充色”为 EA1033，如图 4-27 所示。

5）选择“小船摇摇”素材，在效果窗口中选择“视频效果”→“扭曲”→“波形变形”效果并双击之，如图 4-28 所示，即可为选择的素材添加波形变形效果。

图 4-27　添加字幕文件

图 4-28　双击“波形变形”选项

6）在效果控件窗口中，为“位置”与“不透明度”选项在 0s、2s 和 4s 处添加 3 个关键帧，其值为[（960，540），20%]、[（1220，540），60%]和[（1600，540），100%]，如图 4-29 所示。

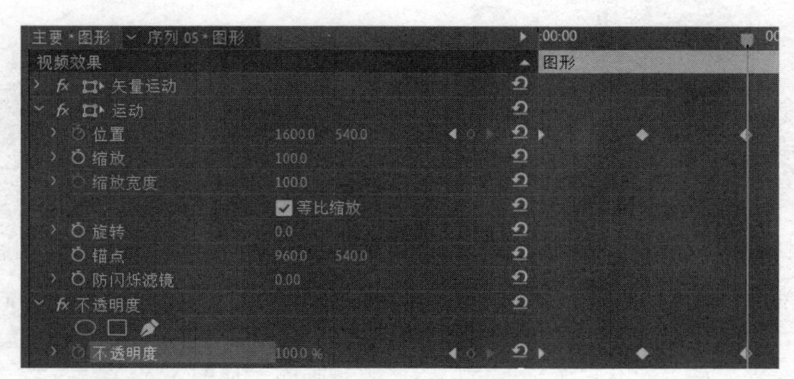

图 4-29　添加第 3 组关键帧

7）单击“播放-停止切换”按钮，预览视频效果，如图 4-26 所示。

4-8　实例 6

实例 6　通过字幕逐字输出效果制作花的赞美

实例要点：通过“裁剪”特效裁剪部分字幕，配合特效关键帧制作字幕逐字输出效果。

思路分析：在 Premiere Pro 2020 中，可以通过“裁剪”特效制作字幕逐字输出效果。本例介绍制作字幕逐字输出效果的操作方法。本实例最终效果如图 4-30 所示。

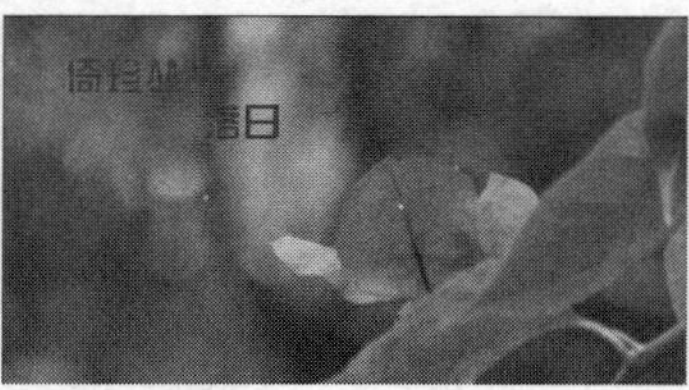
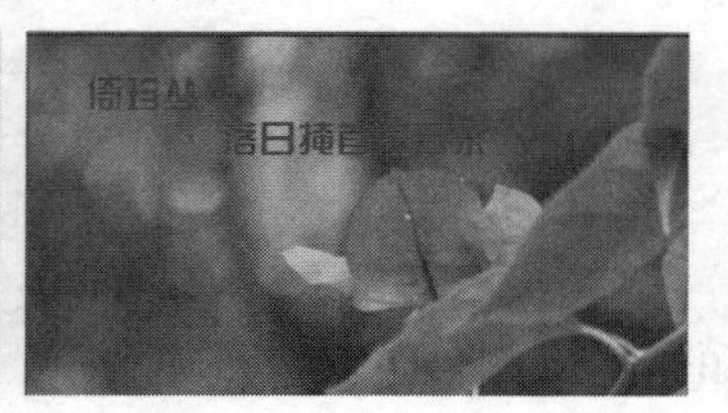

图 4-30　字幕逐字输出效果

操作步骤如下。

1）在 Premiere Pro 2020 的工作窗口中，创建一个 AVCHD1080p25 的序列。导入视频素材文件“花 1”。

2）在项目窗口中双击“花 1”素材文件，并将其添加到源监视器窗口，设置入点为 2：22s，出点为 9：22s，拖动“仅拖动视频”按钮，将其添加到时间线窗口中的 V1 轨道上。

3）在工具箱选择文字工具，单击节目监视器窗口，输入文字“倚珍丛，落日掩首海云东。”，就会在 V2 轨道出现文字素材，单击选择工具，将字幕素材结束位置拖曳至“花 1”结束位置，在效果控件窗口中展开“文本”选项，设置“字体”为“FZZongYi-M05S”，“大小”为 112，“填充色”为 EA10CC，“位置”为（230，207），效果如图 4-31 所示。

4）选择 V2 轨道中的文字素材，在效果窗口中选择“视频效果”→“变换”→“裁剪”效果并双击之，即可为选择的素材添加裁剪效果。

5）在效果控件窗口中，为“右侧”选项在 0：12s、0：13s、0：24s、1s、1:12s、1:13s、1：24s、2s、2：12s、2：13s、2：24s、3s、3：12s、3：13s、3：24s、4s、4：12s、4：13s、4：24s 和 5s 处添加关键帧，其值分别为 100%、82%、82%、76%、76%、70%、70%、63%、63%、57%、57%、51%、51%、45%、45%、40%、40%、34%、34%和 8%，如图 4-32 所示。

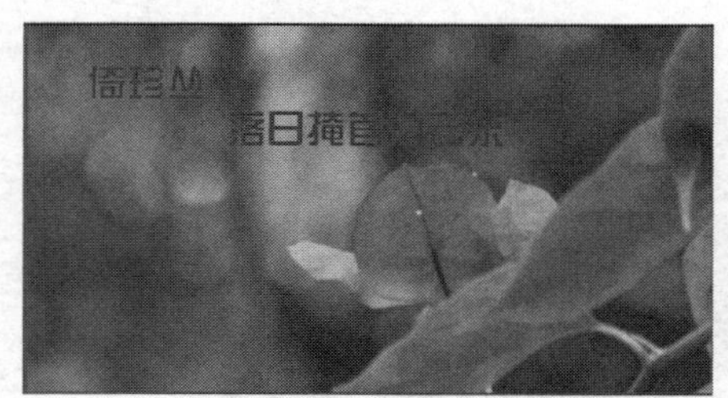

图 4-31　添加文字效果

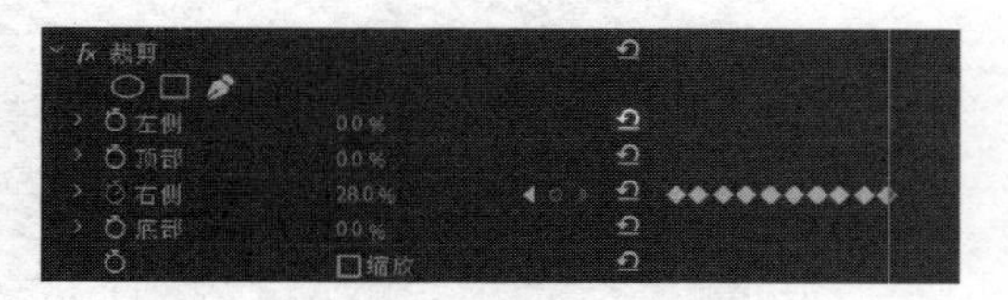

图 4-32　添加“右侧”关键帧

6）为“底部”选项在 0：12s 和 2s 处添加两个关键帧，其值分别为 80%和 60%，如图 4-33 所示。

7）执行上述操作后，在节目监视器可以查看素材画面，如图 4-34 所示。

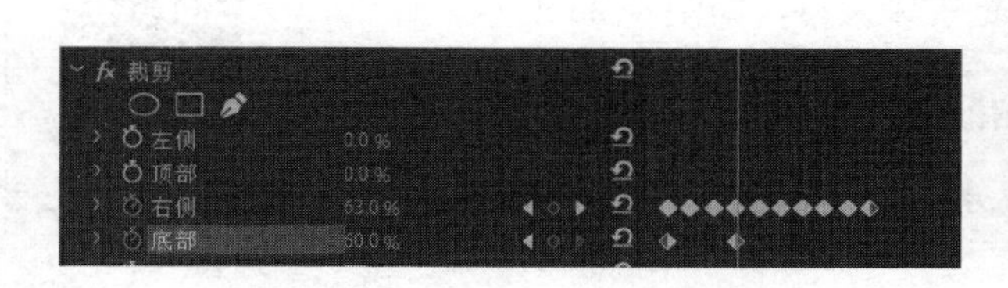

图 4-33　添加“底部”关键帧

图 4-34　起始效果

8）单击“播放-停止切换”按钮，预览视频效果，如图4-30所示。

4-9　实例7

实例7　通过字幕立体旋转效果制作美丽沙滩

实例要点：“基本3D”特效的应用。

思路分析：在Premiere Pro 2020中，可以通过“基本3D”特效制作字幕立体旋转效果。本例介绍制作字幕立体旋转效果的操作方法，本实例最终效果如图4-35所示。

图4-35　字幕立体旋转效果

操作步骤如下。

1）在Premiere Pro 2020的工作窗口中，创建一个AVCHD1080p25的序列。导入素材文件“沙滩”。

2）在项目窗口中选择“沙滩”素材文件，并将其添加到时间线窗口的V1轨道中，如图4-36所示。

3）选择V1轨道中的素材文件，在效果控件窗口中设置“缩放高度”为20，“缩放宽度”为25，如图4-37所示。

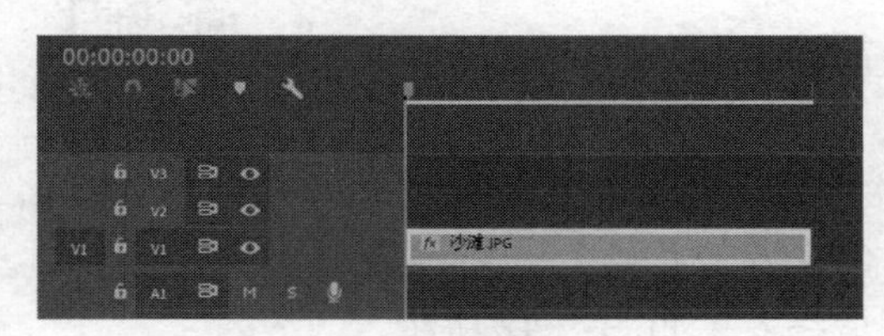

图4-36　添加素材文件

图4-37　运动设置

4）在工具箱选择文字工具，单击节目监视器窗口，输入文字“美丽沙滩”，单击选择工具，在效果控件窗口中展开“文本”选项，设置“字体”为“HYLingXinJ”，“大小”为160，“字距”为100，选择“仿斜体”，设置“填充色”为AF09CB，勾选“描边”，“颜色”为白色，其值为10，“位置”为（600，520），如图4-38所示。时间线窗口如图4-39所示。

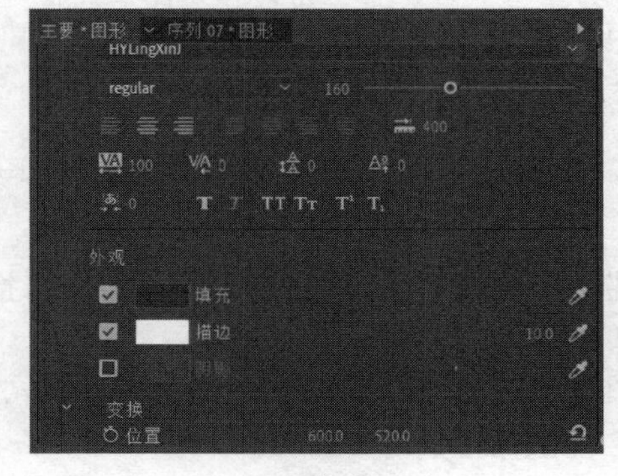

图4-38　字幕设置

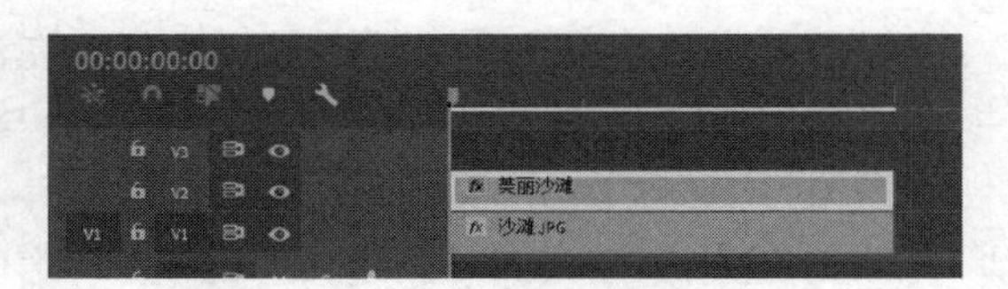

图4-39　时间线窗口

5）执行上述操作后，在节目监视器窗口中可以查看素材画面，如图 4-40 所示。

6）选择“美丽沙滩”字幕，在效果窗口中选择“视频效果”→“透视”→“基本 3D”效果并双击之，即可为选择的素材添加基本 3D 效果。

7）选择“斜面 Alpha”字幕，在效果窗口中选择“视频效果”→“透视”→“斜面 Alpha”效果并双击之，即可为选择的素材添加立体效果。在效果控件窗口中设置“边缘厚度”为 5。

8）在效果控件窗口中，为“基本 3D”效果的“旋转”“倾斜”以及“与图像的距离”选项在 0s、1s、2s 和 4s 处添加 4 组关键帧，其值分别为（0，0，300）、（360°，0，200）、（360°，360°，100）和（720°，720°，0），如图 4-41 所示。

图 4-40　查看素材画面

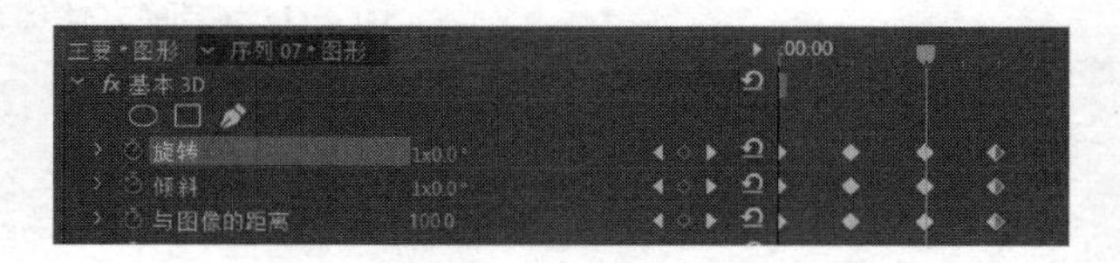

图 4-41　添加 4 组关键帧

9）单击“播放-停止切换”按钮，预览视频效果，如图 4-35 所示。

4-10　实例 8

实例 8　制作画中画效果

实例要点：通过“位置”与“缩放”选项使两个素材画面都出现在镜头中，制作画中画效果。

思路分析：可以将普通的平面图像转化为层次分明、全景多变的精彩画面。通过数字化处理，生成景物远近不同、具有强烈视觉冲击力的全景图像，给人一种身在画中的全新视觉享受。本例介绍制作画中画效果的操作方法。本实例最终效果如图 4-42 所示。

图 4-42　画中画效果

操作步骤如下。

1）在 Premiere Pro 2020 的工作窗口中，创建一个 AVCHD1080p25 的序列。导入两个素材文件“天池”和“卧龙湾固”。

2）在项目窗口中双击“天池”素材文件，在源监视器中设置入点为 0s，出点为 9s，拖动“仅拖动视频”按钮到时间线窗口的 V2 轨道中，与起始位置对齐。

3）在项目窗口中双击“卧龙湾固”素材文件，在源监视器中设置入点为 2s，出点为 7s，拖动“仅拖动视频”按钮到时间线窗口的 V1 轨道中，与起始位置对齐。

4）在源监视器中设置“卧龙湾固”的入点为 2s，出点为 6s，拖动“仅拖动视频”按钮到时间线窗口的 V3 轨道中，与“天池”的结束位置对齐，如图 4-43 所示。

5）选择 V2 轨道中的素材，为“位置”和“缩放”选项在 2s 和 3：20s 处添加两个关键帧，其值分别为[（370，356），0]和[（1530，684），45]，如图 4-44 所示。

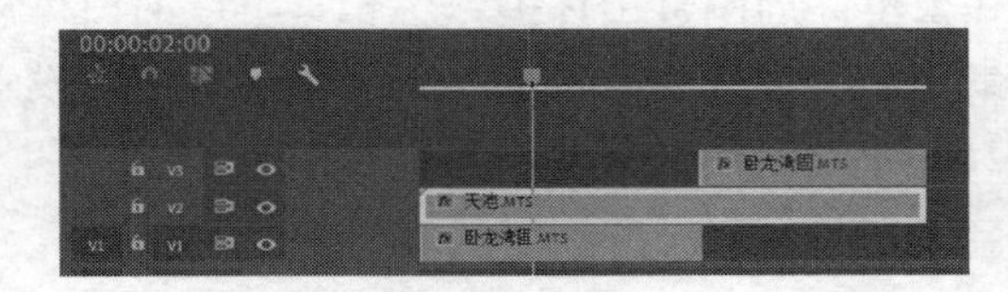

图 4-43　素材在时间线窗口中的排列

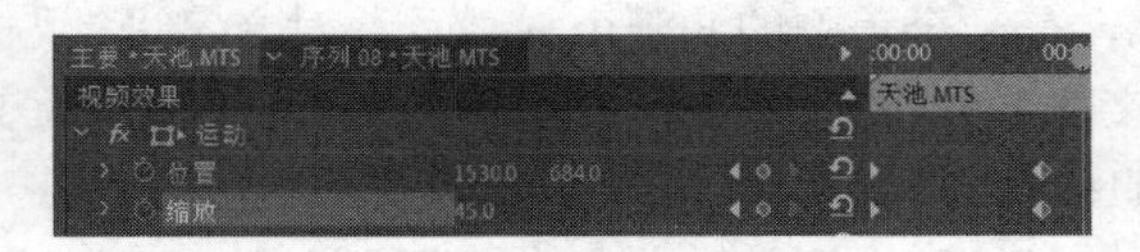

图 4-44　添加第 1 组关键帧

6）选择 V3 轨道中的素材，为“位置”和“缩放”选项在 5s 和 6：20s 处添加两个关键帧，其值分别为[（960，540），1000]和[（560，340），50]，如图 4-45 所示。效果如图 4-46 所示。

图 4-45　添加第 2 组关键帧

图 4-46　6：20s 处效果

7）单击“播放-停止切换”按钮，预览视频效果，如图 4-42 所示。

4-11　实例 9-1

实例 9　制作多行打字效果

实例要点：通过“裁剪”效果，制作多行打字效果。

思路分析：可以两次使用“裁剪”效果制作一行一行逐个文字出现效果，再通过复制和改变关键帧的设置使前行不消失的情况下，该行逐字出现。本例介绍制作多行打字效果的操作方法。本实例最终效果如图 4-47 所示。

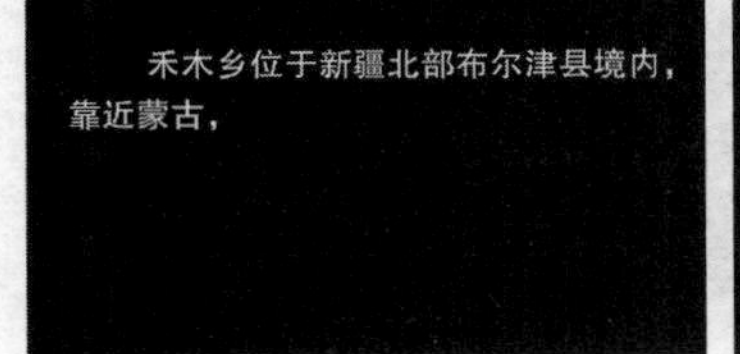

图 4-47　最终效果

具体操作步骤如下。

（1）创建字幕

1）按〈Ctrl+N〉组合键，在打开的“新建序列”对话框中设置“序列”为 AVCHD1080p25，“名称”为多行打字效果，单击“确定”按钮。

2）按〈Ctrl+I〉组合键，打开“导入”对话框，选择“禾木村 1”配音，单击“导入”按钮。

3）在时间线窗口中将播放指针拖到 0s 处，在工具箱中选择文字工具，单击节目监视器窗口适当位置，输入文字“禾木乡位于新疆北部布尔津县境内，靠近蒙古，俄罗斯边境，是喀纳斯民族乡的乡政府所在地，这里距喀纳斯湖大约 70 公里，周围群山环抱，生长有丰茂的白桦树林，是一个美丽的北疆山村。”，并对文字进行编辑，选择选择工具，在效果控件窗口中，设置“字体系列”为“FZHei-B01S”，“字体大小”为 95，“字距”为 15，“行距”为 30，“位置”为（1162，265），效果如图 4-48 所示。

（2）制作第 1 行文字的打字效果

1）从项目窗口中将“禾木村 1”音频拖曳到时间线窗口的 A1 轨道中，如图 4-49 所示。

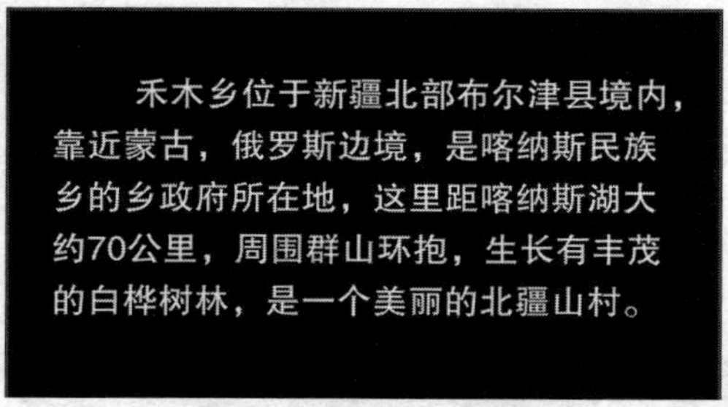

禾木乡位于新疆北部布尔津县境内，靠近蒙古，俄罗斯边境，是喀纳斯民族乡的乡政府所在地，这里距喀纳斯湖大约70公里，周围群山环抱，生长有丰茂的白桦树林，是一个美丽的北疆山村。

图 4-48　字幕效果

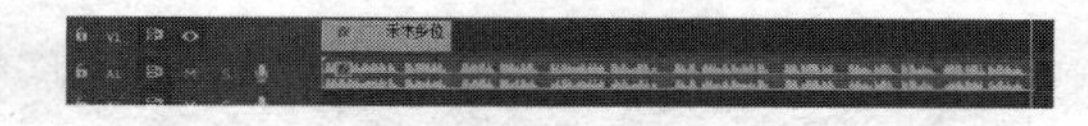

图 4-49　添加配音素材

2）选择“字幕”素材，在效果窗口中选择“视频效果”→“变换”→“裁剪”效果并双击，将其添加“字幕”素材上。在效果控件窗口中，设置“底部”为 73%。

3）选择“字幕”素材，在效果窗口中双击“裁剪”效果，从而给它添加第 2 个“裁剪”效果。为“右侧”选项在 0s 和 4∶20s 处添加关键帧，其值为 82%和 5%，如图 4-50 所示。逐个显示效果如图 4-51 所示。

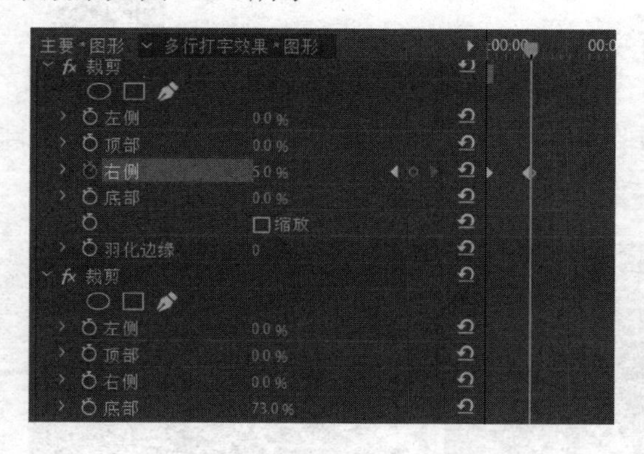

图 4-50　“裁剪”参数设置

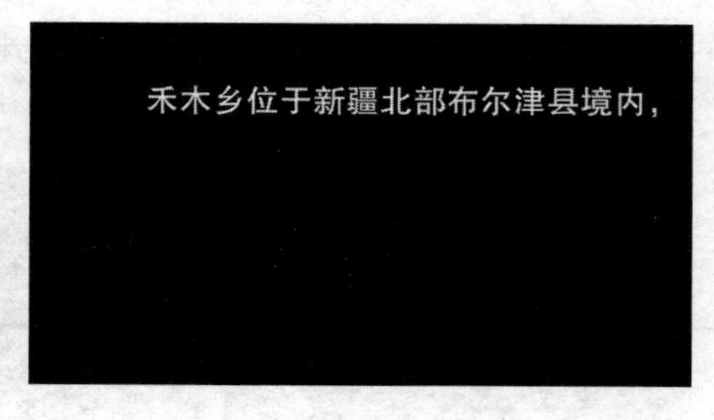

图 4-51　逐个显示效果

（3）制作第 2～5 行文字的打字效果

1）选择 V1 轨道中的“字幕”素材，然后按〈Ctrl+C〉组合键进行复制，在 4∶20s，按〈Ctrl+V〉组合键进行粘贴，如图 4-52 所示。

2）选择 V1 轨道中的第 2 段“字幕”素材，然后在效果控件窗口中将第 1 个（下面一个）“裁剪”效果的“顶部”数值设置为 28%，将“底部”数值设置为 61%，第 2 个“裁剪”效果的

“右侧”数值设置为 95%和 5%，文字的速度与音速不匹配，中间可以添加关键帧，如图 4-53 所示，从而只显示出第 2 行文字。接着在节目监视器窗口中单击“播放-停止切换”按钮，即可看到第 2 行文字逐个出现的效果。

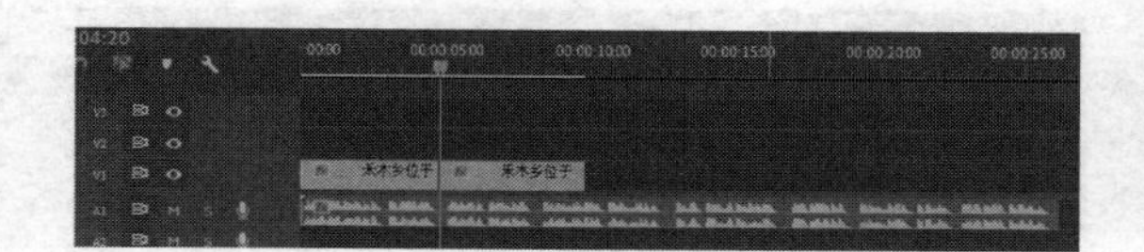

图 4-52 “粘贴”字幕

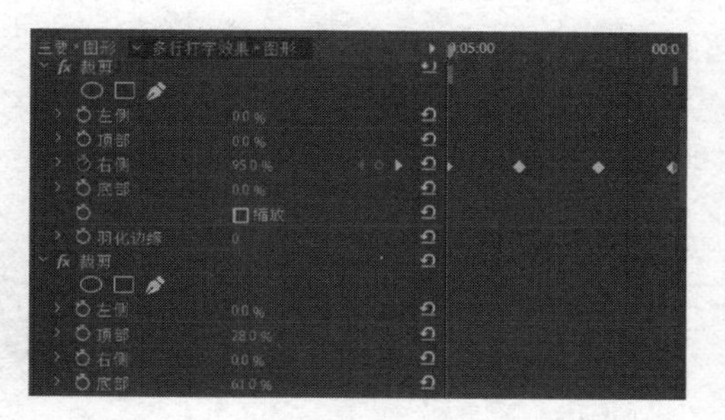

图 4-53 “裁剪”参数设置

3）选择 V1 轨道中的第二个“字幕”素材，然后按〈Ctrl+C〉组合键进行复制，接着依次在 9∶21s、14∶23s 和 20∶18s 处按〈Ctrl+V〉组合键进行粘贴，如图 4-54 所示。

4）选择 V1 轨道中的第 3 段“字幕”素材，然后在效果控件窗口中将第 1 个“裁剪”效果的“顶部”数值设置为 40%，将“底部”数值设置为 47%，从而只显示出第 3 行文字。在节目监视器窗口中单击“播放-停止切换”按钮，即可看到第 3 行文字逐个出现的效果，如图 4-55 所示。

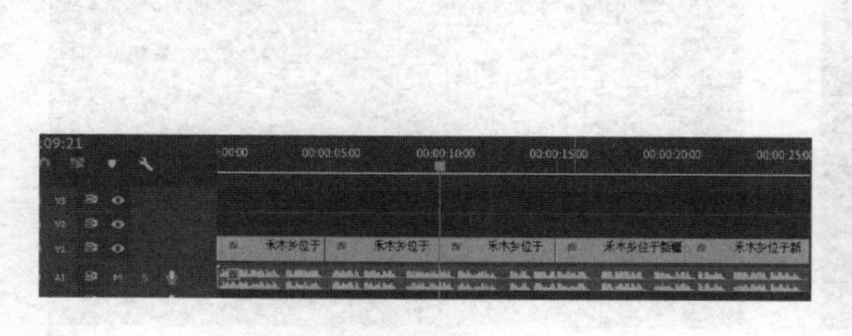

图 4-54 字幕排列

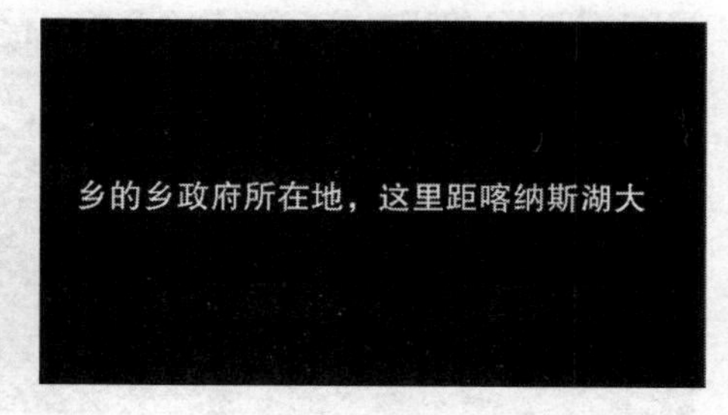

图 4-55 第 3 行文字逐个出现的效果

5）选择 V1 轨道中的第 4 段“字幕”素材，然后在效果控件窗口中将第 1 个“裁剪”效果的“顶部”数值设置为 50%，将“底部”数值设置为 41%，从而只显示出第 4 行文字。在节目监视器窗口中单击“播放-停止切换”按钮，即可看到第 4 行文字逐个出现的效果，如图 4-56 所示。

6）选择 V1 轨道中的第 5 段“字幕”素材，然后在效果控件窗口中将第 1 个“裁剪”特效的“顶部”数值设置为 67%，将“底部”数值设置为 20%，从而只显示出第 5 行文字。在节目监视器窗口中单击“播放-停止切换”按钮，即可看到第 5 行文字逐个出现的效果。

4-12 实例 9-2

（4）制作打过的文字不消失的效果

此时文字换入下一行后，前面的文字便消失了，这是不正常的，下面就来解决这个问题。具体步骤如下。

1）选中 V1 轨道中的第 1 段“字幕”素材，按〈Ctrl+C〉组合键进行复制，然后选中 V2 轨道使其高亮显示，接着将时间滑块移动到 4∶20s 的位置，按〈Ctrl+V〉组合键进行粘贴，长度不够，可以拖长，如图 4-57 所示。最后选择粘贴后的素材，在效果控件窗口中将第 2 个“裁剪”效果删除。此时在节目监视器窗口中单击“播放-停止切换”按钮，即可看到，在第 1 行文字不消失的情况下，第 2 行文字逐个出现的效果，如图 4-58 所示。

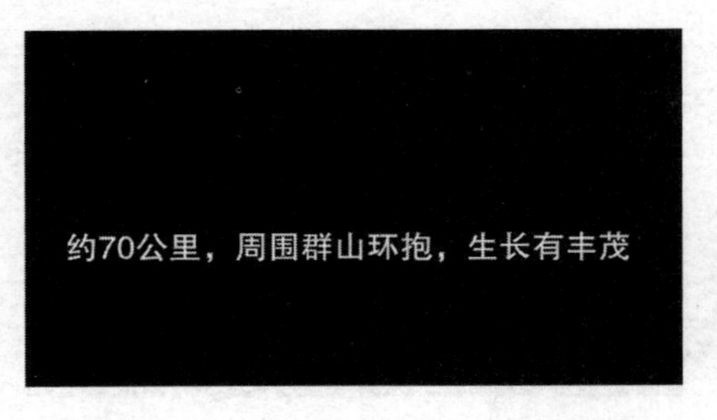

图 4-56　第 4 行文字逐个出现的效果

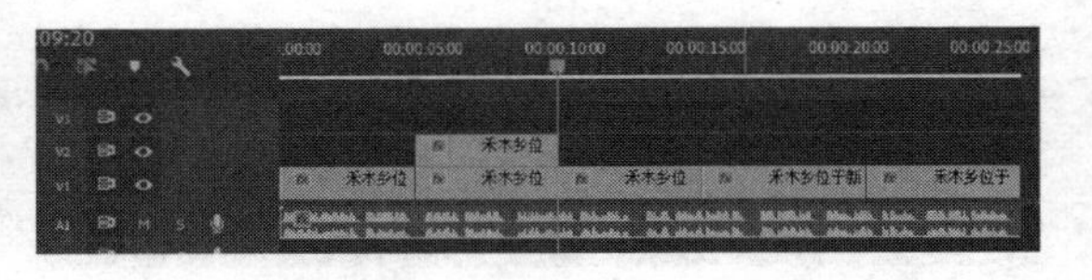

图 4-57　复制并拖长

2）选中 V1 轨道中的第 2 段素材，按〈Ctrl+C〉组合键进行复制，然后选中 V2 轨道使其高亮显示，接着将时间滑块移动到 9：21s 的位置，按〈Ctrl+V〉组合键进行粘贴。最后选择粘贴后的素材，在效果控件窗口中将第 2 个“裁剪”效果删除，并将第 1 个“裁剪”特效中的“顶部”数值设置为 0%，“底部”数值设置为 61%。此时在节目监视器窗口中单击“播放-停止切换”按钮，即可看到在第 1、2 行文字不消失的情况下，第 3 行文字逐个出现的效果，如图 4-59 所示。

禾木乡位于新疆北部布尔津县境内，
靠近蒙古，俄罗斯边境

图 4-58　第 2 行文字逐个出现的效果

禾木乡位于新疆北部布尔津县境内，
靠近蒙古，俄罗斯边境，是喀纳斯民族
乡的乡政府所在地，这里距喀

图 4-59　第 3 行文字逐个出现的效果

3）选中 V1 轨道中的第 3 段“字幕”素材，按〈Ctrl+C〉组合键进行复制，然后选中 V2 轨道使其高亮显示，接着将时间滑块移动到 14：23s 的位置，按〈Ctrl+V〉组合键进行粘贴。最后选中粘贴后的素材，在效果控件窗口中将第 2 个“裁剪”特效删除，并将第 1 个“裁剪”效果中的“顶部”数值设置为 0%，“底部”数值设置为 47%。此时在节目监视器窗口中单击“播放-停止切换”按钮，即可看到在第 1～3 行文字不消失的情况下，第 4 行文字逐个出现的效果，如图 4-60 所示。

4）选择 V1 轨道中的第 4 段“字幕”素材，按〈Ctrl+C〉组合键进行复制，然后选中 V2 使其高亮显示，接着将时间滑块移动到 20：18s 的位置，按〈Ctrl+V〉组合键进行粘贴，如图 4-61 所示。最后选中粘贴后的素材，在效果控件窗口中将第 2 个“裁剪”效果删除，并将第 1 个“裁剪”效果中的“顶部”数值设置为 0%，“底部”数值设置为 30%，如图 4-62 所示。此时在节目监视器窗口中单击“播放-停止切换”按钮，即可看到在第 1～4 行文字不消失的情况下，第 5 行文字逐个出现的效果，如图 4-63 所示。

5）至此，多行打字效果制作完毕，执行菜单命令“文件”→“导出”→“媒体”，将其输出为“多行打字效果.mp4”文件。

图 4-60　第 4 行文字逐个出现的效果

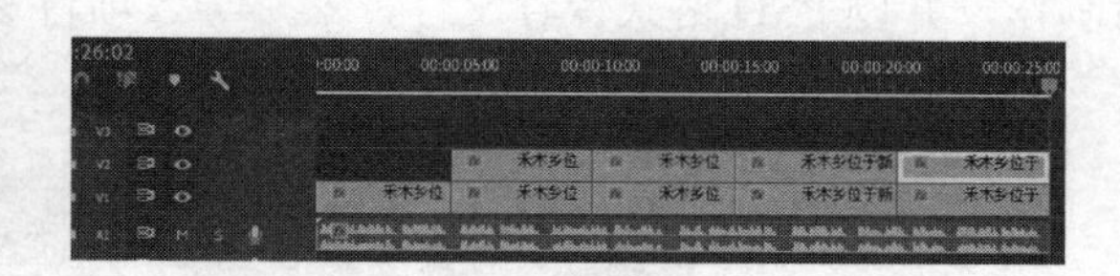

图 4-61　复制后的排列

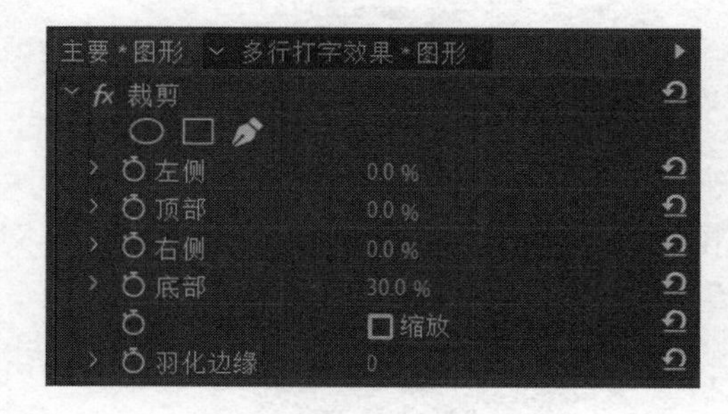

图 4-62　“裁剪”效果设置

图 4-63　第 5 行文字逐个出现的效果

综合实训

实训 1　栏目包装——电影频道

实训情景设置

通过配合使用特效转换和运动效果，制作一个名为“电影频道”的电视栏目包装片头。以动态视频为背景，应用视频转换来展开前景图片，创作重点在于通过丰富的动画效果，展示与主题紧密联系的栏目片头内容。

整个影片的制作分为 4 个步骤：在 Photoshop 中制作出所需的图形和文字图片，以 PSD 格式保存；以正确的方式导入影片素材，在时间线窗口中编排素材的出场顺序；为时间线窗口中的素材添加运动效果和视频转换，依次编辑出丰富的动画展示效果；添加背景音乐，对影片文件进行输出。最终效果如图 4-64 所示。

图 4-64　最终效果

操作步骤

1．制作图形和文字素材

为了得到清晰美观的影片画面质量，本实例中所用到的部分图形使用 Photoshop CS6 来编辑制作，并以 PSD 格式保存文件，然后导入项目文件中进行编辑处理。

1）启动 Photoshop Pro CS6，打开一个名为“电影胶片.psd”的文档，如图 4-65 所示。

图 4-65　打开 PSD 文档

2）在图层面板中单击“新建图层”按钮，新建 9 个图层，如图 4-66 所示。

3）选择“文件”→“打开”命令，打开本书配套教学素材“项目 4\电影频道\素材”文件夹中的“08.jpg”文件，使用矩形选框工具框选中全部图像，如图 4-67 所示。

图 4-66　新建图层

图 4-67　打开图形并选中

4）将选中的图形复制并粘贴到“电影胶片.psd”中，在图形上单击鼠标右键，在弹出的快捷菜单中选择“自由变换”命令。

5）持续按下〈Ctrl++〉组合键放大画面，便于图形变换操作。拖动图形周围的控制锚点，调整图形的大小，使图形与胶片中的矩形框大小一致。

6）按照相同的方法，打开图形素材“01.jpg”～“07.jpg”，将其分别粘贴到“电影胶片.psd”文件的各个图层中，调整好其尺寸和位置。操作完成后，将“电影胶片.psd”文件另存为“风云电影.psd”文件，如图 4-68 所示。

图 4-68　保存文档

2．导入素材

导入素材操作步骤如下。

1）启动 Premiere Pro 2020，单击“新建项目”按钮，打开“新建项目”对话框。设置“名称”为电影频道，“位置”为“E：\项目 4\电影频道\效果（本书为例）”，单击“确定”按钮。

2）按〈Ctrl+N〉组合键，打开“新建序列”对话框，选择“有效预设”为“DV–PAL”的“标准 48kHz”选项，单击“确定”按钮。

3）按〈Ctrl+ I 〉组合键，打开“导入”对话框，选择 “项目 4\电影频道\素材”文件夹中的“动态背景.mp4”“背景.psd”“风云电影.psd”素材。

4）在导入“风云电影.psd”素材时会弹出“导入分层文件：风云电影”对话框，在对话框中保持默认选项“合并所有图层”，单击“确定”按钮，导入该素材文件，如图 4–69 所示。

5）导入“背景.psd”素材时，在“导入分层文件：背景”对话框中，单击“导入为”下拉列表按钮，在弹出的菜单中选择“序列”选项，在下面的素材列表框选中“1”“2”“3”前面的复选框，如图 4–70 所示。

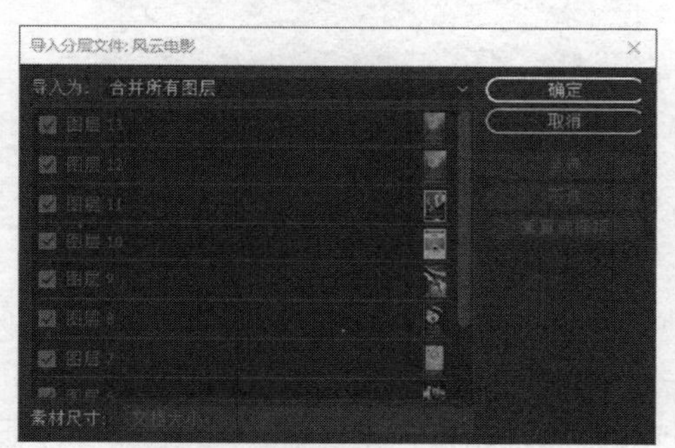

图 4–69　按默认方式导入文件

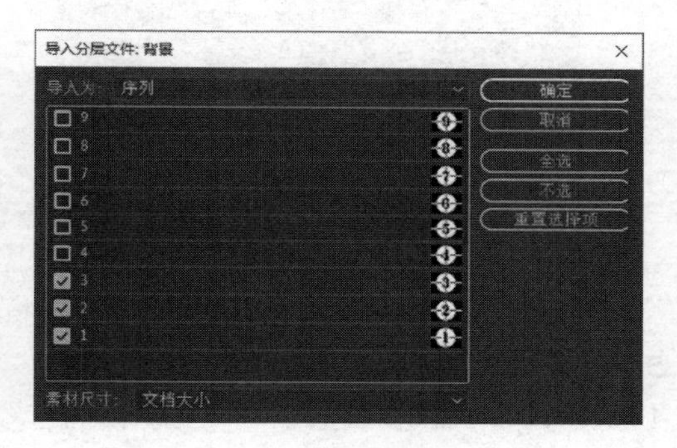

图 4–70　按序列方式导入图层

6）单击“确定”按钮，将选择的素材文件按序列方式导入到项目窗口中，如图 4–71 所示。

3．对素材进行编辑

1）在项目窗口中选择“背景”文件夹中的“1/背景”文件，执行菜单命令“素材”→“速度/持续时间”，在打开的“剪辑速度/持续时间”对话框中将持续时间改为 2s，如图 4–72 所示。

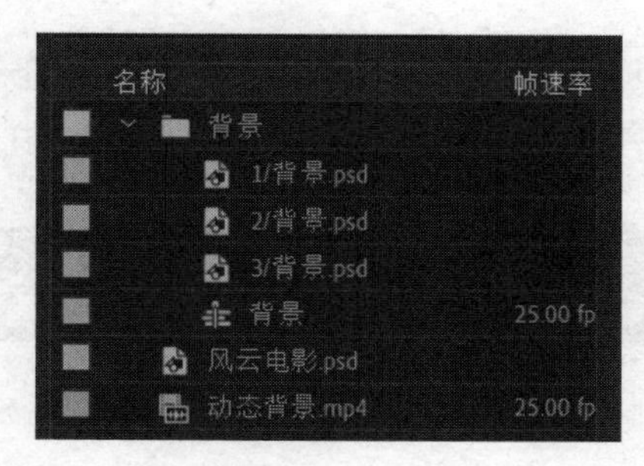

图 4–71　导入素材

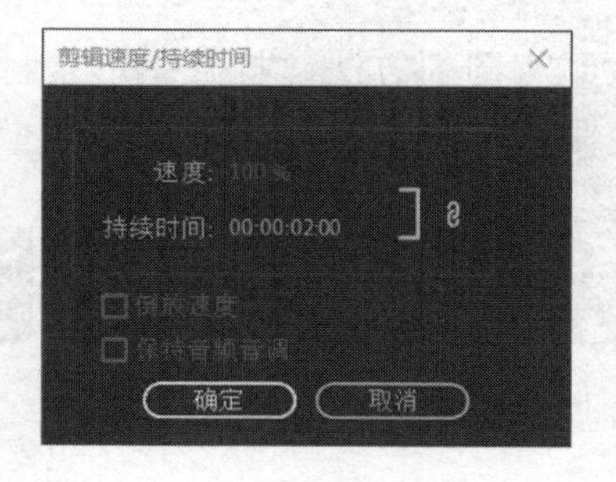

图 4–72　修改持续时间

2）用相同的方法，将“2/背景”和“3/背景”素材的持续时间也改为 2s。

4. 制作字幕素材

1）执行菜单命令“文件”→“新建”→“旧版标题”，在打开“新建字幕”对话框中设置“名称”为“品电影频道”，单击“确定”按钮。

2）打开字幕窗口，在窗口中输入文本“品电影频道”，设置“字体”为“汉仪凌心体”，“字号”为70，为其填充颜色和制作描边效果，效果如图4-73所示。

3）单击“基于当前字幕新建字幕”按钮，在打开的“新建字幕”对话框中的“名称”文本框内输入“赏精彩人生”，单击“确定”按钮。

4）在字幕窗口中删除“品电影频道”，输入文本“赏精彩人生”，在“旧版标题样式”中选择“Arial Black yellow orange gradient”样式，设置“字体”为“华文行楷”，“大小”为70，效果如图4-74所示。

图4-73 “品电影频道”字幕

图4-74 “赏精彩人生”字幕

5. 组合素材片段

1）执行菜单命令“序列”→“添加轨道”，打开“添加轨道”对话框，设置添加视频轨道数量为3，单声道音频轨数量为1，如图4-75所示，单击“确定”按钮，在时间线窗口中添加3条视频轨道。

2）在项目窗口中选择素材“3/背景.psd”～“1/背景.psd”，将其依序拖曳到时间线窗口的“视频1”轨道中，将“3/背景.psd”入点放在0位置，如图4-76所示。

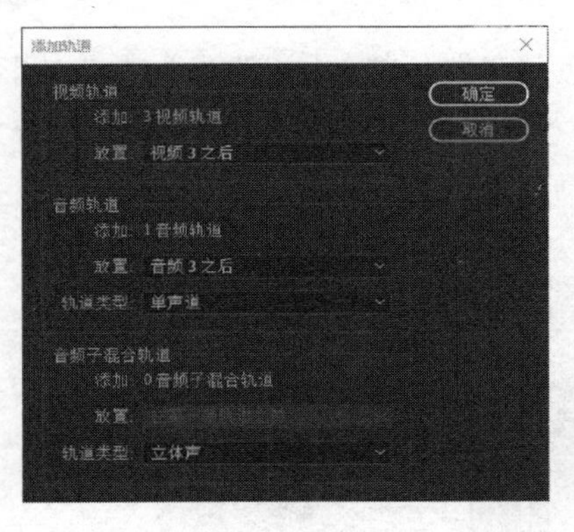

图4-75 添加视频轨道

图4-76 在时间线窗口中添加素材

3）在项目窗口中选择“动态背景”素材，将其拖曳到时间线窗口V1轨道的“1/背景.psd”素材后面。

4）在项目窗口中选择“风云电影.psd”素材，将其拖曳到时间线窗口的V2轨道中，将入点、出点位置分别设置为6s、8：10s，如图4-77所示。

5）按照相同的方法将“风云电影.psd”素材添加到V3和V4轨道，分别设置其入点位置为7：12s和8：23s，如图4-78所示。

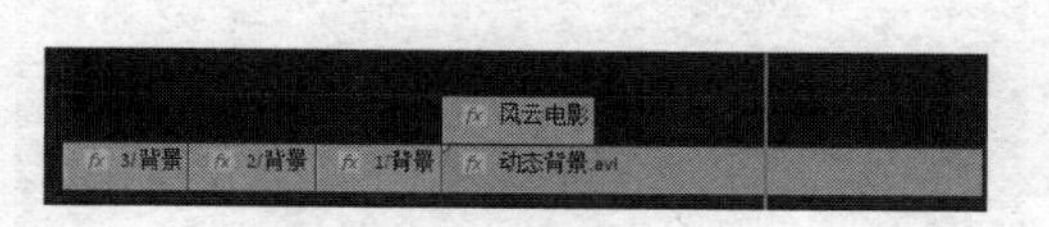

图4-77　添加素材到时间线窗口1

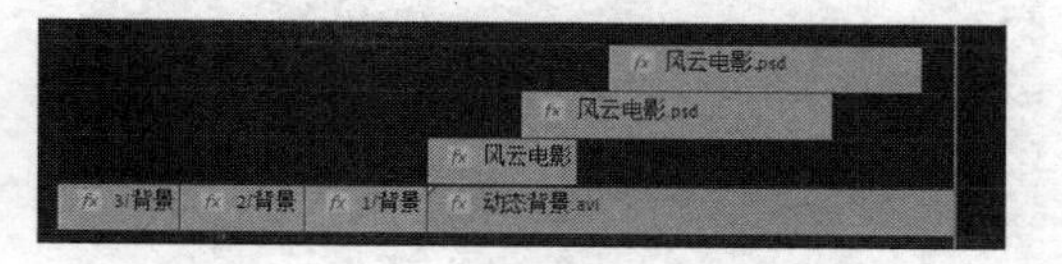

图4-78　添加素材到时间线窗口2

6）按照相同的方法，将“品电影频道”和“赏精彩人生”字幕添加到V5和V6轨道中，分别设置其入点位置为9：18s和10：19s，如图4-79所示。

7）按下〈Ctrl+S〉组合键，对目前编辑完成的工作进行保存。

6．为素材制作运动效果

1）分别选择素材“3/背景.psd”“2/背景.psd”“1/背景.psd”，在效果控件窗口中展开“运动”选项，将“缩放比例”分别设置为50、80和110。

2）在效果窗口中选择“视频切换”→“擦除”→“时钟式划变”，拖曳到时间线窗口的“3/背景.psd”素材的结束点上。

3）按照相同的方法为素材“2/背景.psd”和“1/背景.psd”添加“时钟式划变”过渡，如图4-80所示。

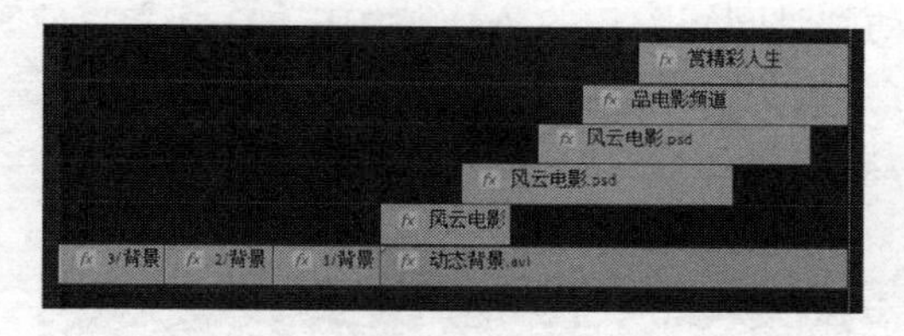

图4-79　添加字幕到时间线窗口

图4-80　添加“时钟式划变”过渡

4）选中V2轨道上的“风云电影.psd”素材，将当前播放指针移到位置。

5）在效果控件窗口中展开“运动”选项，为“位置”选项在6s和8：09s处添加两个关键帧，将其值设置为（-562，427）和（1305，427）。

6）选择V3轨道上的“风云电影.psd”片段，在效果控件窗口中展开“运动”选项，为“位置”选项在7：12s和10：04s处添加两个关键帧，其对应参数分别为（-423.0，-400）和（1152，976）；设置“旋转”为39。

7）选择V4轨道上的“风云电影.psd”片段，在效果控件窗口中展开“运动”选项，为“位置”选项在8：23s和11：11s处添加两个关键帧，其对应参数分别为（1157，-391）和（-474，925）；设置“旋转”为-35。

8）为V4轨道上的“风云电影.psd”片段的“不透明度”选项在10：12s和11：11s处添加两个关键帧，其对应参数分别为100%和10%，如图4-81所示。

9）选择V5轨道上的“品电影频道”片段，为“缩放”选项在9：18s、10：10s、10：13s、10：18s、10：20s和11：15s处添加6个关键帧，其对应参数分别为300、70、90、110、100和70，如图4-82所示。

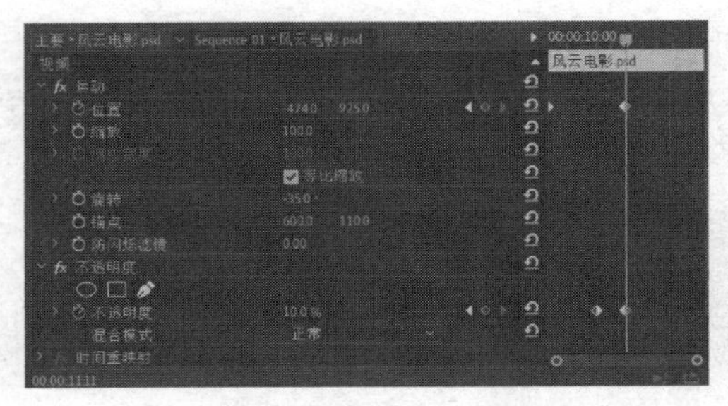

图 4-81　设置不透明度

图 4-82　调整缩放参数

10）为“品电影频道”片段的“不透明度”选项在 13s 和 14∶13s 处添加两个关键帧，对应参数分别为 100%和 0。

11）按照相同的方法为“赏精彩人生”字幕制作“缩放”和“不透明度”效果。

12）按下〈Ctrl+S〉组合键，对目前编辑完成的工作进行保存。

7. 添加音频效果

1）选择“文件”→“导入”命令，将本书配套教学素材“项目 4/电影频道/素材”文件夹中的“音效 01.wav”“音效 02.wav”和“片头音乐 009.wav”音乐文件导入到项目窗口中，音乐为单声道文件。

2）将项目窗口中的“音效 01”音频素材拖动到时间线窗口的 A1 轨道中，分别将其入点放置在 0∶20s 和 2∶20s 处。

3）将项目窗口中的“音效 02”音频素材拖动到时间线窗口的 A1 轨道中，将其入点放置在 4∶20s 处，为影片添加音频效果，如图 4-83 所示。

4）将项目窗口中的“片头音乐 009.wav”音频素材拖放到时间线窗口的 A1 轨道中，其入点位置为 5∶02s，状态如图 4-84 所示。

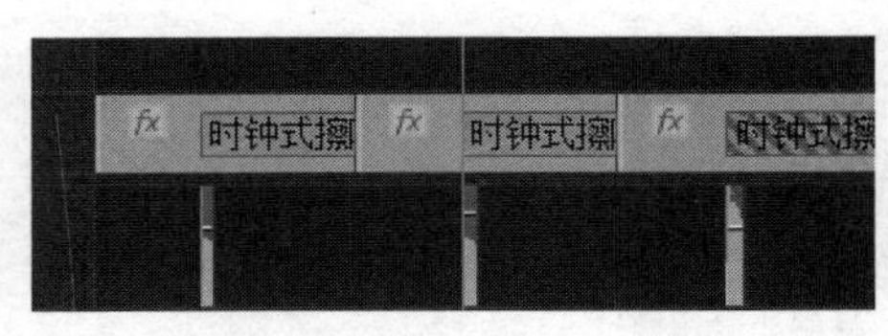

图 4-83　将音频素材添加到时间线窗口中 1

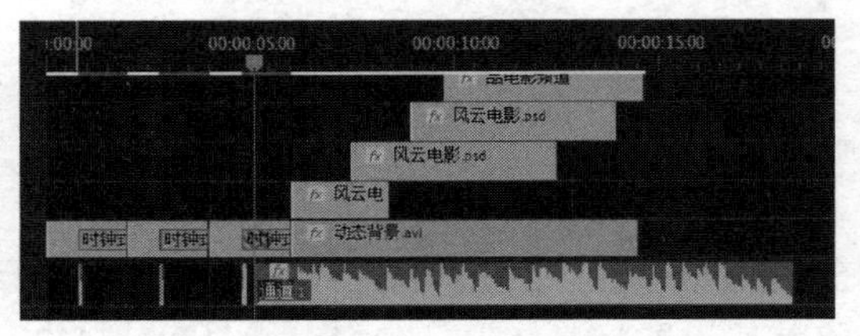

图 4-84　将音频素材添加到时间线窗口 2

5）将时间指针移到 14∶13s 位置，使用选择工具将结束点拖曳到时间指针位置，如图 4-85 所示。

6）在音频轨道的 13∶13s 和 14∶13s 位置添加两个关键帧，用鼠标选中 14∶13s 位置的关键帧，往下方拖动，实现音频的淡出效果，如图 4-86 所示。

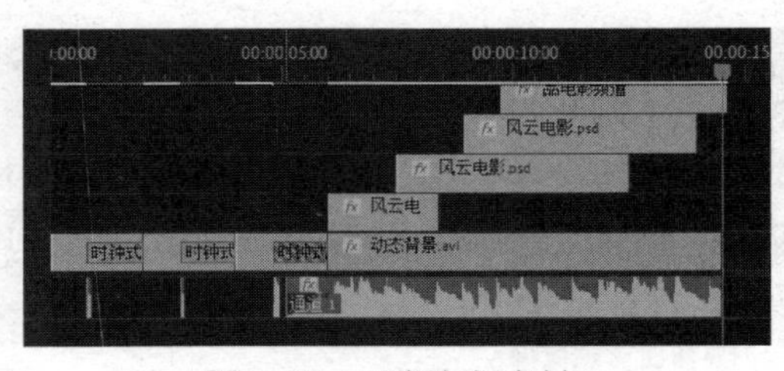

图 4-85　对齐音频素材

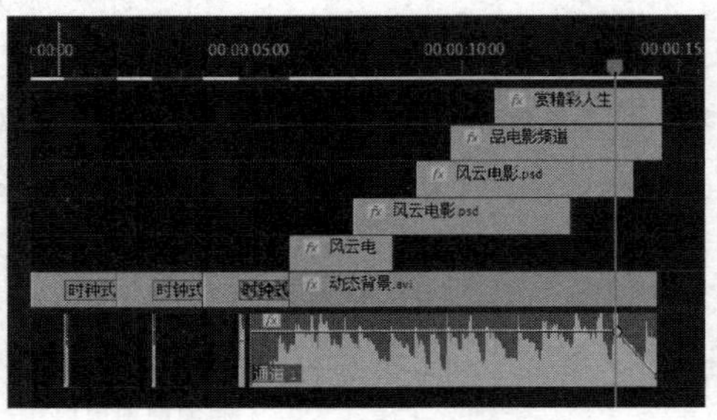

图 4-86　设置淡出

7）按下〈Ctrl+S〉组合键，对目前编辑完成的工作进行保存。

8．预览并输出影片

1）在节目监视器窗口中单击“播放-停止切换”按钮，对编辑完成的影片内容进行预览，效果如图 4-64 所示。

2）执行菜单命令“文件”→“导出”→“媒体”，打开“导出设置”对话框，设置“格式”为H.264，“预设”为“匹配源-中等比特率”，单击“输出名称”后面的链接，打开“另存为”对话框，在对话框中设置保存的名称和位置，单击“保存”按钮。

3）单击“导出”按钮，打开“编码序列 01”对话框，开始进行影片输出处理。

实训 2　视频广告——情侣对戒

实训情景设置

通过浪漫温馨的色彩搭配柔和感人的音乐，展现代表着爱情和温馨的情侣对戒视频广告。以动态视频为背景，通过牵手图和文字内容来烘托渐显的戒指。片头以两只牵着的手渐渐显示效果来展开广告主题内容，接下来用“海枯石烂”和“同心永结”文字内容渲染爱情的美好；同时，让戒指旋转着由小到大，由无到有渐渐显示出来，结束时画面定格在广告主题、内容上。

整个影片项目的制作主要包括：导入广告所需的素材，在时间线窗口中排列素材出场顺序；创建字幕内容；为时间线窗口中的素材添加运动效果和视频特效；添加背景音乐，对影片文件进行输出。最终效果如图 4-87 所示。

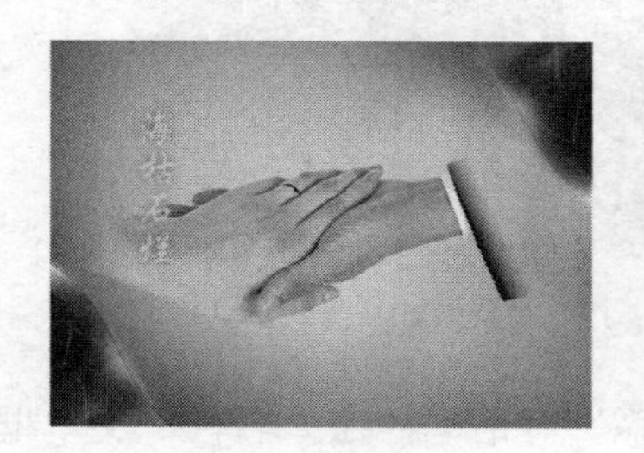

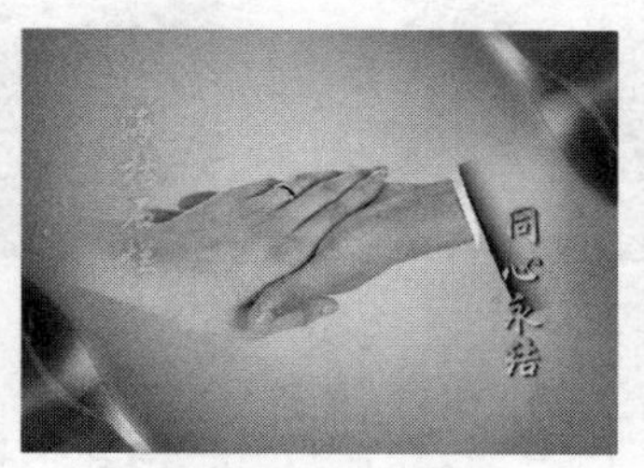

图 4-87　最终效果

操作步骤

1．导入素材

导入素材操作步骤如下。

1）启动 Premiere Pro 2020，单击“新建项目”按钮，打开“新建项目”对话框，设置“名称”为“情侣对戒”，“位置”为“E：\项目 4\情侣对戒\效果”（本书为例），单击“确定”按钮。

2）按〈Ctrl+N〉组合键，打开“新建序列”对话框，设置“有效预设”为“DV-PAL”的“标准 48kHz”选项，单击“确定”按钮。

3）按〈Ctrl+I〉组合键，打开“导入”对话框，选择 “项目 4\视频广告\素材”文件夹中的“背景 1.m2v”“2.psd”和“片头音乐 058.wav”，单击“打开”按钮。

4）在弹出的“导入分层文件”对话框中，直接单击“确定”按钮，以默认方式将“2.psd”素材以图片形式导入到项目窗口中。将“背景 1.m2v”素材拖曳到项目窗口中。

5）按〈Ctrl+I〉组合键，打开“导入”对话框，选择本书配套教学素材“项目 4\视频广告\素材\戒指”文件夹中的“3DCGl-001-01P-A02000.psd”，将其以序列图像的方式导入，将“名称”改为“戒指”。

2．创建字幕

创建字幕操作步骤如下。

1）执行菜单命令“文件”→“新建”→“旧版标题”，打开字幕窗口，使用垂直文字工具输入文字“海枯石烂”；在“旧版标题样式”中选择“Times New Roman Regular Red Glow”，在“旧版标题属性”中设置“字体系列”为“方正行楷简体”，“字体大小”为 60，效果如图 4-88 所示。

2）单击“基于当前字幕新建字幕”按钮，在打开的“新建字幕”对话框中的名称文本框内输入“同心永结”，单击“确定”按钮。

3）在字幕窗口中删除“海枯石烂”，输入文本“同心永结”，在“旧版标题样式”中选择“Arial Black yellow orange gradient”，设置“字体系列”为“方正行楷简体”，“字体大小”为 60，效果如图 4-89 所示。

图 4-88　字幕“海枯石烂”

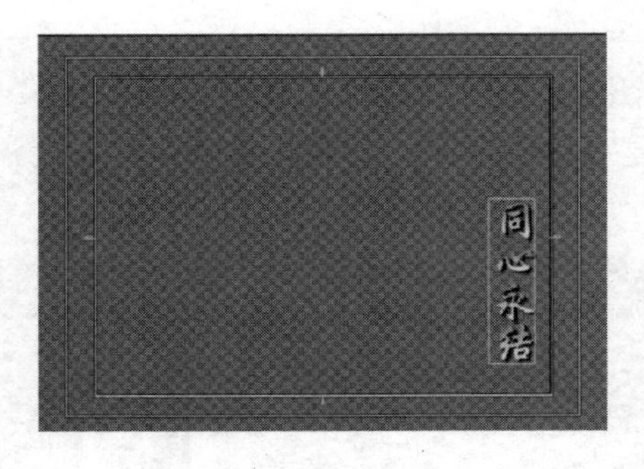

图 4-89　字幕“同心永结”

4）单击“基于当前字幕新建字幕”按钮，打开“新建字幕”对话框，在“名称”文本框内输入“同心伴侣”，单击“确定”按钮。

5）在字幕窗口中删除“同心永结”，输入文本“同心伴侣喜双飞”，为“同心”和“双飞”在“旧版标题样式”中选择“Arial Black yellow orange gradient”，设置“字体系列”为“方正行楷简体”，“字体大小”为 60。为“伴侣喜”在“旧版标题样式”中选择“Arial Black Gold”，设置“字体系列”为“方正行楷简体”，“字体大小”为 72，如图 4-90 所示。

3．组合素材片段

组合素材片段操作步骤如下。

1）在项目窗口中选择“背景 1.m2v”，将其拖曳到时间线窗口中 V1 轨道中，与起始位置对齐。

2）在项目窗口中选择“2.psd”，将其拖曳到 V2 轨道，调整持续时间，使之与“背景 1.m2v”对齐。

3）在项目窗口中选择“戒指”，将其拖曳到 V3 轨道，入点与 5：01s 对齐，“持续时间”为 5：17s，如图 4-91 所示。

图 4-90　字幕“同心伴侣喜双飞”

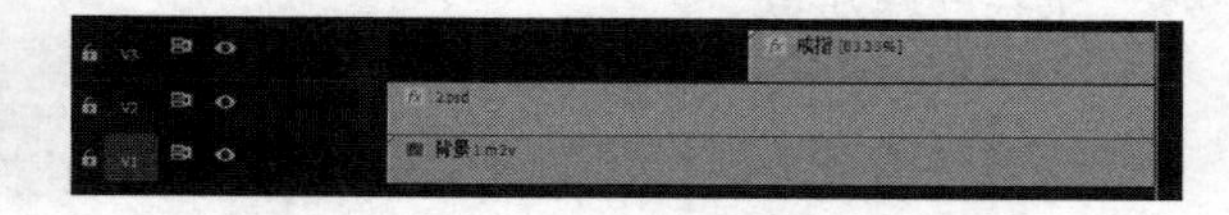

图 4-91　添加素材

4）用鼠标右键单击项目窗口中的字幕“海枯石烂”，从弹出的快捷菜单中选择“速度/持续时间”选项，在打开的“剪辑速度/持续时间”对话框中将“持续时间”修改为 5s，单击“确定”按钮。

5）按照相同的方法将字幕“同心伴侣喜双飞”的“持续时间”设置为4：12。

6）将字幕“海枯石烂”“同心永结”和“同心伴侣喜双飞”分别插入时间线窗口中，按如图 4-92 所示的位置排列。

4．为素材制作运动效果

为素材制作运动效果操作步骤如下。

1）在时间线窗口中展开 V3 轨道，选择钢笔工具，分别单击字幕“海枯石烂”素材 0：01s、2：01s、3：22s 和 5s 位置，拖动 0：01s 和 5s 处的关键帧到位置最小位置，添加淡入、淡出效果。

2）选择“海枯石烂”字幕，在效果控件窗口中，为“不透明度”选项在 0s、2：01s、3：22s 和 4：22s 处添加 4 个关键帧，其对应参数分别为 0，100%，100%，0。

3）选择“同心永结”字幕，在效果控件窗口中，为“不透明度”选项在 1：15s、3：13s、5s 和 6s 处添加 4 个关键帧，其对应参数分别为 0，100%，100%，0。

4）选择“戒指”片段，在效果控件窗口中，为“不透明度”选项在 5：01s 和 6s 处添加两个关键帧，其对应参数分别为 0，100%。

5）选择“戒指”素材，在效果控件窗口中，为“缩放”选项在 5：01s 和 7：07s 处添加两个关键帧，其对应参数分别为 0 和 50。

6）选择“2.psd”素材，在效果控件窗口中，为“不透明度”选项在 0s 和 0：18s 处添加两个关键帧，其对应参数分别为 0 和 100%。

7）在效果窗口中选择“视频过渡”→“擦除”→“划出”，拖曳到“同心伴侣喜双飞”字幕的开始位置，如图 4-93 所示。

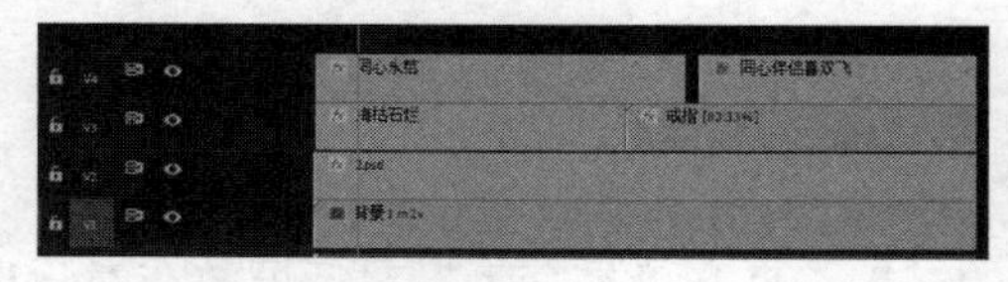

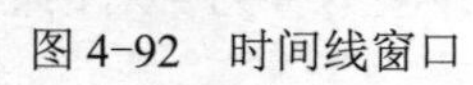

图 4-92　时间线窗口

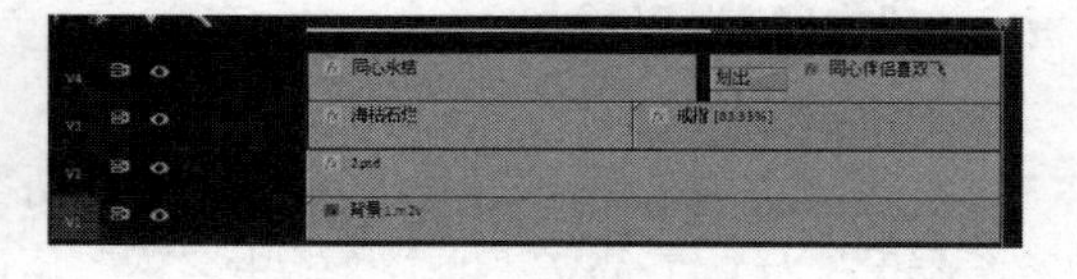

图 4-93　添加“划出”效果

8）选择“同心伴侣喜双飞”字幕，在效果窗口中选择“视频效果”→“Trapcode”→“Shine”特效并双击之，在效果控件窗口中，为“Source Point”选项在 7：14s 和 9：23s 处添加两个关键帧，其对应参数分别为（102，280）和（605，280），如图 4-94 所示。

9）为“Ray Length” 选项在 7：10s、7：14s、9：24s 和 10：03s 处添加 4 个关键帧，其对应参数分别为 0、4、4 和 0。

10）将“Colorize”→“Base on”设置为 Alpha，“Colorize”设置为 None，“Transfer Mode”设置为 Hue。

5．添加音频效果

添加音频效果操作步骤如下。

1）将项目窗口中的“片头音乐 058.wav”音频素材拖曳到时间线窗口的 A1 轨道上，将其入点放置在 0s 处，如图 4-95 所示。

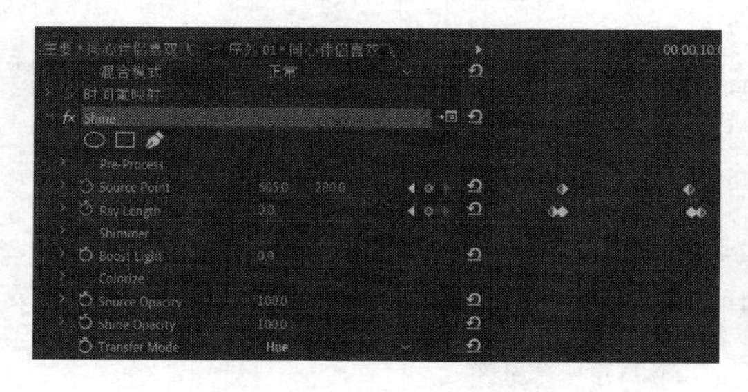

图 4-94　设置“Shine”特效

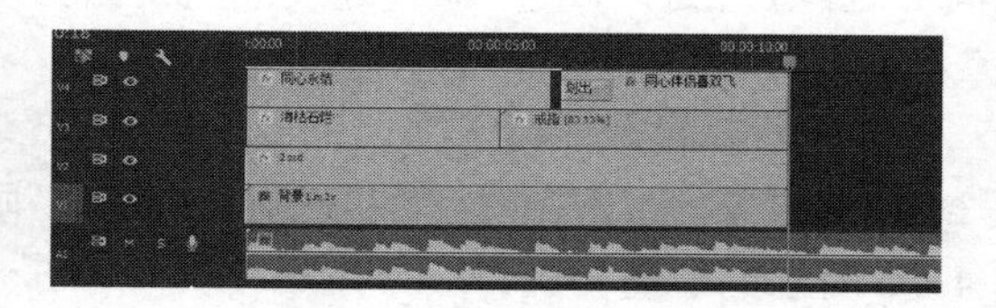

图 4-95　将音频素材添加到时间线窗口

2）在工具箱中选择选择工具，拖动鼠标左键，将音乐素材结束位置定位在 10：18s 位置，如图 4-96 所示。

3）展开 A1 轨道，将时间线分别移动到 0s、1：20s、7：22s 和 10：18s 位置，为 A1 轨道添加 4 个关键帧。用鼠标将 0s 和 10：18s 位置的关键帧向下拖动到最下端，制作音频的淡入、淡出效果，如图 4-97 所示。

4）按下〈Ctrl+S〉组合键，对目前编辑完成的工作进行保存。

5）在监视器窗口中单击“播放-停止切换”按钮，对影片进行预览，效果如图 4-87 所示。

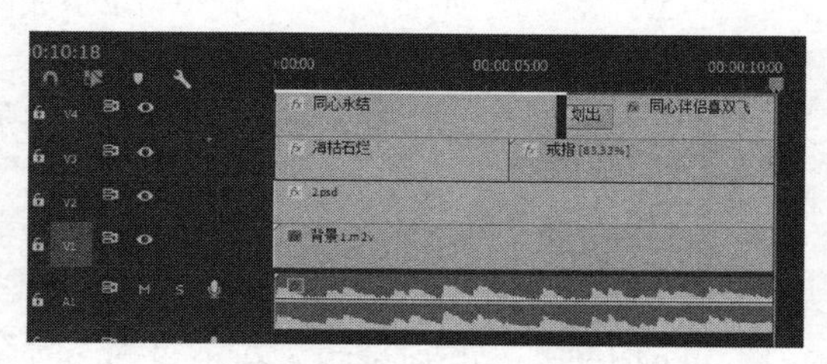

图 4-96　删除多余素材

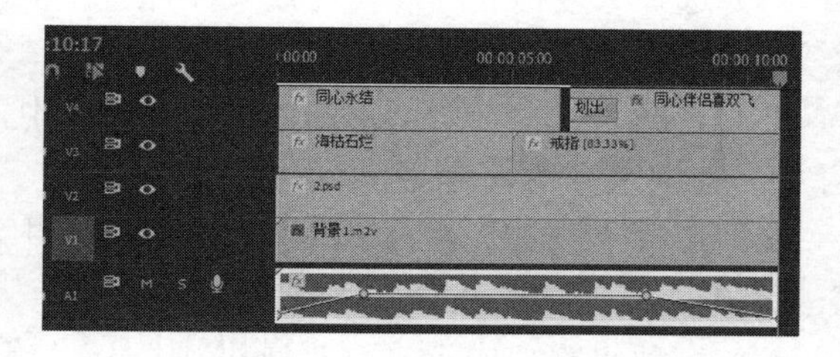

图 4-97　制作淡入淡出效果

6．预览并输出影片

预览并输出影片操作步骤如下。

1）执行“文件”→“导出”→“媒体”命令，打开“导出设置”对话框，设置“格式”为 AVI，“预设”为 PAL DV，单击“输出名称”后面的链接，打开“另存为”对话框，在对话框中设置保存的名称和位置，单击“保存”按钮。

2）单击“导出”按钮，打开“编码”对话框，开始进行影片输出处理。

实训 3　旅游记录——美丽的新疆

实训情景设置

通过设置“运动”参数，调整素材，运用转场效果，为叠加素材制作运动效果，制作运动标题，为文字添加基本 3D 特效制作立体旋转效果，精确剪辑音频，输出影片，完成一个纪录片的制作。

阅读资料：美丽的新疆地处亚欧大陆腹地，中国西北边陲，新疆北部有阿尔泰山，南部有昆仑山、阿尔金山和天山。天山作为新疆象征，横贯中部，形成南部的塔里木盆地和北部的准噶尔盆地。现将在新疆五彩滩等地旅游时拍摄的美丽风景的视频编辑、组合在一起，通过添加转场、制作叠加效果、添加标题字幕及音频等，可以制作出旅游纪录影片永远珍藏。

本实训操作步骤依次为导入素材、片头制作、配解说词、加入音乐、加入字幕、视频剪辑、片尾制作和输出 DVD 文件。

操作步骤

1．导入素材

具体操作步骤如下。

1）启动 Premiere Pro 2020，单击“新建项目”按钮，打开“新建项目”对话框，设置“名称”为“美丽的新疆”，并设置文件的保存位置，如图 4-98 所示，单击“确定”按钮。

2）按〈Ctrl+N〉组合键，打开“新建序列”对话框，在“可用预设”中选择 AVCHD→1080p→AVCHD 1080p25，如图 4-99 所示，设置“序列名称”为“片头”，单击“确定”按钮。

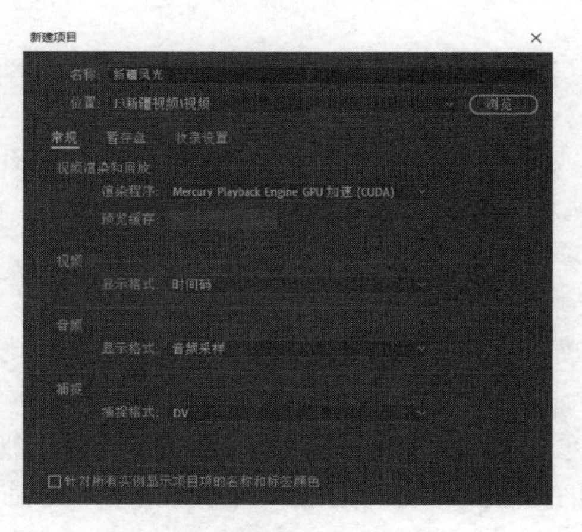

图 4-98 “新建项目”对话框

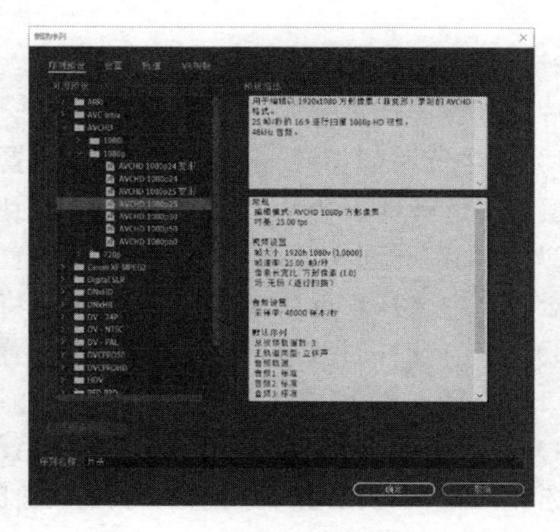

图 4-99 “新建序列”对话框

3）单击“新建自定义素材箱”按钮，将其命名为“片头素材”，选择“片头素材”，按〈Ctrl+I〉组合键，打开“导入”对话框，选择本书配套教学素材“项目 4\美丽的新疆\素材”文件夹中的“背景.m2v”“星光.m2v”和“花瓣雨.m2v”素材，如图 4-100 所示。

4）单击“打开”按钮，将所选的素材导入到项目窗口中。

5）单击“新建自定义素材箱”按钮，将其命名为“音频”，选择“音频”文件夹，按〈Ctrl+I〉组合键，打开“导入”对话框，选择“五彩滩”“禾木村”“那拉提”和“天池”音频。单击“打开”按钮。

6）单击“新建自定义素材箱”按钮，将其命名为“五彩滩视频”，选择“五彩滩视频”文件夹，按〈Ctrl+I〉组合键，打开“导入”对话框，选择所有五彩滩视频，如图 4-101 所示。单击“打开”按钮。

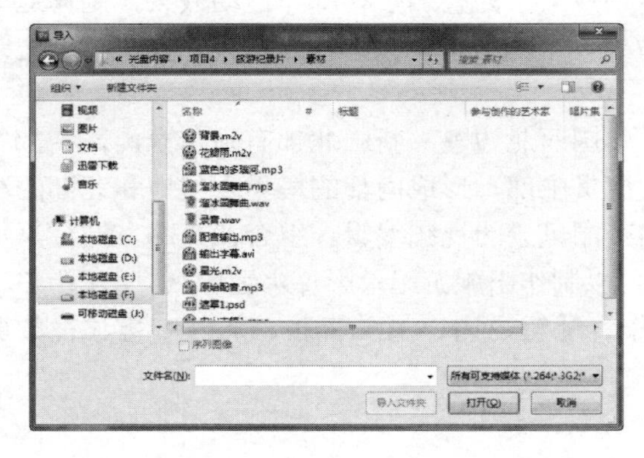

图 4-100 “导入”对话框

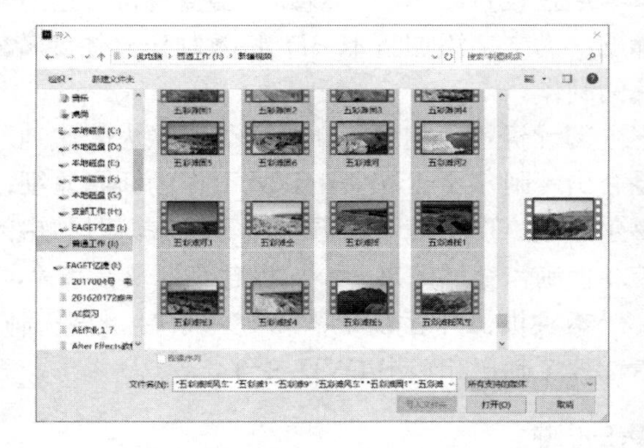

图 4-101　素材源窗口

7）单击“新建自定义素材箱”按钮，将其命名为“禾木村视频”，选择“禾木村视频”文件夹，按〈Ctrl+I〉组合键，打开“导入”对话框，选择所有禾木村视频，单击“打开”按钮。

8）单击“新建自定义素材箱”按钮，将其命名为“那拉提”，选择“那拉提”文件夹，按〈Ctrl+I〉组合键，打开“导入”对话框，选择所有那拉提视频，单击“打开”按钮。

9）单击“新建自定义素材箱”按钮，将其命名为“天池”，选择“天池”文件夹，按〈Ctrl+I〉组合键，打开“导入”对话框，选择所有天池视频，如图 4-101 所示。单击“打开”按钮。

2. 片头制作

片头制作操作步骤如下。

1）将当前时间指针定位到 2：13s 位置，在项目窗口中双击“五彩滩固 2”素材，在源监视器窗口中选择入点 2s 及出点 4s，将其拖到 V1 轨道中，与当前时间指针对齐。

2）将当前时间指针定位到 2：00s 位置，在项目窗口中双击“禾木村小河 2”素材，在源监视器窗口中选择入点 0s 及出点 2：13s，将其拖到 V2 轨道中，与当前时间指针对齐。

3）将当前时间指针定位到 1：13s 位置，在项目窗口中双击“那拉提摇”素材，在源监视器窗口中选择入点 2：08s 及出点 5：08s，将其拖到 V3 轨道中，与当前时间指针对齐。

4）将当前时间指针定位到 1：00s 位置，在项目窗口中双击“天池”素材，在源监视器窗口中选择入点 0s 及出点 3：15s，将其拖到上方的空白处，并自动添加 V4 轨道中，与当前时间指针对齐。

5）将当前时间指针定位到 0：13s 位置，在项目窗口中双击“五彩滩摇 3”素材，在源监视器窗口中选择入点 4：22s 及出点 8：23s，将其拖到上方的空白处，并自动添加 V5 轨道，与当前时间指针对齐。

6）将当前时间指针定位到 0s 位置，在项目窗口中双击“禾木村全景”素材，在源监视器窗口中选择入点 0：19s 及出点 5：08s，将其拖到上方的空白处，并自动添加 V6 轨道，与起始位置对齐，如图 4-102 所示。

7）选择 V6 轨道的片段，在效果控件窗口中展开“运动”属性，取消“等比缩放”的勾选，为“缩放高度”和“缩放宽度”在 0s 和 4s 处添加两个关键帧，其对应参数分别为（22.8，22.8）和（44.4，43.1），将“位置”选项设置为（600，400），如图 4-103 所示。

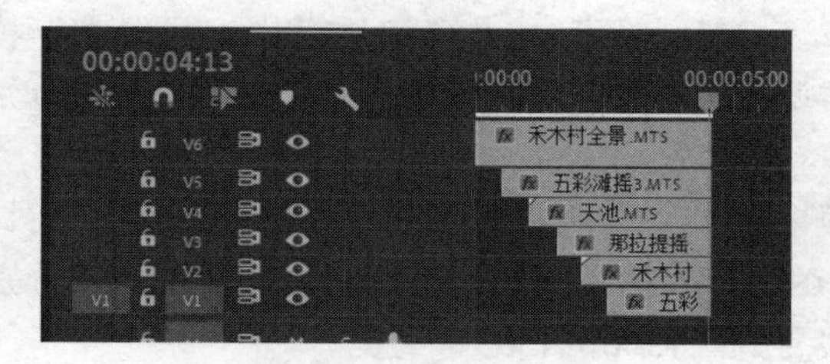

图 4-102　素材在时间线窗口中的排列

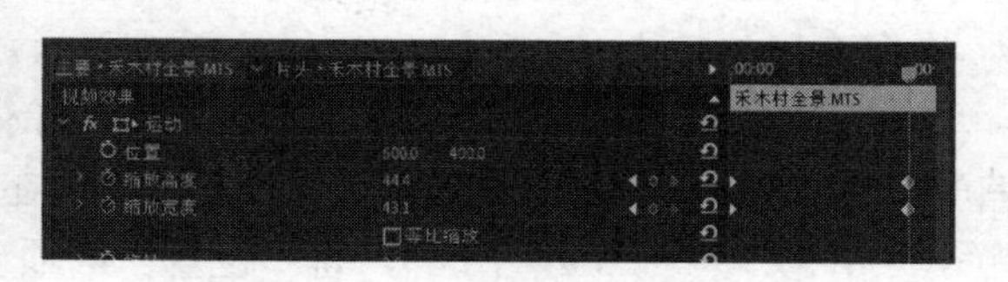

图 4-103　“运动”参数设置

8）选择 V6 轨道上的“禾木村全景”素材，在效果窗口中选择“视频效果”→“风格化”→“边缘粗糙”并双击之，在效果控件窗口中设置“边缘类型”为“粗糙色”，“边缘颜色”为白色，“边框”为 117，“复杂度”为 7，其余参数默认不变，如图 4-104 所示。

9）选择 V6 轨道上的“禾木村全景”素材，在效果窗口中选择“视频效果”→“模糊与锐化”→“高斯模糊”并双击之，在效果控件窗口中为“模糊度”选项在 0s 和 3s 处添加两个关键帧，其对应参数分别为 10 和 0，如图 4-105 所示。

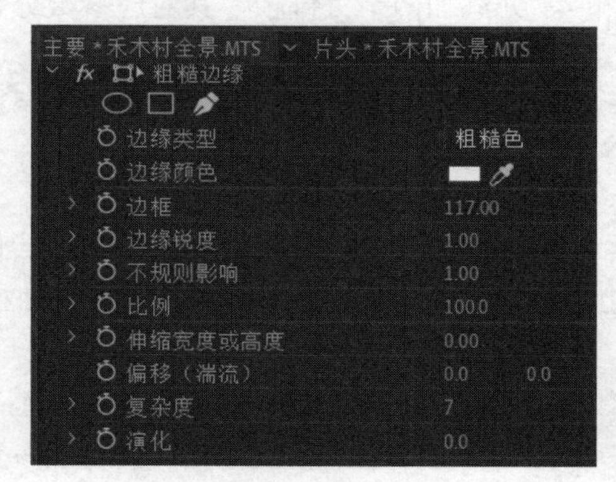

图 4-104　“边缘粗糙”特效设置

图 4-105　“高斯模糊”特效设置

10）选择“五彩滩摇”素材，在效果控件窗口中展开“运动”属性，取消“等比缩放”的勾选，为“缩放高度”和“缩放宽度”在 0s 和 4s 处添加两个关键帧，其对应参数分别为（24.4，20.8）、（39.8，35.4），将“位置”选项设置为（1360，800）。

11）选择“五彩滩摇”素材，在效果窗口中选择“视频效果”→“风格化”→“边缘粗糙”并双击之，在效果控件窗口中设置“边缘类型”为“粗糙色”，“边缘颜色”为红色，“边框”为 98，其余参数默认不变。

12）选择“五彩滩摇”素材，在效果窗口中选择“视频效果”→“模糊与锐化”→“高斯模糊”并双击之，在效果控件窗口中为“模糊度”选项在 0：13s 和 4s 处添加两个关键帧，其对应参数分别为 35 和 5。

13）选择 V4 轨道的“天池”素材，在效果控件窗口中展开“运动”属性，取消“等比缩放”的勾选，为“缩放高度”和“缩放宽度”在 0s 和 4s 处添加两个关键帧，其对应参数分别为（24.4，19.4）、（30.6，23.6），将“位置”选项设置为（600，820）。

14）选择“天池”素材，在效果窗口中选择“视频效果”→“风格化”→“边缘粗糙”并双击之，在效果控件窗口中设置“边缘类型”为“粗糙色”，“边缘颜色”为黄色，“边框”为204，“偏移”为（-33，540），其余参数默认不变。

15）选择“天池”素材，在效果窗口中选择“视频效果”→“模糊与锐化”→“高斯模糊”并双击之，在效果控件窗口中为“模糊度”参数在 1s 和 4s 处添加两个关键帧，其值分别为 40 和 8。

16）选择 V3 轨道的“那拉提摇”素材，在效果控件窗口中展开“运动”属性，取消“等比缩放”的勾选，为“缩放高度”和“缩放宽度”在 0s 和 4s 处添加两个关键帧，其对应参数分别为（12.8，9.7）、（23.9，18.8），将“位置”选项设置为（1300，450）。

17）选择“那拉提摇”素材，在效果窗口中选择“视频效果”→“风格化”→“边缘粗糙”并双击之，在效果控件窗口中设置“边缘类型”为“粗糙色”，“边缘颜色”为 D909D2，“边框”为 207，其余参数默认不变。

18）选择“那拉提摇”素材，在效果窗口中选择“视频效果”→“模糊与锐化”→“高斯模糊”效果并双击之，在效果控件窗口中为“模糊度”选项在 1：13s 和 4s 处添加两个关键帧，其值为 40 和 8。

19）选择 V2 轨道的“禾木村”素材，在效果控件窗口中展开“运动”属性，取消“等比缩放”的勾选，为“缩放高度”和“缩放宽度”在 0s 和 4s 处添加两个关键帧，其对应参数分别为（18.9，16.7）、（33.3，26.4），将“位置”选项设置为（1404，240）。

20）选择“禾木村”素材，在效果窗口中选择“视频效果”→“风格化”→“边缘粗糙”并双击之，在效果控件窗口中设置“边缘类型”为“粗糙色”，“边缘颜色”为 199900，“边框”为 208，其余参数默认不变。

21）选择“禾木村”素材，在效果窗口中选择“视频效果”→“模糊与锐化”→“高斯模糊”并双击之，在效果控件窗口中为“模糊度”选项在 2s 和 4s 处添加两个关键帧，其值分别为 45 和 10。

22）选择 V1 轨道的“五彩滩固 2”素材，在效果控件窗口中展开“运动”属性，取消“等比缩放”的勾选，为“缩放高度”和“缩放宽度”在 0s 和 4s 处添加两个关键帧，其对应参数分别为（15.6，11.1）、（22.8，18.8），将“位置”选项设置为（309，174）。

23）选择“五彩滩固 2”素材，在效果窗口中选择“视频效果”→“风格化”→“边缘粗糙”并双击之，在效果控件窗口中设置“边缘类型”为“粗糙色”，“边缘颜色”为蓝色，“边框”为 150，其余参数为默认。

24）选择“五彩滩固 2”素材，在效果窗口中选择“视频效果”→“模糊与锐化”→“高斯模糊”并双击之，在效果控件窗口中为“模糊度”选项在 2：13s 和 4s 处添加两个关键帧，其对应参数分别为 50 和 15。

25）按〈Ctrl+N〉组合键，打开“新建序列”对话框，在“可用预设”中选择 AVCHD→1080p→AVCHD 1080p25，设置“序列名称”为“片头 1”，单击“确定”按钮。

26）将项目窗口中的“背景”添加到“片头 1”的 V1 轨道中，使起始位置与 0 对齐，在效果控件窗口中展开“运动”属性，设置“缩放高度”为 190，“缩放宽度”为 245。

27）用鼠标右键单击“背景”片段，从弹出的快捷菜单中选择“素材速度/持续时间”选项，打开“剪辑速度/持续时间”对话框，将“持续时间”调整为 9：20，单击“确定”按钮。

28）在效果窗口中选择“视频效果”→“色彩校正”→“色彩平衡”，添加到当前的片段上。

29）在效果控件窗口中展开“色彩平衡”属性，设置“阴影红色平衡”为 67.3，“阴影绿色平衡”为-70，“阴影蓝色平衡”为-100，“中间调绿平衡”为 14.4，“中间调蓝平衡”为-33.3。

30）在效果窗口中选择“视频效果”→“色彩校正”→“亮度与对比度”，添加到当前的片段上。

31）在效果控件窗口中展开“亮度与对比度”属性，设置“亮度”为-13，“对比度”为 7。

32）在效果窗口中选择“视频效果”→“模糊与锐化”→“高斯模糊”，添加到当前的片段上。

33）在效果控件窗口中展开“高斯模糊”属性，将“模糊度”设置为 16。

34）将项目窗口中的“星光”添加到 V2 轨道中，使起始位置与 0 对齐，在效果控件窗口中展开“运动”属性，设置“缩放高度”为 190，“缩放宽度”为 245，在 8：05s 位置设置淡出，持续时间为 1s。

35）将项目窗口中的“花瓣雨”添加到 V2 轨道中，使起始位置与“星光”的末端对齐，在效果控件窗口中展开“运动”属性，设置“缩放高度”为 190，“缩放宽度”为 245。持续时间为 5：15s，在 9：05s 至 10：05s 设置淡入、14：17s 至 15：13s 设置淡出。

36）在效果窗口中选择“视频特效”→“键”→“亮度键”，添加到“星光”和“花瓣雨”片段上。

37）将当前时间指针定位到 0：14s 的位置，将项目窗口中的“片头”添加到 V3 轨道中，使起始位置与当前时间指针对齐，如图 4-106 所示。

38）启动 Photoshop，执行菜单命令“文件”→“新建”，打开“新建”对话框，设置“宽度”为 1920 像素，“高度”为 1080 像素，“分辨率”为 72，“颜色模式”为“RGB 颜色”，“背景内容”为“透明”，如图 4-107 所示。单击“确定”按钮。

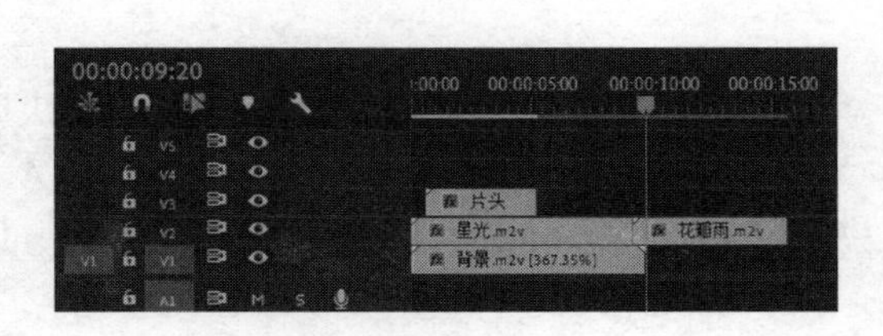

图 4-106　时间线窗口

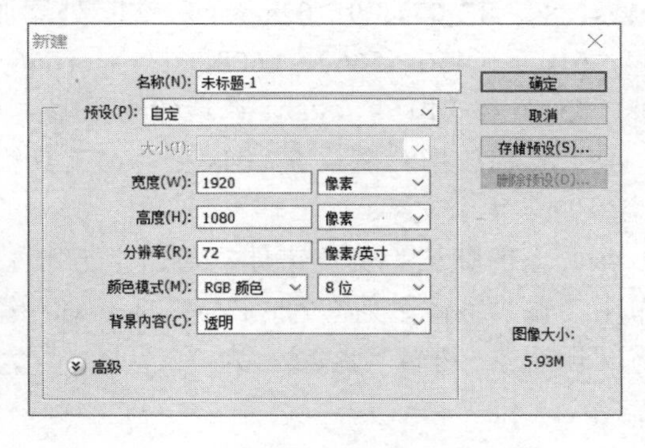

图 4-107　“新建”对话框

39）执行菜单命令“编辑”→“填充”，打开“填充”对话框，在“使用”下拉列表中选择“前景色（黑色）”，单击“确定”按钮。

40）在工具栏中选择椭圆框选工具，在图像窗口画一个椭圆，椭圆的位置与要抠出的人物或物体的位置相同。

41）用鼠标右键单击虚框边缘，从弹出的快捷菜单中选择“羽化”命令，打开“羽化选区”对话框，在“羽化半径”文本输入框中输入 20，使要抠出图像的边缘柔和，单击“确定”按钮。

42）执行菜单命令“编辑”→“填充”，打开“填充”对话框，在“使用”下拉列表中选择“背景色（白色）”，单击“确定”按钮。最后的蒙版图像如图 4-108 所示，保存为“遮罩.jpg”文件，退出 Photoshop。

43）按〈Ctrl+I〉组合键，打开“导入”对话框，在该对话框中选择需要导入的素材“遮罩”，单击“确定”按钮。

44）在项目窗口中双击“新疆舞蹈”素材，在源监视器窗口中选择入点 3s 及出点 7：18s，将其拖到时间线窗口 V4 轨道的 5：04s 位置上。

45）将项目窗口的“遮罩 1”添加到 V5 轨道中，设置起始位置为 5：04s，“持续时间”设置为 4：18s，如图 4-109 所示。

图 4-108　蒙版图像

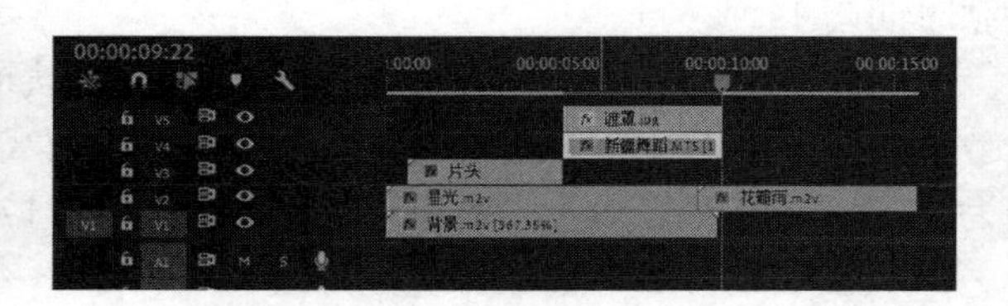

图 4-109　添加片段

46）选择“新疆舞蹈”素材，在效果窗口中选择“视频效果”→“键”→“轨道遮罩键”效果并双击之，在效果控件窗口中设置“遮罩”为“视频 5”，“合成方式”为“亮度遮罩”，如图 4-110 所示。

47）选择“遮罩”片段，为“位置”参数在 5：06s、5：23s、6：13s、7：04s、7：07s、7：15s、8s、8：07s、9：02s 和 9：23s 处添加 10 个关键帧，其对应参数分别为（374，532）、（444，610）、（456，566）、（608，675）、（666，620），（853，605）、（873，534）、（872，480）、（808，431）和（815，486），遮罩始终跟随头部运动。

48）将播放指针拖至 5：04s 处，在工具箱中选择文字工具，在屏幕中下部位置单击，输入“旅游记录”4 个文字。

49）当前默认为英文字体，单击上方水平工具栏中的 Courier ... ▼ 的小三角形，在弹出的快捷菜单中设置“字体系列”为“FZMeiHei-M07S”，“字体大小”为 200，“填充色”为 F2B54A，勾选“阴影”，设置“距离”为 7，“大小”为 27，“位置”为（603，810），效果如图 4-111 所示。

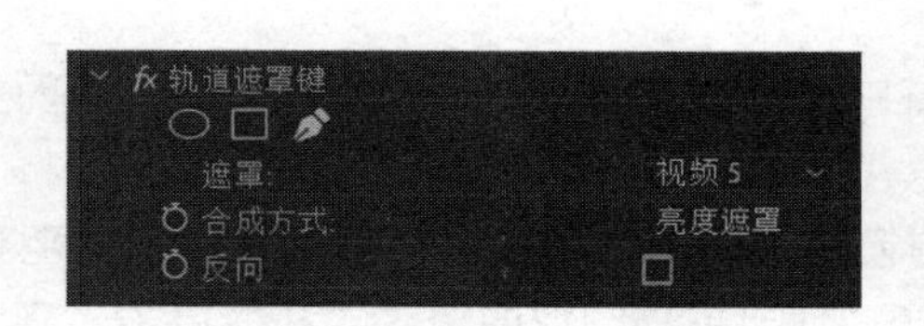

图 4-110　设置轨道遮罩键

图 4-111　文字效果

50）将“旅游记录”字幕添加到 V3 轨道中，使其开始位置与当前时间指针对齐，设置“持续时间”为 4：18s。

51）选择“旅游记录”字幕，在效果窗口中选择“视频效果”→“透视”→“基本 3D”效果并双击之，在效果控件窗口中，为“旋转”选项在 5：06s、6：06s、7：11s 和 8：17s 处添加 4 个关键帧，其值分别为 0、−90、−180 和−320，“基本 3D”特效效果如图 4−112 所示。

52）在项目窗口中双击“禾木公园摇”素材，在素材源监视器窗口选择素材入点 2：02s 及出点 9s，将其拖到时间线窗口 V1 轨道的 9：19s 位置上。

53）在效果窗口中选择“视频切换效果”→“溶解”→“交叉溶解”，添加效果到“背景”与“禾木公园摇”的中间位置。

54）选择“禾木公园摇”素材，在效果窗口中选择“视频效果”→“模糊与锐化”→“高斯模糊”效果并双击之，在效果控件窗口中为“模糊度”参数在 11：03s 和 15s 处添加两个关键帧，其对应参数分别为 0 和 50，使背景由清晰到模糊。

55）选择“禾木公园摇”素材，为“不透明度”选项在 15：09s 和 15：23s 处添加两个关键帧，其对应参数分别为 100 和 0，使背景实现淡出效果，如图 4−113 所示。

图 4−112 “基本 3D”特效效果

图 4−113 添加转场

56）将播放指针拖至 10s 处，在工具箱中选择文字工具，在屏幕中部位置单击，输入“美丽的新疆”5 个文字。

57）当前默认为英文字体，单击上方水平工具栏中的 Courier ... 的小三角形，在弹出的快捷菜单中设置“字体系列”为“FZXingKai−S04S”，“字体大小”为 218，“填充色”为 F2B54A，勾选“阴影”，设置“距离”为 7，“大小”为 27，“位置”为（467，584），如图 4−114 所示。

58）将“美丽的新疆”字幕添加到 V3 轨道中，使其开始位置与当前时间指针对齐，持续时间为 5s。

59）在效果窗口中选择“视频切换效果”→“擦除”→“划出”，添加到“美丽的新疆”字幕的起始位置，如图 4−115 所示。

图 4−114 选择样式

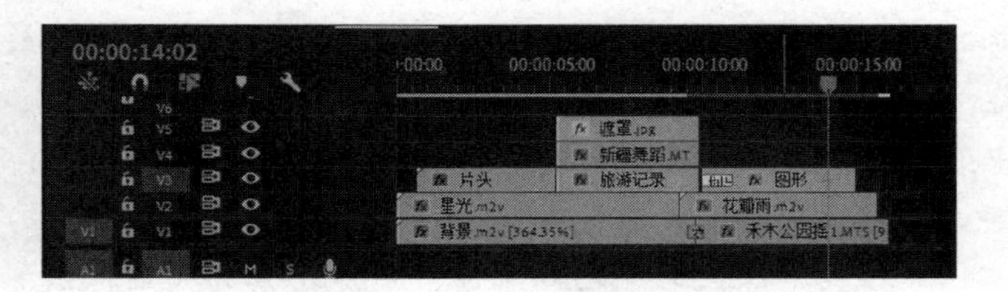

图 4−115 添加“标题”

60）选择“美丽的新疆”字幕，在效果窗口中选择“视频效果”→“扭曲”→“球面化”效果并双击之，在效果控件窗口中，为“半径”选项在 10：21s 和 12：09s 处添加两个关键帧，其对应参数分别为 0 和 150；为“球面中心”选项在 12：09s 和 14：16s 处添加两个关键帧，其对应参数分别为（383，540）和（1665，540），如图 4-116 所示，使文字在这段时间里产生变化。

61）为“美丽的新疆”字幕的“不透明度”选项在 14：18s 和 15：13s 处添加两个关键帧，其对应参数分别为 100 和 0，使标题文字实现淡出效果，如图 4-117 所示。

图 4-116 设置“球面化”参数

图 4-117 设置淡出效果

62）执行菜单命令“文件”→“保存”，保存项目文件，旅游纪录片的片头部分制作完成。

3．配解说词

电视纪录片解说词要注意解说与节目内容的贴切性，与其他电视表现手段的相融性，画面、音乐、效果声、字幕和解说词应组合为有机的整体。要处理好解说词与画面的关系，不必重复画面已展示的东西，而是要说明画面没有或不可能说明的问题。考虑到电视观众需要时间来消化、吸收、回味画面提供的信息，解说词要有较多的停顿和间歇。为确保解说与画面相匹配，可把解说单独录下来，然后再与画面组合，本例解说词如下。

五彩滩位于布尔津县城以北约 24 千米处，是前往哈巴河县与喀纳斯的必经之路。它毗邻碧波荡漾的额尔齐斯河，与对岸葱郁青翠的河谷风光遥相辉映，可谓“一河隔两岸，自有两重天”。激猛的河流冲击以及狂风侵蚀，形成了北岸的悬崖式雅丹地貌，河岸岩层抗风化能力强弱不一，轮廓便会参差不齐，而岩石含有矿物质的不同，又幻化出种种异彩，因此得名“五彩滩”。而南岸却是绿树葳蕤，连绵成林，远处逶迤的山峦与戈壁风光尽收眼底。

五彩滩一河两岸，南北各异，是国家 4A 级景区。五彩滩又称五彩河岸，位于额尔齐斯河流域，由于长期受风蚀水蚀以及淋溶等自然作用的影响而形成的，属于典型的雅丹地貌，其南边是我国唯一向西流入哈萨克斯坦—俄罗斯—北冰洋的额尔齐斯河，是仅次于伊犁河的新疆第二大河。

禾木乡位于新疆北部布尔津县境内，靠近蒙古、俄罗斯边境，是喀纳斯民族乡的乡政府所在地。这里距喀纳斯湖大约 70 千米，周围群山环抱，生长有丰茂的白桦树林，是一个美丽的北疆山村。

禾木村在新疆的最北部，是个被白桦树、雪山和河流包围的美丽村庄。特别是在秋天，禾木村的美丽会让任何人都心醉在这满山黄黄的白桦树和一座座雪山中，处处是一幅幅美丽的画卷。禾木乡是中国西部最北端的乡。禾木村是保持着最完整民族传统的图瓦人集中生活居住地，是著名的图瓦人村庄之一，也是仅存的 3 个图瓦人村落（禾木村、喀纳斯村和白哈巴村）中最远和最大的村庄，总面积 3040 平方千米，全乡现有 1800 余人，以蒙古族图瓦人和哈萨克族为主，其中蒙古族图瓦人有 1400 多人，他们的木屋散布在山地草原上。

那拉提草原又名巩乃斯草原，突厥语意为“白阳坡”，在新源那拉提镇东部，距伊犁新源县城约 70 千米，位于那拉提山北坡，是发育在第三纪古洪积层上的中山地草原。

那拉提草原是世界四大草原之一的亚高山草甸植物区，自古以来就是著名的牧场。优美的草原风光与当地哈萨克民俗风情结合在一起，成为新疆著名的旅游观光度假区。

那拉提景区是国家 5A 级旅游风景区、国家级生态旅游示范区、国家旅游服务业标准化试点单位、国家“价格信得过”景区，是新疆十大风景区之一、自治区旅游风景名胜区，是新疆的重要景区和品牌，也是伊犁河谷在全国的著名品牌。

天山天池是新疆维吾尔自治区著名湖泊。在乌鲁木齐东北 100 千米，博格达峰北坡山腰。湖面海拔 1910 米，南北长 3.5 千米，东西宽 0.8～1.5 千米，最深处 103 米。湖滨云杉环绕，雪峰辉映，非常壮观，为著名避暑和旅游地。天池成因有古冰蚀、终碛堰塞湖和山崩、滑坡堰塞湖两说。由天池流出的三工河为山麓阜康县农牧业主要灌溉水源。

配解说词的步骤如下：

1）在桌面双击 Adobe Audition 2020 图标，打开 Adobe Audition 2020 窗口，单击“多轨”按钮，打开“新建多轨会话”对话框，在“会话名称”中输入序列名称，“文件夹位置”选择存储位置，设置“位深度”为 16，如图 4-118 所示，单击“确定”按钮。

2）在轨道 1 上选择“R”按钮，如图 4-119 所示，进入录音状态。

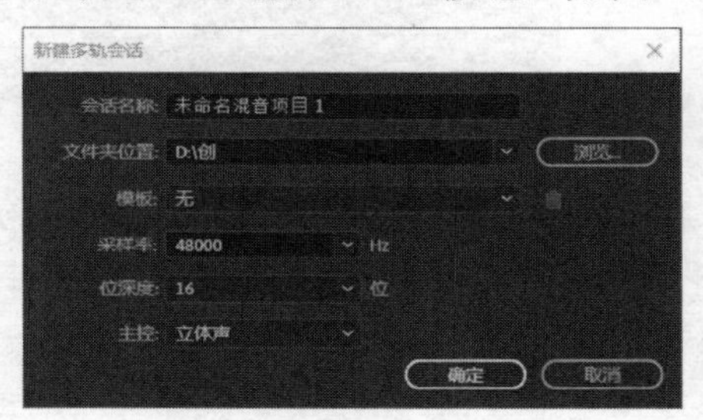

图 4-118　新建多轨会话

图 4-119　录音状态

3）单击下方的“录制”按钮，对准送话器（麦克风）即可录音。

4）录音如有错误，可在工具栏中选择时间选择工具，选择错误的音频，如图 4-120 所示，按〈Delete〉键进行删除。

5）选择移动工具，拖动后面的音频，到前段音频的结束点，如图 4-121 所示，有多个错误都可以此类推，删除多段错误音频。

图 4-120　删除错误音频

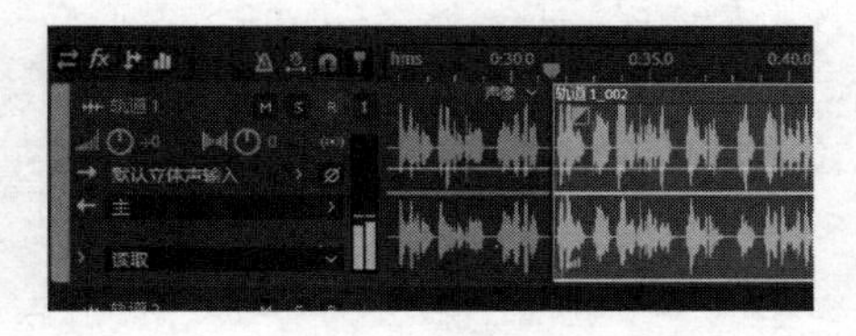

图 4-121　前移音频

6）按〈Ctrl+A〉组合键全选，右击音频，从弹出的快捷菜单中选择“合并剪辑”选项，如图 4-122 所示，即可将零碎片段合并。

7）右击音频，从弹出的快捷菜单中选择“编辑源文件”选项，即可进入波形编辑器如图 4-123 所示。

8）选择小段噪声，如图 4-124 所示，执行菜单命令“效果”→“降噪/恢复”→“降噪（处理）”，打开“效果-降噪”对话框，单击“捕捉噪声样本”按钮，如图 4-125 所示，单击“确定”按钮。

图 4-122 合并音频

图 4-123 编辑源文件

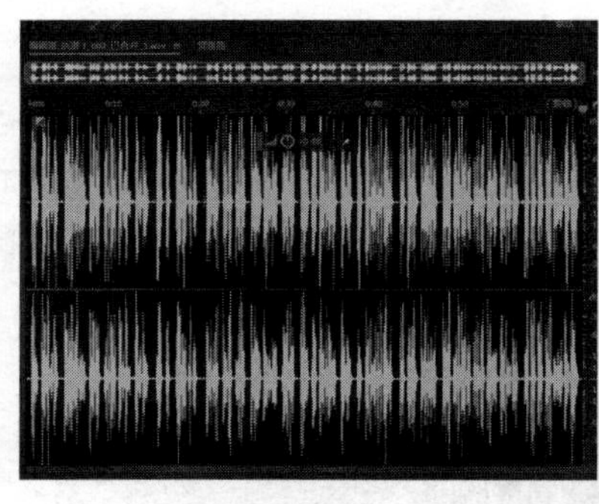

图 4-124 选择小段噪声

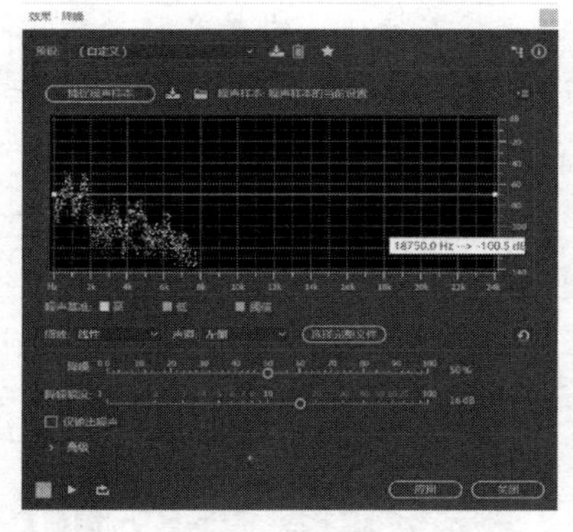

图 4-125 捕捉噪声样本

9）按〈Ctrl+A〉组合键全选，如图 4-126 所示，执行菜单命令“效果”→“降噪/恢复”→“降噪（处理）”，打开“效果-降噪”对话框，将“噪声”调整为 80%，如图 4-127 所示，单击左下方的“预览播放/停止”按钮进行试听，满意后，单击“应用”按钮，即可将夹杂其中的噪声基本删除。

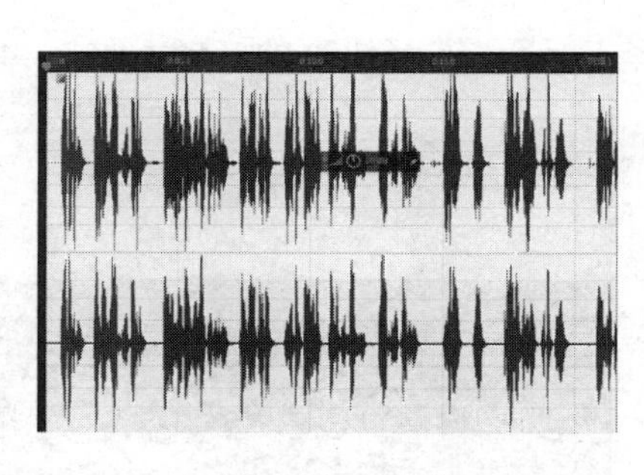

图 4-126 全选

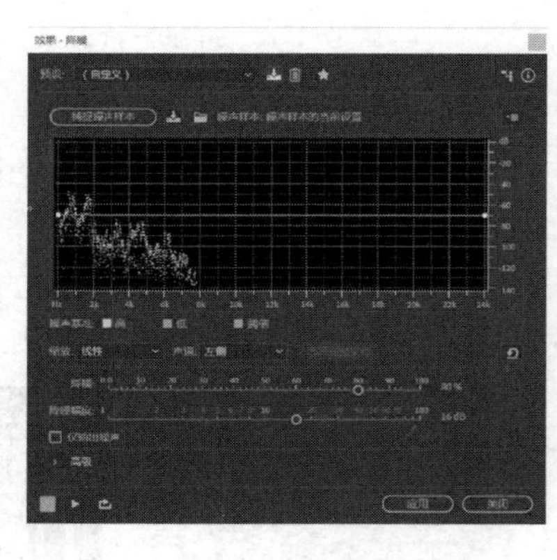

图 4-127 降噪

10）如果某一处有噪声，可选择此段噪声，将其值调整为-40dB，也可降噪，如图 4-128 所示。

11）试听满意后，单击“多轨”按钮，右击音频片段，从弹出的快捷菜单中选择“导出混缩”→“整个会话”选项，打开“导出多轨混音”对话框，单击“浏览”按钮，打开“多轨混音”对话框，设置“文件名”为“五彩滩 1”，“保存类型”为“MP3 音频”，如图 4-129 所示，单击“保存”按钮。单击第一个“更改”按钮，打开“变换采样类型”对话框，在“预设”中单击右边的小三角形，从弹出的快捷菜单中选择“变换为 16 位”选项，单击“确定”按钮，返回“导出多轨混音”对话框，如图 4-130 所示，单击“确定”按钮。

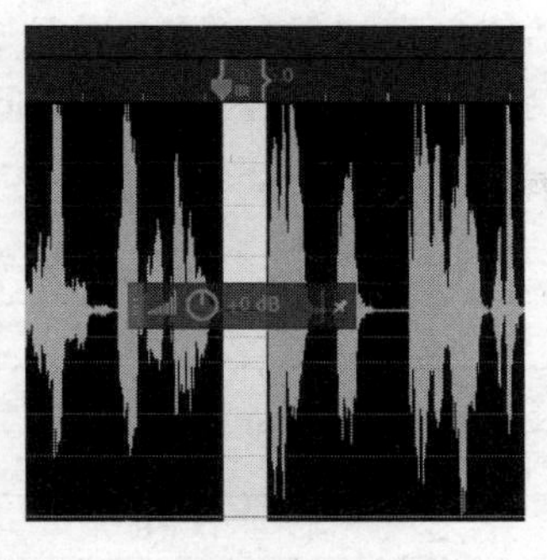

图 4-128　选择噪声降噪

图 4-129　导出多轨混音

12）重复上述步骤，将所需音频全部录制完成。

13）返回 Premiere 中，建立一个音频文件夹，按〈Ctrl+I〉组合键，打开“导入”对话框，选择所录制的配音音频，单击“打开”按钮。

14）按〈Ctrl+N〉组合键，新建一个“可用预设”为 AVCHD→1080p→AVCHD 1080p，“名称”为“编辑正片”的序列，在项目窗口选择“录音”，将其拖到时间线窗口的 A1 轨道中，依次设置音频素材的入出点，具体设置如表 4-1 所示。音频素材的排列如图 4-131 所示。

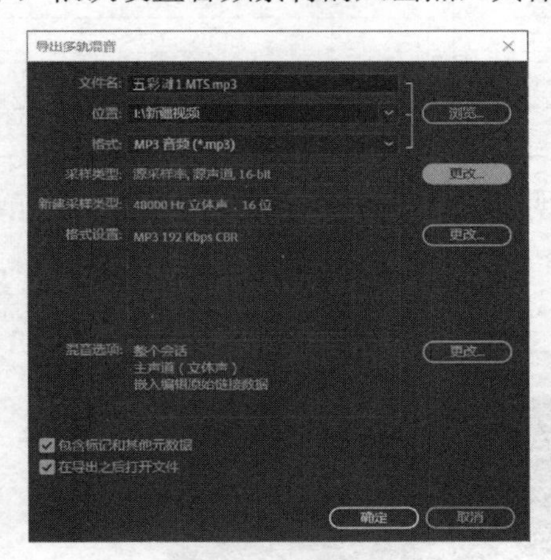

图 4-130　导出设置

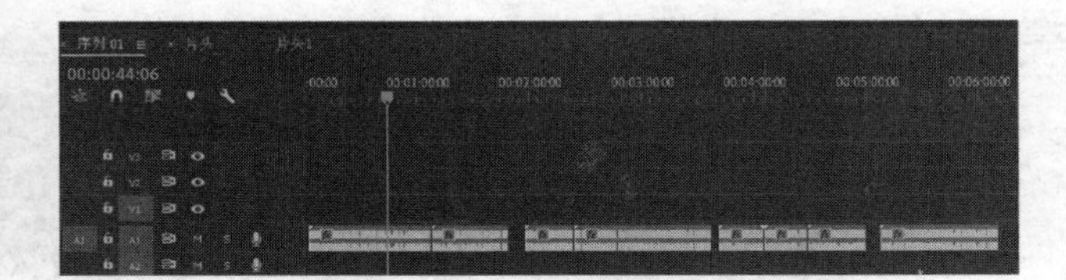

图 4-131　音频素材的排列

表 4-1　设置音频片段

音频片段序号	入　点	出　点
五彩滩 2	2：10	1：07：14
五彩滩 1	1：07：14	1：49：01
禾木村 1	1：57：19	2：23：22
禾木村 2	2：23：22	3：37：03
那拉提 1	3：41：03	4：05：12
那拉提 2	4：05：12	4：28：12
那拉提 3	4：28：12	4：59：24
天池	5：06：24	6：10：10

4．视频剪辑

第1部分：五彩滩，通过剪辑若干片段与解说词、字幕贴切完成。

1）在源监视器窗口中按照电视画面编辑技巧，依次设置素材的入出点，添加到时间线窗口的V1轨道中，与前一片段对齐，具体设置如表4-2所示。

表4-2　设置视频片段

视频片段序号	入　点	出　点
五彩滩1	0：07	9：09
五彩滩固1	2：11	6：01
五彩滩摇	3：06	15：10
五彩滩河	1：08	8：09
五彩滩固3	1：20	6：01
五彩滩固5	1：17	9：04
五彩滩固6	1：22	8：15
五彩滩河2	1：00	7：11
五彩滩摇1	2：08	13：02
五彩滩摇4	4：17	17：00
五彩滩摇5	4：06	14：07
五彩滩固4	1：15	9：05
五彩滩河3	1：05	7：14
五彩滩全	2：01	9：11

2）选择"五彩滩1"，在效果控件窗口中为"不透明度"选项在0s和2：13s处添加两个关键帧，其对应参数分别为0和100，加入淡入效果。

3）在效果窗口中选择"视频过渡"→"擦除"→"划出"，拖曳到"五彩滩摇"和"五彩滩河"片段之间，如图4-132所示。

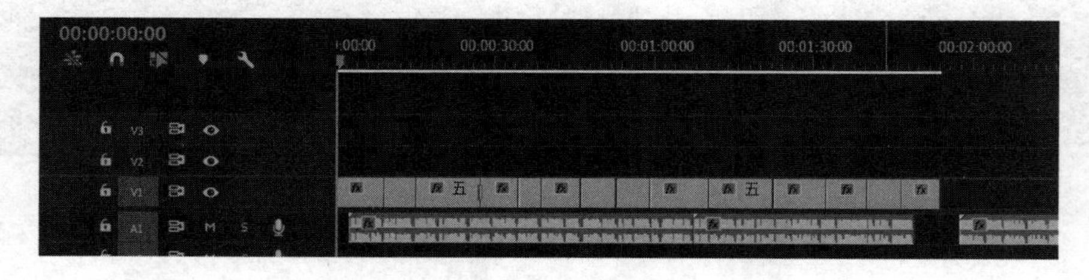

图4-132　设置视频过渡

4）执行菜单命令"文件"→"保存"，保存项目文件，正片的第1部分制作完成。

第2部分：禾木村，通过剪辑若干片段与解说词、字幕贴切完成。

1）在源监视器窗口中按照电视画面编辑技巧，依次设置素材的入出点，添加到时间线的V1轨道中，与"五彩滩全"片段的末端对齐，具体设置如表4-3所示。

表4-3　设置视频片段

视频片段序号	入　点	出　点
禾木公园门口	1：15	6：21
禾木村全景	0：20	10：04

（续）

视频片段序号	入　点	出　点
禾木村	1：03	10：05
禾木村白桦树林	1：07	15：22
禾木村 2	1：24	9：01
禾木村小河摇	2：04	8：15
禾木村小河 2	1：17	7：00
禾木村 1	2：02	9：01
禾蓝天白云	2：01	7：18
禾木村全景 3	1：19	8：05
禾木村蓝天白云 1	1：14	9：19
禾木村蓝天白云	2：08	8：18
禾木村 3	5：23	19：03

2）选择“五彩滩全”片段，在效果控件窗口中，为“不透明度”选项在 1：52：02s 和 1：54：02s 处添加两个关键帧，其对应参数分别为 100 和 0，加入淡出效果。

3）选择“禾木公园门口”片段，在效果控件窗口中，为“不透明度”选项在 1：54：03s 和 1：56：18s 添加两个关键帧，其对应参数分别为 0 和 100，加入淡入效果。

4）在效果窗口中选择“视频过渡”→“擦除”→“水波块”，拖曳到“禾木村白桦树林”片段与“禾木村 2”片段之间，如图 4-133 所示。

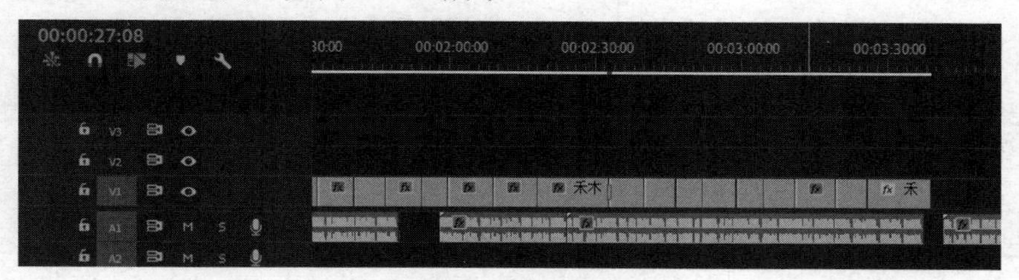

图 4-133　编辑禾木村片段

5）执行菜单命令“文件”→“保存”，保存项目文件，正片的第 2 部分制作完成。

第 3 部分：那拉提草原，通过剪辑若干片段与解说词、字幕贴切完成。

1）在源监视器窗口中按照电视画面编辑技巧，依次设置素材的入出点，添加到时间线的 V1 轨道中，与“禾木村 3”片段的末端对齐，具体设置如表 4-4 所示。

表 4-4　设置视频片段

视频片段序号	入　点	出　点
那拉提	1：02	8：06
那拉提 2	1：14	7：15
那拉提 3	1：12	5：17
那拉提 5	2：03	8：19
那拉提摇	2：14	10：06
那拉提摇 1	5：12	12：18
那拉提摇	10：06	16：19
那拉提漂流	3：13	10：09

（续）

视频片段序号	入　点	出　点
那拉提漂流 1	10：07	16：03
那拉提漂流	16：03	15：15
那拉提移	3：24	15：16

2）选择“禾木村 3”片段，在效果控件窗口中，为“不透明度”选项在 3：37：03s 和 3：38：17s 处添加两个关键帧，其对应参数分别为 100 和 0，加入淡出效果。

3）选择“那拉提”片段，在效果控件窗口中，为“不透明度”选项添加两个关键帧，时间分别为 3：38：18s 和 3：41：00s，对应参数分别为 0 和 100，加入淡入效果，如图 4-134 所示。

图 4-134　编辑“那拉提”片段

4）执行菜单命令“文件”→“保存”，保存项目文件，正片的第 3 部分制作完成。

第 4 部分：天山天池，通过剪辑若干片段与解说词、字幕贴切完成。

1）在源监视器窗口中按照电视画面编辑技巧，依次设置素材的入出点并添加到时间线的 V1 轨道中，与“那拉提移”片段的末端对齐，具体设置如表 4-5 所示。

表 4-5　设置视频片段

视频片段序号	入　点	出　点
天池	1：05	8：17
天池 1	1：13	9：09
天池 2	1：03	8：10
天池 3	3：03	24：08
天池 4	3：06	8：03
天池 5	2：12	8：08
天池 6	1：20	25：24

2）选择“那拉提移”片段，在效果控件窗口中，为“不透明度”选项在 5：01：07s 和 5：03：07s 处添加两个关键帧，其对应参数分别为 100 和 0，加入淡出效果。

3）选择“天池”片段，在效果控件窗口中，为“不透明度”选项在 5：03：08s 和 5：05：16s 处添加两个关键帧，其对应参数分别为 0 和 100，加入淡入效果，如图 4-135 所示。

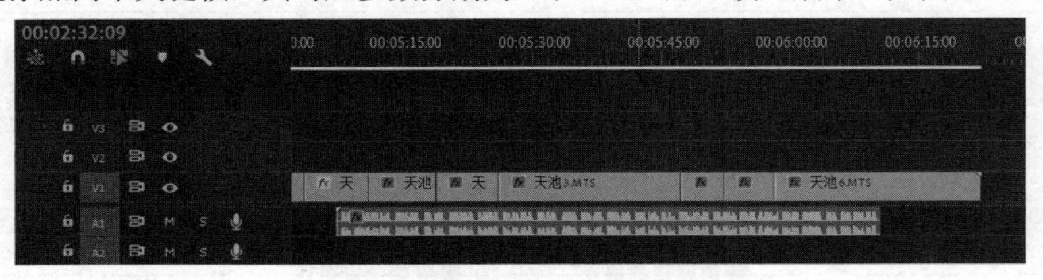

图 4-135　编辑“天池”片段

4）执行菜单命令“文件”→“保存”，保存项目文件，正片的第 4 部分制作完成。

5. 加入字幕

将解说词分段复制到记事本中，并对其进行编排，如图 4-136 所示，编排完毕，单击“退出”按钮，保存文件名为“解说词文字”，用于解说词字幕的歌词。

在 Premiere Pro 2020 中，将编辑好的节目的音频输出，输出格式为 MP3，输出文件名为“配音输出”用于解说词字幕的音乐。

1）在桌面上双击“Sayatoo 卡拉字幕精灵”图标，启动 KaraTitleMaker 字幕设计窗口。

2）在打开的“KaraTitleMaker”对话框，用鼠标右键单击项目窗口的空白处，从弹出快捷菜单中选择“导入歌词”菜单项，打开“导入歌词”对话框，选择“解说词文字”文件，单击“打开”按钮，导入解说词。

3）执行菜单命令“文件”→“导入音乐”，打开“导入音乐”对话框，选择音频文件“配音输出”，单击“打开”按钮。

图 4-136 记事本

图 4-137 卡拉字幕制作

4）单击第一句歌词，让其在窗口中显示。在“基本”选项卡中设置“宽度”为 1920，“高度”为 1080，“排列”为“单行”，“对齐方式”为“居中”，“偏移 Y”为 950，如图 4-137 所示。在“字幕”选项卡中设置“名称”为“方正超粗黑”，“大小”为 64，“填充颜色”为白色，“描边颜色”为黑色，“描边宽度”为 2，取消“阴影”的勾选，如图 4-138 所示，在“特效”选项卡中取消“字幕特效”“过渡转场”“指示灯”的勾选。

5）单击控制台上的“录制歌词”按钮，打开“歌词录制设置”对话框，选择“逐行录制”单选按钮，如图 4-139 所示。

6）单击“开始录制”按钮，开始录制歌词，使用键盘获取解说词的时间信息，解说词一行开始按下键盘的任意键，结束时松开键；下一行开始又按下任意键，结束时松开键，周而复始，直至完成。

7）歌词录制完成后，在时间线窗口中会显示出所有录制歌词的时间位置。可以直接用鼠标修改歌词的开始时间和结束时间，或者移动歌词的位置。

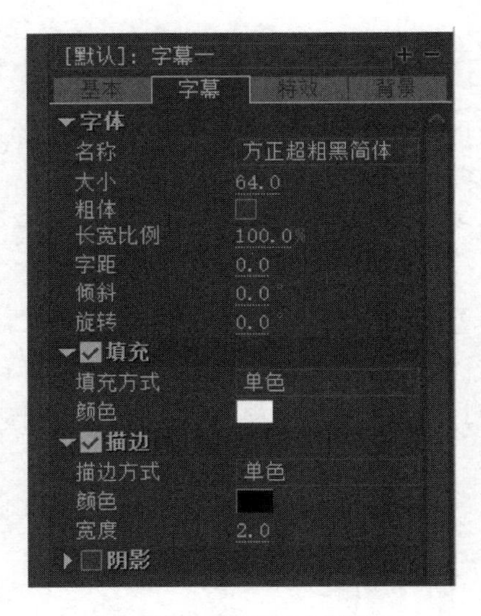

图 4-138　歌词录制设置

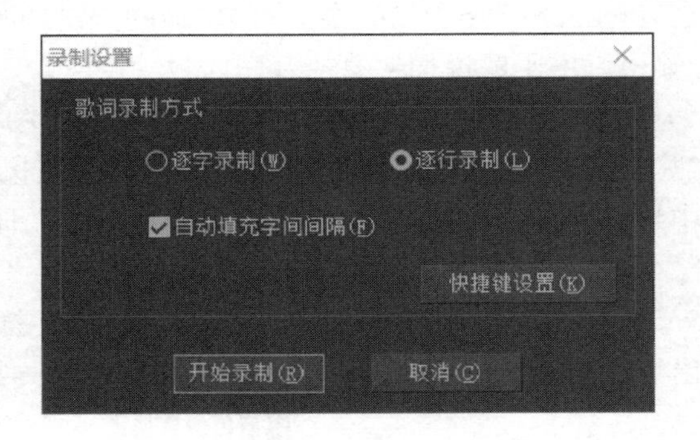

图 4-139　生成虚拟字幕 AVI 视频

8）执行菜单命令“文件”→“保存项目”，打开“保存项目”对话框，在“文件名称”文本框内输入名称“字幕”，单击“保存”按钮。

9）在“SubTitleMaker”窗口，单击“关闭”按钮。

10）在 Premiere Pro 2020 中，按〈Ctrl +I〉组合键，导入“字幕”文件。

11）将“字幕”文件从项目窗口中拖动到 V2 轨道上，与起始位置对齐，起始位置缩短与配音的开始位置对齐，如图 4-140 所示。

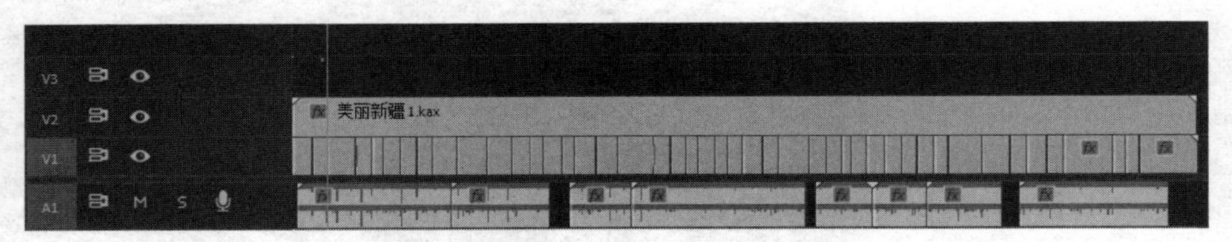

图 4-140　添加字幕

6. 片尾制作

根据滚动的方向不同，滚动字幕分为滚动字幕和游动字幕。本例介绍横向游动字幕的制作。

1）执行菜单命令“文件”→“新建”→“旧版标题”，在“新建字幕”对话框中输入字幕名称“片尾”，单击“确定”按钮，打开字幕窗口。

2）单击字幕窗口上方的“滚动/游动选项”按钮，打开“滚动/游动选项”对话框。在对话框中勾选“开始于屏幕外”，设置“缓入”为 50，“缓出”为 50，“过卷”为 75，使字幕从屏幕外滚动进入，设置完毕后，单击“确定”按钮即可，如图 4-141 所示。

3）选择垂直文字工具 IT，设置“字体”为“方正综艺体”，“字体大小”为 80，输入演职人员名单，从左到右逐列输入，输入一列后，用鼠标单击合适的位置再输入，效果如图 4-142 所示。

4）输入完垂直文字后，用鼠标单击字幕设计窗口的右边，拖动滑动条，再单击，再拖动滑动条，将垂直文字向左移到，移到屏幕外为止，选择文字工具 T，设置“字体”为“方正水柱体”，“字体大小”为 120，单击字幕设计窗口，输入单位名称及日期，如图 4-143所示。

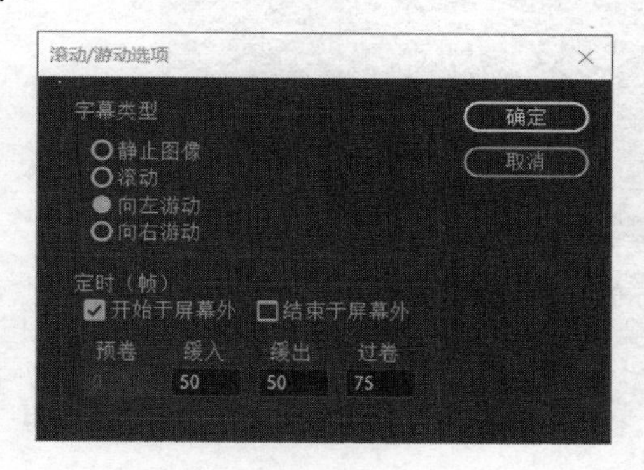

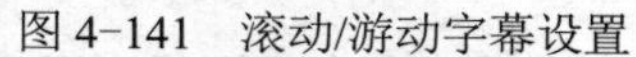
图 4-141　滚动/游动字幕设置

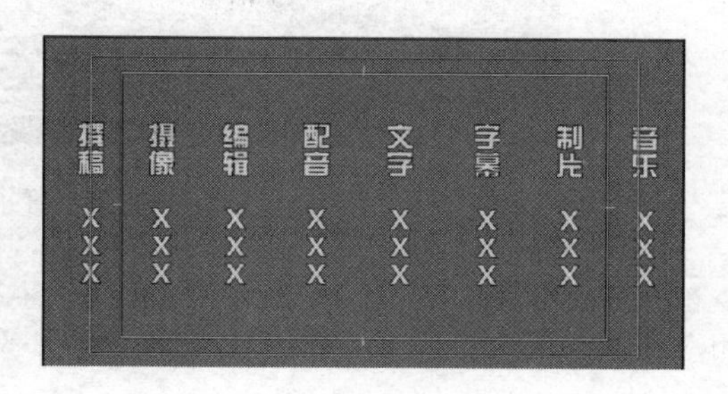

图 4-142　文字效果

使用对齐与分布的命令或手动将字幕中的各个元素放置到合适的位置。此时，应显示安全区域，以检测滚动字幕的位置是否合理。

5）关闭字幕设置窗口，在时间线窗口中将当前时间指针定位到 5：04：08s 的位置。

6）将“片尾”字幕添加到 V2 轨道中，使其开始位置与当前时间指针对齐，设置持续时间为 12s，如图 4-144 所示。

图 4-143　输入单位名称及日期

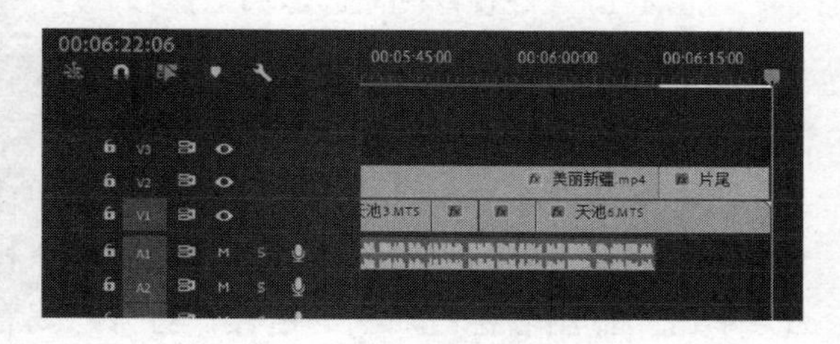

图 4-144　添加字幕

7. 加入音乐

1）双击项目窗口，打开“导入”对话框，按住〈Ctrl〉组合键，选择“溜冰圆舞曲”和“蓝色多瑙河”，单击“打开”按钮。

2）在项目窗口中双击“溜冰圆舞曲”音频素材，在源监视器窗口设置 3：21：21s 为入点，3：37：15s 为出点，按住“仅拖动音频”按钮不放，将其拖曳到“片头 1”序列的 A1 轨道上，并与起始位置对齐，加入片头音乐。

3）在项目窗口中双击“蓝色多瑙河”音频素材，在源监视器窗口设置 3：20s 为入点，4：03：20s 为出点，按住“仅拖动音频”按钮不放，将其拖动到“编辑正片”序列的 A2 轨道上，并与起始位置对齐，加入音乐。

4）选择音频，在效果控件窗口中，将“音量”→“级别”设置为-10dB，适当减小音量。

5）选择“蓝色多瑙河”音频，在效果控件窗口中，为“不透明度”选项在 0s 和 2s 处加入两个关键帧，并将起始点关键帧的值设置为-40dB，实现音频的淡入效果。

6）在源监视器窗口设置“蓝色多瑙河”的 54s 为入点，3：16：11s 为出点，按住“仅拖动音频”按钮不放，将其拖动到“编辑正片”序列的 A2 轨道上，并与前面音频结束位置对齐，如图 4-145 所示。

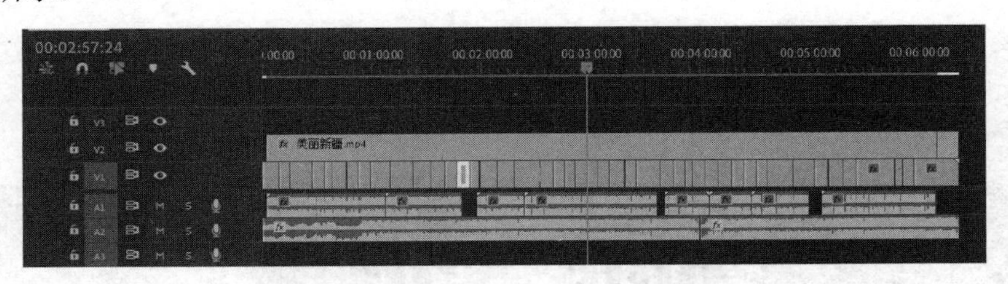

图 4-145　背景音乐的排列位置

7）选择音频，在效果控件窗口中，在 6∶10∶11s、6∶10∶18s、6∶20∶04s 和 6∶20∶04s 处加入 4 个关键帧，其值分别为-10dB、0dB、0dB 和-40dB，实现音频的淡入效果，如图 4-146 所示。

8）新建一个“名称”为美丽的新疆的序列，将“片头 1”和“编辑正片”序列拖曳到“美丽的新疆”序列中，如图 4-147 所示。

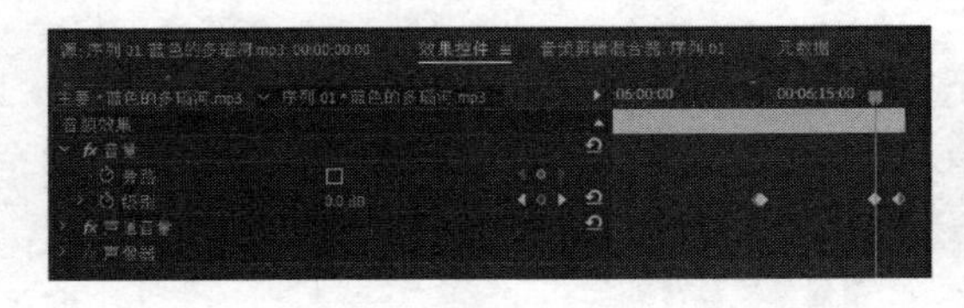

图 4-146　设置音频的淡入效果

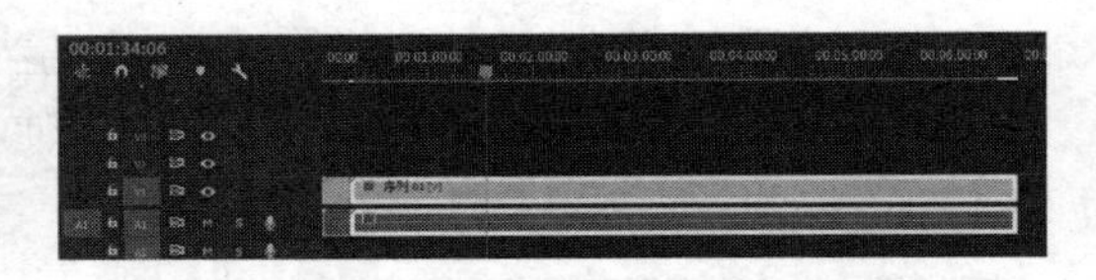

图 4-147　添加序列

8. 输出 MP4 文件

输出 MP4 文件操作步骤如下。

1）执行菜单命令“文件”→“导出”→“媒体”，打开“导出设置”对话框。

2）在右侧的“导出设置”中单击“格式”下拉列表框，选择“H.264”选项。

3）单击“输出名称”后面的链接，打开“另存为”对话框，在对话框中设置保存的名称和位置，单击“保存”按钮。

4）单击“预置”下拉列表框，选择“匹配源-中等比特率”选项，单击“导出”按钮，开始输出，直到完成。

项目小结

体会与评价：完成这个任务后得到什么结论？有什么体会？完成任务评价表，如表 4-6 所示。

表 4-6　任务评价表

班　级		姓　名	
项　目	内　容	评价标准	得　分
1	栏目包装——电影频道	3	
2	视频广告——情侣对戒	3	
3	旅游记录——美丽的新疆	4	
	总评		

课后拓展练习

学生自己拍摄素材，制作一部包括片头、正片、片尾、配音及字幕的《校园风光》纪录片，将其输出成 MP4 格式。

习题

1．填空题

1）调整________是最常见的设置动画的方法。

2）在调整缩放比例时________处于选择状态，宽和高同时被调整。

2．选择题

1）运动路径上的点越疏，表示层运动________。

A．越快　　B．越慢　　C．由快到慢　　D．由慢到快

2）旋转 650° 表示为________。

A．1×290°　　B．0°　　C．620° +30°　　D．650°

3）“透明度”参数越高，透明度________。

A．越透明　　B．越不透明　　C．与参数无关　　D．低

4）添加关键帧的目的是________。

A．更方便地设置滤镜效果　　B．创建动画效果

C．调整影像　　D．锁定素材

3．问答题

1）简述创建运动动画的方法。

2）如何为素材添加关键帧？

参 考 文 献

[1] 王瀛．Premiere Pro CC 影视编辑全实例[M]．北京：海洋出版社，2018．

[2] 龚茜如．Adobe Premiere Pro CS4 影视编辑标准教程[M]．北京：中国电力出版社，2009．

[3] 刘强．Adobe Premiere Pro 2.0[M]．北京：人民邮电出版社，2007．

[4] 于鹏．Adobe Premiere Pro 2.0 范例导航[M]．北京：清华大学出版社，2007．

[5] 柏松．中文 Adobe Premiere Pro 2.0 影视编辑剪辑制作精粹[M]．北京：希望电子出版社，2008．

[6] 彭宗勤．Adobe Premiere Pro CS3 电脑美术基础与实用案例[M]．北京：清华大学出版社，2008．

[7] 张凡．Premiere Pro CS6 基础与实例教程[M]．北京：机械工业出版社，2015．